建筑装饰制图与习题（上）

主编　张玉萍　张文会

中国建材工业出版社

图书在版编目（CIP）数据

建筑装饰制图与习题/张玉萍等主编．—北京：中国建材工业出版社，2007.8

ISBN 978-7-80227-203-3

Ⅰ．建… Ⅱ．张… Ⅲ．建筑装饰—建筑制图—习题 Ⅳ．TU238-44

中国版本图书馆 CIP 数据核字（2007）第 080392 号

内 容 简 介

建筑装饰业发展迅猛，作为从事建筑装饰装修工程及相关专业的技术人员，必须能够熟练绘制和阅读本专业的工程图纸。本书既从教学出发，又兼顾一线技术人员的需求，并结合本专业特点，贯彻制图标准。

本书上册详细介绍了制图的基本知识，投影的基本知识、基本规律，以及组合投影、轴测图的画法、建筑工程图纸的识读、阴影与透视等有关建筑及装饰制图的内容。根据本课程的特点，书中配有大量的例题。下册是为本教材特配的习题集。

本书可作为本科、专科教材，也可供一般工程技术人员自学使用。

建筑装饰制图与习题（上、下）

主编 张玉萍 张文会

出版发行：中国建材工业出版社

地 址：北京市西城区车公庄大街6号

邮 编：100044

经 销：全国各地新华书店

印 刷：北京鑫正大印刷有限公司

开 本：787mm×1092mm 1/16

印 张：35.25

字 数：678千字

版 次：2007年8月第1版

印 次：2007年8月第1次

书 号：ISBN 978-7-80227-203-3

定 价：**56.00**元（上、下）

本社网址：www.jccbs.com.cn

本书如出现印装质量问题，由我社发行部负责调换。联系电话：（010）88386906

本书编委会

主　编　张玉萍　张文会

副主编　刘树红　白学敏　陶晓坤

参　编　王小薇　安　骞　林　立　宋艳茹　杨　明

陈久权　邱泓茗　计凌峰　刘　磊　杨福云

前　言

建筑业是国民经济的支柱产业，建筑装饰与建筑业的发展密不可分。近年来，随着国民经济的发展、科学的进步、生活水平的不断提高，人们对生活环境、生存空间的审美要求也越来越高，建筑装饰行业发展迅速。

工程图样是工程技术人员表达设计意图、交流技术思想及指导工程施工的重要工具，是工程技术界的共同语言。作为从事建筑装饰装修工程及相近专业的技术人员，必须能够熟练地绘制和阅读本专业的工程图样。

建筑装饰制图是建筑装饰装修工程技术及相近专业的一门主要技术基础课，它主要研究绘制和阅读工程图样的理论和方法，培养学生的制图和识图能力，同时又是学生学习后续课程及完成课程设计与毕业设计不可缺少的基础。

本书详细介绍了制图的基本知识、投影的基本知识、基本规律、基本形体，以及组合的投影、轴测图的画法、建筑工程图纸的识读、阴影与透视等有关建筑及装饰制图的内容，根据本课程的特点，书中配有大量的例题，并另配有习题集。

本书编写中注重高职高专的特点，从培养应用型人才出发，认真体现基础理论、基本知识和基本技能，本着“以应用为目的，以必须够用为度”的原则，结合本专业特点，以贯彻制图国家标准为主。

本书可供建筑装饰设计、建筑装饰技术、建筑环境艺术等专业的学生使用。

全书共 13 章。其中第 1 ~4 章由河北建材职业技术学院张玉萍老师编写；第 5 章由该校刘树红老师编写；第 6 章由该校邱泓茗老师编写；第 7 章由该校白学敏老师编写；第 8 章由该校陈久权老师编写；第 9 章第 1 节至第 5 节由该校王小薇老师编写；第 9 章第 6 节由该校杨福云老师编写；第 10 章第 1 节、第 2 节由该校林立老师编写；第 10 章第 3 节由该校刘磊老师编写；第 11 章由该校宋艳茹老师编写；第 12 章由该校安骞老师编写；第 13 章第 1 节、第 2 节由该校陶晓坤老师编写；第 13 章第 3 节由该校张文会老师编写。习题部分由该校张玉萍老师、刘树红老师、白学敏老师、张文会老师、杨明老师、计凌峰老师编写。编写过程中参考和引用了有关的教材和论著，在此谨对原作者表示衷心的感谢。

书中不妥和错误之处，敬请读者批评指正。

编　者

2007. 7

目　录

第 1 章 制图基本知识

1.1 制图基本规定

工程图纸用于表达设计的主要内容，是施工的依据、工程界的语言。对工程图纸的内容、画法、格式等必须有统一的规定，这就是制图标准。

有关房屋建筑制图的标准有：《房屋建筑制图统一标准》（GB/T 50001—2001）、《总图制图标准》（GB/T 50103—2001）、《建筑制图标准》（GB/T 50104—2001）、《建筑结构制图标准》（GB/T 50105—2001）、《给水排水制图标准》（GB/T 50106—2001）、《采暖通风与空气调节制图标准》（GB/T 50114—2001）。标准对施工图中常用的图纸幅面、比例、字体、图线、尺寸标注等内容作了具体规定。

1.1.1 图纸幅面

图纸的大小必须符合表 1-1 的规定。表中代号的意义如图 1-1 所示。

表 1-1 图纸幅面尺寸 （mm）

尺寸代码	幅 面 代 号				
	A0	A1	A2	A3	A4
$l \times b$	1189 × 841	841 × 594	594 × 420	420 × 297	297 × 210
c	10			5	
a	25				

绘图时，图纸的短边一般不变，长边可以加长。长边加长后的尺寸见表 1-2。

表 1-2 图纸长边加长尺寸 （mm）

幅面尺寸	长边尺寸	长 边 加 长 后 尺 寸
A0	1189	1486 1635 1783 1932 2080 2230 2378
A1	841	1051 1261 1471 1682 1892 2102
A2	594	743 891 1041 1189 1338 1486 1635 1783 1932 2080
A3	420	630 841 1051 1261 1471 1682 1892

注：有特殊需要的图纸，可采用 $l \times b$ 为 891 × 841 与 1261 × 1189 的幅面。

图纸幅面尺寸相当于$\sqrt{2}$系列，即 $l = \sqrt{2}b$，l 为长边长，b 为短边长。A0 号图的幅面面积为 1m^2，A1 号图幅面面积是 A0 号图的对开，其他图幅面依此类推。A0 ~ A3 号图纸可横式或立式使用，A4 号图纸只能立式使用，如图 1-1、图 1-2、图 1-3 所示。

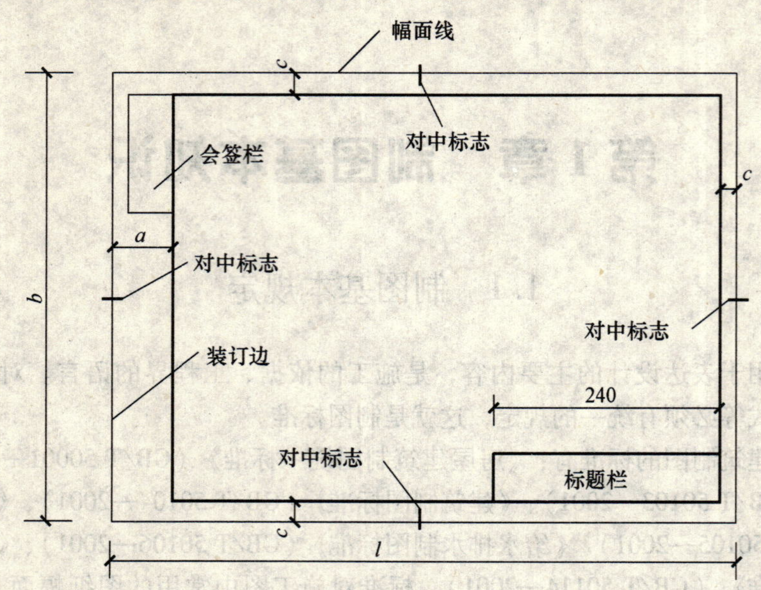

图 1-1　A0 ~ A3 横式幅面

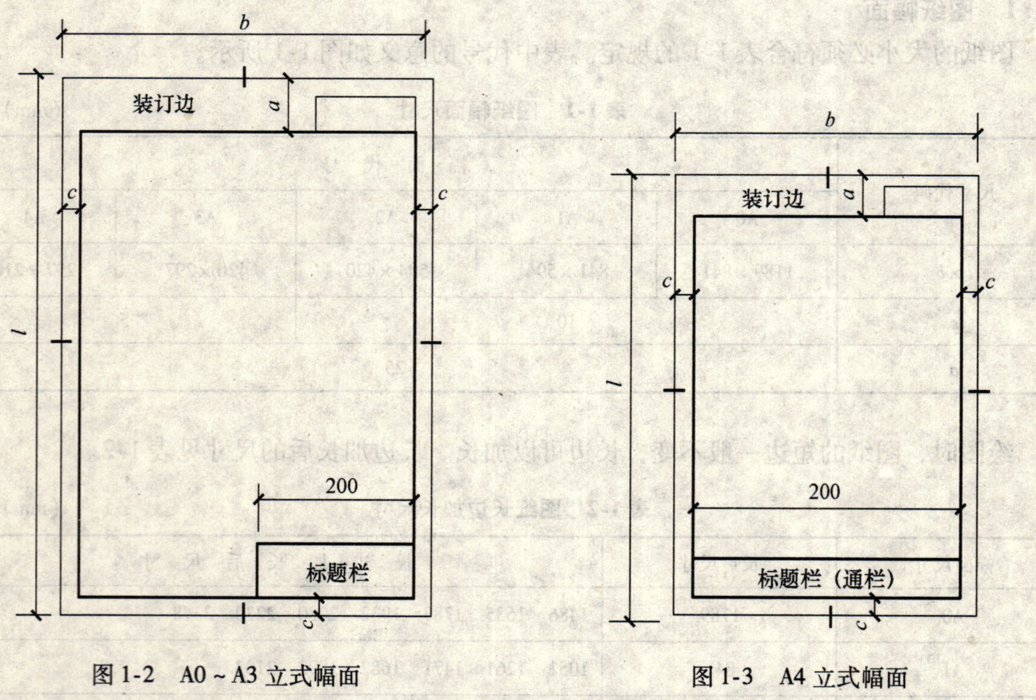

图 1-2　A0 ~ A3 立式幅面　　图 1-3　A4 立式幅面

必要时，图纸幅面尺寸可按表 1-2 加长，特殊情况下，还可使用 841 ×891mm、1189 × 1261mm 两种图纸。

图纸的右下角必须有一标题栏。国家对标题栏的格式未作统一规定，图 1-4 为图纸标题栏示例。需要会签的图纸，在其左侧上方图框线外有会签栏，如图 1-5 所示。图 1-6 所示为作业用图标题栏。

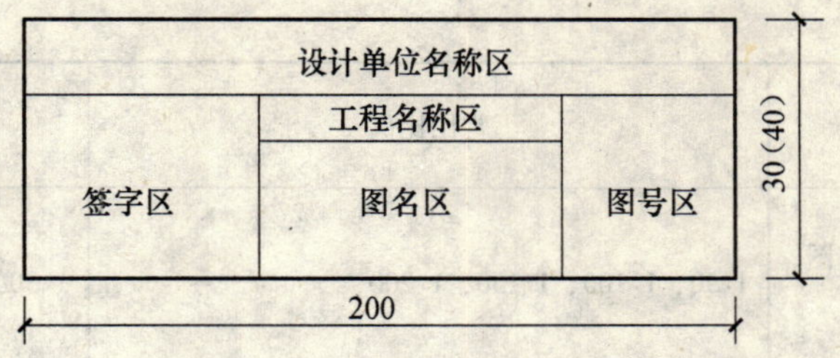

图 1-4　标题栏

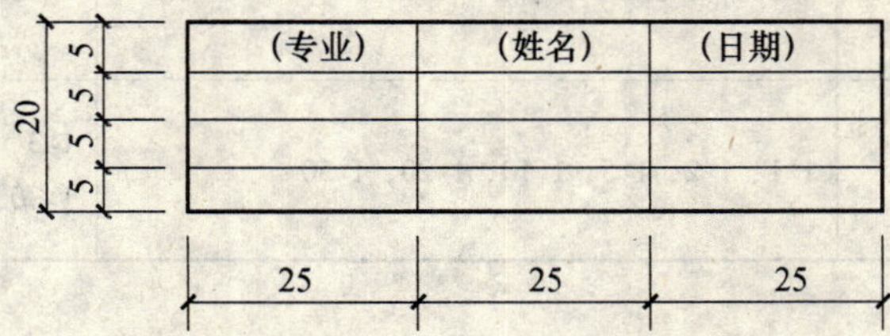

图 1-5　会签栏

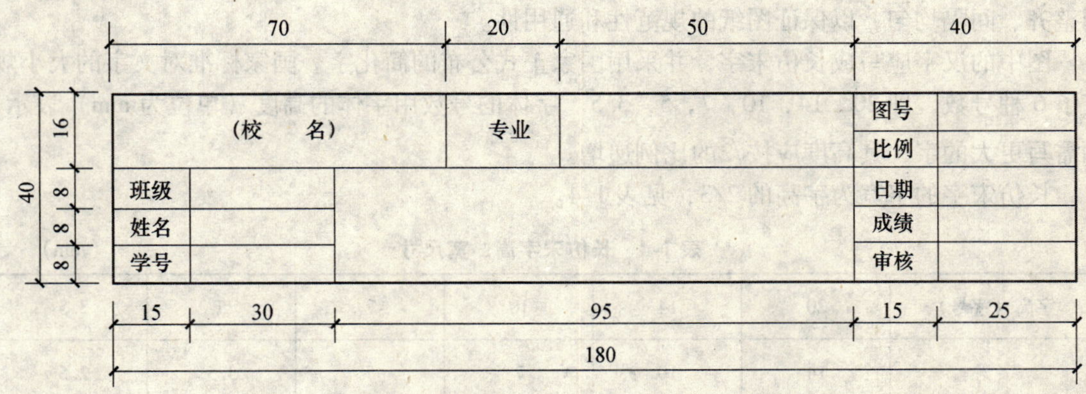

图 1-6　作业用图标题栏

1.1.2　比例

比例是工程图纸中的图形与实物对应线性尺寸之比。绘图所用的比例，应根据工程图纸的用途与被绘物体的复杂程度，从表 1-3 中选用，并优先选用表中的常用比例。

表 1-3　比例

图　名	常用比例	必要时可用比例
总平面图	1∶500，1∶1000，1∶2000，1∶5000，1∶10000，1∶50000	1∶2500
总图、专业的竖向布置图、管线综合图、断面图等	1∶100，1∶200，1∶500，1∶1000，1∶2000，1∶5000	1∶300

续表

图　名	常用比例	必要时可用比例
平面图、立面图、剖面图、结构布置图、设备布置图等	1:50，1:100，1:150，1:200，	1:300，1:400
内容比较简单的平面图	1:200，1:500	1:400
详图	1:1，1:2，1:5，1:10，1:20，1:50	1:3，1:4，1:6，1:15，1:25，1:30，1:40，1:60

1.1.3　字体

字体指工程图纸中的各种字体，如汉字、数字、字母等，要求字体端正、笔划清楚、排列整齐、间隔均匀，以保证图纸的规范性和通用性。

图中的汉字应写成长仿宋字，并采用国家正式公布的简化字。国家标准对文字的大小规定了6种号数，即20，14，10，7，5，3.5。字体的号数用字体的高度（单位为mm）表示，如需写更大的字，其高度应按$\sqrt{2}$的比例递增。

长仿宋字的字宽为字高的2/3，见表1-4。

表1-4　长仿宋字高、宽尺寸　（mm）

字高（字号）	20	14	10	7	5	3.5
字宽	14	10	7	5	3.5	2.5

数字和字母有斜体、正体两种。斜体数字与字母的字头向右倾斜，与水平线约成75°。数字、字母规格见表1-5。数字、字母示例见图1-7（a）、（b）。

表1-5　数字、字母的规格

		一般字体	窄字体
字母高度	大写字母	h	h
	小写字母（上下均无延伸）	$7/10h$	$10/14h$
小写字母伸出的头部或尾部		$3/10h$	$4/14h$
笔画宽度		$1/10h$	$1/14h$
间距	字母间距	$2/10h$	$2/14h$
	上下行基准线最小间距	$15/10h$	$21/14h$
	词间距	$6/10h$	$6/14h$

建筑制图

14号字

工业民用建筑厂房屋平立剖面详图

结构施说明比例尺寸长宽高厚砖瓦

10号字

各种各样的图纸总平面地势地形房屋平立剖侧屋顶平面大样

5号字

（a）

ABCDEFGHIJKLMNO

PQRSTUVWXYZ

abcdefghijklmnopq

rstuvwxyz

0123456789IVXΦ

ABCabcd1234IV

（b）

图 1-7　数字、字母示例

（a）仿宋体字字例；（b）拉丁字母、数字和少数希腊字母示例

1.1.4 图线

工程图纸中采用不同的线型、不同的线宽来表示不同的内容。图线以可见轮廓线的粗度 b 为标准，按《建筑制图标准》规定，图线 b 采用 2，1.4，1.0，0.7，0.5，0.35（单位 mm）6 种线宽。画图时，根据图样的复杂程度和比例大小，选用不同的线型组，如表 1－6 所列。

工程图纸中常用的图线的名称、线型、线宽和一般用途列于表 1-6 中。表 1-7 为线条宽度表。表 1-8 为图框线、标题栏线宽度。图 1-8 为图线的有关画法。

表 1-6 图线的线型和宽度

名　称	线　型	线宽	一　般　用　途
粗 实 线		b	可见轮廓线 平剖面图中被剖到部分的轮廓线、结构图中的钢筋线、建筑物或构筑物的外轮廓线、剖切位置线、地面线、详图标志的圆圈、图纸的图框线、新设计的各种给水管线、总平面及运输图中的公路或铁路路线等
中 粗 实 线		$0.5b$	可见轮廓线 剖面图中未被剖到但仍能看到而需要画出的轮廓线、标注尺寸的尺寸起止 45°短线、原有的各种给水管线或循环水管线等
细 实 线		$0.25b$	尺寸界线、尺寸线、材料的图例线、索引标专的圆圈、引出线、标高符号线、较小图形中的中心线等
粗 虚 线		b	新设计的各种排水管线、总平面及运输图中的地下建筑物或构筑物的轮廓线等
中 粗 虚 线		$0.5b$	需要画出的看不到的轮廓线 建筑平面图运输装置（例如桥式吊车）的外轮廓线、原有的各种排水管线、拟扩建的建筑工程轮廓线等
粗单点长划线		b	结构图中梁或构架的位置线、建筑图中的吊车轨道线、其他特殊构件的位置指示线
细单点长划线		$0.25b$	中心线、对称线、定位轴线 管道纵断面图或管系轴测图中的设计地面线等
细双点长划线		$0.25b$	假想投影轮廓线、成型以前的原始轮廓线
折 断 线		$0.25b$	不需要画全的断开界线
波 浪 线		$0.25b$	不需要画全的断开界线 构造层次的断开界线
加粗的粗实线		$1.4b$	需要画上更粗的图线如建筑物或构筑物立面图中的地面线

表 1-7　线条宽度表　（mm）

线宽比	线宽组					
b	2.0	1.4	1.0	0.7	0.5	0.35
$0.5b$	1.0	0.7	0.5	0.35	0.25	0.18
$0.25b$	0.5	0.35	0.25	0.18		

表 1-8　图框线、标题栏线宽度　（mm）

幅面代号	图框线	标题栏外框线	标题栏分格线、会签栏线
A0、A1	1.4	0.7	0.35
A2、A3、A4	1.0	0.7	0.35

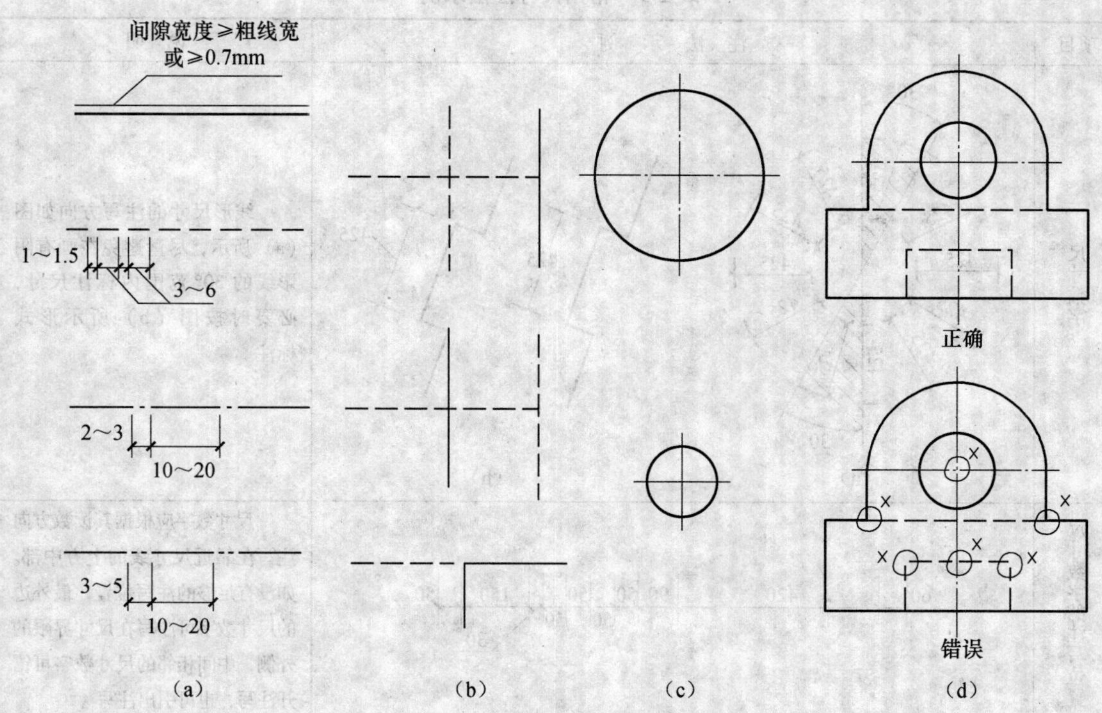

图 1-8　图线的有关画法

（a）线的画法；（b）交接；（c）圆的中心线画法；（d）举例

1.1.5　尺寸标注

工程图纸必须严格遵守国家标准中尺寸注法的有关规定，准确、完整、清晰地标注出各部分的实际尺寸。

工程图纸的尺寸以毫米（mm）为单位标注，标高以米（m）为单位标注。

1. 尺寸的组成

图样上的尺寸由尺寸线、尺寸界线、尺寸起止符号和尺寸数字组成。尺寸界线应用细实线绘制，线性尺寸的尺寸界线应垂直于尺寸线并超出约 2mm，但尺寸线不能超出尺寸界线。尺寸起止符号一般为 45°倾斜的中粗短线，其长度一般为 2 ~ 3mm，方向为尺寸界线顺时针方向旋转 45°。

图 1-9 所示为尺寸的组成。表 1-9 为常用尺寸注法。

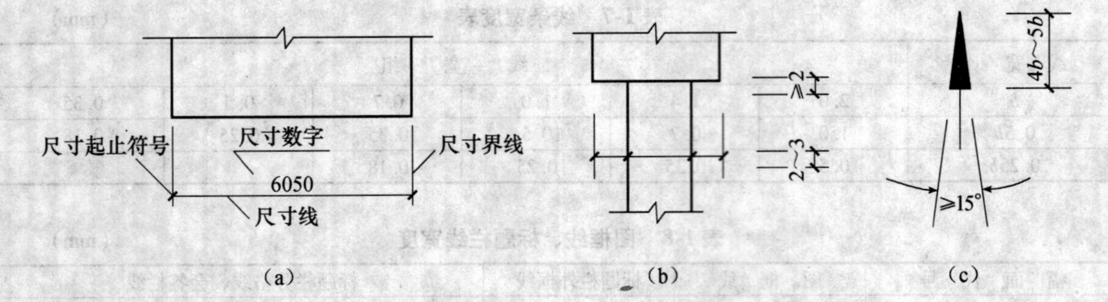

图 1-9　尺寸的组成

表 1-9　常用尺寸注法示例

项目	注法示例	说明
尺寸数字	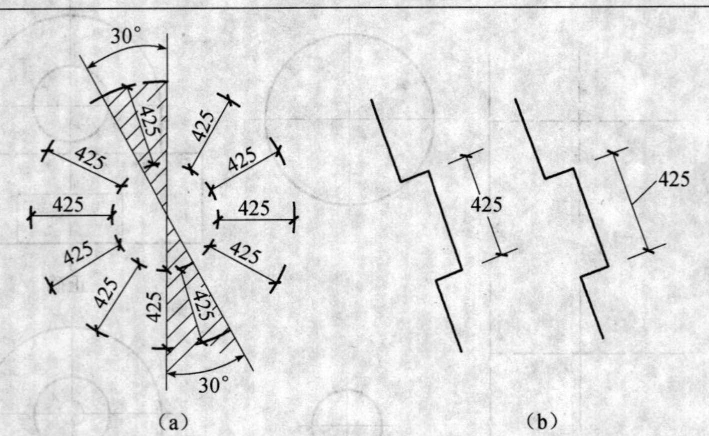 30°　425　425　425　425　425　425　425　425　425　425　30°　(a)　425　425　(b)	线形尺寸的注写方向如图（a）所示，尽量避免在画有阴影线的 30° 范围内标注尺寸，必要时按图（b）所示形式标注
尺寸数字的注写位置	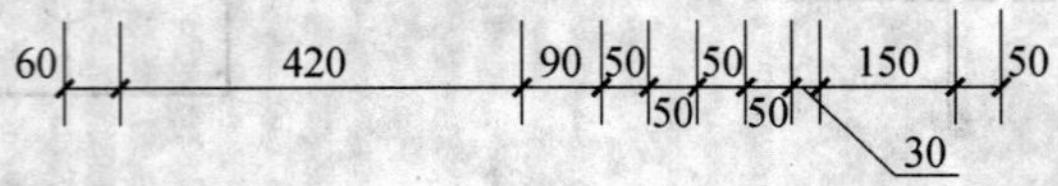 60　420　90　50　50　150　50　50　50　30	尺寸数字应根据其读数方向注写在靠近尺寸线的上方中部。如没有足够的注写位置，最外边的尺寸数字可注写在尺寸界限的外侧，中间相邻的尺寸数字可错开注写，也可引出注写
圆弧的尺寸注法	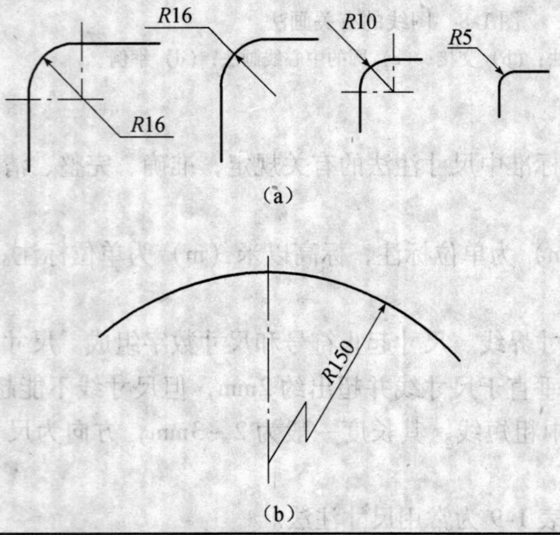 R16　R16　R10　R5　(a)　R150　(b)	标注半圆或小于半圆的圆弧，应标注半径。注在反映圆弧的圆形上。尺寸线一端从圆心开始，另一端画箭头指向圆弧，半径尺寸数字前加注符号“R”。标注形式如图（a）所示。 半径较大的圆弧，可按图（b）的形式标注

续表

项目	注法示例	说明
圆的尺寸注法	$\phi24$　$\phi24$　$\phi12$　$\phi600$ $\phi16$　$\phi16$　$\phi4$　$\phi600$	圆及大于半圆的圆弧应标注直径。直径尺寸线应通过圆心，两端指到圆弧。直径数字前，加注符号“ϕ”，其注写形式如图所示
球的尺寸注法	$S\phi25$　$SR15$	标注球的直径或半径尺寸时，应在尺寸数字前加注符号“$S\phi$”或“SR”
角度、弧度与弦长的尺寸注法	75° 20′　5°　6° 09′ 56″　60° （a） $\overset{\frown}{120}$　113 （b）　（c）	角度的尺寸线是以角顶为圆心的圆弧，角度数字水平书写在尺寸线之外，如图（a）所示 标注弧长或弦长时，尺寸界线应垂直于该圆弧的弦。弦长的尺寸线平行于该弦，弧长的尺寸线是该弧的同心圆，尺寸数字上方应加注符号“⌒”，如图（b）、（c）所示

续表

项目	注法示例	说明
坡度的注法	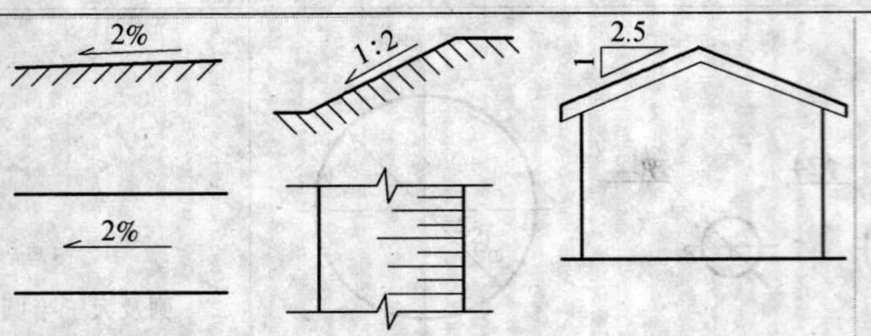 2%　1:2　2.5　1　2%	在坡度数字下，应加注坡度符号“←”。坡度符号为单箭头，箭头应指向下坡方向，标注形式如示例所示
等长尺寸简化注法	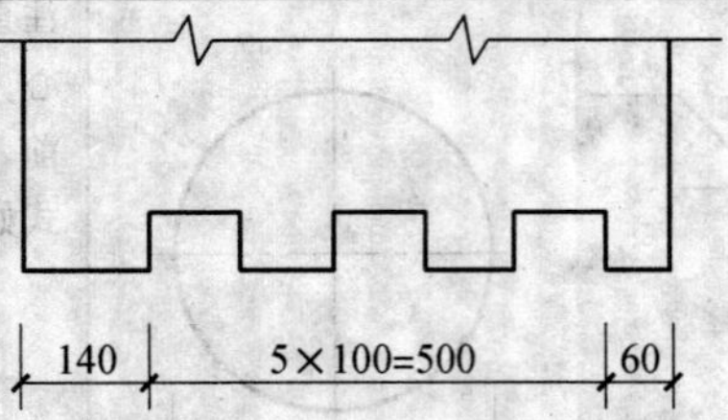 140　5×100=500　60	连续排列的等长尺寸，可用“个数×等长＝总长”的形式标注
薄板厚度注法	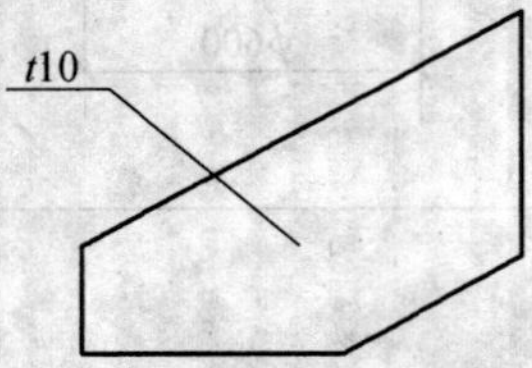 t10	在厚度数字前加注符号“t”
杆件尺寸注法	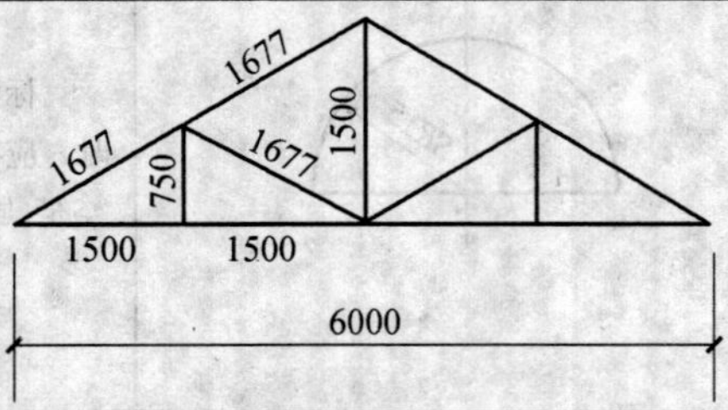 1677　1677　1677　1500　750　1500　1500　6000	杆件的长度，在单线图上，可直接标注，尺寸沿杆件的一侧注写

2. 尺寸标注的注意事项

（1）尺寸应标注在图样轮廓线之外，不得与图线、文字及符号等相交，如图 1-10（a）所示。

（2）图线不得穿过尺寸数字，若不可避免时，应将尺寸数字处的图线断开，如图 1-10（b）所示。

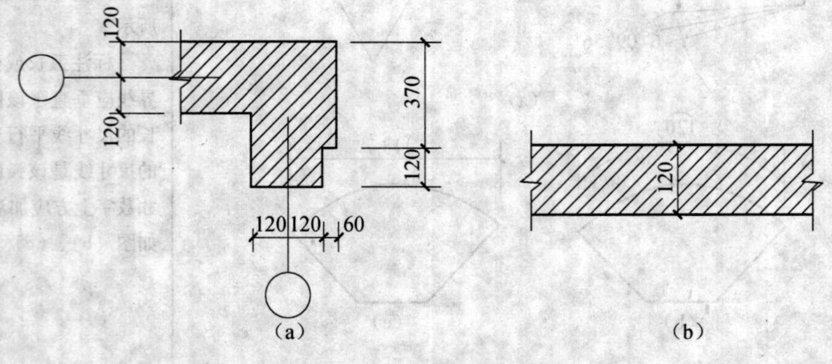

图 1-10　尺寸的布置

（3）相互平行的尺寸线，应从被注图样轮廓线由近向远整齐排列，小尺寸在内，大尺寸在外，其距离不小于10mm，如图1-11所示。

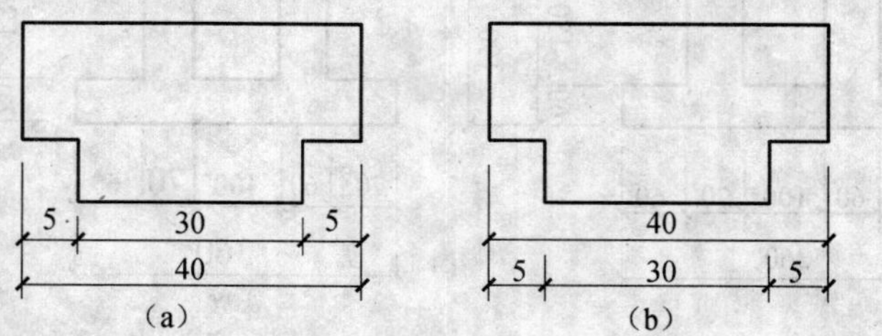

图1-11 尺寸标注

（a）正确；（b）错误

（4）轮廓线、中心线可以用作尺寸界线，但不能用作尺寸线，如图1-12所示。

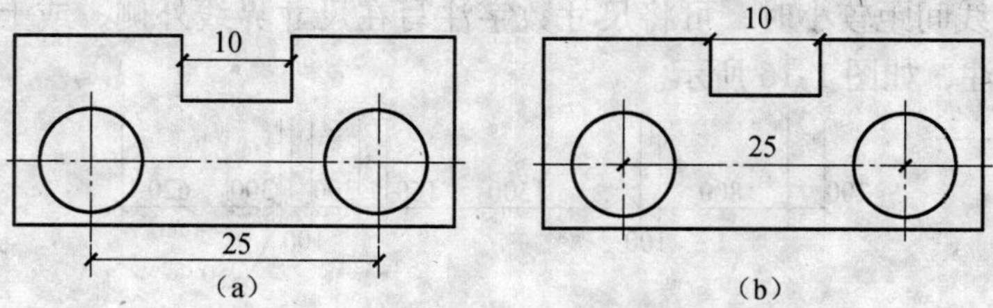

图1-12 尺寸标注

（a）正确；（b）错误

（5）不能把尺寸界线当作尺寸线，如图1-13所示。

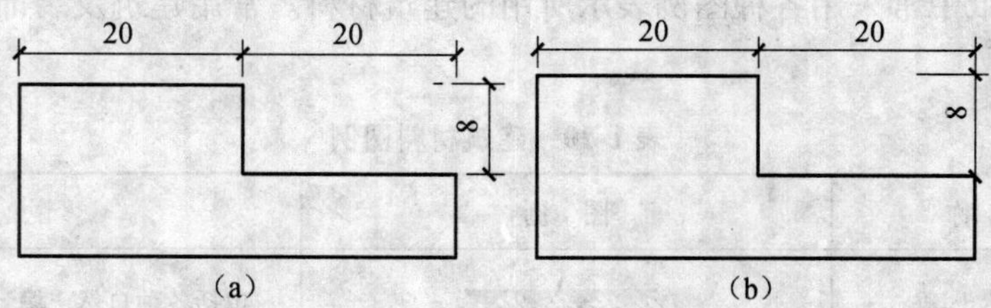

图1-13 尺寸标注

（a）正确；（b）错误

（6）水平方向的尺寸数字应从左到右注写在尺寸线的中间上方，字头朝向上方；垂直方向的尺寸数字应注写在尺寸线的左方，字头朝向左方，且尺寸数字方向应分别保持一致，如图1-14所示。

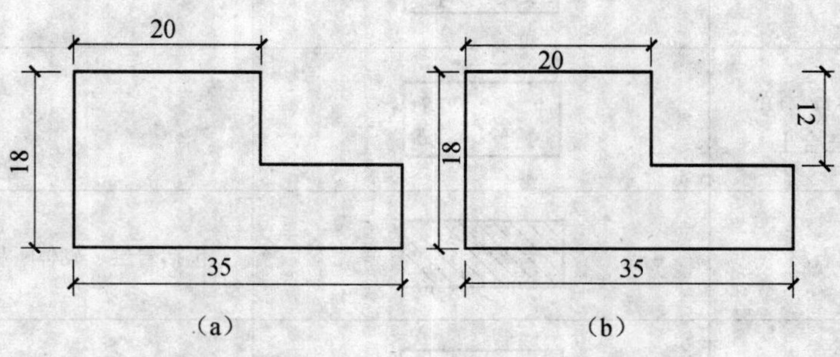

图1-14 尺寸标注

（a）正确；（b）错误

（7）同一张图纸上的所有尺寸数字的大小应一致，如图 1-15 所示。

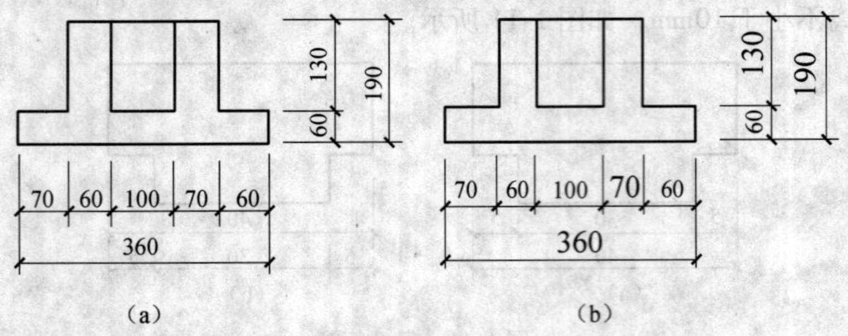

图 1-15　尺寸标注

（a）正确；（b）错误

（8）尺寸界线间距较小时，可将尺寸数字注写在尺寸界线外侧，或上下错开，或用引出线引出后再标注，如图 1-16 所示。

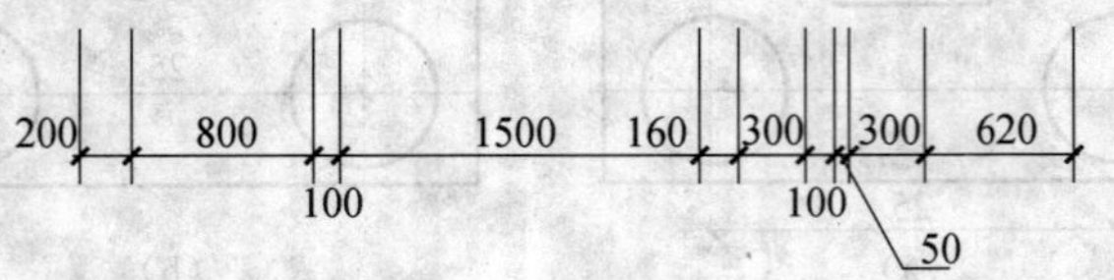

图 1-16　尺寸标注

1.1.6　建筑材料图例

建筑工程图纸中常采用各种图例表示所用的建筑材料。常用建筑及装饰材料图例列于表 1-10 中。

表 1-10　建筑材料图例

序号	名称	图例	说明
1	自然土壤		包括各种自然土壤
2	夯实土壤		
3	砂、灰土		靠近轮廓线画较密的点
4	砂、砾石、碎砖、三合土		
5	天然石材		包括岩层、砌体、铺地、贴面等材料
6	毛　石		

续表

序号	名称	图例	说明
7	普通砖		1. 包括砌体、砌块； 2. 断面较窄，不易画出图例线，可涂红
8	耐火砖		包括耐酸砖等
9	空心砖		包括各种多孔砖
10	饰面砖		包括铺地砖、马赛克、陶瓷锦砖、人造大理石等
11	混凝土		1. 本图例仅适用于能承重的混凝土及钢筋混凝土； 2. 包括各种标号、骨料、添加剂的混凝土； 3. 在剖面图上画出钢筋时不画图例线； 4. 如断面较窄，不易画出图例线，可涂黑
12	钢筋混凝土		
13	焦渣、矿渣		包括与水泥、石灰等混合而成的材料
14	多孔材料		包括水泥珍珠岩、沥青珍珠岩、泡沫混凝土、非承重加气混凝土、泡沫塑料、软木等
15	纤维材料		包括麻丝、玻璃棉、矿渣棉、木丝板、纤维板等
16	松散材料		包括木屑、石灰木屑、稻壳等
17	木　材		1. 上图为横断面，左上图为垫木木砖、木龙骨； 2. 下图为纵断面
18	石膏板		
19	金　属		1. 包括各种金属； 2. 图形小时可涂黑

续表

序号	名称	图例	说明
20	液　体		注明名称
21	橡　胶		
22	塑　料		包括各种软、硬塑料，有机玻璃等
23	防水卷材		构造层次多和比例较大时采用上面图例
24	粉　刷		本图例画较稀的点
25	铝合金		在铝合金结构和有机械装置结构中，剖面符号按机械制图规则画
26	饰面砖		包括铺地砖、瓷砖、陶瓷锦砖、人造大理石
27	胶合板（不分层数）		夹板材断面不用交叉直线符号，层数用文字注明，在投影图中很薄时可不画剖面符号
28	纤维板		
29	细木工板		在投影图中很薄时，可不画剖面符号
30	覆面刨花板		
31	软质填充料		棉花、泡沫塑料、棕丝等
32	玻　璃		包括平板玻璃、夹丝玻璃、钢化玻璃等
33	镜　子		
34	编　竹		上图为平面，下图为剖面
35	藤　编		上图为平面，下图为剖面

续表

序号	名称	图例	说明
36	网状材料		包括金属、塑料等网状材料 图纸中注明具体材料
37	栏　杆		上图为非金属扶手；下图为金属扶手
38	水磨石		
39	壁纸中常见符号		左图为对花壁纸；右图为错位对花壁纸
			左图为水洗壁纸；右图为可擦洗壁纸
			左图背面已有刷胶粉；右图为防褪色壁纸
			左图可在再次装饰时撕去；右图为有相应色布料的壁纸

1.2　常用制图工具

1.2.1　图板、丁字尺

绘图时，应将图纸固定在图板上，图板面应光滑平整，边必须平直，以保证绘图质量。常用的图板规格有 0 号、1 号、2 号等，可根据需要选用。

丁字尺由尺头和尺身组成，它主要用于画水平线。使用时，尺头应紧贴板边，上下移动丁字尺，画出不同位置的水平线。

图板与丁字尺如图 1-17 所示。图 1-18 为丁字尺的用法。

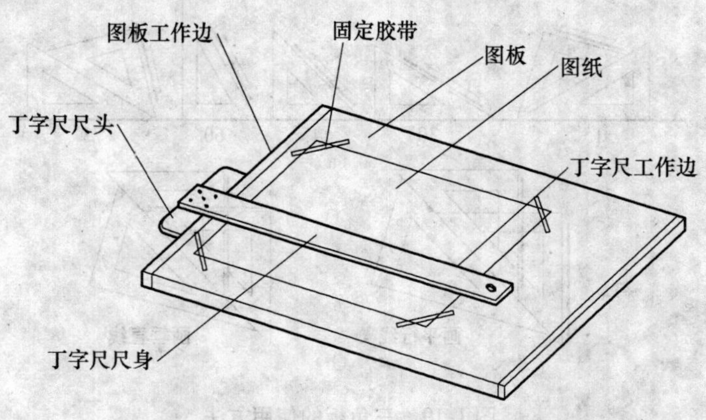

图 1-17　图板与丁字尺

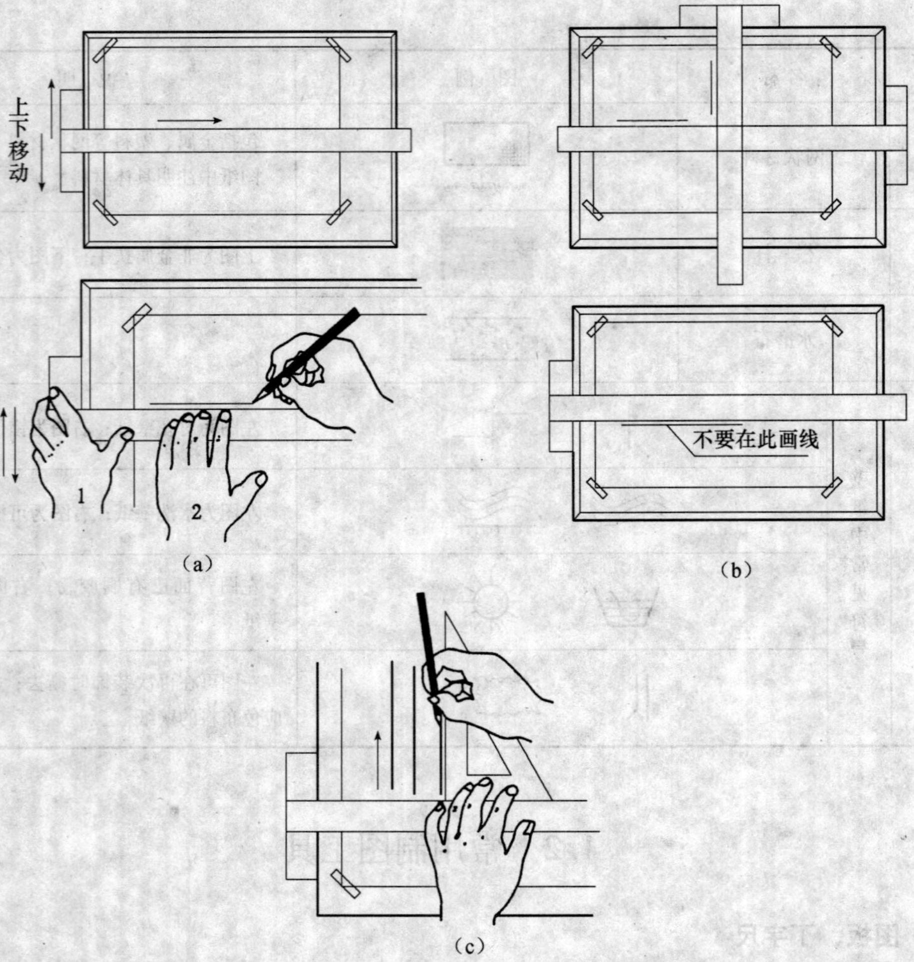

图 1-18　丁字尺的使用方法

（a）正确的用法；（b）错误的用法；（c）用三角板配合丁字尺画铅垂线

1.2.2　三角板

每副三角板有两块，常与丁字尺配合使用。图 1-19 所示为三角板的用法。

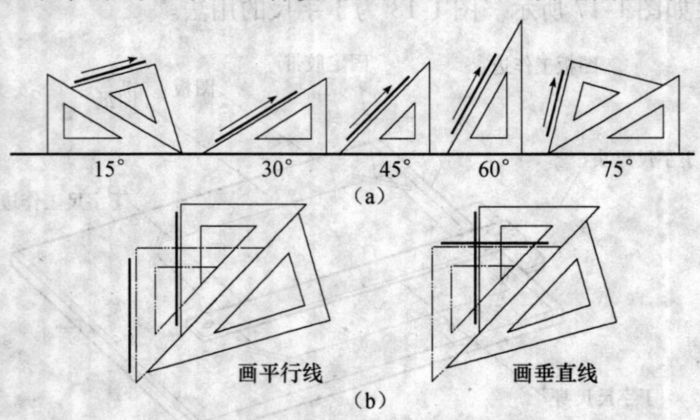

图 1-19　三角板的使用方法

（a）三角板与丁字尺配合画各种角度斜线；（b）画任意直线的平行线和垂直线

1.2.3 比例尺

比例尺是刻有不同比例的直尺，为三棱柱状，所以又称为三棱尺。比例尺的三个棱面上各有两种比例，分别表示 1:100，1:200，1:400，1:500 等 6 种比例，绘图时，可从尺身上直接截取相应的比例长度。比例尺上的数字以米为单位。绘图时应先选定比例，另外，一个尺面上的比例还可以缩小或放大来使用。图 1-20 所示为比例尺及其用法。

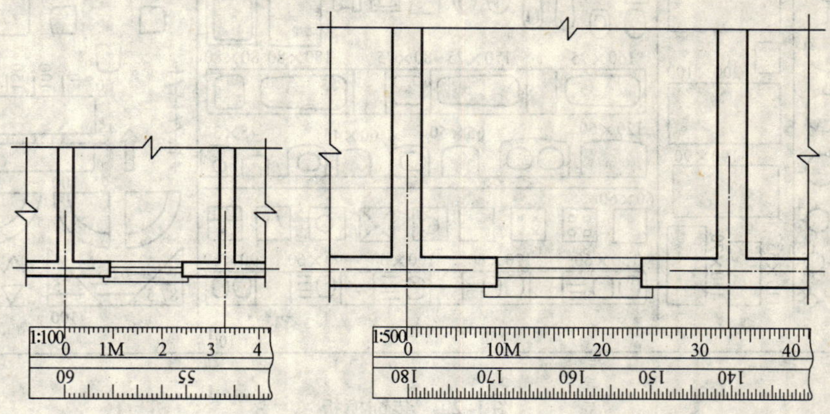

图 1-20　比例尺及其用法

1.2.4 建筑模板、曲线板

建筑模板用来画各种建筑图例和常用符号，如柱、预留洞口、标高符号、详图牵引符号、定位轴线圆等。

曲线板用于画非圆曲线。绘图时，先画出曲线上足够的点，用铅笔徒手轻轻连成曲线，然后在曲线板上选取与其最吻合的曲线段，为使整段曲线光滑连接，至少要通过曲线上三至四个点，且两段曲线之间应有重复。

图 1-21 所示为建筑模板，图 1-22 所示为装饰模板，图 1-23 所示为曲线板及曲线做法。

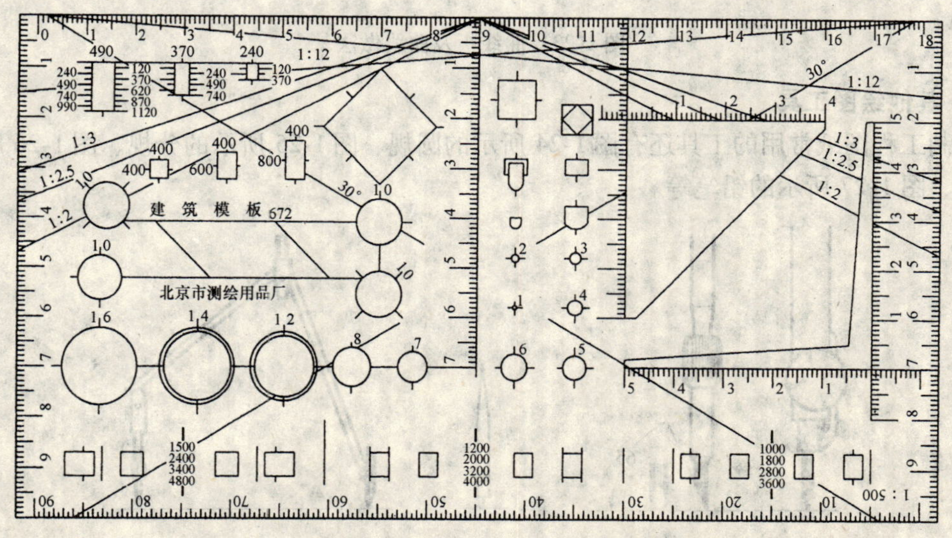

图 1-21　建筑模板

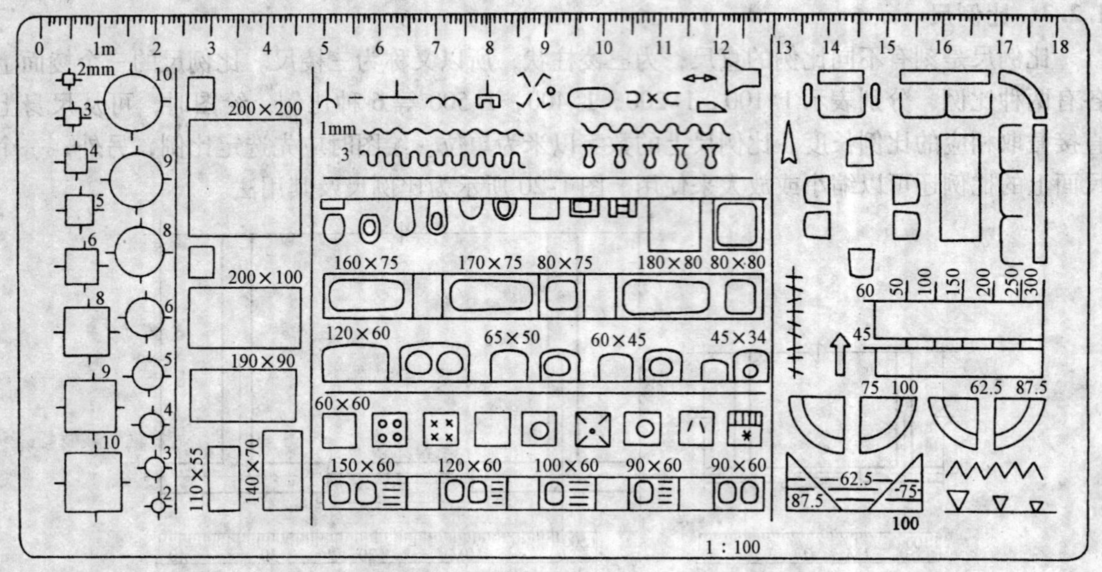

图 1-22 装饰模板

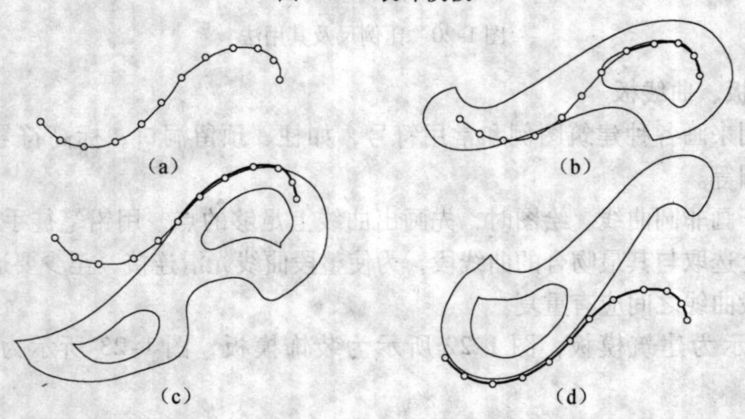

图 1-23 曲线板及曲线做法

1.2.5 其他绘图工具

绘制工程图纸常用的工具还有图 1-24 所示的圆规、图 1-25 所示的分规、图 1-26 所示的墨水笔、图 1-27 所示的铅笔等。

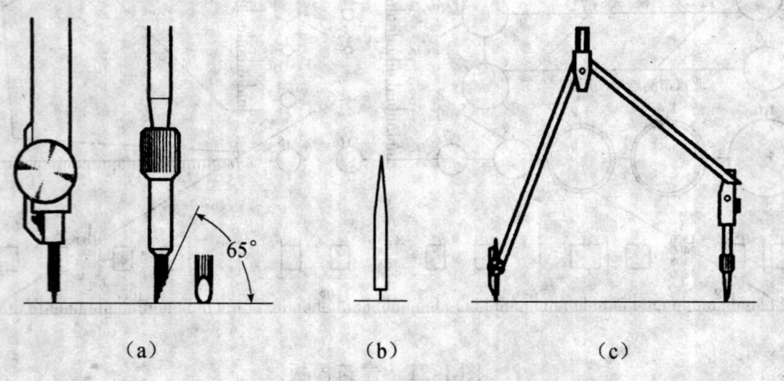

图 1-24 圆规的零件及调整

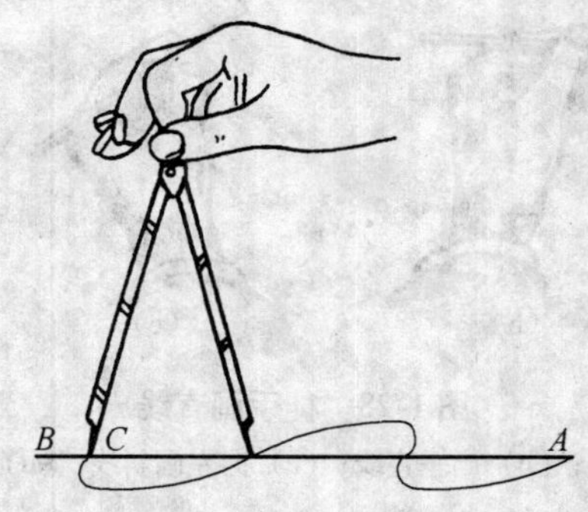

图 1-25　分规的用法

图 1-26　绘图墨水笔

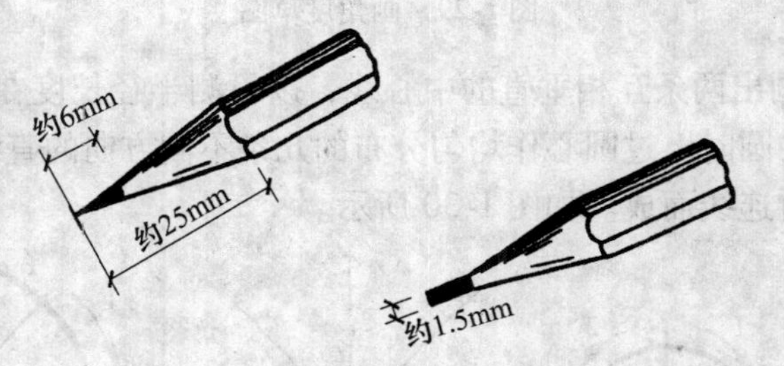

图 1-27　铅芯的长度与形状

1.3　徒手画图

徒手画图就是不用绘图仪器和工具，用目测估计比例徒手画出图样，这是一项每个工程技术人员必须掌握的重要的绘图基本技能。

徒手画出的图称为草图，草图并非潦草的图，也应投影正确、线型比例分明、图面整洁、字体工整。

徒手画图的技巧如下：

（1）徒手画图最好采用比仪器画图软一号的铅笔，且一般采用方格纸，这样有利于控制图线的平直和图形的大小。

（2）画图前应先仔细观察，大致估计形体的长、宽、高等结构尺寸的比例，并注意形体各细部的结构。

（3）徒手画直线的姿势可参照图 1-28。握笔不宜过紧，运笔应自然，铅笔应向运动方向倾斜，小手指轻触纸面并随时注意线段的终点。画较长的直线时，可依此法分段画出。画水平线时自左向右画，画铅直线时，自上向下画。

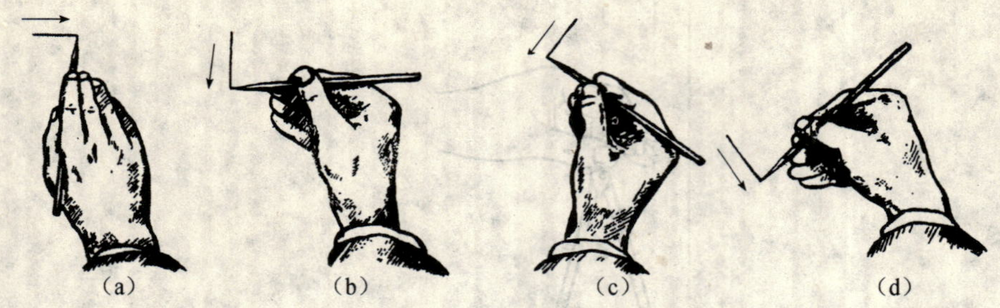

图 1-28　徒手画直线

(a) 画水平线；(b) 画垂直线；(c) 向左画斜线；(d) 向右画斜线

(4) 画斜线时，可根据直线的比例关系，先画出两个端点，然后画线，如图 1-29 所示。

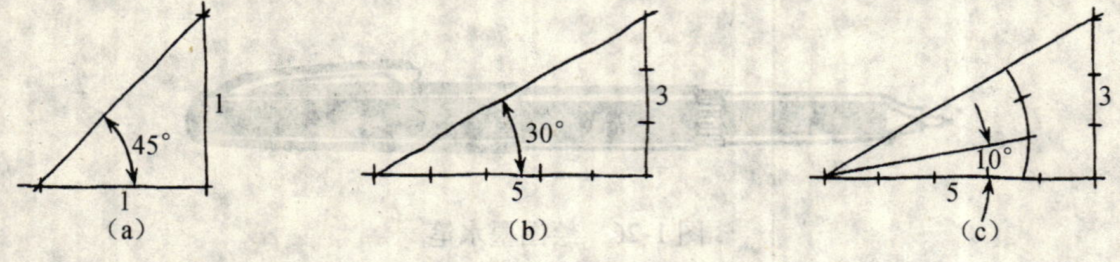

图 1-29　画角度草图

(5) 画圆时，先画出两条互相垂直的中心线，以目测半径长度在中心线上定出四个点，然后连成圆。画较大的圆时，过圆心作均匀分布的几条不同方向的直线，按目测半径在各直线上定出一些点后，再连线而成。如图 1-30 所示。

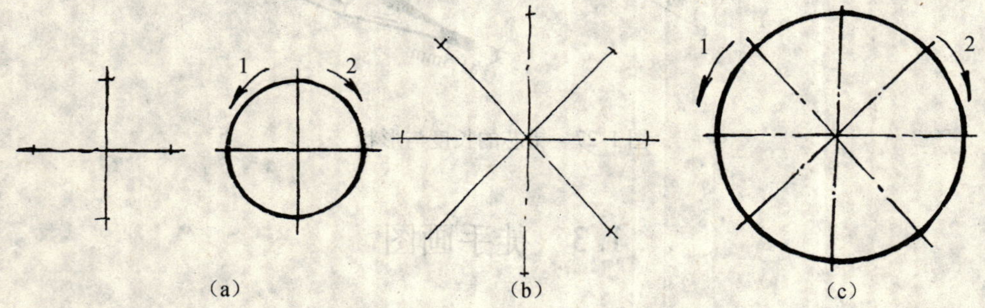

图 1-30　徒手画圆的方法

(a) 画小圆；(b) 定出八个点；(c) 画大圆

(6) 画椭圆时，先画出椭圆的长短轴，然后过其端点作椭圆的外切矩形并画出对角线，目测将对角线分成六等分，连接长短轴的端点及对角线的外等分点（略向外偏一点）即可。如图 1-31 所示。

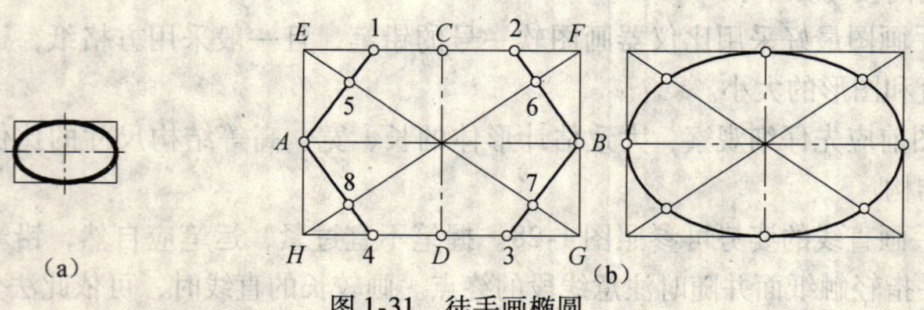

图 1-31　徒手画椭圆

(a) 徒手画小椭圆；(b) 徒手画大椭圆

1.4　平面图形的画法

1.4.1　几何作图

为了能够正确、迅速地作出工程图纸中的某些平面图形，应熟练掌握几何知识和作图技巧。常用的几何作图方法介绍如下：

1. 等分线段

如图 1-32 所示，将线段 *AB* 分成五等分。

过 *A* 点任意引一条射线 *AC*，然后从 *A* 点开始，在 *AC* 上截取五个等分，得 1_0 ~ 5_0 等五个点，连 5_0B，并过其余几个点作直线平行于 5_0B 即可。

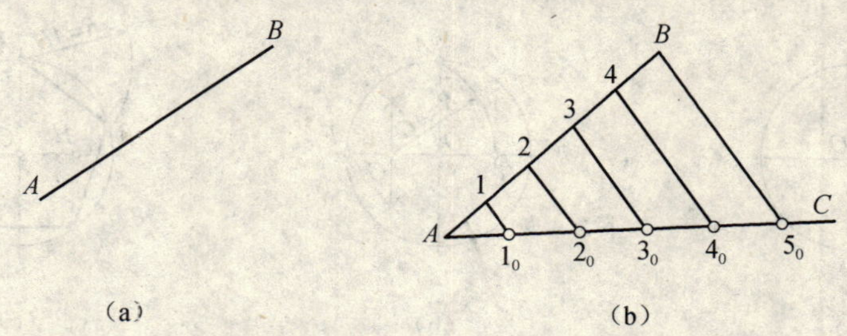

图 1-32　分线段成 5 等分

(a) 已知条件；(b) 作图过程

2. 过已知点作直线平行于已知直线

如图 1-33 所示，已知直线 *AB* 及线外一点 *P*，使三角板的一边与直线 *AB* 重合，用另一把尺紧贴三角板另一边，移动三角板至 *P* 点，过 *P* 点作直线即为所求。

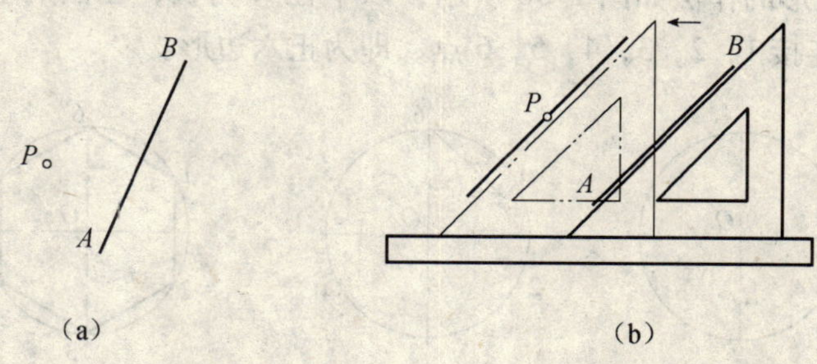

图 1-33　过已知点作直线平行已知直线

(a) 已知条件；(b) 作图过程

3. 过已知点作一已知直线的垂线

如图 1-34 所示，已知直线 *AB* 及其上一点 *P*，使三角板的一边与直线 *AB* 重合，用另一把尺紧贴三角板的另一边，移动三角板使其另一直角边经过 *P* 点，画直线即为所求。

4. 作圆的内接正五边形

图 1-35 (a) 所示为已知圆。作出半径 *OF* 的中点 *G*，以 *G* 为圆心，*AG* 为半径画弧，得 *H* 点，见图 1-35 (b)。以 *AH* 为半径，将圆周分为五等分，得点 *A*，*B*，*C*，*D*，*E*，顺序连接五个点即可，见图 1-35 (c)。

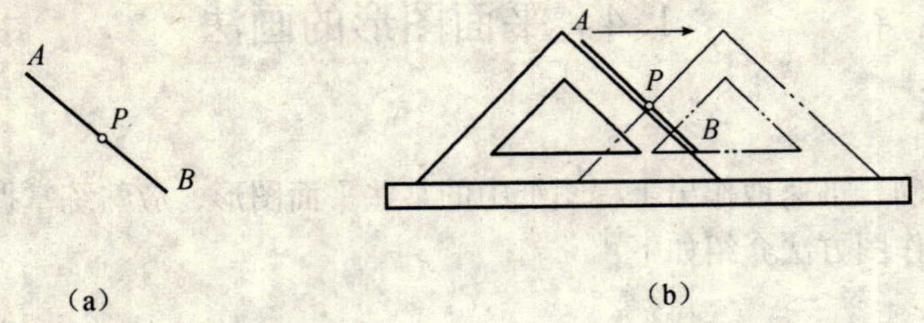

图 1-34　过已知点作一直线垂直于已知直线

(a) 已知条件；(b) 作图过程

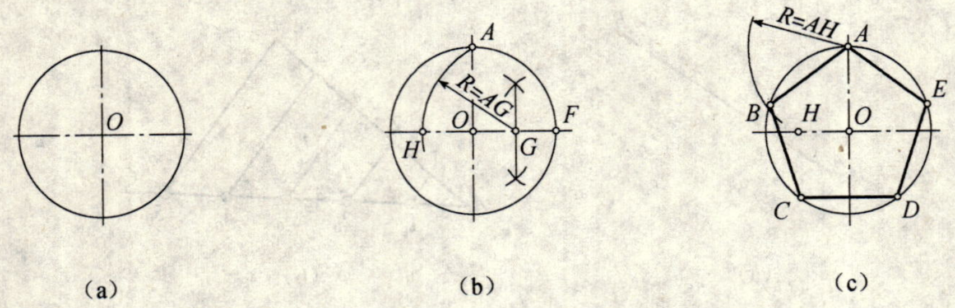

图 1-35　作圆 *O* 的内接五边形

(a) 已知条件；(b) 作图过程（一）；

(c) 作图过程（二）

5. 作圆的内接正六边形

圆的内接正六边形的作法如图 1-36 所示，以半径 *R* 为长，在圆周上截得 1，2，3，4，5，6 点，再按顺序连接 1，2，3，4，5，6 点，即为正六边形。

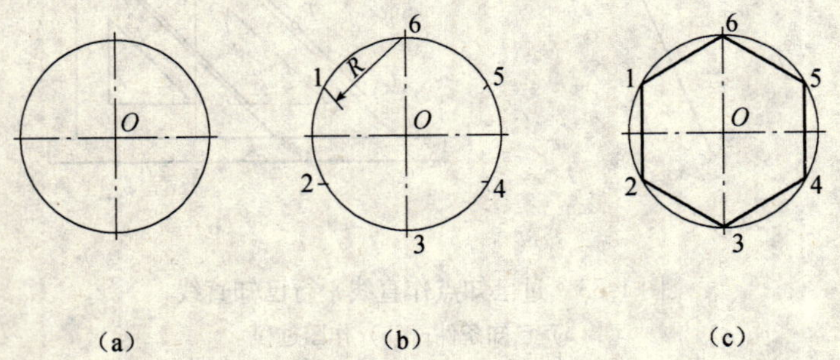

图 1-36　作圆的内接六边形

(a) 已知条件；(b) 作图过程（一）；

(c) 作图过程（二）

6. 圆弧连接

用已知半径的圆弧与直线相切或与圆弧相切，称为圆弧连接。圆弧连接前，应先求出圆心的切点的位置，其作法见表 1-11。

表 1-11　求连接弧的圆心和切点

项目	图　例	说　明
圆弧与已知直线相切	R　O_1　O_2　O_3　L_1　R　K　L　R　O_4　O_5　L_2	圆心；圆心的轨迹是距离直线 L 为 R 的两条平行线 切点：由连接弧（R）圆心 O_1 向已知直线 L 作垂线，垂足 K 即为切点
圆弧与已知圆外切	O_2　O_3　O_4　R　O_1　K　O　R_2=R+R_1　R_1	圆心：圆心的轨迹是已知圆弧的同心圆。其直径为 $R_2=R+R_1$ 切点：两圆圆心连线 OO_1 与已知弧的交点 K，即为切点
圆弧与已知圆内切	R_1　O_4　O_3　O　R_2=R_1−R　O_2　R　O_1　K	圆心：圆心轨迹是已知圆弧的同心圆，其半径为 $R_2=R_1-R$ 切点：两圆圆心的连线 OO_1 与已知弧的交点 K，即为切点

表 1-12 为几种常见的半径为 R 的圆弧连接示例。

用表 1-11 所示方法求出连接弧的圆心和切点后，即可准确画出连接弧。

表 1-12　常见圆弧连接示例

连接示例	图例与作图过程
连接相交两直线	R　R　O　R　k_1　k_2　O　R　k_1　k_2 （1）分别作与角两边距离为 R 的平行线，其交点 O 即为圆心 （2）过 O 作与角两边的垂线，垂足 k_1，k_2 即为切点 （3）以 O 为圆心，R 为半径，自 k_1 至 k_2 画弧

续表

连接示例	图例与作图过程
连接一直线和一圆弧	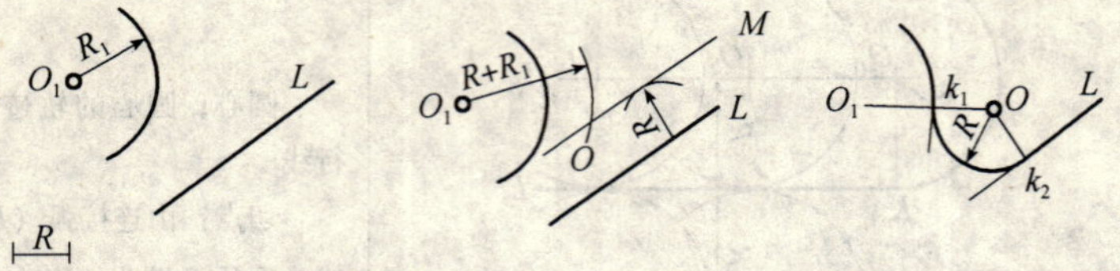 （1）作与直线距离为 R 的平行线；以 O_1 为圆心，$R+R_1$ 为半径画圆弧，与所作平行线的交点 O，即为圆心，连 OO_1 与圆弧相交，其交点 k_1，k_1 即为切点 （2）过 O 作已知直线的垂线，得垂足 k_2 （3）以 O 为圆心，R 为半径，自 k_1 至 k_2 画弧
内接两圆弧	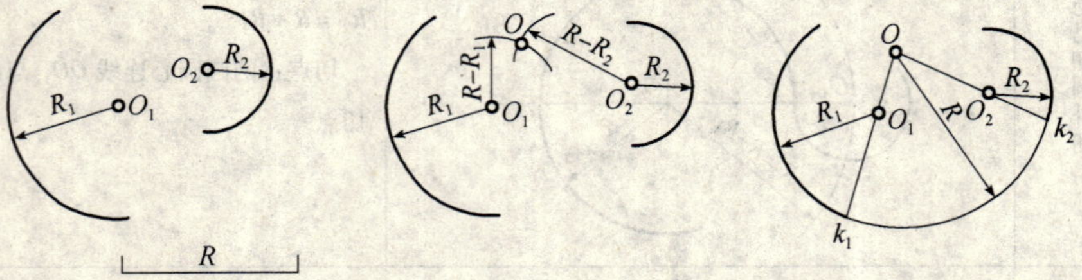 （1）分别以 O_1、O_2 为圆心，$R-R_1$、$R-R_2$ 为半径画弧，两弧的交点 O 即为连接弧的圆心 （2）作 OO_1、OO_2 连线的延长线，与圆弧分别交于 k_1，k_2，其 k_1，k_2 即为切点 （3）以 O 为圆心，R 为半径，自 k_1 至 k_2 画弧
外接两圆弧	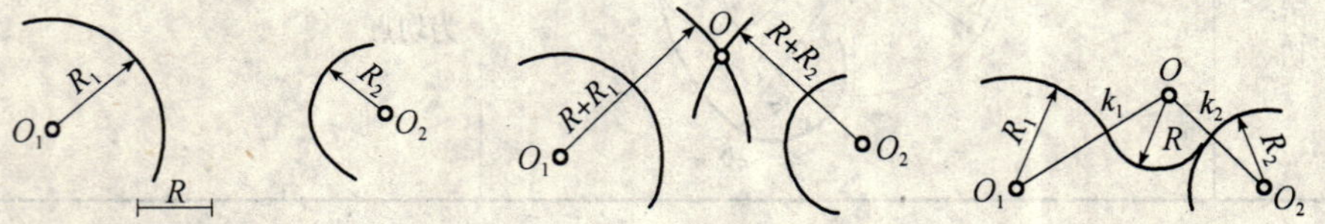 （1）分别以 O_1，O_2 为圆心，$R+R_1$，$R+R_2$ 为半径画弧，两弧的交点 O 即为连接弧的圆心 （2）连接 OO_1，OO_2 分别与圆弧交于 k_1，k_2，其 k_1，k_2 即为切点 （3）以 O 为圆心，R 为半径，自 k_1 至 k_2 画弧

7. 椭圆的作法

（1）四心圆法

用四心圆法作椭圆的方法和步骤如图 1-37 所示。

作椭圆的长短轴；以 O 点为圆心，长轴长为半径作圆弧交短轴的延长线于 E 点；以 C 点为圆心，CE 长为半径画弧交 AC 于 F 点；作 AF 的垂直平分线交长轴于 1 点，交短轴的延长线于 2 点；利用对称的关系或用同样的方法求作 3 点和 4 点，1，2，3，4 四个臬即为四点圆弧的圆心。以 2、4 点为圆心，以 $2C$ 长为半径画弧；以 1，3 点为圆心，以 $1A$ 长为半径画弧，即可作出椭圆。

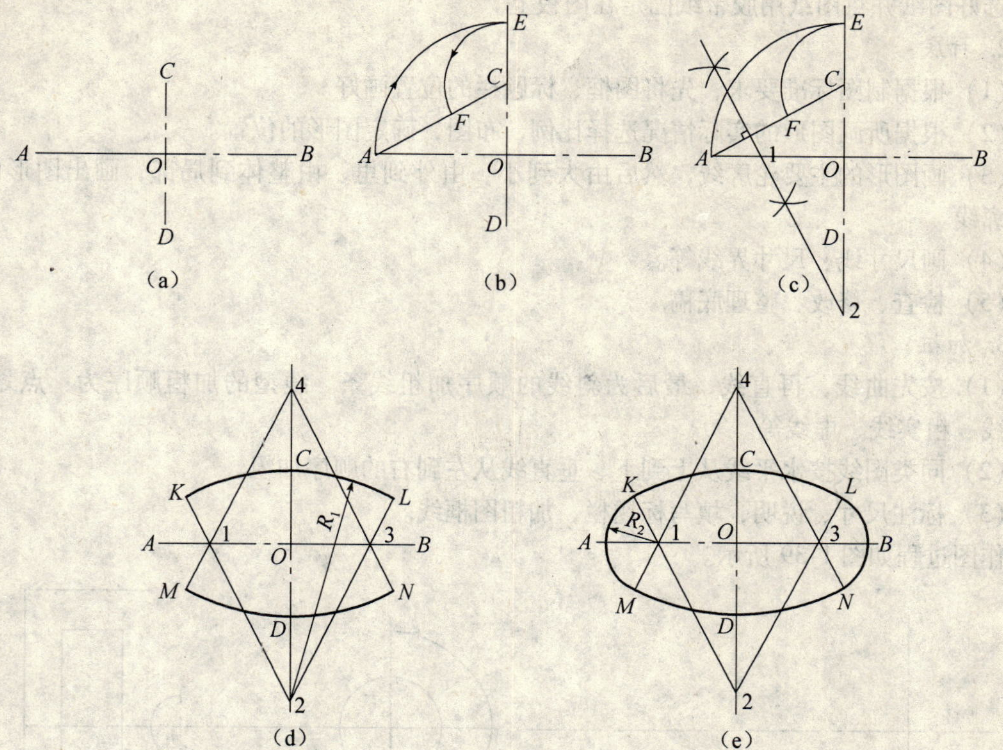

图 1-37　四心圆法作近似椭圆

（2）同心圆法

用同心法作椭圆的方法和步骤如图 1-38 所示。

作两个同心圆并将它们分为十二等分。过各等分线与大圆的交点引竖直线，过各等分线与小圆的交点引水平线，将各竖直线与水平线的交点光滑连接即可作得椭圆。

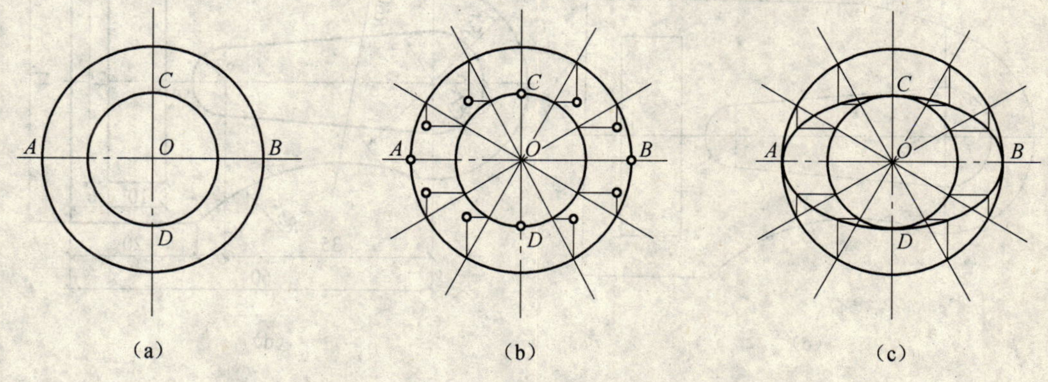

图 1-38　同心圆法画椭圆

1.4.2　作图的一般步骤

1. 准备工作

为了提高绘图速度，保证绘图质量，使图面干净、整齐、匀称、美观，绘图前应仔细阅读，做到心中有数，并准备好必备的工具。

选好图纸并将图纸用胶带纸固定在图板上。

2. 打底

（1）根据制图标准要求，先将图框、标题栏的位置画好。

（2）根据所画图形的实际情况选择比例，布图，确定图形的位置。

（3）画图形的主要轮廓线，然后由大到小、由外到里、由整体到局部，画出图形的所有轮廓线。

（4）画尺寸线、尺寸界线等。

（5）检查、修改、整理底稿。

3. 加粗

（1）按先曲线，再直线，最后为斜线的顺序加粗线条。线型的加粗顺序为：点划线、细实线、粗实线、虚线等。

（2）同类图线按水平线从上到下、垂直线从左到右的顺序加粗。

（3）标注尺寸、说明，填写标题栏，加粗图框线。

作图过程如图 1-39 所示。

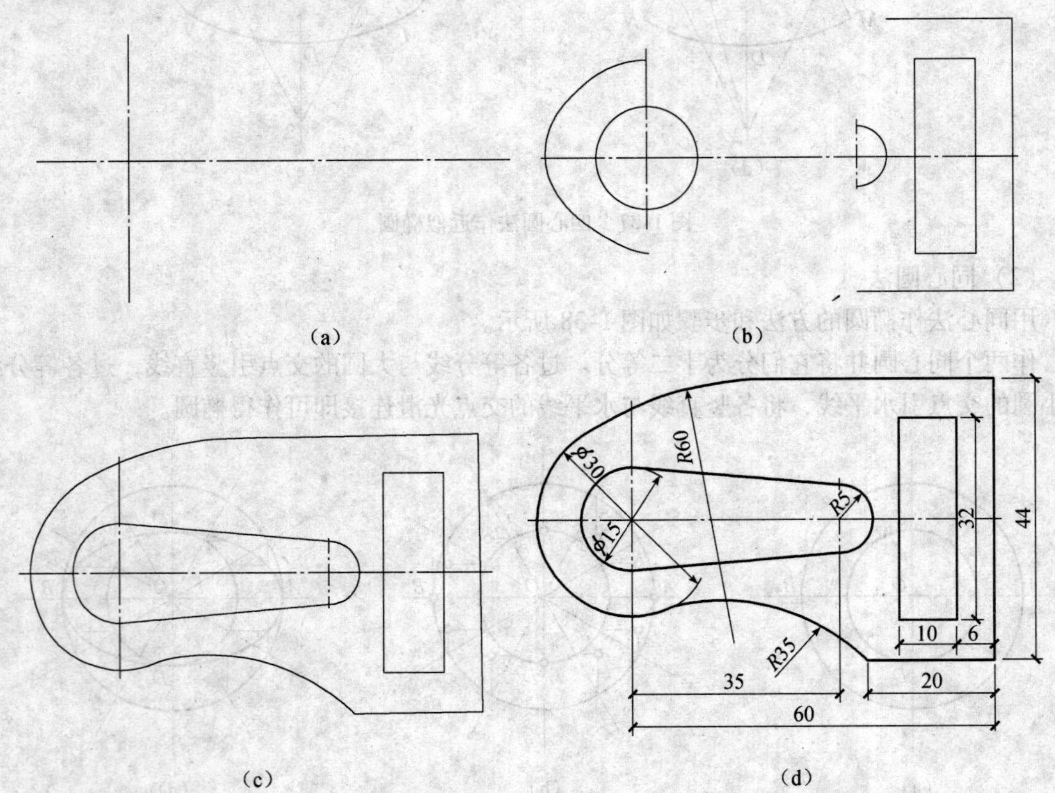

图 1-39 平面图形的画法示例

（a）画基准线；（b）画已知线段；（c）画连接弧；（d）加深、整理、标注尺寸

第 2 章 投影的基本知识

2.1 投影及其分类

2.1.1 投影的概念

在日常生活中经常可以看到这样的现象：在阳光或灯光照射下的物体在地面上或墙面上投下影子，影子在一定程度上能反映物体的形状和大小，随着光线照射方向的不同，影子也发生变化。图 2-1（a）所示为某物体在光线照射下在地面上留下的影子，这个影子只反映

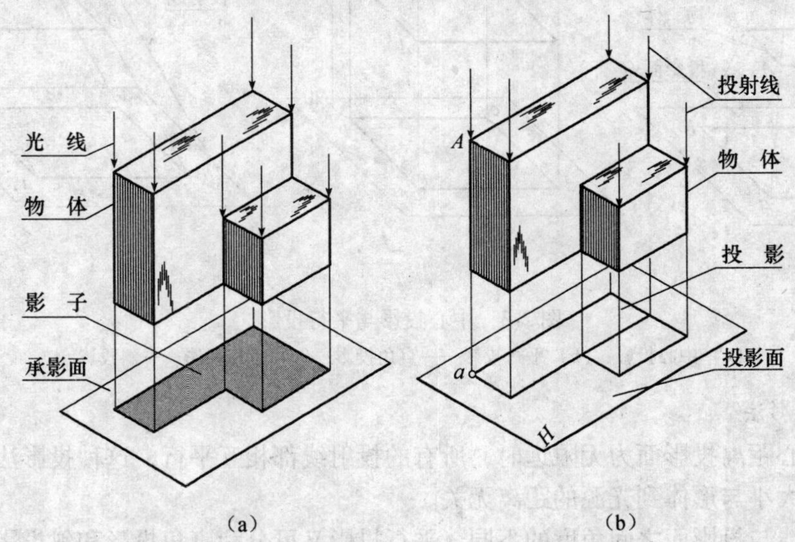

图 2-1 影子与投影

（a）影子；（b）投影

了物体底部的轮廓。若把这种现象抽象总结，将发光点称为光源，光线称为投影线，落影子的地面或墙面称为投影面，则这种影子称为投影。如图 2-1（b）所示。

要产生投影必须具备三个条件：投影中心 *S*，即光源或光线；投影所在的平面称为投影面 *H*；空间几何元素或形体。这三个条件又称为投影三要素，如图 2-2 所示。

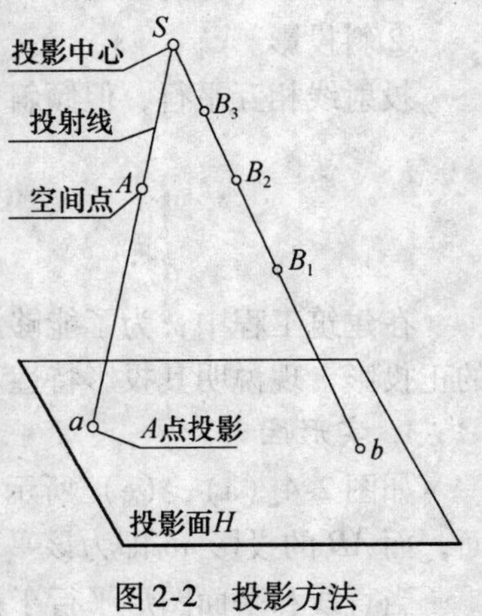

图 2-2 投影方法

在这样的条件下，通过空间点 *A* 的投影线（*SA* 连线）与投影面 *H* 的交点 *a* 即为该点的投影。由于一条直线只能与平面相交于一点，因此，当投影中心和投影面确定后，点在该投影面上的投影是唯一的。但是点的一个投影并不能唯一确定该点的空间位置。如已知投影点 *b* 点，在 *Sb* 投影线上的

所有点 B_1，B_2，B_3…的投影都为 b。

这种研究空间形体与其投影之间关系的方法称为投影法。工程上常用各种投影法来绘制图样。

2.1.2 投影法的分类

根据投影中心与投影面之间距离远近的不同，投影法分为中心投影法和平行投影法两大类。

1. 中心投影法

如图2-3（a）所示，当投影中心距离投影面为有限远时，所有的投射线都交汇于一点（即投影中心），这种投影法称为中心投影法。投影图形的大小随光源的方向和与形体的距离而变化，光源距形体愈近，形体投影愈大，它不能反映形体的真实大小。

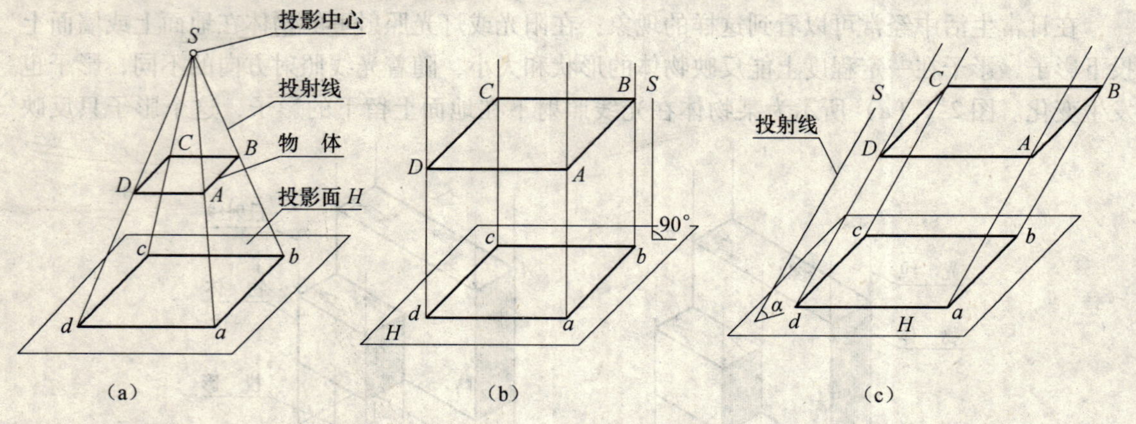

图2-3 中心投影与平行投影

（a）中心投影；（b）平行投影——直角投影；（c）平行投影——斜投影

2. 平行投影法

当投影中心距离投影面为无限远时，所有的投射线都相互平行，这种投影法称为平行投影法，投影的大小与形体到光源的距离无关。

根据投射线与投影面之间角度的不同，平行投影又可分为直角投影和斜投影。

①直角投影

直角投影又称为正投影，投射线相互平行且与投影面垂直，如图2-3（b）所示。

②斜投影

投射线相互平行，但倾斜于投影面，如图2-3（c）所示。

2.2 正投影的特性

在建筑工程中，为了能够最直接地读得形体的形状和结构尺寸，通常使用平行投影法中的正投影，现说明其投影特性。

1. 实形性

如图2-4（a）、（e）所示，直线 AB 与投影面平行。这时投射线与 AB 构成一个投射平面，而 AB 的投影 ab 即为该平面与投影面 H 的交线，所以 ab 与 AB 等长。

当直线和平面图形平行于投影面时，则在该投影面上的投影反映实长或实形。

2. 积聚性

如图 2-4（c）所示，当直线 AB 垂直于投影面 H 时，AB 上各点位于同一投影线上，各点的投影积聚于一点。

如图 2-4（g）所示，当直线或平面图形垂直于投影面时，其在该投影面上的投影积聚为一点或一条直线。

3. 平行性

如图 2-4（d）、（h）所示，相互平行的两条直线在同一投影面上的投影保持平行。

4. 定比性

如图 2-4（b）所示，直线上两线段长度之比等于这两条线段的投影长度之比。

如图 2-4（d）所示，空间相互平行的两条线段的长度之比，等于它们的平行投影长度之比。

5. 变形性

当直线或平面图形倾斜于投影面时，直线在这个投影面上的投影小于实长，而平面图形的投影仍然是一个边数相同图形相似的平面。如图 2-4（f）所示。

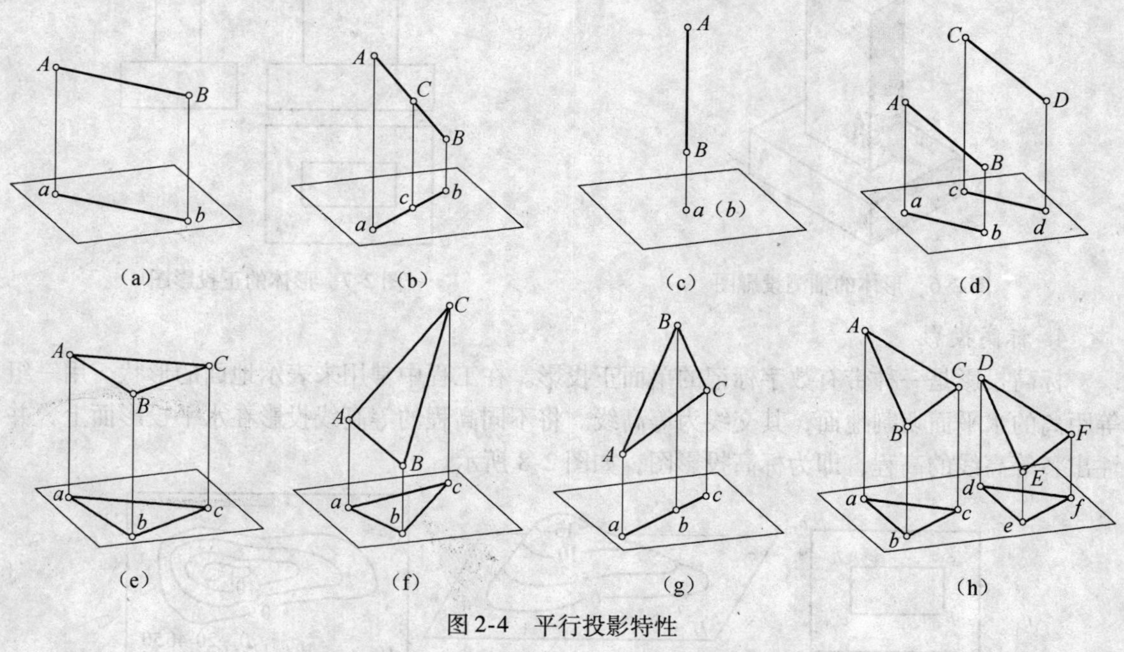

图 2-4　平行投影特性

2.3　工程上常用的四种图示方法

用图形表达形体的空间形状的方法，称为图示法。由于表达的目的和被表达对象的特征不同，用图示法表达建筑形体时，常采用不同的图示方法。常用的图示法有以下几种：

1. 透视投影

图 2-5 所示为用中心投影法作出形体透视投影图，又称为透视图。透视图的原理与照相原理相似，特点

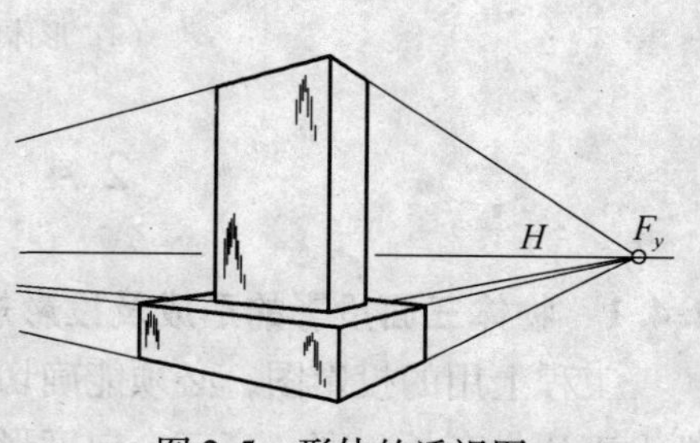

图 2-5　形体的透视图

是图形逼真，直观性强，但绘制透视图较繁琐，且不能直接从图中得到形体各部分的确切形状和尺寸。

透视图常用来作建筑设计方案的比较和工艺美术、广告宣传等，不能用作施工依据。

2. 轴测投影

图 2-6 所示为形体的轴测投影图，它是选择合适的方向将形体按平行投影法投影到一个投影面上，能在一个图中反映出形体的长、宽、高三个向度，具有一定的立体感，非常直观，但也不能完整地表达形体的形状，度量性差，且作图过程繁琐，只能作为工程上的辅助图样。

3. 正投影

采用两个或两个以上的投影面作出形体的多面正投影图，然后按规则展开在一个平面上，即得到形体的多面正投影图，如图 2-7 所示。正投影作图简便，便于度量和标注尺寸，在工程上应用最为广泛，但没有立体感，需经过训练才能看懂。

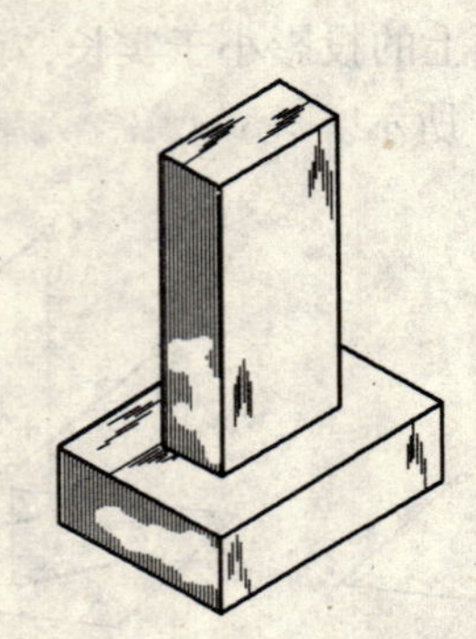

图 2-6 形体的轴测投影图

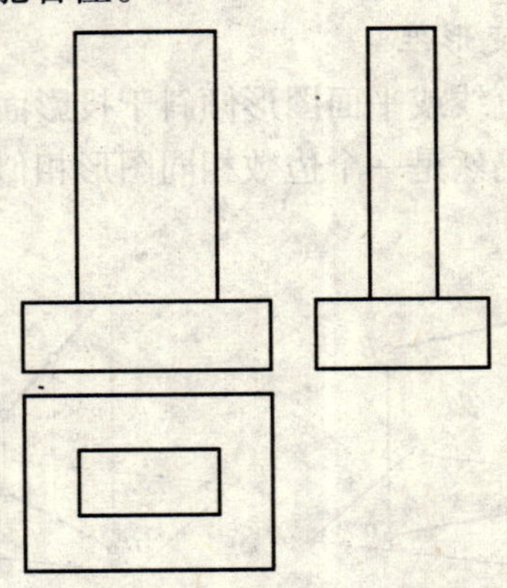

图 2-7 形体的正投影图

4. 标高投影

标高投影是一种带有数字标记的单面正投影。在工程中常用来表示地面的形状。用一组等距离的水平面切割地面，其交线为等高线。将不同高程的等高线投影在水平投影面上，并注出各等高线的高程，即为标高投影图，如图 2-8 所示。

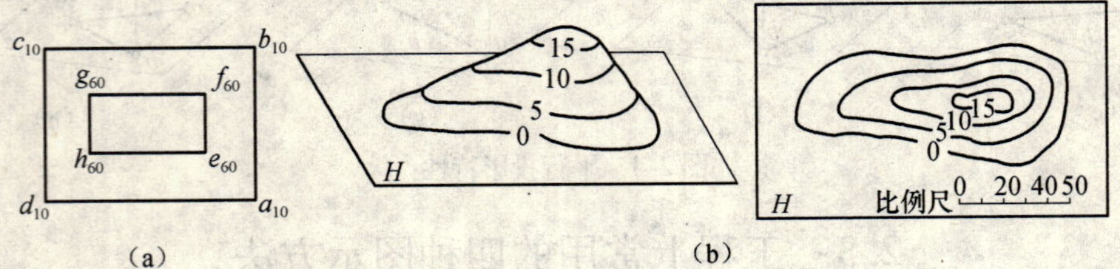

图 2-8 标高投影图

(a) 形体的标高投影图；(b) 地形标高投影

2.4 形体的三面投影图

2.4.1 物体三面投影的形成及投影规律

工程上用的投影图，必须能确切、唯一地反映形体的几何形状。怎样才能在一张平面图纸上表达具有长、宽、高三个向度形体的真实形状与大小呢？

1. 形体的单面投影

图2-9（a）所示的三个不同形状的形体 A，B，C，作出它们在水平投影面（又称水平面或 H 面）上的直角投影，根据投影特性，得到了如图2-9（b）所示的三个形体的 H 投影。可见，三个形体的 H 投影是相同的，所以形体的单面投影不能唯一确定形体的几何形状。

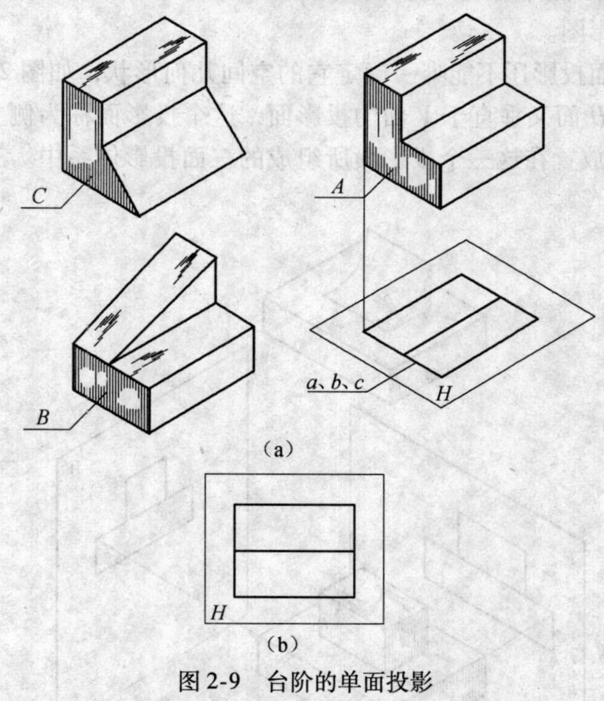

图2-9　台阶的单面投影

（a）立体图；（b）投影图

2. 形体的两面投影

如图2-10所示，在空间建立两个相互垂直的投影面，分别称为正立投影面（又称正平面或 V 面）和水平投影面 H；V 面与 H 面的交线 OX 称为投影轴（又称 X 轴），并分别作出形体（四棱台）的两面投影。由图2-10（a）可知，若单独用一个 V 投影来表示形体的形

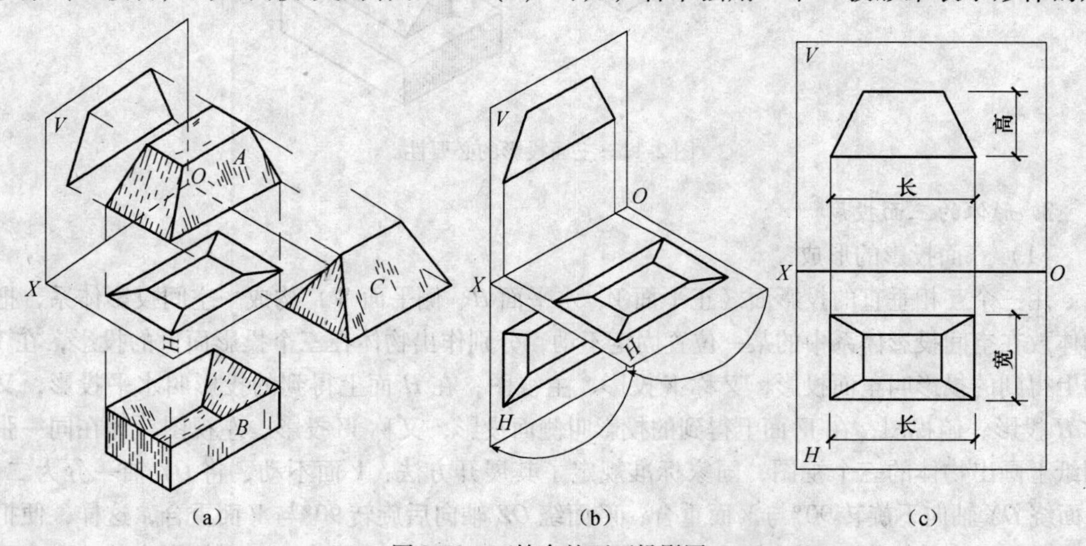

图2-10　四棱台的两面投影图

状，它可以是形体 *A*，也可以是形体 *C*，用两面投影共同表示一个形体时，才能唯一确定形体四棱台的空间几何形状。

如图 2-10（b）所示，作出四棱台的两面投影之后，将形体移开，*V* 投影不动，将 *H* 投影以 *OX* 轴为轴心，向下旋转 90°，使两投影面在同一个平面上，即得到如图 2-10（c）所示的四棱台的两面投影图。

但某些形体，两面投影还不能唯一确定它的空间几何形状，如图 2-11 所示，所以还要再增加一个既垂直于 *H* 面又垂直于 *V* 面的投影面，这个投影面称为侧立投影面，又称为侧平面或 *W* 面。形体就放置在这三个投影面所组成的三面投影体系中。三面投影所确定的形体才是唯一的。

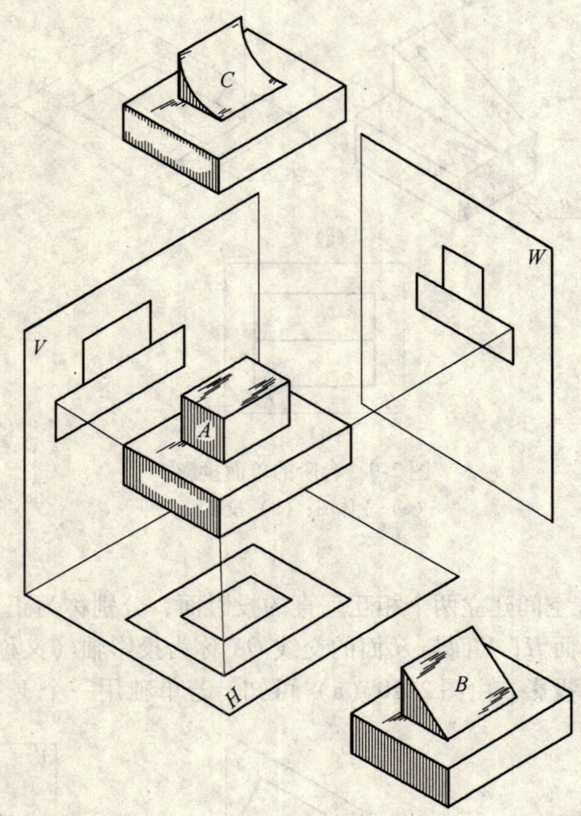

图 2-11　三面投影的必要性

3. 形体的三面投影

(1) 三面投影的形成

用三个互相垂直的投影面（正平面 *V*、水平面 *H*、侧平面 *W*）构成一空间投影体系，把物体放在空间投影体系中的某一位置固定不动，分别作出物体在三个投影面上的投影，在 *V* 面上得到的投影叫正面投影，又称 *V* 投影、主视图；在 *H* 面上得到的投影叫水平投影，又称 *H* 投影、俯视图；在 *W* 面上得到的投影叫侧面投影，又称 *W* 投影、左视图。为在同一张图纸上画出物体的三个视图，国家标准规定了其展开方法：*V* 面不动，将 *OY* 轴一分为二，*H* 面绕 *OX* 轴向下旋转 90°与 *V* 面重合；*W* 面绕 *OZ* 轴向后旋转 90°与 *V* 面重合，这样，便把三个互相垂直的投影面展平在同一张图纸上了。三面投影的配置为以正面投影为基准，水平投影在正面投影的下方；侧面投影在正面投影的右方。

图 2-12 所示为投影面的展开及三面投影图。

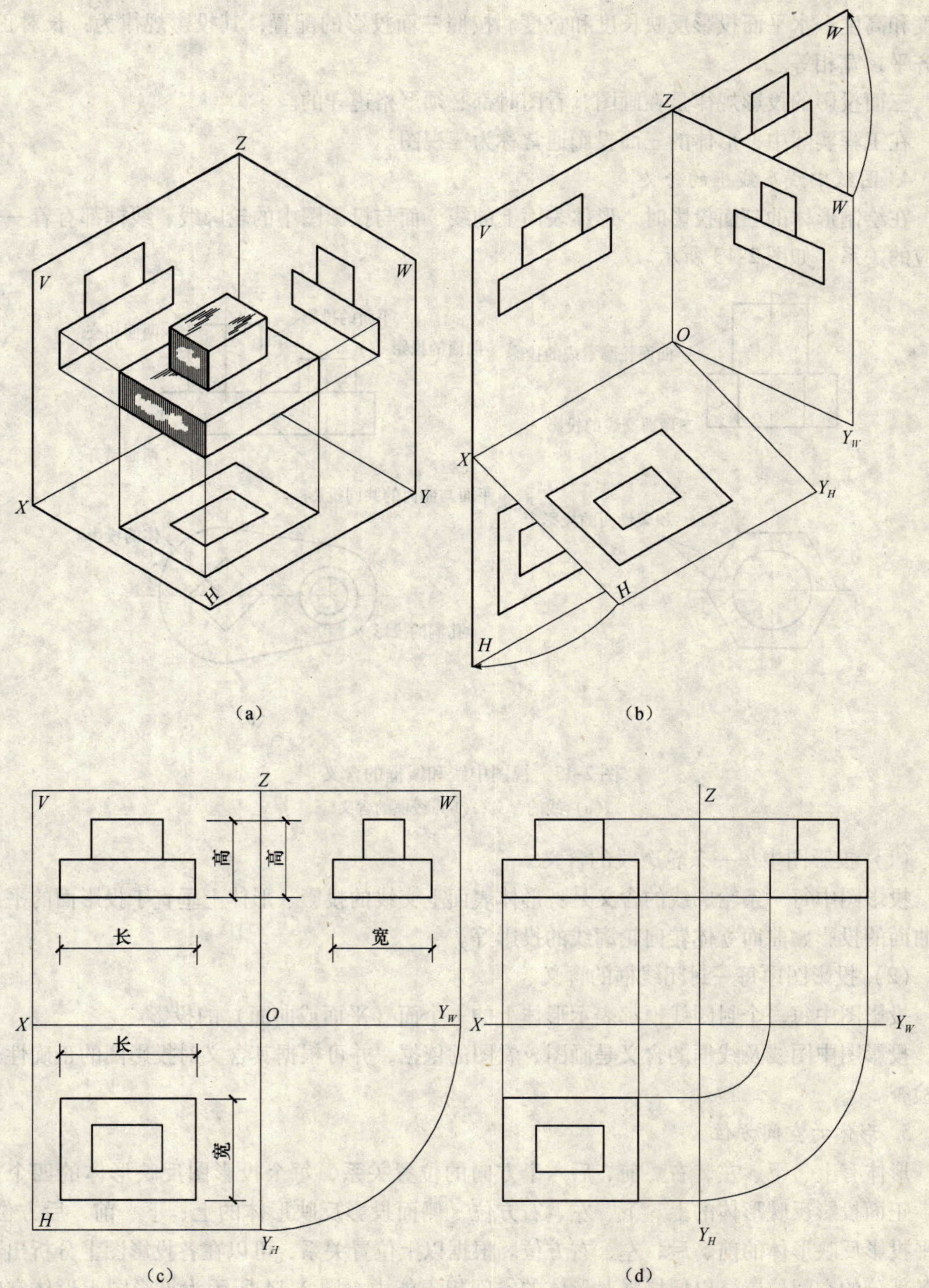

图 2-12　三投影面及三面投影（投影图）

（a）立体图；（b）投影面展开过程；（c）投影面展开；（d）去投影边框后三面投影图（投影图）

（2）投影规律

每一面投影反映物体两个方向的尺寸。正面投影反映物体的长度和高度；侧面投影反映宽度和高度；水平面投影反映长度和宽度。按照三面投影的配置，其投影规律为：长对正，高齐平，宽相等。

三面投影的投影规律是在画图、看图时都必须严格遵守的。

在工程实际中，形体的三面投影通常称为三视图。

4. 图纸中线及线框的含义

在绘制形体的三面投影时，形体表面上的线、面与投影图中的轮廓线、线框都有着一一对应的关系。如图 2-13 所示。

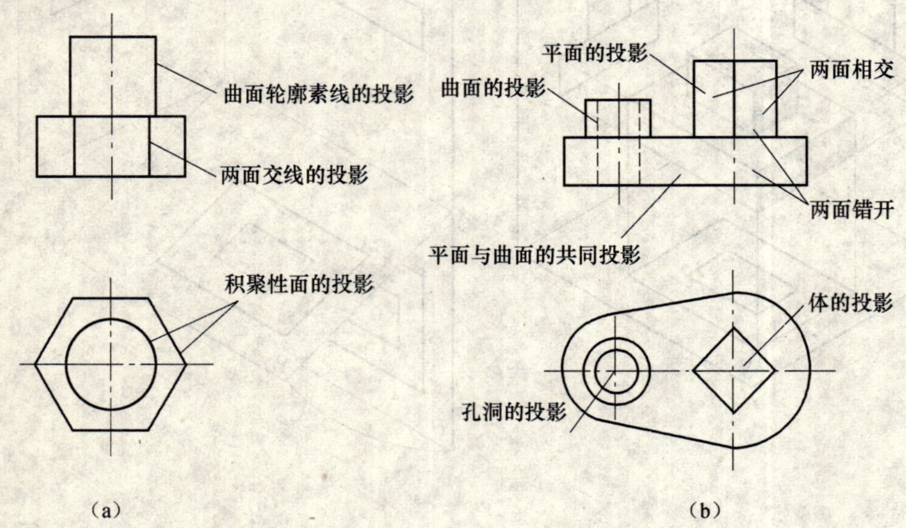

图 2-13　视图中线和线框的含义

（a）线的含义；（b）线框的含义

（1）投影图中每一条轮廓线的含义

投影图中每一条轮廓线的含义是：形体表面上交线的投影、形体上垂直于投影面的平面或曲面的投影、曲面立体转向轮廓线的投影等。

（2）投影图中每一封闭线框的含义

投影图中每一个封闭线框都表示形体上的一个面（平面或曲面）的投影。

投影图中图线及线框的含义是画图、看图的依据，并可根据其含义对投影图的正确性进行检查。

5. 形体的空间方位

形体有上、下、左、右、前、后六个方向的位置关系，每个投影图反映形体的四个方位。正面投影反映形体的上、下、左、右方位，侧面投影反映形体的上、下、前、后方位，水平投影反映形体的前、后、左、右方位。根据以上位置关系，可以在各投影图上分析出形体各部分的空间位置，以便增强对形体的空间想象能力。图 2-14 所示为投影图上形体空间方向的反映。

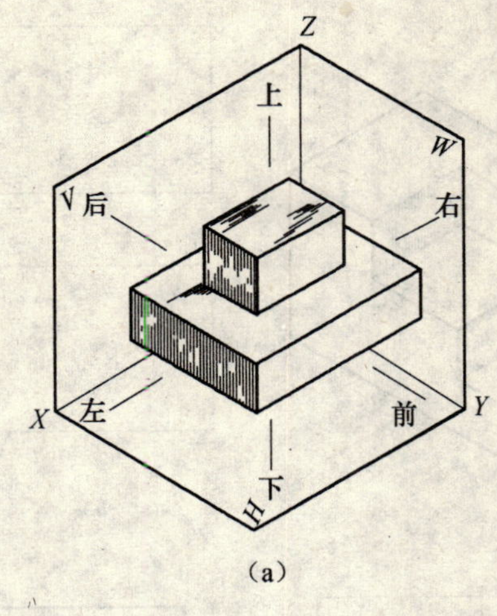

(a)

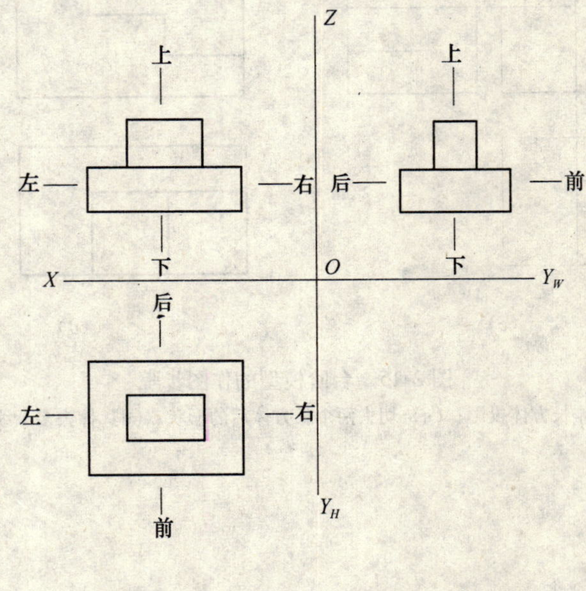

(b)

图 2-14　投影图上形体方向的反映

2.4.2　三面投影图的作图步骤

根据形体或立体图画三面投影图时，应把形体摆平放正，选择形体主要特征明显的方向作为主视图的投影方向，一般画图步骤如下：

1. 用点划线和细实线画出各投影图的作图基准线。

2. 用细实线、虚线，根据形体的构成，按照先大后小、先整体后局部的顺序，根据投影规律，画出形体三面投影图的底图。

3. 底图画完后，需经过检查，没有错误后清理图面，再按图线要求描深。图线的描深顺序为：先曲线，后直线；水平线应自上而下，依次描深；垂直线应自左向右依次描深。按照这种顺序描深，可以保证曲线与直线的正确连接，提高描深速度，保证图面的清洁。

三面投影图的作图步骤见图 2-15。

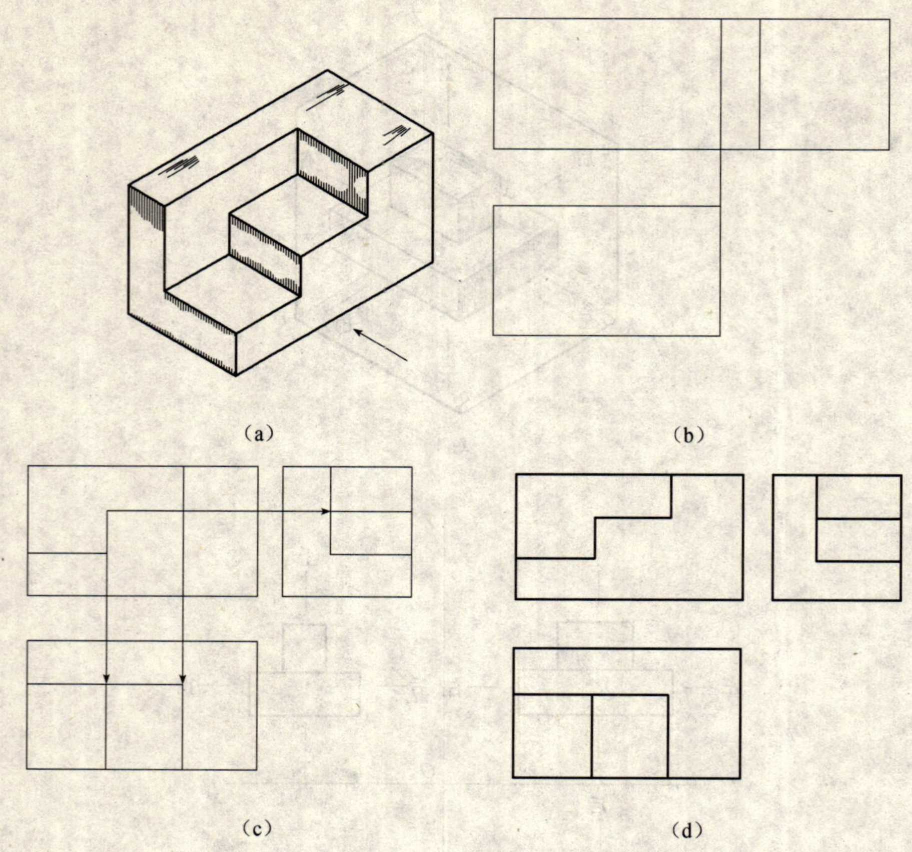

图 2-15　台阶模型的作图步骤

（a）立体图；（b）作长方体投影；（c）切去两个长方体后的形状；（d）擦去多余线条，加粗加深线型

第 3 章　投影基本规律

点、直线、平面是构成形体的最基本的几何元素，因此，要了解形体的投影规律，首先应了解点、直线、平面的投影规律。

3.1　点的投影

任何形体都是由点、线、面组成，点又是组成形体的最基本的几何元素，所以，要正确地表达形体，要准确地读图识图，点的投影规律是必须掌握的。

1. 点的两面投影

如图 3-1 所示，点的一面投影不能确定其在空间的位置，要确定点在空间的位置，至少需要两面投影。

图 3-2 所示为点的两面投影，它可以反映点到正投影面和水平投影面的距离。

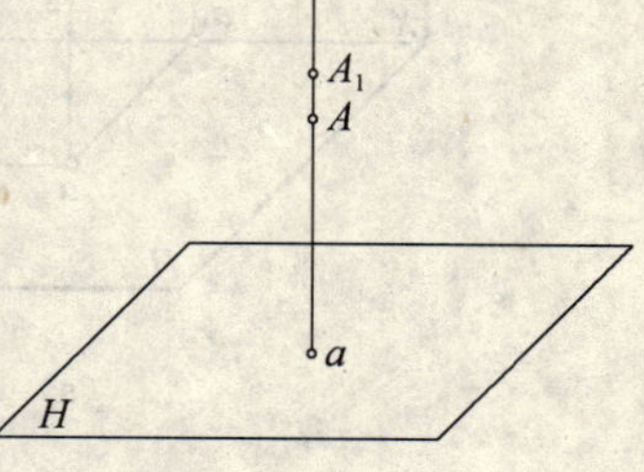

图 3-1　点的一面投影

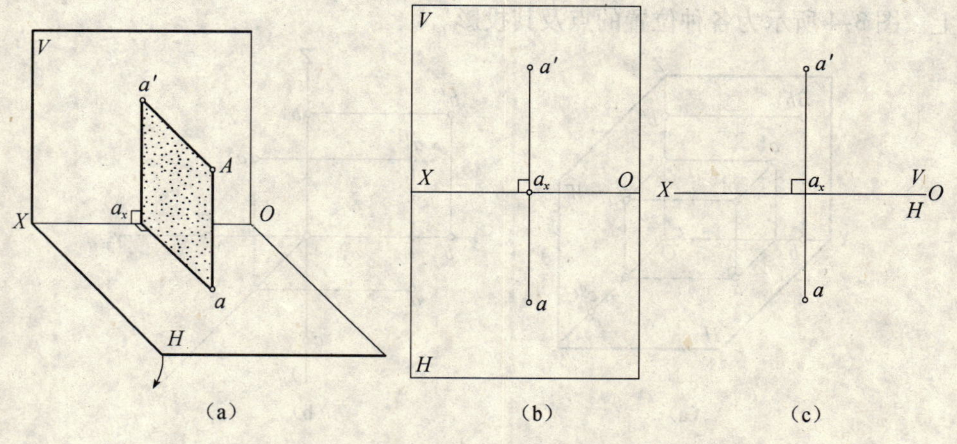

（a）　（b）　（c）

图 3-2　点的两面投影

2. 点的三面投影

点的三面投影如图 3-3 所示。

在图 3-3（a）中，通过空间点 A 分别作与三个投影面垂直的投射线，投射线与三个投影面的交点即为 A 点的三面投影。点的三面投影用相应的小写字母表示；H，V，W 投影分别记为 a，a'，a''。

移开空间点 A，并将投影体系展开，即可得到 A 点的三面投影图，如图 3-3（b）所示。由图可知，通过点 A 的各投射线和三条投影轴形成一个长方体，这个长方体称为 A 点的“投影方箱”。投影面开展以后，点的三面投影有如下的关系：

（1）点的投影的连线垂直于投影轴，即

$aa' \perp OX$　　　　即“长对正”

$a'a'' \perp OZ$　　　　即“高平齐”

$aa_Y \perp OY_H$　　$a''a_Y \perp OY_W$　　即“宽相等”

（2）投影点到投影轴的距离等于该点到相应的投影面的距离。

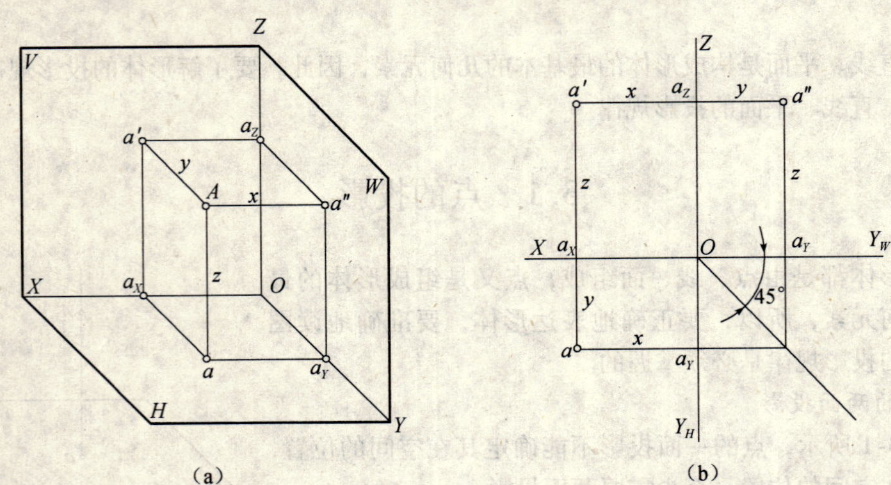

图 3-3　点的三面投影

若点的位置在投影面上，则点在该面上的投影与其自身重合，而另两面投影则分别位于投影轴上。图 3-4 所示为各种位置的点及其投影。

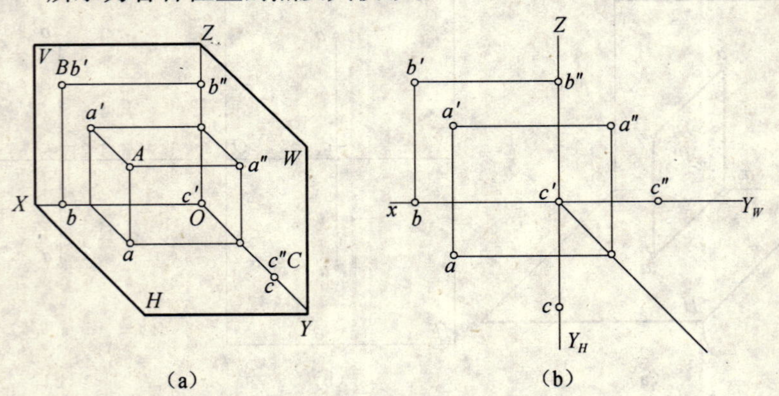

图 3-4　各种位置的点及其投影

可知，点的两面投影即可确定点的空间位置；只要给出点的两面投影，就可以求出其第三面投影。

【**例 3-1**】如图 3-5（a）所示，已知空间点 A 的两面投影 a'，a''，求其 H 面投影 a。

【**解**】

根据点的投影规律解决这个问题。

（1）根据“长对正”的规律，过 A 点的 V 面投影 a'引一直线垂直于 OX 轴［图 3-5（b）］。

（2）根据“宽相等”的规律，作出 A 点的 H 面投影 a［图 3-5（c）］。

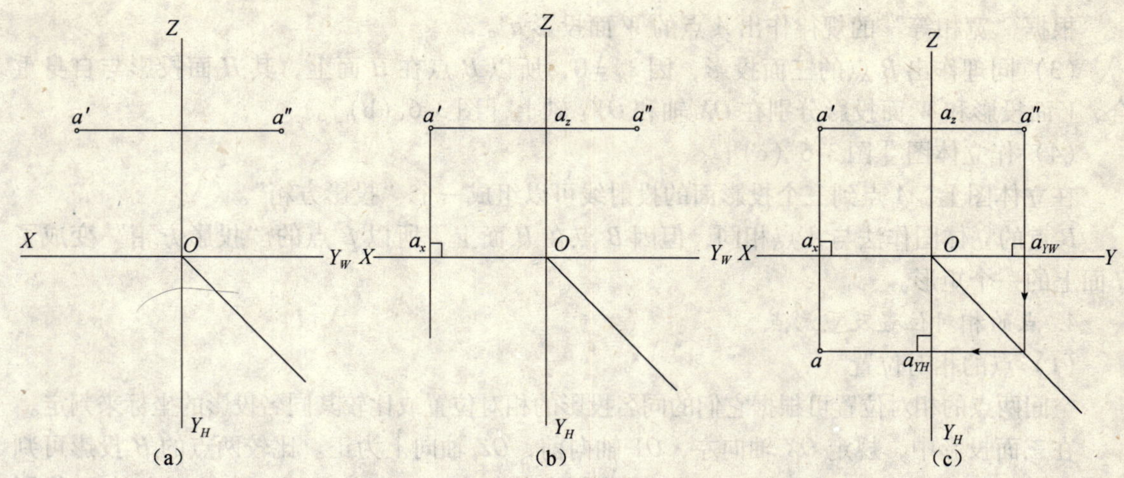

图 3-5　已知点的两个投影求第三投影

3. 点的投影与直角坐标

将三面投影体系中的三个投影轴看作空间三维直角坐标系，点的三面投影即可用三维直角坐标来表示。

点的任一投影都包括两个坐标。若空间点 A 的三维直角坐标为（x，y，z），则它的三面投影的坐标分别为 a（x，y），a'（x，z），a''（y，z）。

【例 3-2】 已知：A 点坐标为（15，10，20），B 点坐标为（5，15，0）（长度取 mm），求它们的三面投影并作出立体图。

【解】 作图过程如图 3-6 所示。

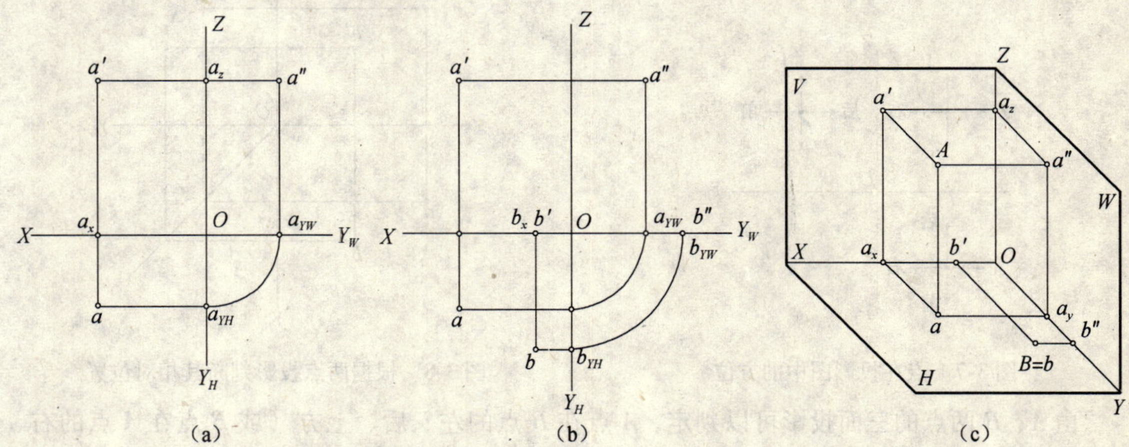

图 3-6　已知点的坐标求投影图及立体图

（1）首先画出投影轴。

（2）作 A 点的三面投影［图 3-6（a）］

①在 OX 轴上量取 $x_A=15$ 得点 a_x，在 OY 轴上量取 $y_A=10$ 得点 a_{YH}，在 OZ 轴上量取 $z_A=20$得点 a_z。

②过 a_x 作 OX 轴的垂线，过 a_{YH}、a_z 作直线与 OX 轴平行，其交点即为 A 点的 H 面投影 a 和 V 面投影 a'。

根据“宽相等”的规律作出 A 点的 W 面投影 a''。

(3) 同理作出 B 点的三面投影，因 $z_B=0$，所以 B 点在 H 面上，其 H 面投影与自身重合，V 面投影和 W 面投影分别在 OX 轴和 OY_W 轴上［图 3-6 (b)］。

(4) 作立体图［图 3-6 (c)］。

在立体图上，A 点到三个投影面的投射线可以组成一个“投影方箱”。

B 点的立体图作法与 A 点相同，但因 B 点在 H 面上，所以 B 点的“投影方箱”变成了 H 面上的一个矩形。

4. 点的相对位置及重影点

(1) 点的相对位置

空间两点的相对位置可根据它们的同名投影的相对位置或比较其同名投影的坐标来判定。

在三面投影中，规定 OX 轴向左，OY 轴向前，OZ 轴向上为正。比较两点的 H 投影可判定其左右、前后关系；比较两点的 V 投影可判定其左右、上下的关系；比较两点的 W 投影可判定其前后、上下的关系，点在投影图中的方位如图 3-7 所示。

如有两点，A (15，20，5)，B (5，10，10)，则由两点的坐标判定如下：

因 $x_A>x_B$，所以 A 点在 B 点的左方；

因 $y_A>y_B$，所以 A 点在 B 点的前方；

因 $z_A<z_B$，所以 A 点在 B 点的下方。

可知，A 点在 B 点的左、前、下方（或 B 点在 A 点的右、后、上方）。

根据两点的投影判定其相对位置如图 3-8 所示。

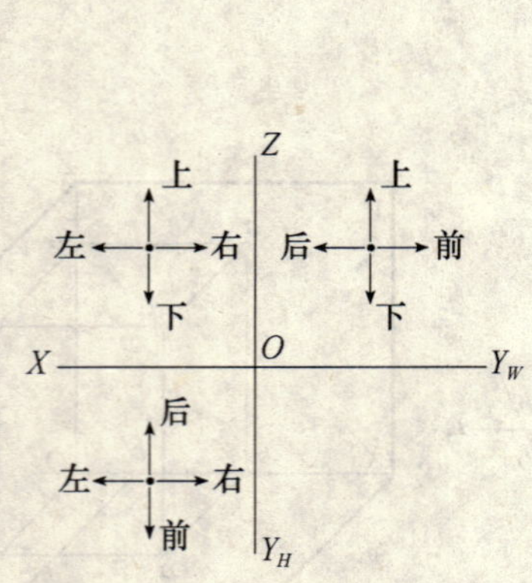

图 3-7　点在投影图中的方位

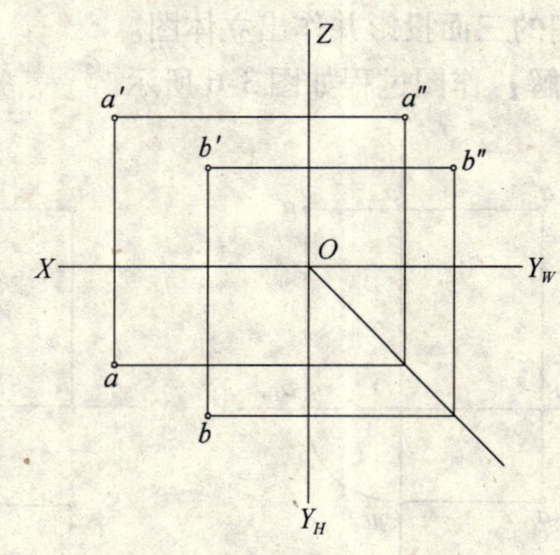

图 3-8　根据两点投影判断其相对位置

由 A、B 两点的三面投影可以判定，A 点在 B 点的左、后、上方（或 B 点在 A 点的右、前、下方）。

(2) 重影点

如图 3-9 (a) 所示，A 点在 B 点的正上方，则 A，B 两点为一对重影点，它们的 H 投影重合，标注为 a (b)。其可见性判定规则为：上可见，下不可见。可见性可从 V 投影或 W 投影上判定。

如图 3-9 (b) 所示，C 点在 D 点的正前方，则 C，D 两点为一对重影点，它们的 V 投影重合，标注为 c' (d')。其可见性判定规则为：前可见，后不可见。可见性可从 H 投影或 W 投影上判定。

如图3-9（c）所示，E 点在 F 点的正左方，则 E，F 两点为一对重影点，它们的 W 投影重合，标注为 e''（f''）。其可见性判定规则为：左可见，右不可见。可见性可从 H 投影或 V 投影上判定。

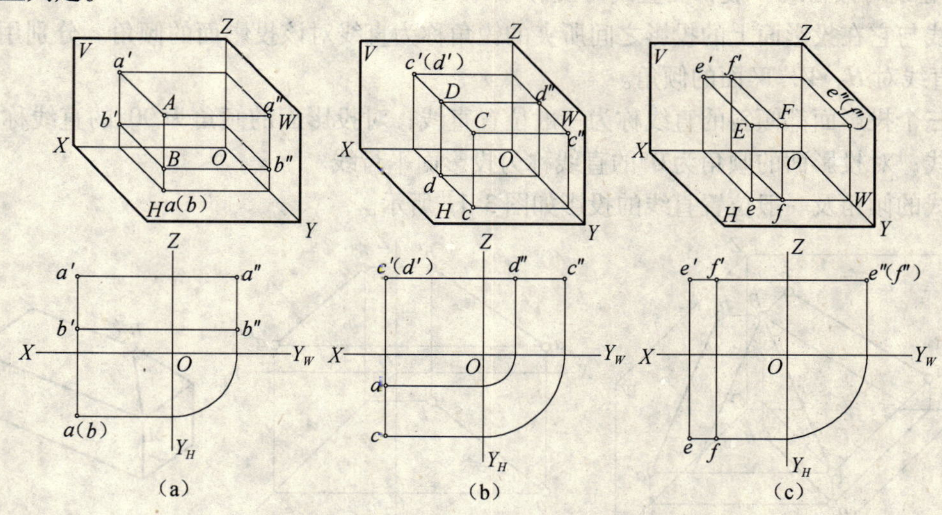

图3-9　重影点的投影

图3-10所示为一四棱柱的三面投影，分析 A，B，C，D 四点的投影可知：A，B 两点的 H 投影重合，A，B 两点是对 H 投影面的重影点；A，C 两点的 V 投影重合，A，C 两点是对 V 投影面的重影点；A，D 两点的 W 投影重合，A，D 两点是对 W 投影面的重影点。其可见性判定如图中所示。

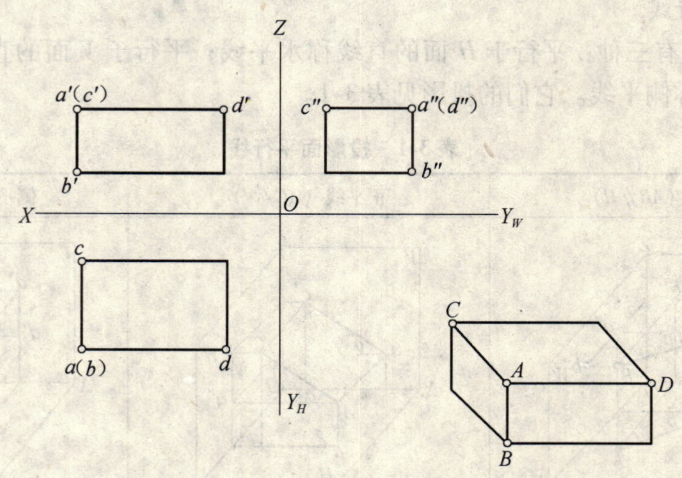

图3-10　重影点

3.2　直线的投影

空间直线是无限长的，为便于绘图，在投影图中一般用有限长的线段来表示直线。直线的投影仍为直线，根据几何定律，两点决定一条直线，所以，只要作出直线上任意两点的投影，将其同名投影相连，即可求得直线的投影。

在投影图中，直线的投影应用粗实线表示，投影轴及投射线用细实线表示。

3.2.1 各种位置直线的投影

1. 直线的倾角及一般位置直线的投影

直线与它在投影面上的投影之间所夹的锐角称为直线对该投影面的倾角。分别用 α，β，γ 表示直线对 H，V，W 面的倾角。

与三个投影面都倾斜的直线称为一般位置直线；对投影面的倾角为90°的直线称为投影面垂直线；对投影面的倾角为0°的直线称为投影面平行线。

直线的倾角及一般位置直线的投影如图 3-11 所示。

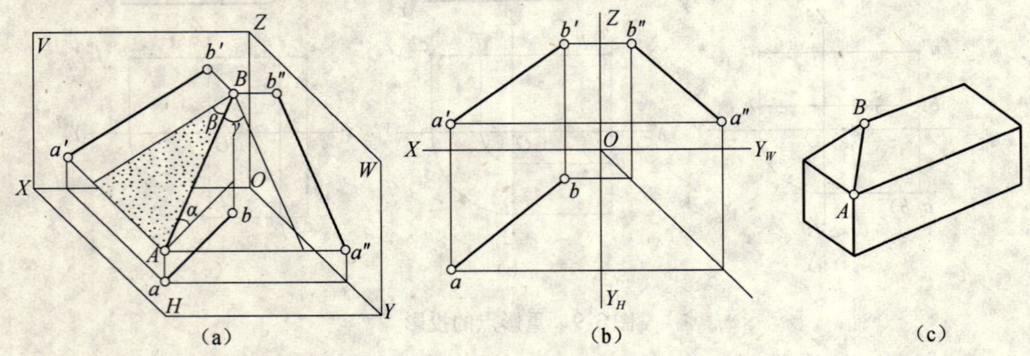

图 3-11 直线的三个倾角及一般位置直线的投影特性

一般位置直线的投影特性是：三面投影均短于实长，且均呈倾斜状态。

只要直线的任意两面投影呈倾斜状态，就可以判定该直线为一般位置直线。

2. 投影面平行线

投影面平行线有三种：平行于 H 面的直线称水平线；平行于 V 面的直线称正平线；平行于 W 面的直线称侧平线。它们的投影见表 3-1。

表 3-1 投影面平行线

名称	水平线（$AB /\!/ H$）	正平线（$AC /\!/ V$）	侧平线（$AD /\!/ W$）
立体图			
投影图			

续表

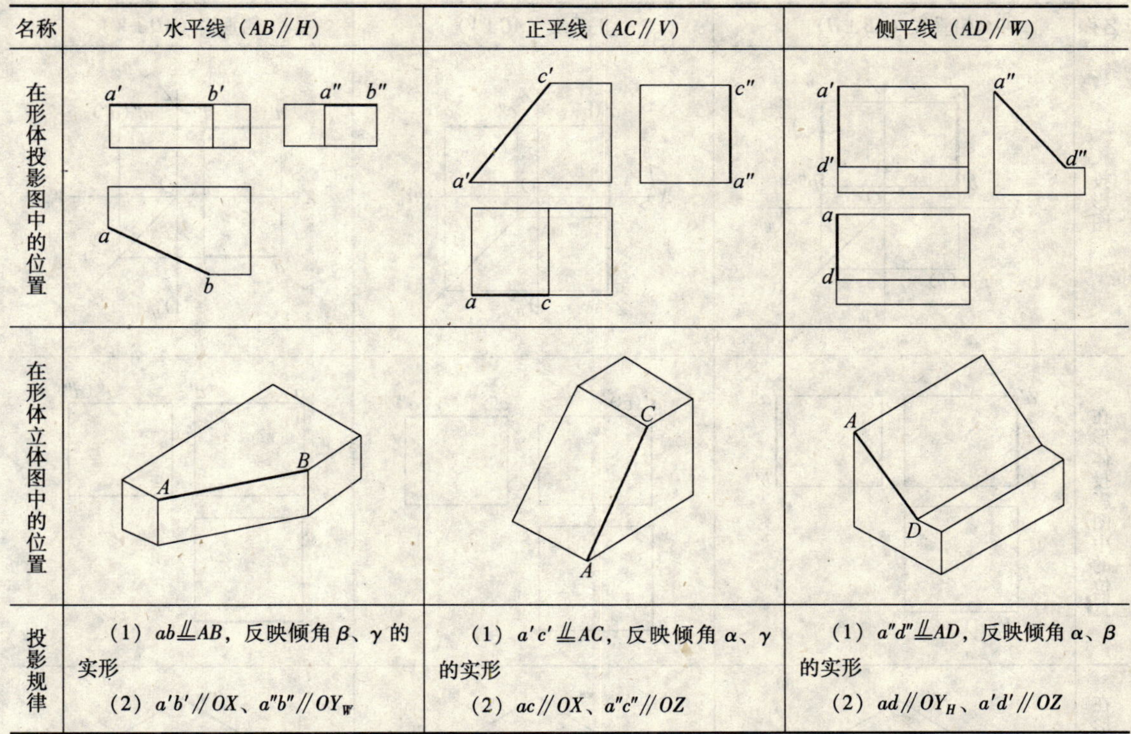

名称	水平线（$AB /\!/ H$）	正平线（$AC /\!/ V$）	侧平线（$AD /\!/ W$）
在形体投影图中的位置			
在形体立体图中的位置			
投影规律	（1）$ab \underline{/\!/} AB$，反映倾角 β、γ 的实形 （2）$a'b' /\!/ OX$、$a''b'' /\!/ OY_W$	（1）$a'c' \underline{/\!/} AC$，反映倾角 α、γ 的实形 （2）$ac /\!/ OX$、$a''c'' /\!/ OZ$	（1）$a''d'' \underline{/\!/} AD$，反映倾角 α、β 的实形 （2）$ad /\!/ OY_H$、$a'd' /\!/ OZ$

以表中的水平线 AB 为例，分析其投影特性如下：

过 A，B 两点分别向 H 面引垂直于 H 面的投射线，则 A，B，b，a 四点组成一个矩形，则有 $AB /\!/ ab$，且 $AB = ab$；ab 与 OX 轴夹角即为水平线 AB 对 V 面倾角 β，ab 与 OY_W 轴夹角即为水平线 AB 对 W 面的倾角 γ；AB 在 V 面上的投影 $a'b' /\!/ OX$，在 W 面上的投影 $a''b'' /\!/ OY_W$。

由表 3-1 分析总结可知，当直线平行于投影面时，在该面上的投影反映实长及对其他两个投影面的倾角；在其他两个投影面上的投影平行于相应的投影轴。

3. 投影面垂直线

投影面垂直线有三种：垂直于 H 面的直线称铅垂线；垂直于 V 面的直线称正垂线；垂直于 W 面的直线称侧垂线。它们的投影见表 3-2。

表 3-2　投影面垂直线

名称	铅垂线（$AB \perp H$）	正垂线（$AC \perp V$）	侧垂线（$AD \perp W$）
立体图			

续表

名称	铅垂线（$AB \perp H$）	正垂线（$AC \perp V$）	侧垂线（$AD \perp W$）
投影图			
在形体投影图中的位置			
在形体立体图中的位置			
投影规律	（1）ab 积聚为一点 （2）$a'b' \perp OX$；$a''b'' \perp OY_W$ （3）$a'b' = a''b'' = AB$	（1）$a'c'$积聚为一点 （2）$ac \perp OX$；$a''c'' \perp OZ$ （3）$ac = a''c'' = AB$	（1）$a''d''$积聚为一点 （2）$ad \perp OY_H$；$a'd' \perp OZ$ （3）$ad = a'd' = AD$

以表中的铅垂线 AB 为例，分析其投影特性如下：

AB 为铅垂线，与 H 面垂直，则 AB 的 H 投影积聚为一点，其可见性判定为上可见下不可见，即 a 可见 b 不可见；铅垂线 AB 必与 V 面、W 面平行，即 $AB /\!/ OZ$ 轴，则有 $a'b' /\!/ OZ$ 轴，$a''b'' /\!/ OZ$ 轴，且 $a'b' = a''b'' = AB$。

由表可知，当直线垂直于投影面时，在该面上的投影积聚为一点；在另两面上的投影平行于同一条相应的投影轴，且反映实长。

3.2.2 直线上的点

（1）从属性

若点在直线上，则点的投影必在直线的同名投影上且符合点的投影规律，直线上的点的这个投影特性称为从属性。

（2）定比性

直线上两线段的长度之比等于它们的同名投影长度之比。

图 3-12 所示为直线上点的投影特性。

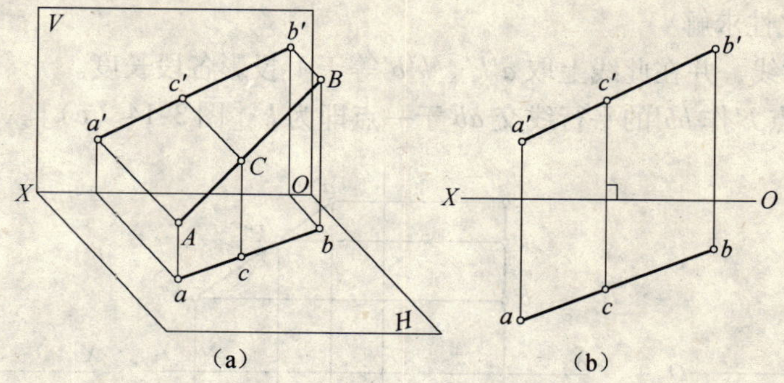

图 3-12　直线上点的投影特性

【例 3-3】 如图 3-13（a）所示，试判断 K 点是否在侧平线 AB 上。

【解】 由直线上点的投影特性可知，若点的各个投影均在直线的同名投影上，则该点一定在此直线上，否则，点就不在此直线上。

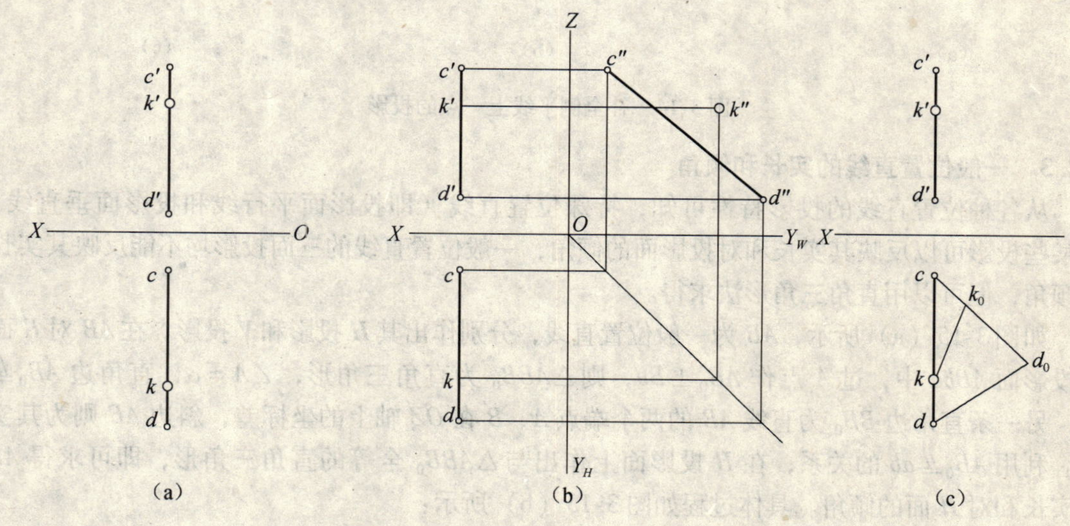

图 3-13　判断 K 点是否在侧平线 CD 上

（1）如图 3-13（b）所示，根据 AB 的 H 投影和 V 投影作出它的 W 投影。

（2）根据 K 点的 H 投影和 V 投影作出它的 W 投影。

（3）根据 K 点的 W 投影判断 K 点是否在直线 AB 上：由图可见，k'' 点不在 $c''d''$ 上，所以 K 点不在直线 AB 上。

也可以用定比性来判定，如图 3-13（c）所示。

【例 3-4】 已知侧平线 AB 的两面投影及线上一点 K 的 V 投影 k'，求水平投影 k。

【解】 由图 3-14（a）可知：AB 为侧平线，$a'b'$、ab 均垂直于 OX 轴，故不能利用直线上点的从属性求 k，可利用第三投影或定比性求解。

（1）利用 W 投影求解

①设立 OZ 轴，求出 $a''b''$［图 3-14（b）］。

②作 $k'k'' \perp OZ$ 轴，k'' 必在 $a''b''$ 上。

③过 k'' 及 45°线求得 k。

（2）利用定比性求解

①过 a 作一射线，并在此线上取 $a'k'$、$k'b'$ 等于 V 投影各段长度。

②连 bb'，过点 k' 作 bb' 的平行线交 ab 于一点即为 k［图 3-14（c）］。

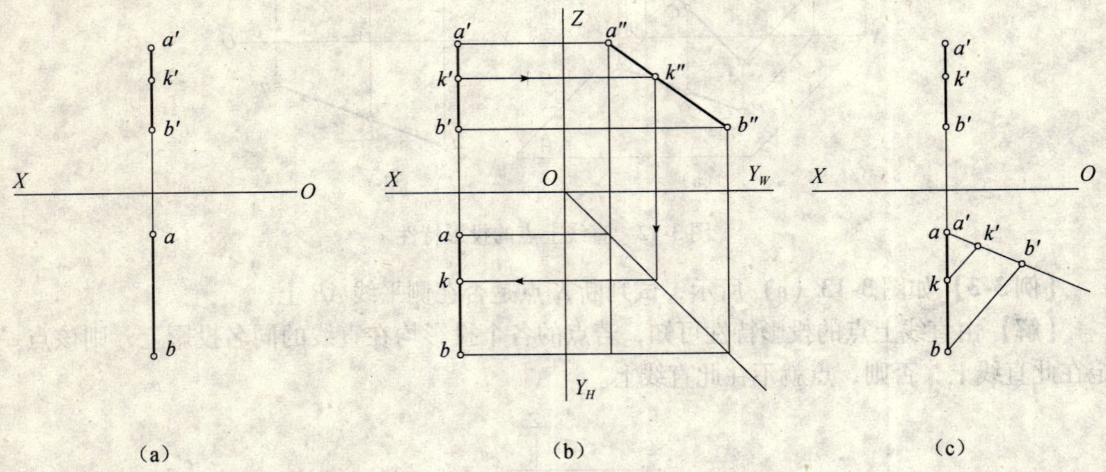

图 3-14　补全侧平线上一点的投影

3.2.3　一般位置直线的实长和倾角

从各种位置直线的投影特性可知，特殊位置直线（即投影面平行线和投影面垂直线）的某些投影可以反映其实长和对投影面的倾角，一般位置直线的三面投影均不能反映其实长和倾角，但可以用直角三角形法求得。

如图 3-15（a）所示，AB 为一般位置直线，分别作出其 H 投影和 V 投影。在 AB 对 H 面的投影面 $ABba$ 中，过 A 点作 $AB_0 \perp Bb$，则 $\triangle ABB_0$ 为直角三角形，$\angle A=\alpha$，直角边 $AB_0 \mathrel{\underline{\parallel}} ab$，另一条直角边 BB_0 为直线 AB 的两个端点 A、B 在 OZ 轴上的坐标差，斜边 AB 则为其实长。利用 $AB_0 \mathrel{\underline{\parallel}} ab$ 的关系，在 H 投影面上作出与 $\triangle ABB_0$ 全等的直角三角形，即可求得 AB 的实长和对 H 面的倾角。具体过程如图 3-15（b）所示：

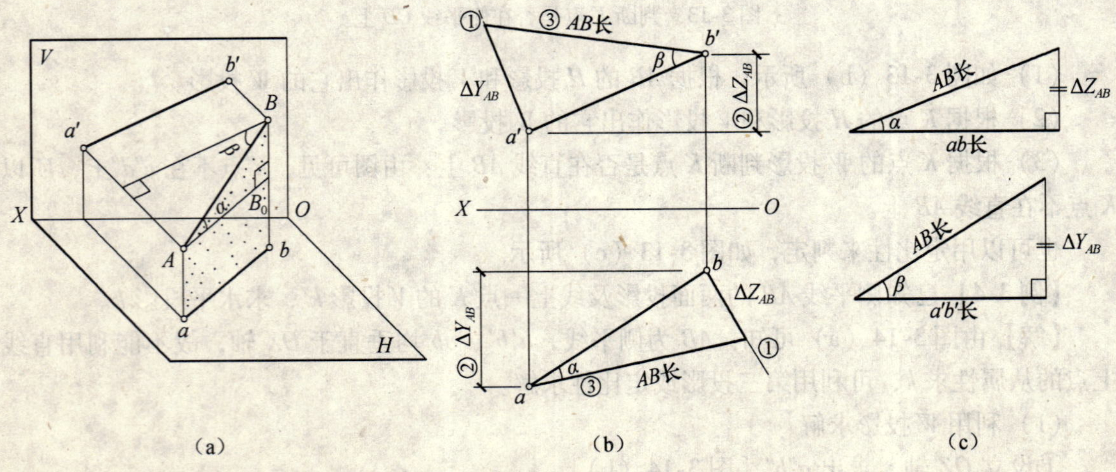

图 3-15　直角三角形法求直线段的实长及倾角

1. 引垂线：过 a 点或 b 点引垂线；

2. 量高差：在另一投影上量取 AB 两点间的高差；

3. 连斜边。

斜边即为直线 AB 的实长，斜边与投影 ab 的夹角即为 AB 对 H 面的倾角 α。

同理可求出 AB 的实长和对 V 面的倾角。

可知，只要已知一般位置直线的两面投影，就可以由投影长及坐标差求得该直角三角形，直线的实长和对投影面的倾角也就可以求得。

对于一般位置直线，有关于 α，β，γ 的三个直角三角形，其斜边均为直线的实长，另三个要素分别为倾角、投影长和坐标差。对应关系是：求 α 及实长时，量取 Z 轴坐标差；求 β 及实长时，量取 Y 轴坐标差；求 γ 及实长时，量取 X 轴坐标差。

对于直角三角形的四个要素，只要知道其中的两个，便可以作出直角三角形，另两个要素亦可得出。凡与直线的实长、倾角有关的问题均可用这种方法解决。

3.2.4 两直线的相对位置

空间直线的相对位置有平行、相交（含垂直相交）和交叉（含垂直交叉）。前两种为共面直线，后一种为异面直线。

1. 平行两直线

由平行投影特性可知：若两直线平行，则其同名投影必相互平行。

若有两直线的各组同名投影相互平行，则这两条直线平行。

图 3-16（a）、（b）所示为两平行直线的投影及平行关系的判断。

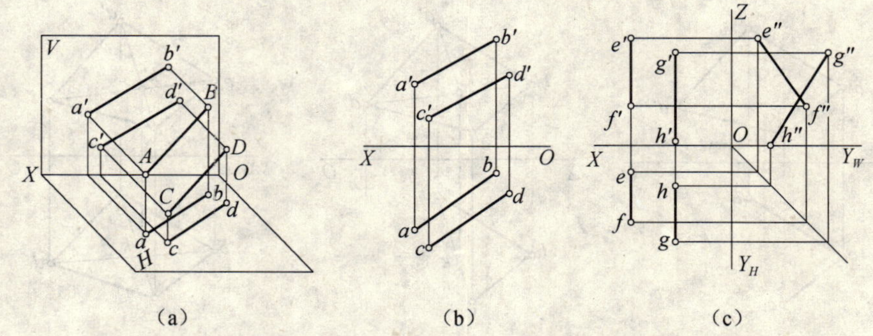

图 3-16　两平行直线的投影及平行关系的判断

一般情况下，若两直线的两组投影平行即可判定两直线平行，但也有例外。如图3-16（c）所示的两条侧平线 EF，GH，它们的 H 投影和 V 投影均相互平行，从作出的 W 投影来看 $e''f''$ 与 $g''h''$ 并不平行，所以 EF，GH 并非两平行直线，EF 与 GH 为异面直线即交错直线。

2. 相交两直线

两直线相交，必有一个交点，交点的投影必是两直线同名投影的交点，且符合点的投影规律。如图 3-17（a）、（b）所示，直线 AB，CD 交于 K 点，ab 与 cd 交于 k 点，$a'b'$ 与 $c'd'$ 交于 k' 点，且 k 与 k' 点之间符合长对正的投影规律。

在图 3-17（c）中，有一条一般位置直线 EF 和一条侧平线 GH，它们的 H 投影和 V 投影均相交于 M 点，但从 W 投影来看，M 点只属于 EF 而不属于 GH，所以 EF 和 GH 并非相交直线。*EF* 和 *GH* 既不平行，也不相交，是交叉两直线。

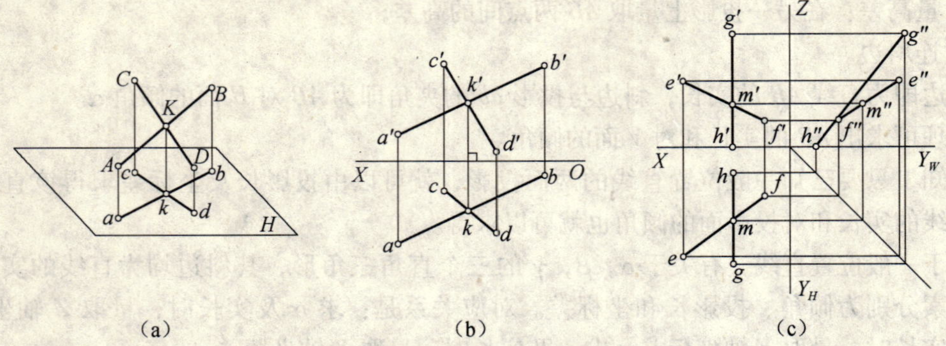

图 3-17　相交两直线的投影及相交关系的判断

【例 3-5】 如图 3-18（a）所示，已知平面四边形 *ABCD* 的 *V* 投影及不完整的 *H* 投影 *abc*，补全平面的 *H* 投影。

【解】 平面四边形 *ABCD* 的对角线 *AC*，*BD* 必定是共面且相交的。已知 *a′c′*，*b′d′*，*ac* 及 *b*，可利用两直线的交点的投影特性来求解。

（1）如图 3-18（b）所示，连 *a′c′*，*b′d′*（交点为 *k′*）及 *ac*；

（2）*k* 在 *ac* 上，根据长对正关系作出 *k* 点；

（3）连 *bk* 并延长；根据长对正的关系作出点 *d*；

连 *ab*，*cd*，如图 3-18（c）所示。

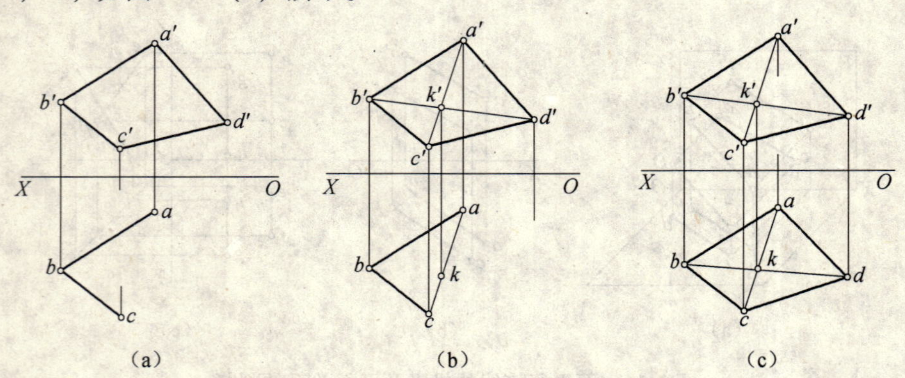

图 3-18　补全平面的 *H* 面投影

3. 交叉两直线

图 3-19（a）所示的两条直线 *AB* 和 *CD*，其 *H* 投影相互平行，但 *V* 投影相交于一点；如图 3-19（b）所示的两条直线 *AB* 和 *CD*，其 *H* 投影和 *V* 投影均相交，但交点的投影不符合投影规律，所以它们的各组投影既不符合平行直线的投影规律，也不符合相交直线的投影规律，应为交叉关系，即为异面直线。

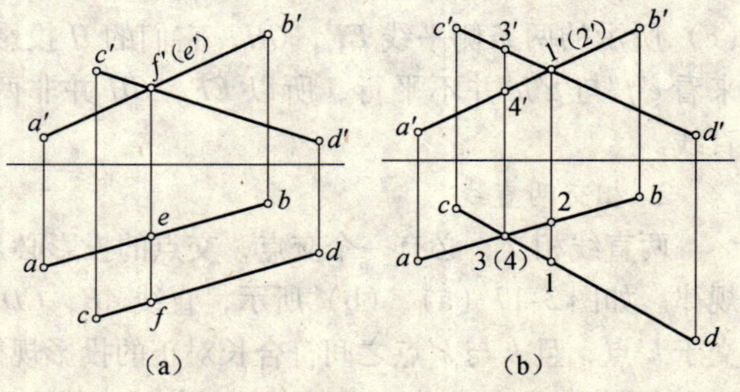

图 3-19　异面直线（交错两直线）

4. 垂直两直线

相互垂直的两直线，不管是相交还是交叉，其中一条平行于某投影面时，则两直线在该投影面上的投影仍然垂直，这就是直角投影规律。

如图3-20（a）、（b）所示，直线 $AB \perp BC$，且 $AB /\!/ H$ 面，则有 $ab \perp bc$。

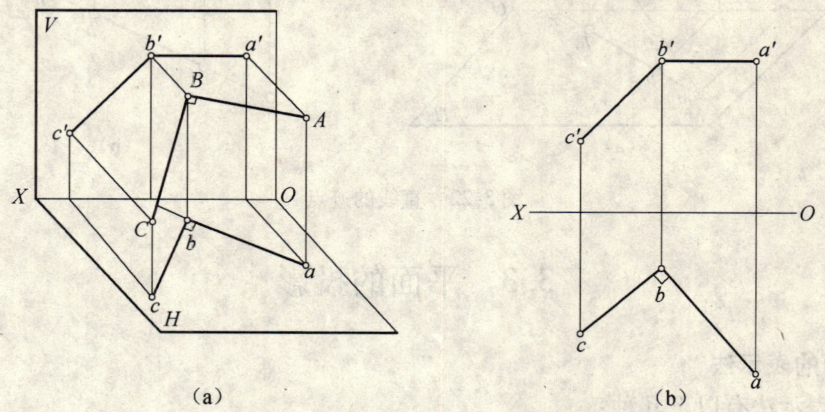

图3-20　相垂直的两直线，其中一条平行于投影面

【例3-6】如图3-21（a）所示，求点 A 到正平线 BC 的距离。

【解】BC 为正平线，过 A 点引垂线 AK 交 BC 于 K 点，则直线 AK 的实长即为所求。因 BC 为正平线，所以 AK 与 BC 的垂直关系可以在 V 面投影上反映出来。

（1）如图3-21（b）所示，过 a' 作一条垂线 $a'k'$ 交 $b'c'$ 于 k' 点，用点的投影规律在 bc 上求出 k。

（2）如图3-21（c）所示，用直角三角形法求作 AK 的实长。

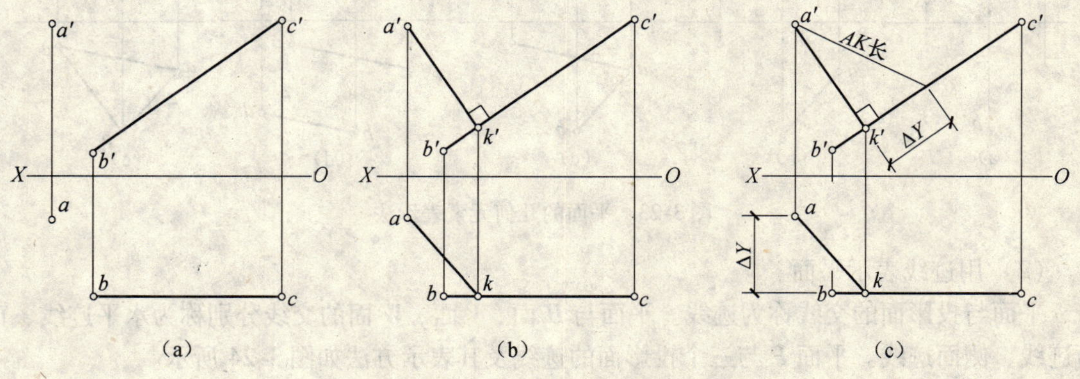

图3-21　求点到正平线的距离

3.2.5　直线的迹点

直线与投影面的交点称为直线的迹点。与 H 面的交点称为水平迹点；与 V 面的交点称为正面迹点。

如图3-22（a）所示，水平迹点 M 既在直线 AB 上，也在 H 面上，它的 H 面投影与自身重合，V 面投影落在 OX 轴上，同时也在直线 AB 的 V 面投影的延长线上；同理，正面迹点 N 既在直线 AB 上，又在 V 面上，它的 V 面投影与自身重合，H 面投影落在 OX 轴上，同时也在直线 AB 的 H 面投影的延长线上。图3-22（b）所示为求作直线迹点的作图方法。

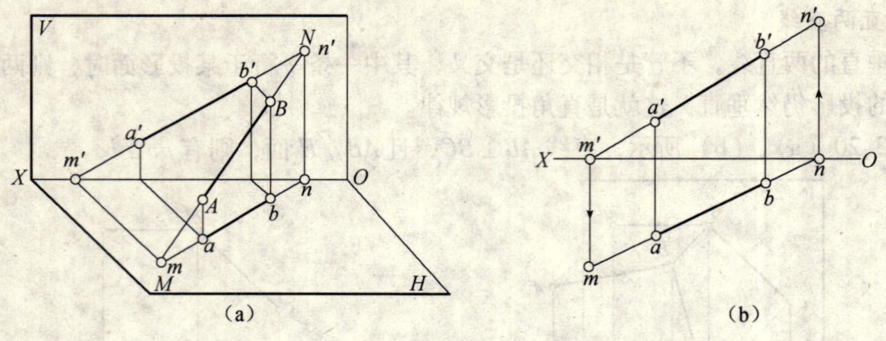

图 3-22　直线的迹点

3.3　平面的投影

3.3.1　平面的表示法

平面的表示法有以下几种：

（1）用几何元素表示平面

用几何元素表示平面的方法有以下几种：

用不在同一条直线上的三个点表示［图 3-23（a）］；用一条直线和直线外一点表示［图 3-23（b）］；用两条相交直线表示［图 3-23（c）］；用两条平行直线表示［图 3-23（d）］；用平面图形表示［图 3-23（e）］。

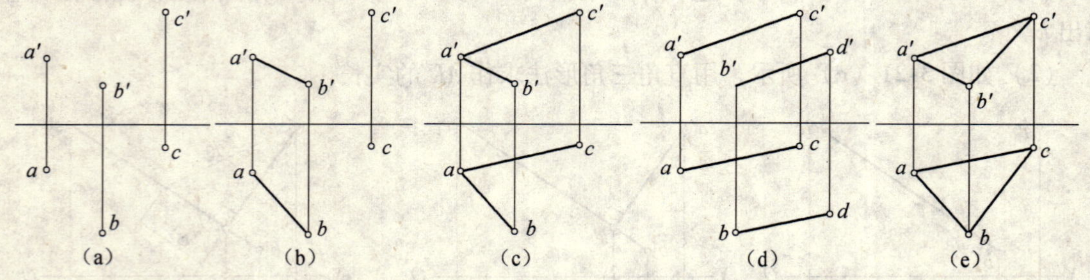

图 3-23　平面的几何元素表示法

（2）用迹线表示平面

平面与投影面的交线称为迹线。平面与 H 面、V 面、W 面的交线分别称为水平迹线、正面迹线、侧面迹线。平面 P 与三个投影面的迹线及其表示方法如图 3-24 所示。

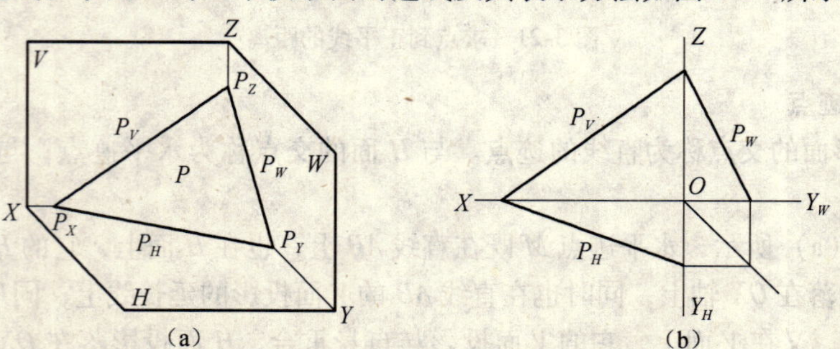

图 3-24　用迹线表示平面

三条迹线分别两两相交于一点，且该点分别位于三条投影轴上，称为迹线的集合点，即图3-24（a）中的P_X，P_Y，P_Z。三条迹线中的任意两条即可确定平面的空间位置。

平面的迹线在它所在的投影面上的投影与自身重合，另两面投影位于投影轴上。

3.3.2 各种位置平面的投影特性

平面按相对于某一投影面的位置分为三种：一般位置平面、投影面垂直面、投影面平行面。

平面相对于投影面的位置常用倾角来表示。平面对投影面的倾角，即平面与某一投影面所成的二面角的平面角。用α，β，γ分别表示平面对H面、V面、W面的倾角。

1. 一般位置平面

一般位置平面是指对三个投影面均倾斜的平面，其α，β，γ角均在0°~90°之间。

图3-25所示为一般位置平面的投影。由图可知，一般位置平面的投影特性为：

三面投影均保持原几何形状不变，但面积均小于实形，且三面投影都不能反映平面对投影面的倾角。

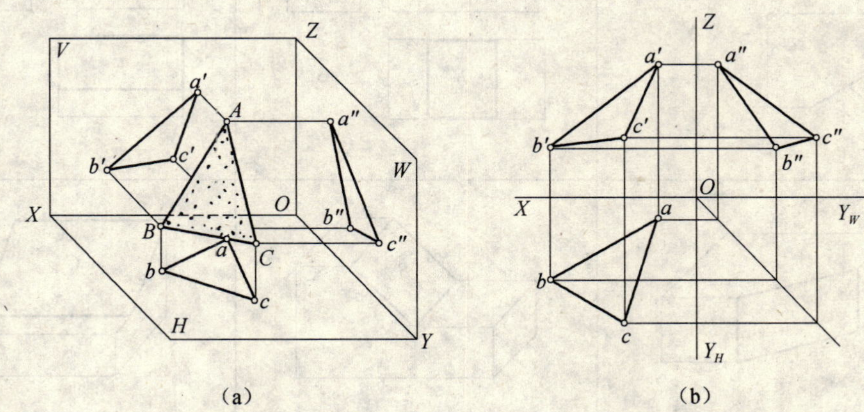

图3-25 投影面倾斜面

（a）立体图；（b）投影图

2. 投影面垂直面

投影面垂直面垂直于某一投影面而对另外两个投影面都倾斜。垂直于H面、V面、W面的投影面垂直面分别称为铅垂面、正垂面、侧垂面。

投影面垂直面的投影特性列于表3-3中。

表3-3 投影面垂直面

名称	铅垂面（$A\perp H$）	正垂面（$B\perp V$）	侧垂面（$C\perp W$）
立体图	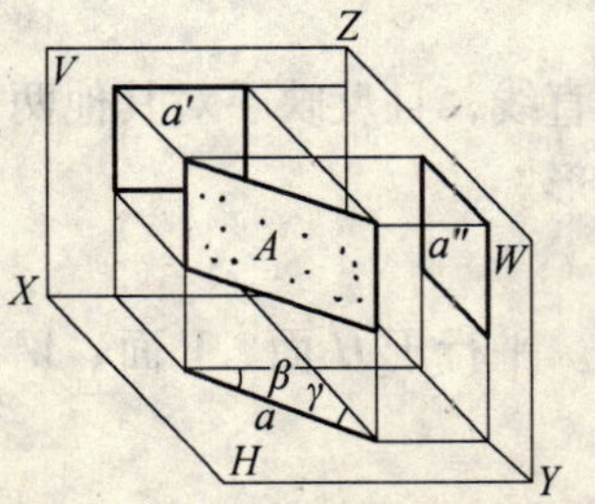	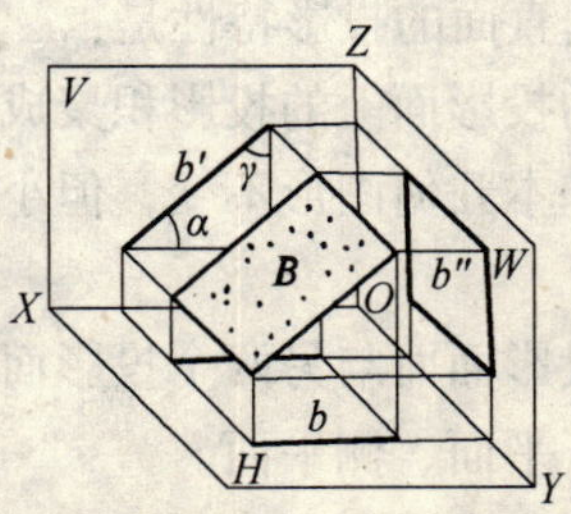	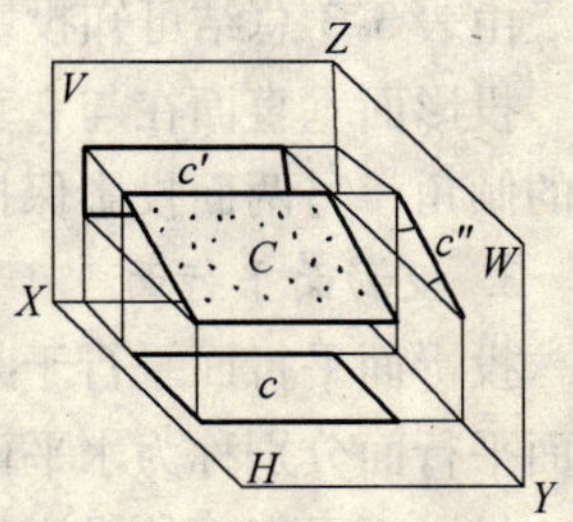

续表

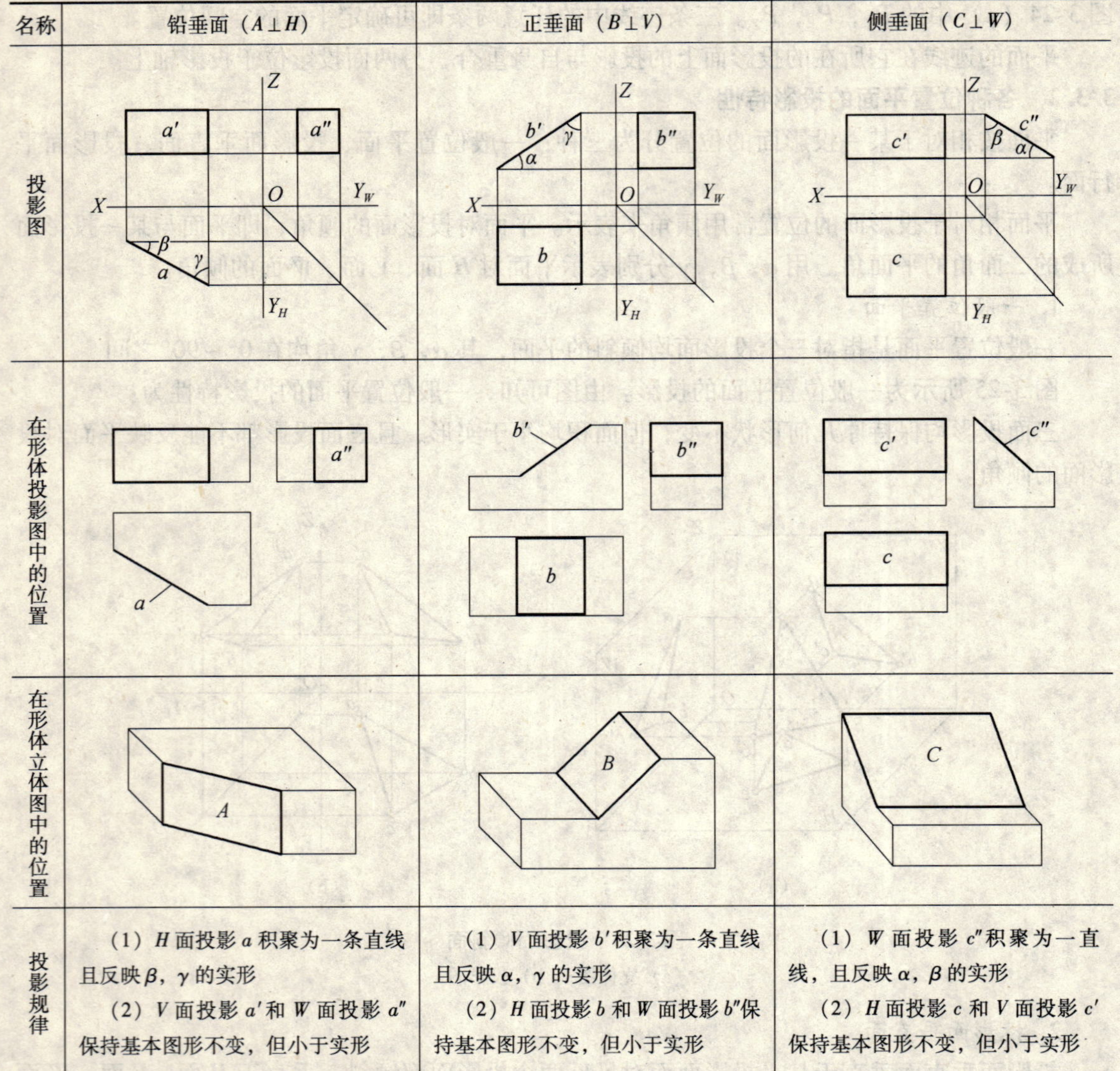

名称	铅垂面（$A\perp H$）	正垂面（$B\perp V$）	侧垂面（$C\perp W$）
投影图			
在形体投影图中的位置			
在形体立体图中的位置			
投影规律	（1）H 面投影 a 积聚为一条直线且反映 β，γ 的实形 （2）V 面投影 a' 和 W 面投影 a'' 保持基本图形不变，但小于实形	（1）V 面投影 b' 积聚为一条直线且反映 α，γ 的实形 （2）H 面投影 b 和 W 面投影 b'' 保持基本图形不变，但小于实形	（1）W 面投影 c'' 积聚为一直线，且反映 α，β 的实形 （2）H 面投影 c 和 V 面投影 c' 保持基本图形不变，但小于实形

以表中铅垂面为例讨论投影面垂直面的投影特性。

铅垂面 A 的水平投影积聚为一条直线，这条积聚投影与 OX 轴、OY 轴的夹角反映了 A 面对其他两个投影面的倾角；铅垂面 A 的 V 投影和 W 投影均保持了原几何图形不变，但小于实形。

由表 3-3 总结可知投影面垂直面的投影特性是：

投影面垂直面在与它垂直的投影面上的投影积聚成一条直线，且反映了对其他两个投影面的倾角；另两面投影保持原基本几何图形不变，但小于实形。

3. 投影面平行面

投影面平行面平行于某一投影面而与另两个投影面垂直。平行于 H 面、V 面、W 面的投影面平行面分别称为水平面、正平面、侧平面。

投影面平行面的投影特性列于表 3-4 中。

表 3-4　投影面平行面

名称	水平面（$A/\!/H$）	正平面（$B/\!/V$）	侧平面（$C/\!/W$）
立体图	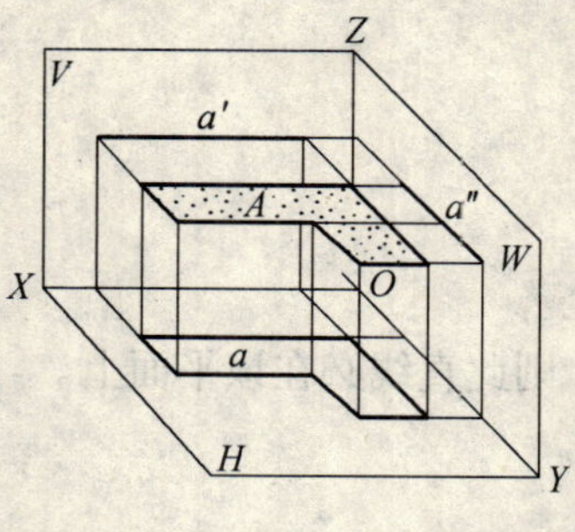	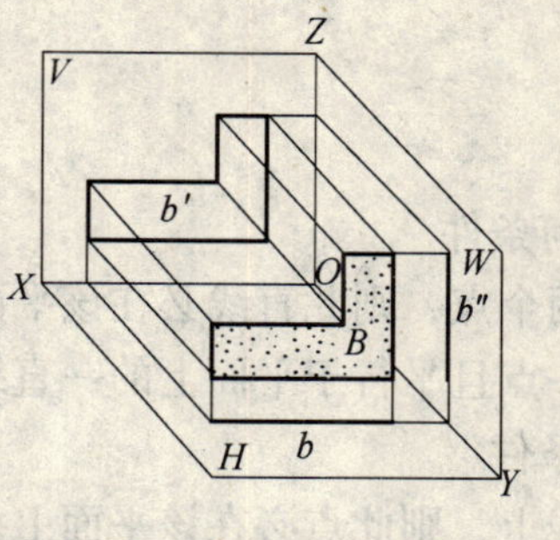	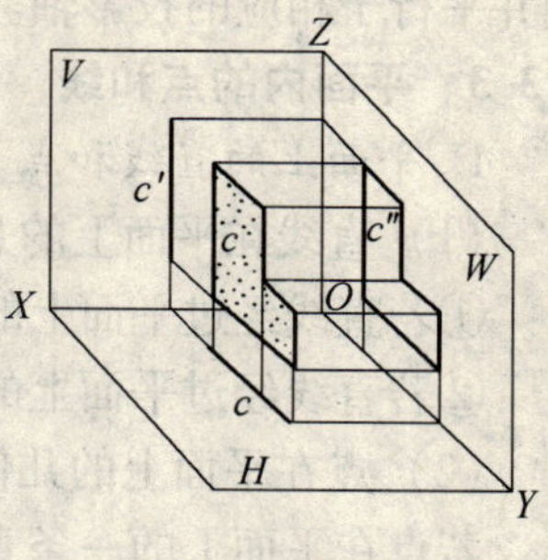
投影图	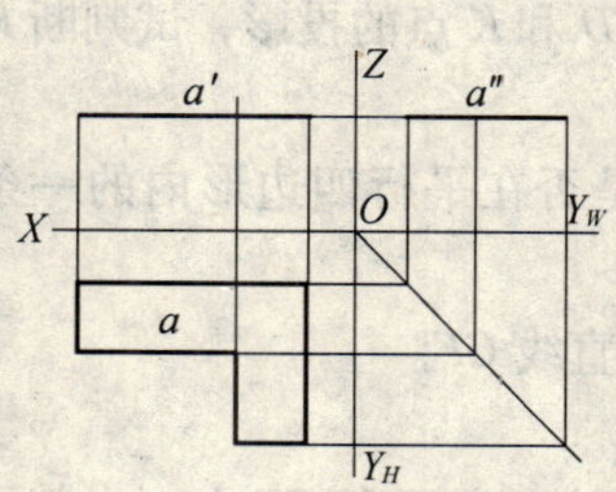	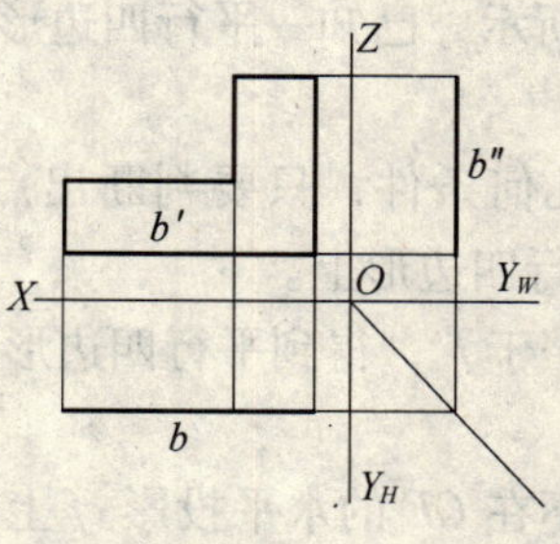	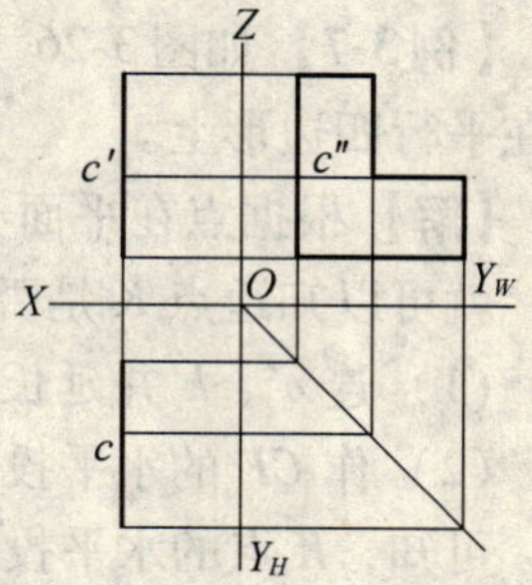
在形体投影图中的位置	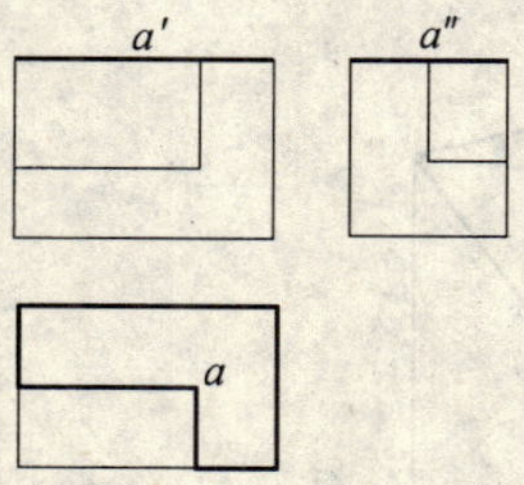	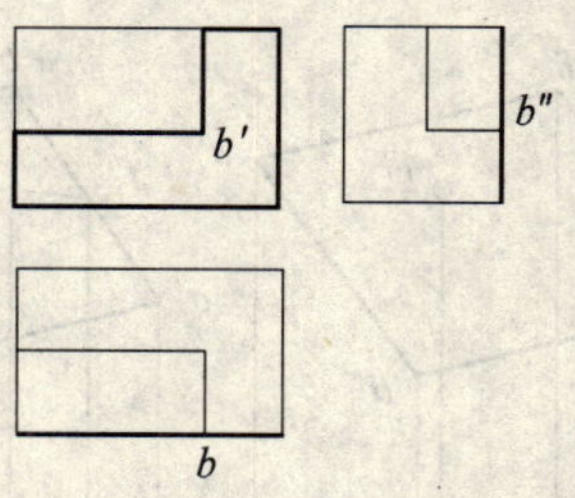	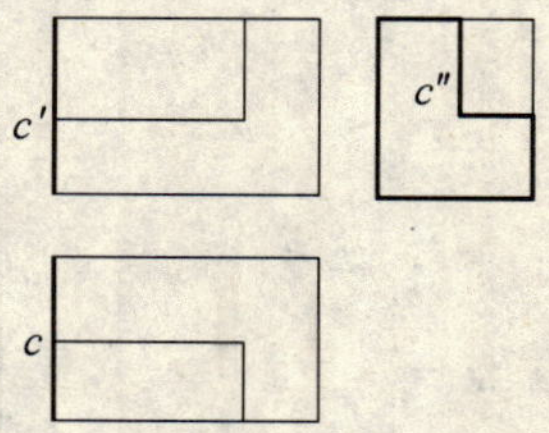
在形体立体图中的位置	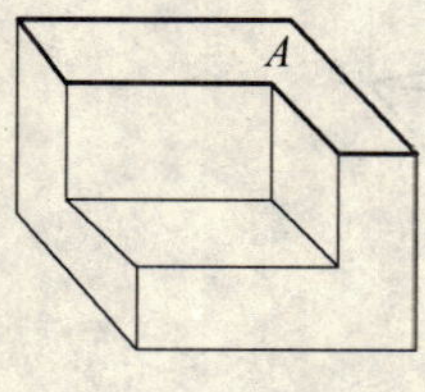	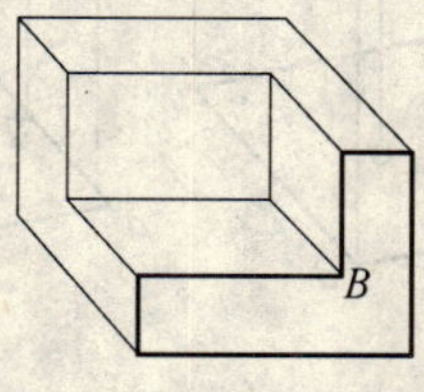	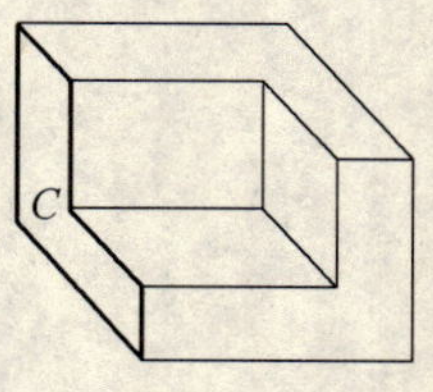
投影规律	（1）H 面投影 a 反映实形 （2）V 面投影 a' 和 W 面投影 a'' 积聚为直线，分别平行于 OX，OY_W 轴	（1）V 面投影 b' 反映实形 （2）H 面投影 b 和 W 面投影 b'' 积聚为直线，分别平行于 OX，OZ 轴	（1）W 面投影 c'' 反映实形 （2）H 面投影 c 和 V 面投影 c' 积聚为直线，分别平行于 OY_H，OZ 轴

以表中水平面为例讨论投影面平行面的投影特性。

水平面 A 的水平投影反映 A 面的实形，另外两面投影积聚为一条直线并平行于相应的投影轴。

由表 3-4 总结可知投影面平行面的投影特性是：

投影面平行面在与它平行的投影面上的投影反映该面的实形，另两面投影积聚成一条直线并平行于相应的投影轴。

3.3.3 平面内的点和线

1. 平面上的直线和点

(1) 直线在平面上的几何条件

①若直线经过平面上的两个点，则此直线必在该平面上。

②若直线经过平面上的一点且平行于平面上的一直线，则此直线必在该平面上。

(2) 点在平面上的几何条件

若点在平面上的一条直线上，则此点必在该平面上。

【例 3-7】 如图 3-26（a）所示，已知一平行四边形 *ABCD* 和 *K* 点的投影，试判断 *K* 点是否在平行四边形上。

【解】 根据点在平面上的几何条件，只要判断出点 *K* 是否在平行四边形内的一条直线上，就可以知道点 *K* 是否在平行四边形上。

(1) 连 c'、k' 并延长交 $a'b'$ 于 f'，得到平行四边形内的直线 *CF*。

(2) 作 *CF* 的水平投影 *cf*。

可知，*K* 点的水平投影 *k* 不在 *CF* 的水平投影 *cf* 上，所以 *K* 点不在 *CF* 上，也就不在平行四边形 *ABCD* 上，如图 3-26（b）所示。

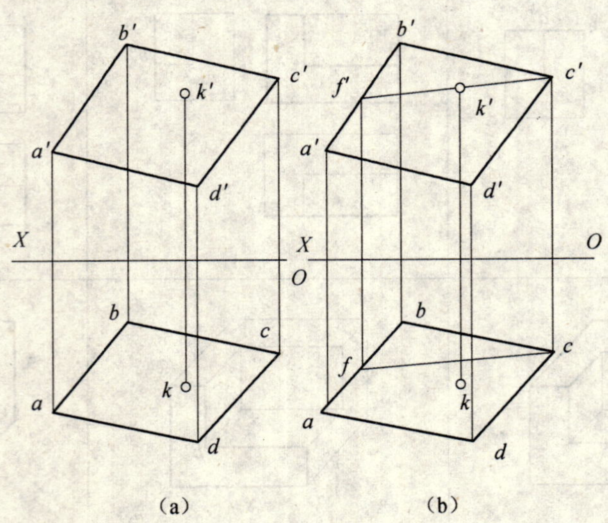

图 3-26 点和平面相对位置判断

(a) 已知；(b) 判断

【例 3-8】 如图 3-27（a）所示，已知三角形 *ABC* 及其上一点 *K* 的 *V* 面投影 k'，求 *K* 点的 *H* 面投影 *k*。

【解】 已知 *K* 点的 *V* 面投影，求 *K* 点的 *H* 面投影，可以先求出过 *K* 点一条直线的 *V* 面投影，再求这条直线的 *H* 投影，*K* 点的 *H* 面投影必在这条直线的 *H* 面投影上。

(1) 连 $a'k'$ 并延长交 $b'c'$ 于 d'，得三角形 *ABC* 内的直线 *AD* 的 *V* 面投影，如图 3-27（b）所示。

（2）作 AD 的 H 面投影 ad，如图 3-27（c）所示。

（3）根据长对正的投影规律，作出 K 点的 H 面投影 k，如图 3-27（d）所示。

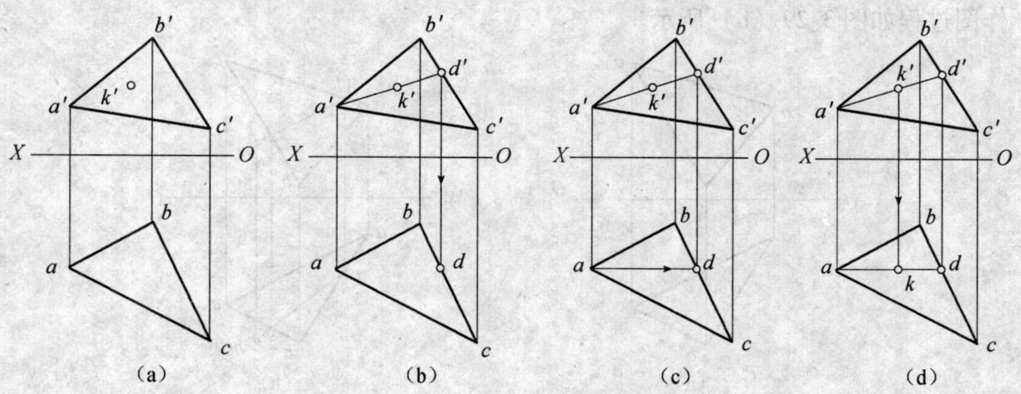

图 3-27　作平面上一点的投影

2. 平面内的投影面平行线

平面内的投影面平行线既要符合投影面平行线的投影特性，又要满足直线在平面内的几何条件。

【例 3-9】 如图 3-28 所示，已知三角形 ABC 的 H 面投影和 V 面投影，在其内求作一条水平线。

【解】 水平线的 V 面投影平行于 OX 轴，所以，可以先作出一条三角形 ABC 内的水平线的 V 面投影，再用投影规律作出其 H 面投影。

（1）过 a' 点作投影线 $a'd' /\!/ OX$ 轴，d' 点在 $b'c'$ 上［图 3-28（b）］。

（2）求作 AD 的 H 面投影。

AD 即为三角形 ABC 内的一条水平线。

图 3-28（c）所示为三角形 ABC 内的正平线 CE 的作法。

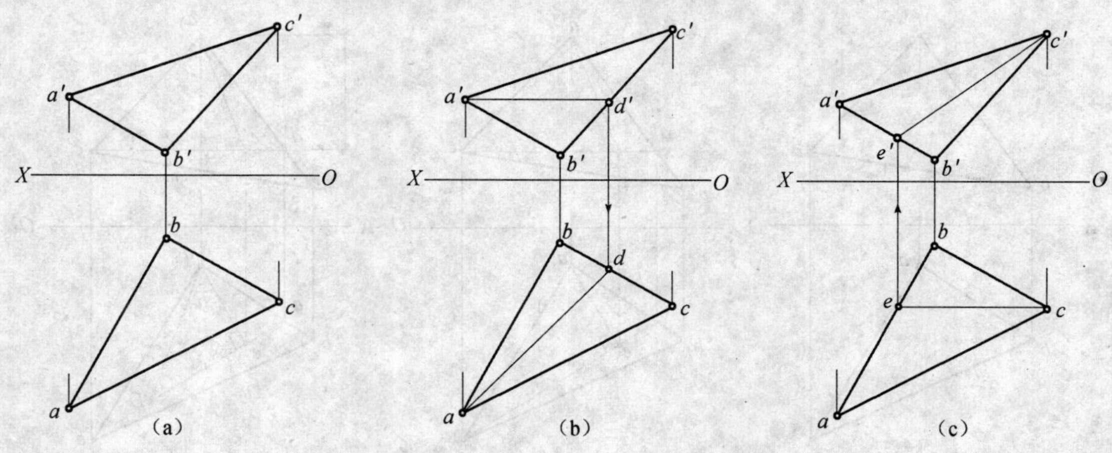

图 3-28　在平面上作水平线和正平线

【例 3-10】 如图 3-29 所示，已知三角形 ABC 平面内一点 M 的 H 面投影 m，求作出其 V 面投影。

【**解**】M 点在三角形 ABC 平面内，可以先作一条过 M 点且在三角形 ABC 平面内的直线，再作这条直线的 V 面投影，利用投影规律即可求出 M 点的 V 面投影。

作图过程如图 3-29（b）所示。

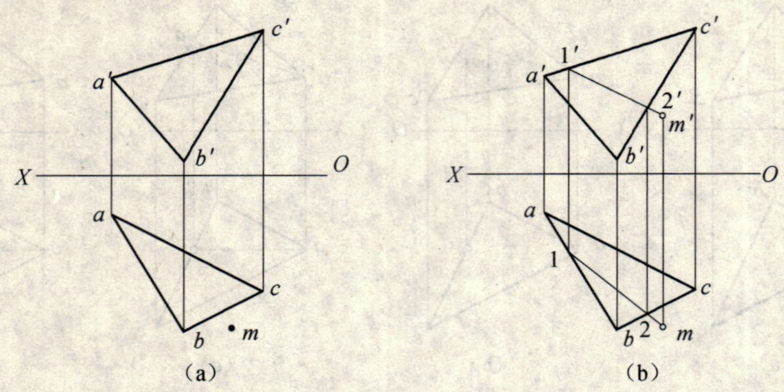

图 3-29　求作平面△ABC 内点 M 的正面投影

（a）已知条件；（b）作图方法

3. 平面对投影面的最大斜度线

平面对某投影面的最大斜度线，就是在该面内对某投影面倾角最大的一条直线，它必垂直于平面内的该投影面平行线。

投影面的最大斜度线常用来求平面对该投影的倾角。

如图 3-30 所示，L 是平面 P 内水平线，该面内另一条直线 $AB \perp L$，则 AB 是一条平面 P 内对投影面 H 的最大斜度线。

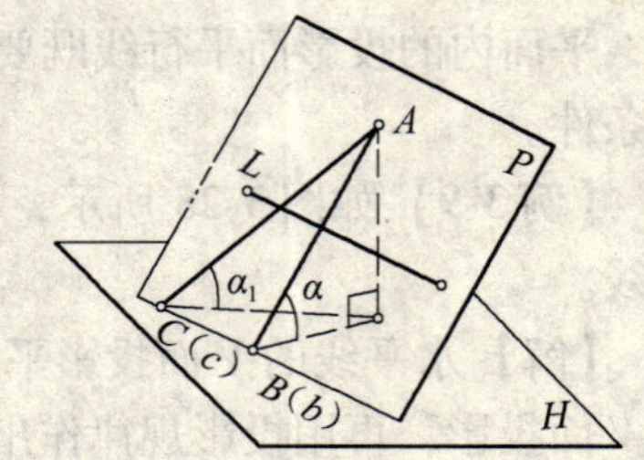

图 3-30　平面内对 H 面最大斜度线

【**例 3-11**】如图 3-31（a）所示，已知△ABC 的两面投影，用最大斜度线法求它对 H 面的倾角。

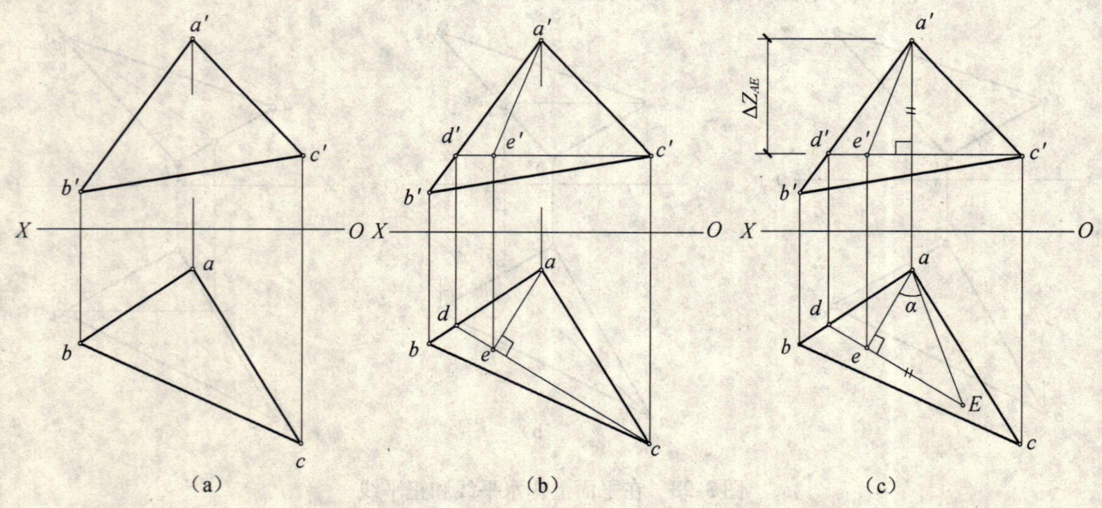

图 3-31　最大斜度线法求平面的 α 角

【**解**】要求△ABC 对 H 面的倾角，需求作一条△ABC 内对 H 面的最大斜度线，再用直角

三角形法求其对 H 面的倾角 α 角即可。而这条最大斜度线是垂直于△ABC 内的水平线的，根据垂直两直线的投影特性，垂直关系可以在 H 面上反映出来，所以应先求作一条△ABC 内的水平线。

（1）过 c' 点作一条投影线 $c'd'$ // OX 轴，并作出其 H 面投影 cd，CD 即为△ABC 内的一条水平线，如图 3-31（b）所示。

（2）过 a 点作一条投影线 $ae \perp cd$，并用投影规律作出其 V 面投影 $a'e'$，则 AK 即是△ABC 对 H 面的一条最大斜度线，如图 3-31（b）所示。

（3）用直角三角形法求 AK 对 H 面的倾角 α，如图 3-31（c）所示。

同理可求出△ABC 对 V 面的倾角，作图过程如图 3-32 所示。

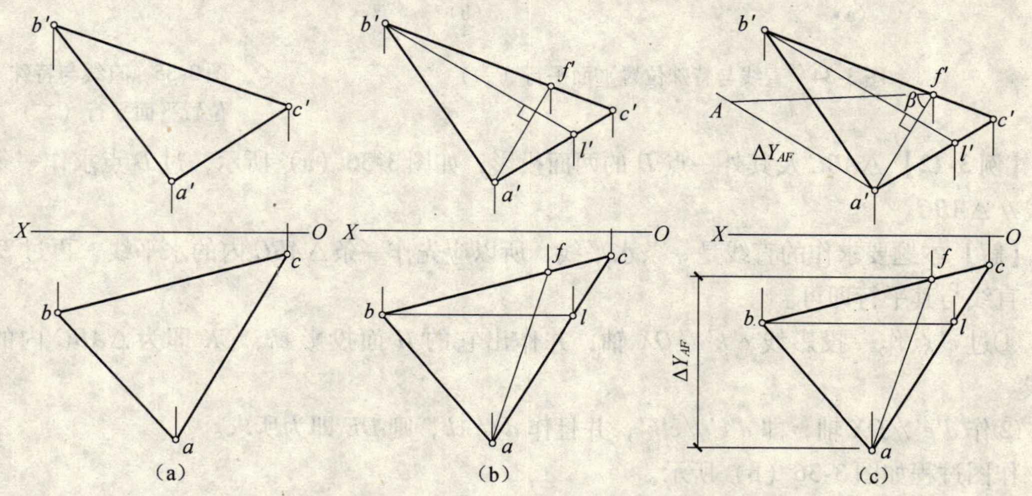

图 3-32　求△ABC 对 V 面最大斜度线 AF 及 β 角

（a）已知；（b）作对 V 面最大斜度线 AF；（c）作倾角 β

3.3.4　直线与平面、平面与平面的相对位置

直线与平面、平面与平面的相对位置有：平行、相交、垂直。

1. 平行

（1）直线与平面平行

直线与平面平行的几何条件是：

若直线平行于平面内某一条直线，则该直线与该平面平行。

图 3-33 所示为直线与平面的平行关系。

要判定直线与平面是否平行，只要看能否在平面内作出该直线的平行线即可。

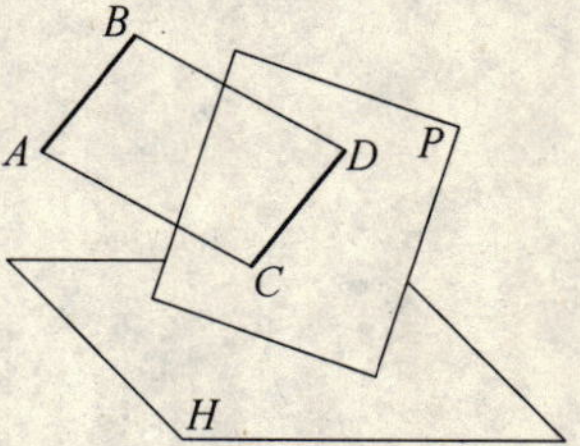

图 3-33　直线与平面平行

平面平行于某投影面时，若直线在该投影面上的投影平行于平面在该投影面上的积聚投影，则直线与平面平行。如图 3-34（a）、（b）所示，平面 P 为铅垂面，其 H 面投影积聚为一直线，一般位置直线 L_1 的 H 面投影 // 平面 P 内的△ABC 的积聚投影，即 l_1 // bac（P^H），则有 L_1 // 平面 P；另外，图中的铅垂线 L_2 // △ABC。图 3-35 所示为正垂面 Q^V 与其平行线 L 的平行关系。

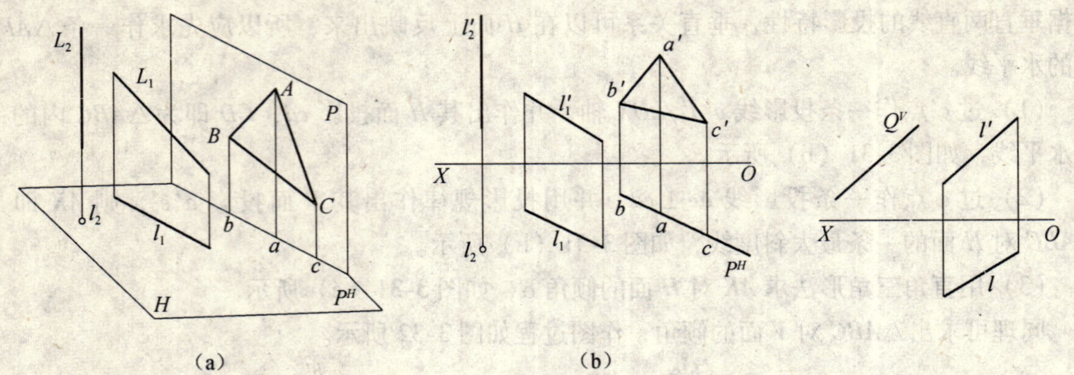

图 3-34　直线与特殊位置平面平行（一）

图 3-35　直线与特殊位置平面平行（二）

【例 3-12】 △*ABC* 及其外一点 *D* 的两面投影，如图 3-36（a）所示，过 *D* 点求作一条水平线∥△*ABC*。

【解】 本题要求作的直线是一条水平线，所以应先作一条△*ABC* 内的水平线，再过 *D* 点作一直线与其平行即可。

①过 *c'* 点作一投影线 *c'k'*∥*OX* 轴，并作出它的 *H* 面投影 *ck*，*CK* 即为△*ABC* 内的水平线。

②作 *d'e'*∥*OX* 轴，即 *d'e'*∥*c'k'*，并且作 *de*∥*ck*，则 *DE* 即为所求。

作图过程如图 3-36（b）所示。

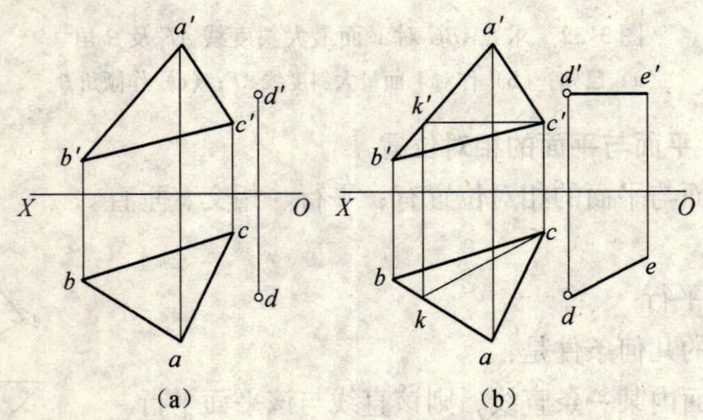

图 3-36　过点作水平线与平面平行

（2）平面与平面平行

平面与平面平行的几何条件是：

若一平面内的两相交直线对应地平行于另一平面内的两相交直线，则两平面平行。

如图 3-37 所示，平面 *P* 和平面 *Q* 内各有两条相交直线 *AB*，*BC* 和 *DE*，*EF* 对应平行，即 *AB*∥*DE*，*BC*∥*EF*，所以平面 *P* 和平面 *Q* 平行。在图 3-38 中，两铅垂面 *P* 和 *Q* 的积聚投影平行，则平面 *P* 和平面 *Q* 平行。

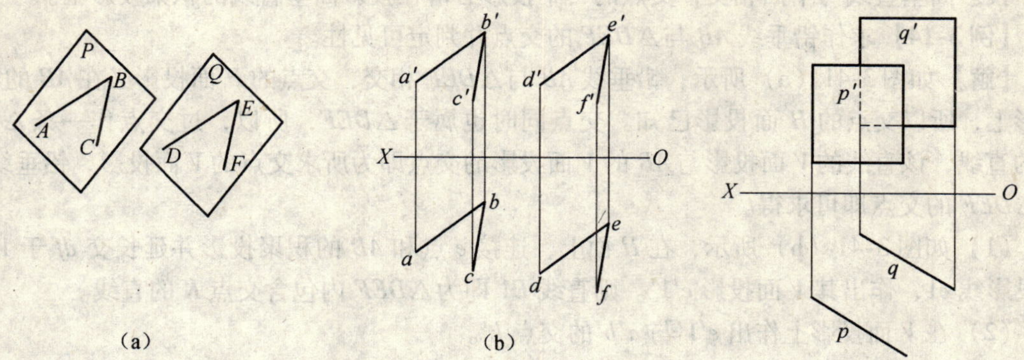

图 3-37　两平面平行（一）　　　　图 3-38　两平面平行（二）

【例 3-13】如图 3-39 所示，试判断△*ABC* 和四边形 *EFGH* 是否平行。

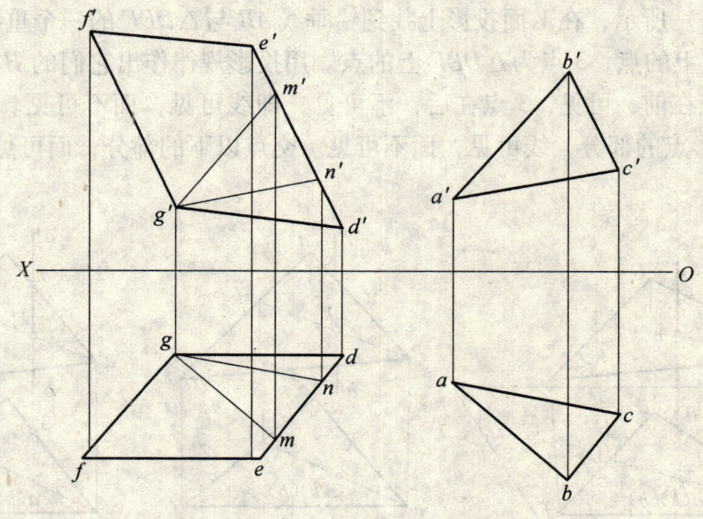

图 3-39　判别两平面是否平行

【解】判断△*ABC* 和四边形 *EFGH* 是否平行，只要看是否能在四边形 *EFGH* 中作出两条直线分别平行于△*ABC* 的两条边即可。

①过 *g* 作 *gm*∥*ab*，根据投影规律作出 *g'm'*，看 *g'm'* 是否平行于 *a'b'*。

②过 *g* 作 *gn*∥*ac*，根据投影规律作出 *g'n'*，看 *g'n'* 是否平行于 *a'c'*。

从图中可知，两组相交直线 *GM*∥*AB*，*GN*∥*AC*，所以，△*ABC*∥四边形 *EFGH*。

2. 相交

（1）直线与平面相交

直线与平面相交，交点是直线与平面的共有点，这是求直线与平面交点的依据。另外，还要考虑直线与平面重影部分的可见性问题，交点是可见与不可见的分界点，如图 3-40 所示。

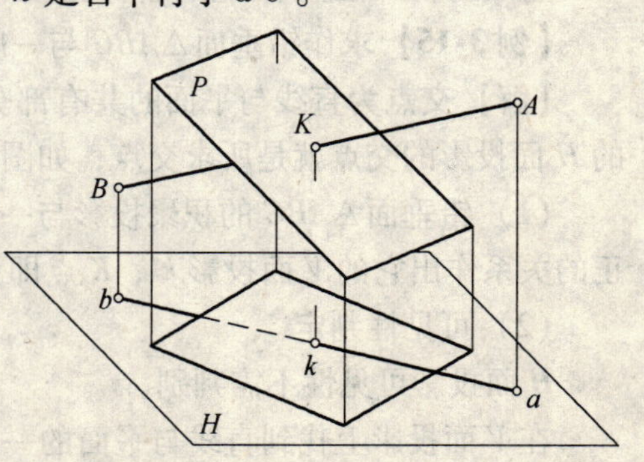

图 3-40　直线与平面相交

①投影面垂直线与平面相交

投影面垂直线与平面相交，交点的一个投影必落在投影面垂直线的积聚投影上。

【例 3-14】 求作铅垂线 *AB* 与△*DEF* 的交点并判定可见性。

【解】 如图 3-41（a）所示，铅垂线 *AB* 与△*DEF* 相交，交点的 *H* 面投影必在 *AB* 的积聚投影上，所以交点的 *H* 面投影已知。交点同时也属于△*DEF*，所以，过交点作一条△*DEF* 内的直线，该直线的 *V* 面投影与 *AB* 的 *V* 面投影的交点即为所求交点的 *V* 面投影，铅垂线 *AB* 与△*DEF* 的交点即可求得。

（1）如图 3-41（b）所示，在 *H* 面上，连接 *e* 点和 *AB* 的积聚投影并延长交 *df* 于 1 点，得投影线 *e*1，作出其 *V* 面投影 *e*′1′。则直线 *E*1 即为△*DEF* 内包含交点 *K* 的直线。

（2）在 *V* 面投影上作出 *e*′1′与 *a*′*b*′的交点 *k*′。

（3）判定可见性。

根据重影点来判定直线与平面重影部分的可见性。

H 面投影可见性不需判别。

如图 3-41（c）所示，在 *V* 面投影上找到铅垂线 *AB* 与△*DEF* 的一个重影点 2′（3′），其中 2 点是直线 *AB* 上的点，3 点为△*DEF* 上的点。用投影规律作出它们的 *H* 面投影，从 *H* 面投影上来看，2 点在前，可见，3 点在后，不可见，即线可见，面不可见。所以在 *V* 面投影上，从交点到重影点的部分，线可见，面不可见。交点以下的部分，面可见，线不可见，直线 *AB* 画成虚线。

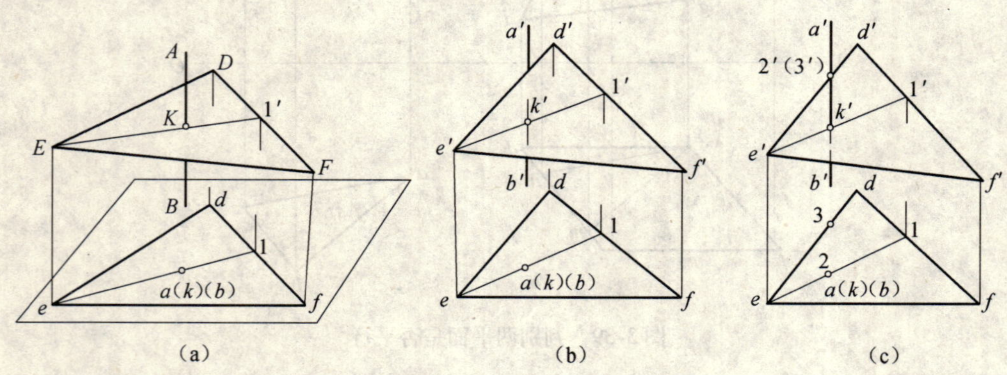

图 3-41　铅垂线 *AB* 与平面△*DEF* 相交求交点

②直线与特殊位置平面相交

直线与特殊位置平面相交，交点必在特殊位置平面的积聚投影上。

【例 3-15】 求作铅垂面△*ABC* 与一般位置直线 *DE* 的交点。

【解】 交点为直线与平面的共有部分，则铅垂面△*ABC* 的积聚投影与一般位置直线 *DE* 的 *H* 面投影的交点就是所求交点，如图 3-42（a）所示。

（1）铅垂面△*ABC* 的积聚投影与一般位置直线 *DE* 的 *H* 面投影的交点 *k* 已知，根据长对正的关系作出它的 *V* 面投影 *k*′，*K* 点即为所求交点。

（2）可见性判定

H 面投影可见性不需判别。

在 *V* 面投影上找到直线与平面的一个重影点 1′（2′），其中 1 点为直线上的点，2 点为平面上的点。作出它们的 *H* 面投影，从 *H* 面投影上看，1 点在前，可见，2 点在后，不可见。所以，在 V 面投影上，交点和重影点之间的部分，线可见，面不可见；交点以下的部分，面可见，线不可见，直线 DE 画成虚线。

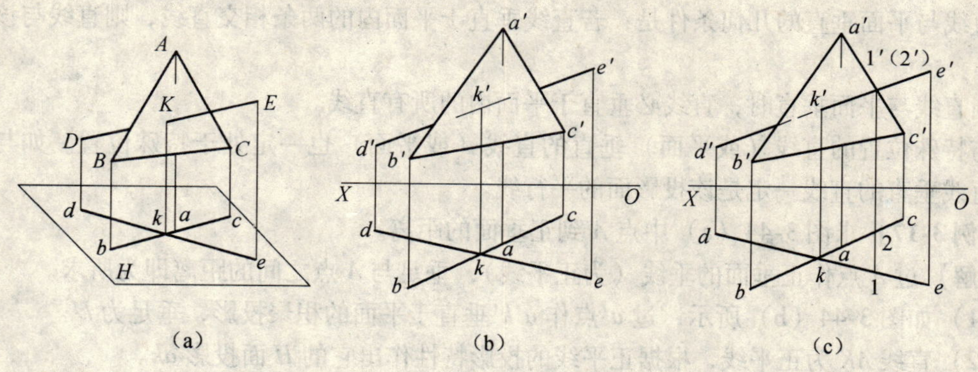

图 3-42　直线与特殊位置平面相交

（2）平面与平面相交

平面与平面不平行便相交，交线为两平面的共有部分。两平面相交，也必须考虑可见性问题。交线是可见部分与不可见部分的分界线。

求两个平面的交线，只要求出交线上的两个点即可。

【例 3-16】求作一般位置平面△ABC 与正垂面△DEF 的交线。

【解】如图 3-43（a）所示，利用一般位置直线与投影面垂直面相交求交点的方法，分别作出△ABC 的两条边 AC，BC 与△DEF 的交点 M，N，连接 MN 即为所求交线。

（1）如图 3-43（b）所示，在 V 面投影中，△ABC 的两条边 AC，BC 与△DEF 的积聚投影的交点 m'，n'已知，根据长对正的关系，作出它们的 H 面投影。直线 MN 即为所求交线。

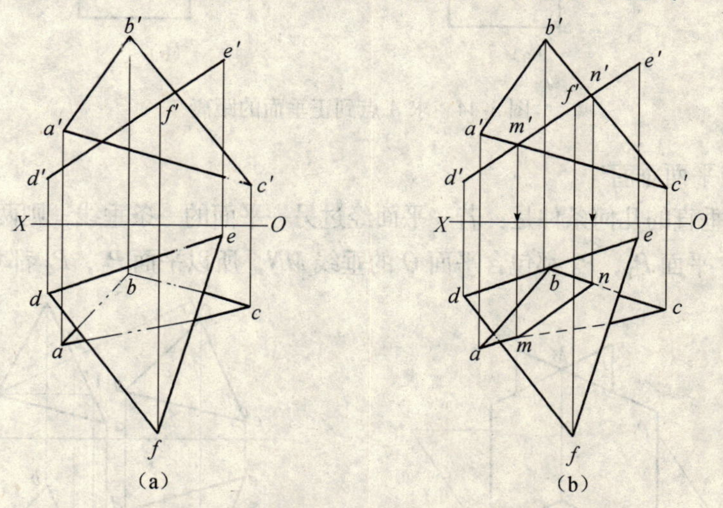

图 3-43　求正垂面与一般位置平面的交线

（2）可见性判定

H 面投影的可见性从 V 面投影上来判定。从 V 面投影来看，在交线以左，△ABC 在上，可见，△DEF 在下，不可见；右侧则相反。

V 面投影的可见性从 H 面投影上来判定。本题△DEF 为正垂面，所以△ABC 的 V 面投影均可见。

3. 垂直

(1) 直线与平面垂直

直线与平面垂直的几何条件是：若直线垂直于平面内的两条相交直线，则直线与该平面垂直。

当直线与平面垂直时，直线必垂直于平面内的所有直线。

与特殊位置的直线（或平面）垂直的直线（或平面）也一定处于特殊位置。如与投影面垂直线垂直的直线一定是该投影面的平行线。

【例 3-17】 求图 3-44（a）中点 A 到正垂面的距离。

【解】 过 A 点作正垂面的垂线（为正平线），垂足与 A 点之间的距离即为所求。

(1) 如图 3-44（b）所示，过 a' 点作 $a'k'$ 垂直于平面的积聚投影，垂足为 k'。

(2) 直线 AK 为正平线，根据正平线的投影特性作出它的 H 面投影 ak。

$a'k'$ 即为所示 A 点到正垂面的距离。

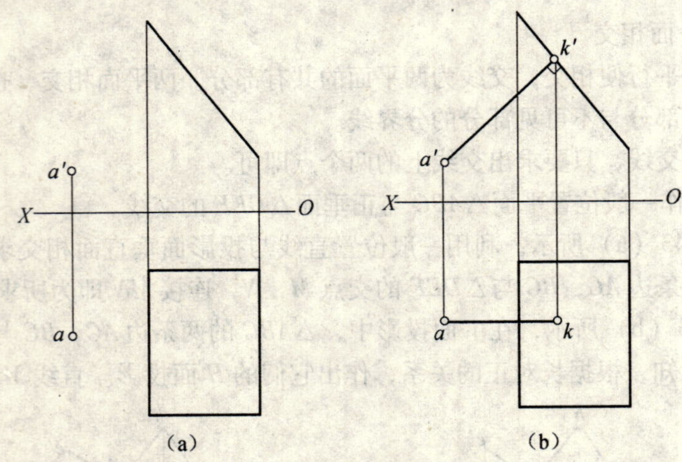

图 3-44 求 A 点到正垂面的距离

(2) 平面与平面垂直

平面与平面垂直的几何条件是：若一平面经过另一平面的一条垂线，则两平面垂直。如图 3-45（a）所示，平面 P_1，P_2 都包含平面 Q 的垂线 MN，所以平面 P_1，P_2 都垂直于平面 Q。

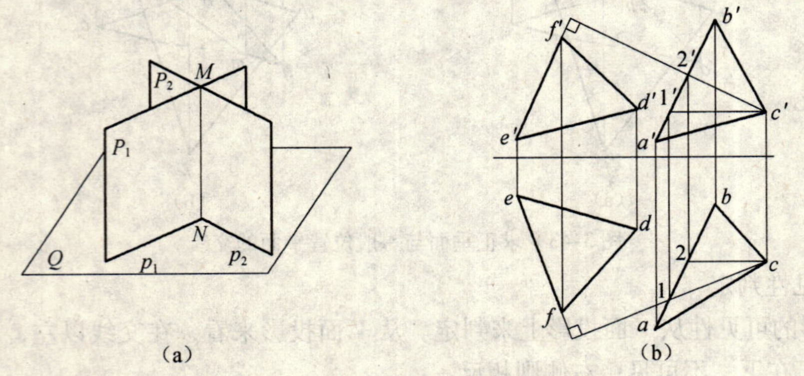

图 3-45 平面与平面垂直

(a) 平面与平面垂直的几何条件；(b) 平面与平面垂直的投影特点

如图3-45（b）所示，$\triangle ABC \perp \triangle DEF$，$\triangle DEF$ 内的直线 EF 的投影分别垂直于 $\triangle ABC$ 内水平线 $C1$ 的 H 面投影和正平线 $C2$ 的 V 面投影。

平面与平面垂直的投影特性是：

两平面垂直时，任何一个平面上有一条直线的投影，垂直于另一个平面上两条相交的投影面平行线在与它平行的投影面上的投影。

【例3-18】 如图3-46（a）所示，已知直线 AB 和 $\triangle CDE$ 的两面投影，且 $\triangle CDE$ 中的 $CD /\!/ V$，$CE /\!/ H$，包含直线 AB 作一平面与 $\triangle CDE$ 垂直。

【解】 根据平面与平面垂直的几何条件，只要过 AB 上任一点作一条直线垂直于 $\triangle CDE$ 中的两条直线即可。而 $\triangle CDE$ 中，CD 为正平线，CE 为水平线，根据垂直两直线的投影特性，垂线与 CD、CE 的垂直关系可以在相应的投影面上反映出来。

①在 H 面上，过 b 作投影线 $bf \perp ce$。

②根据长对正的关系过 f 引 OX 轴的垂线。

③在 V 面上，过 b' 作投影线 $b'f' \perp c'd'$，与 OX 轴的垂线交于 f' 点。

两相交直线 AB 和 BF 所确定的平面即为所求。

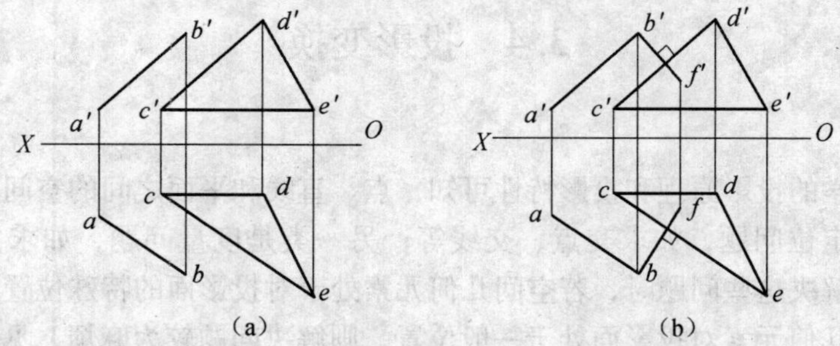

图3-46 过直线作平面与已知平面垂直

（a）已知条件；（b）作图方法

【例3-19】 如图3-47（a）所示，过 A 点作平面，与直线 L 平行，且与 $\triangle DEF$ 垂直。

【解】 根据直线与平面平行和平面与平面垂直的几何条件，只要过 A 点作一直线与已知直线平行，再作一直线与已知平面内的投影面平行线垂直即可。

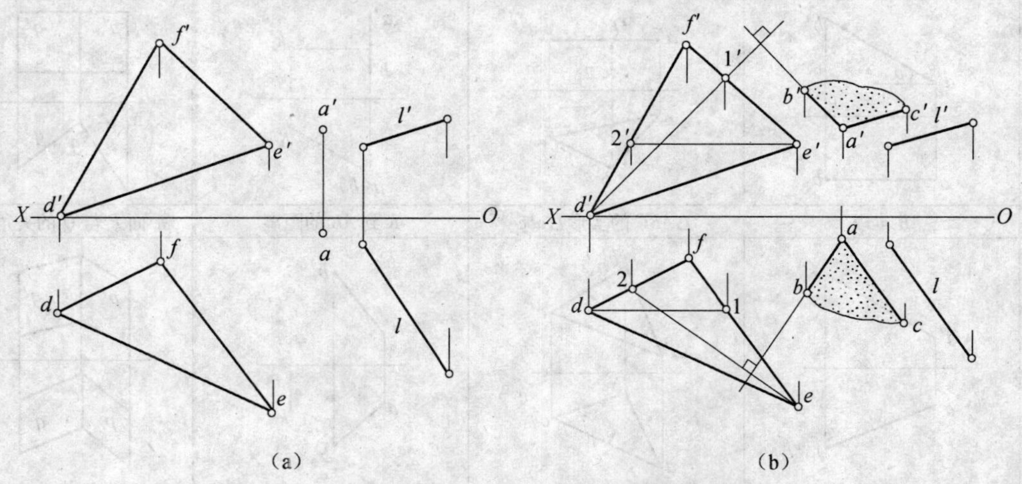

图3-47 过点作平面垂直于已知平面并平行于已知直线

（1）如图3-47（b）所示，过 a 点作 $ac /\!/ l$，过 a' 点作 $a'c' /\!/ l'$，则直线 $L /\!/ AB$。

（2）在 $\triangle DEF$ 内作一条水平线 $E2$ 和一条正平线 $D1$。

（3）过 a 作投影线 $ab \perp e2$，过 a' 作投影线 $a'b' \perp d'l'$，则 AB 即为 $\triangle DEF$ 的垂线。相交两直线 AB 和 AC 所确定的平面即为所求。

图3-48所示为两个铅垂面相互垂直。它们的积聚投影相互垂直，且它们的交线为一条铅垂线。

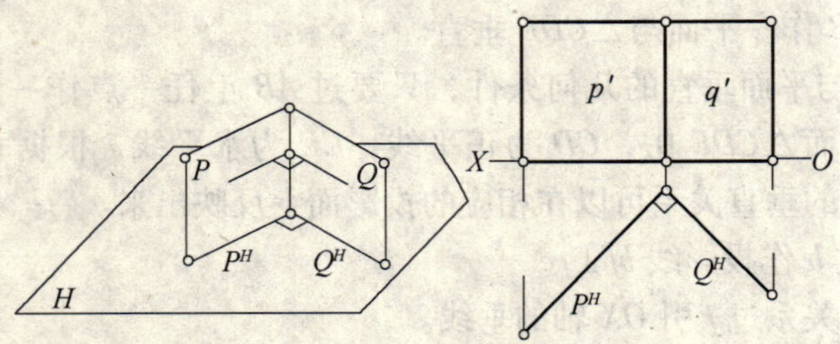

图3-48　两个铅垂面相互垂直

3.4　投影变换

3.4.1　概述

根据前面所学的投影原理和投影特性可知，点、直线和平面之间的空间几何问题可以分为两类：一类是定位问题，如求交点、交线等；另一类是度量问题，如求实长、实形、倾角、距离等。在解决这些问题时，若空间几何元素处于对投影面的特殊位置，则解决问题较为方便，若空间几何元素对投影面处于一般位置，则解决问题较为麻烦，见表3-5和表3-6。但如果通过一定的方法，使处于一般位置的几何元素变换成处于特殊位置，则问题的解决就会简化。这种变换称为投影变换。

进行投影变换的方法有多种，本书主要介绍两种方法：换面法和旋转法。

表3-5　投影图直接反映度量度

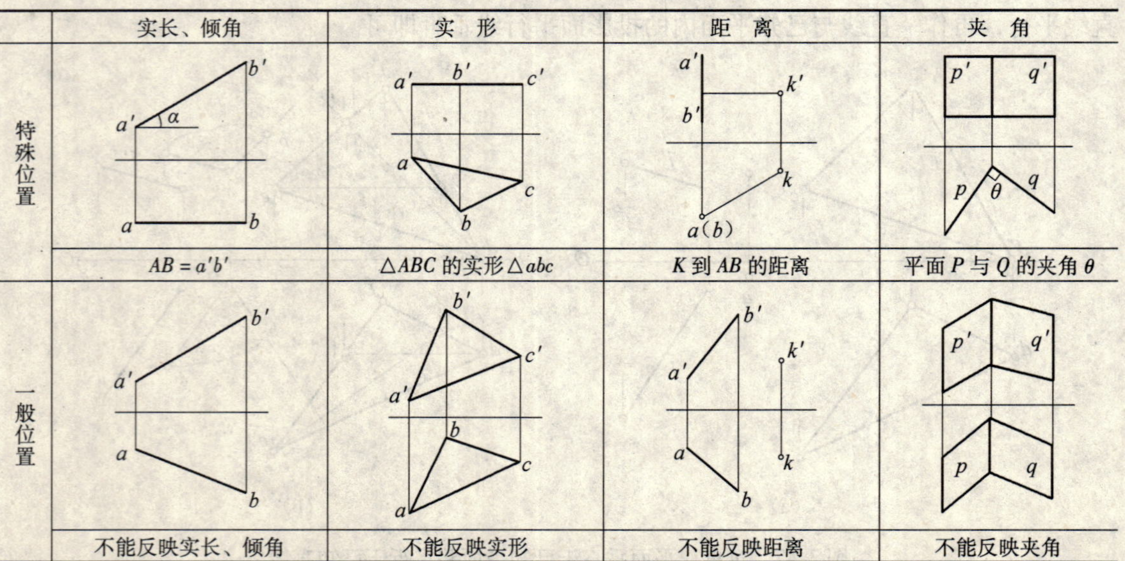

	实长、倾角	实　形	距　离	夹　角
特殊位置	$AB=a'b'$	$\triangle ABC$ 的实形 $\triangle abc$	K 到 AB 的距离	平面 P 与 Q 的夹角 θ
一般位置	不能反映实长、倾角	不能反映实形	不能反映距离	不能反映夹角

表 3-6　投影作图简便性

	交　点	交　线	垂　线	公垂线
特殊位置	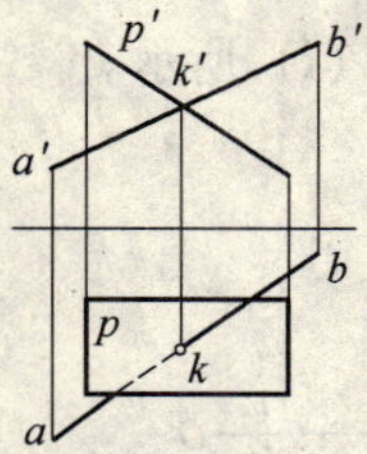	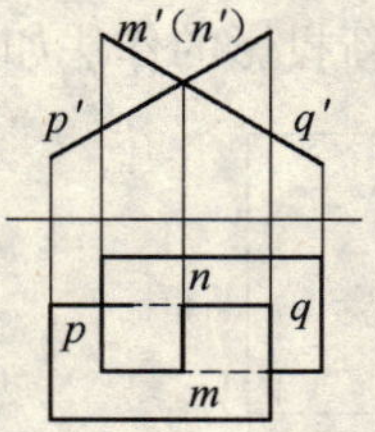	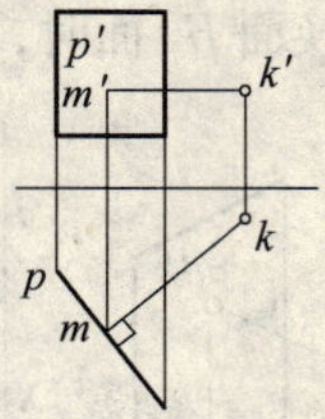	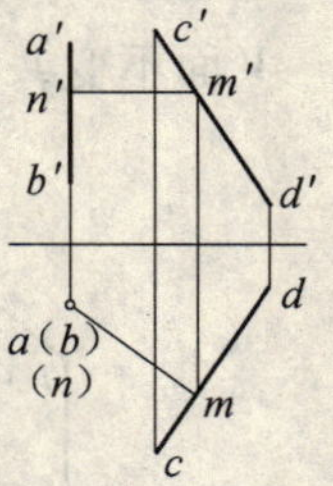
	交点 K	交线 MN	垂线 MK	公垂线 MN
一般位置	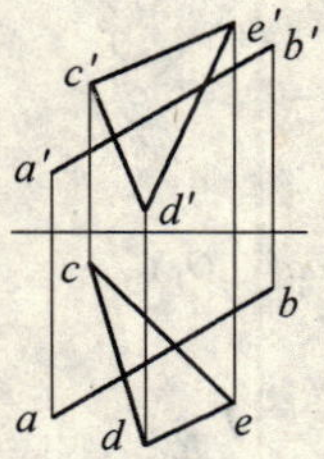	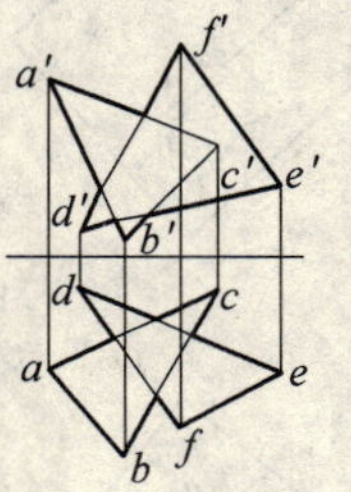	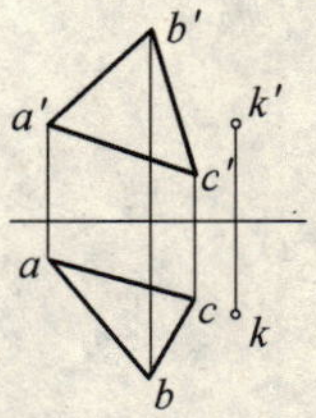	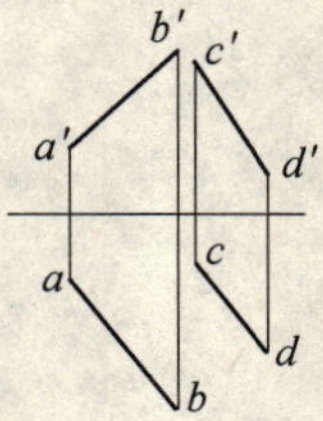
	不能反映交点	不能反映交线	不反映垂线	不反映公垂线

3.4.2　换面法

换面法就是保持空间几何元素不动，用新的投影面代替旧的投影面中的一个，使空间几何元素对新的投影面处于特殊位置。

1. 换面法的基本规定

（1）每一次只能变换一个投影面，可按下面的顺序变换：

$$\frac{V}{H}\rightarrow\frac{V_1}{H}\rightarrow\frac{V_1}{H_2}\rightarrow\frac{V_3}{H_2}\rightarrow\cdots \quad 或 \frac{V}{H}\rightarrow\frac{V}{H_1}\rightarrow\frac{V_2}{H_1}\rightarrow\frac{V_2}{H_3}\rightarrow\cdots$$

（2）新的投影面必须垂直于留下的旧投影面，即仍可用正投影方法求新投影。

如图 3-49（a）所示，以新的投影面 V_1 代替旧的投影面 V，换面后，$V_1 \perp H$。

如图 3-49（d）所示，以新的投影面 H_1 代替旧的投影面 H，换面后，$H_1 \perp V$。

2. 点的投影变换

（1）点的一次换面

如图 3-49（a）所示，用新的投影面 V_1 代替旧的投影面 V，组成新的两面投影体系 V_1/H，它的投影图如图 3-49（b）、（c）所示。V_1 面与 H 面交于 O_1X_1，称为新投影轴；V_1 面称为新投影面，其上的投影称为新投影；H 面称为不变投影面，其上的投影称为不变投影；V 面称为旧投影面，其上的投影称为旧投影；OX 称为旧投影轴。

图 3-49（d）、（e）、（f）为用新的投影面 H_1 代替旧的投影面 H 时组成的新的两面投影体系 H_1/V 及其投影图。

如图 3-49（c）所示，点的一次换面的作图方法如下：

①过 a 引 O_1X_1 轴的垂线，交 O_1X_1 轴于 a_{x1}；

②量取 $a_1'a_{x1}=a'a_x$，点 a_1' 即为 A 点在 V_1 面上的新投影。

V 面不变，将 H 面换面 H_1 面时，A 点的新投影的作法如图 3-49（f）所示。

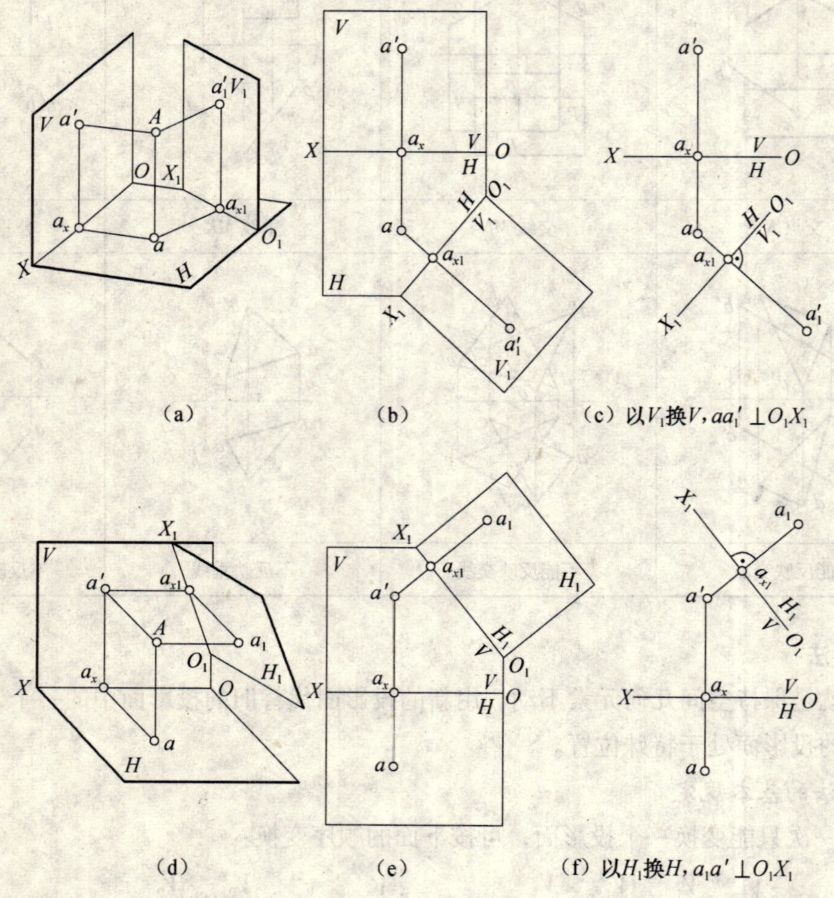

（a）　（b）　（c）以 V_1 换 V，$aa_1'\perp O_1X_1$

（d）　（e）　（f）以 H_1 换 H，$a_1a'\perp O_1X_1$

图 3-49　换面法投影规律

（2）换面法投影规律

综上所述，换面法的投影规律是：

①新投影与不变投影之间的连线垂直于新投影轴。

②新投影到新投影轴的距离等于旧投影到旧投影轴的距离。

（3）点的两次换面

当投影面需要多次变换时，V 面与 H 面要交替更换，并且必须要遵循点的投影变换规律。

图 3-50 所示为点的两次换面的立体图和投影图，第一次换面，H 面不变，将 V 面换成 V_1 面；组成投影体系 V_1/H；第二次换面，V_1 面不变，将 H 面换成 H_2 面，组成投影体系 V_1/H_2。

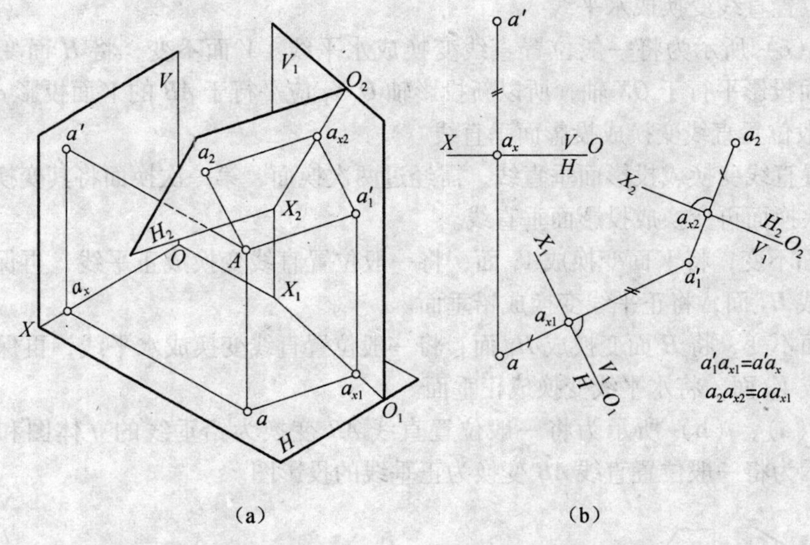

图 3-50　点 A 的两次换面

(a) 立体图；(b) 点的两次换面

3. 直线的投影变换

(1) 一般位置直线变换成投影面平行线

将一般位置直线变换为投影面平行线，首先要根据投影面平行线的投影特性确定新投影轴的位置。

①一般位置直线变换成正平线

一般位置直线变换成正平线，应使 H 面不变，将 V 面变换成 V_1 面。正平线的 H 面投影平行于 OX 轴，所以新轴 O_1X_1 应平行于一般位置直线的 H 面投影。

图 3-51 (a)、(b) 所示为将一般位置直线 AB 变换为正平线的立体图和投影图，新轴的位置确定后，再根据换面法的投影规律，求作 A 点和 B 点的新投影 a'_1 和 b'_1，将两个投影点相连即可求得 AB 的新投影。

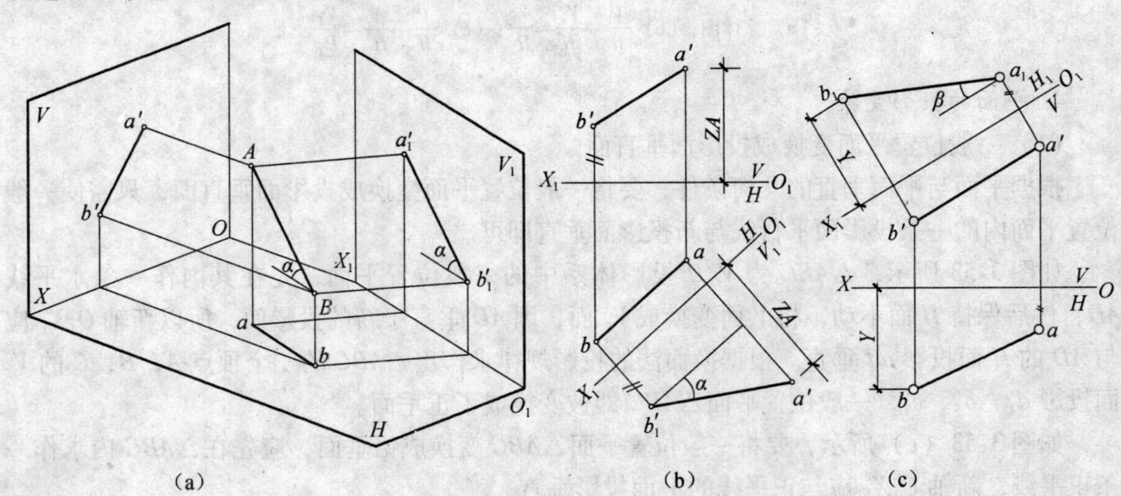

图 3-51　一次换面求一般位置直线段的实长及倾角的实形

②一般位置直线变换成水平线

图 3-51（c）所示为将一般位置直线变换成水平线。V 面不变，将 H 面变换为 H_1 面，水平线的 V 面投影平行于 OX 轴，所以新投影轴 O_1X_1 应平行于 AB 的 V 面投影 $a'b'$。

（2）一般位置直线变换成投影面垂直线

一般位置直线变换成投影面垂直线，需经过两次换面，第一次换面将其变换成投影面平行线，第二次换面再变换成投影面垂直线。

保持 H 面不变，将 V 面变换成 V_1 面，将一般位置直线变换成正平线，再保持 V_1 不变，将 H 面变换成 H_2 面，将正平线变换成铅垂面。

保持 V 面不变，将 H 面变换成 H_1 面，将一般位置直线变换成水平线，再保持 H_1 不变，将 V 面变换成 V_2 面，将水平线变换成正垂面。

图 3-52（a）、（b）所示为将一般位置直线 AB 变换为铅垂线的立体图和投影图，图 3-52（c）所示为将一般位置直线 AB 变换为正垂线的投影图。

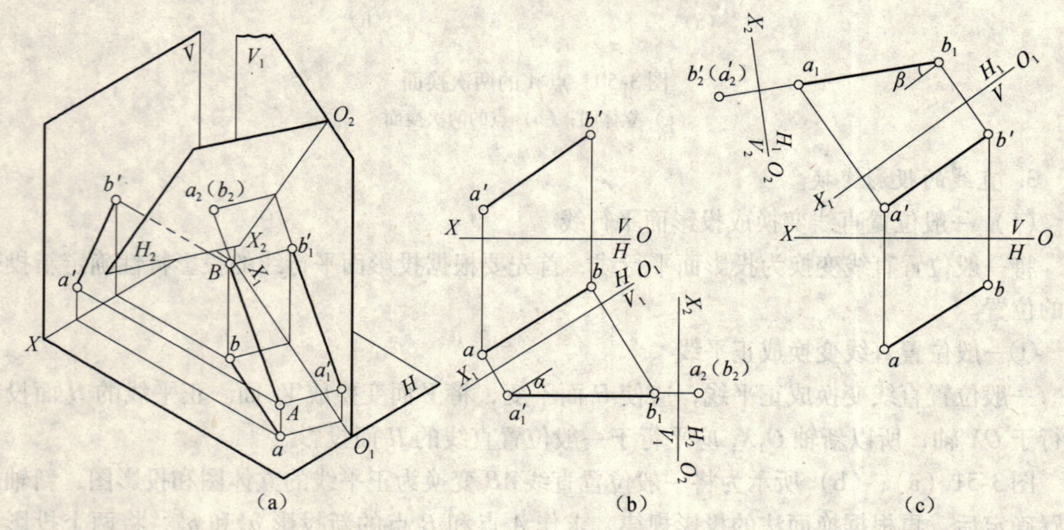

图 3-52　一般位置直线的两次换面

（a）立体图；（b）$\frac{V}{H} \rightarrow \frac{V_1}{H} \rightarrow \frac{V_1}{H_2}$；（c）$\frac{V}{H} \rightarrow \frac{V}{H_1} \rightarrow \frac{V_2}{H_1}$

4. 平面的投影变换

（1）一般位置平面变换成投影面垂直面

根据平面与平面垂直的几何条件，要将一般位置平面变换成投影面垂直面，只需使一般位置平面内的一条投影面平行线与新投影面垂直即可。

如图 3-53 所示，△ABC 为 V/H 投影体系中的一般位置平面，先在其内作一条水平线 AD，然后保持 H 面不动，将 V 面变换成 V_1 面，因 AD 垂直于新的投影面，所以新轴 O_1X_1 应与 AD 的 H 面投影 ad 垂直。根据换面法的投影规律求作出△ABC 的三个顶点 A，B，C 的 V_1 面投影 a_1'，b_1'，c_1'，一般位置平面△ABC 即被变换成了正垂面。

如图 3-53（c）所示，要将一般位置平面△ABC 变换成铅垂面，应先在△ABC 内求作一条正平线，新轴 O_1X_1 应与正平线的 V 面投影垂直。

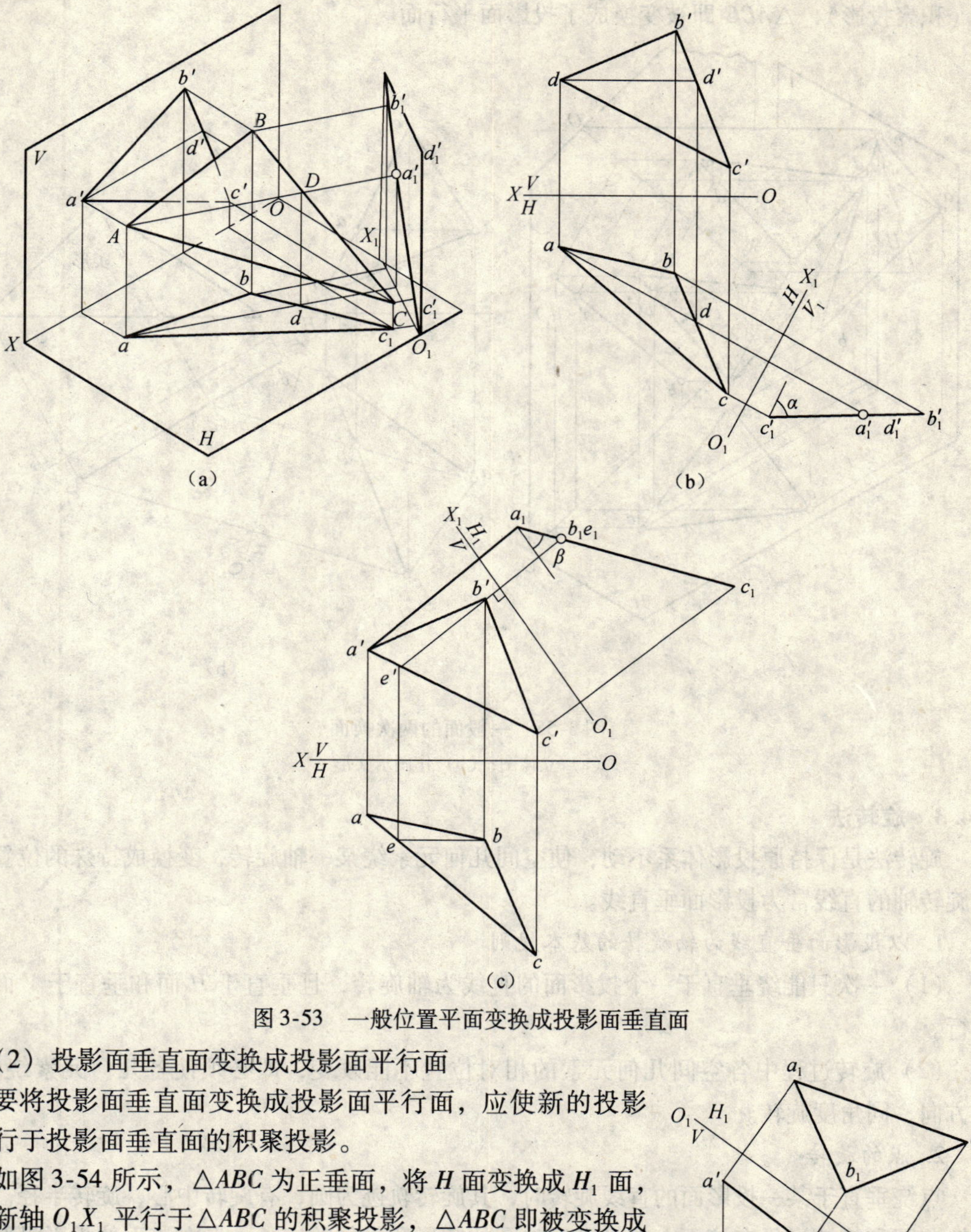

（a）　　　　　　　　　　（b）

（c）

图 3-53　一般位置平面变换成投影面垂直面

（2）投影面垂直面变换成投影面平行面

要将投影面垂直面变换成投影面平行面，应使新的投影轴平行于投影面垂直面的积聚投影。

如图 3-54 所示，△*ABC* 为正垂面，将 *H* 面变换成 H_1 面，并使新轴 O_1X_1 平行于△*ABC* 的积聚投影，△*ABC* 即被变换成了投影面平行面。

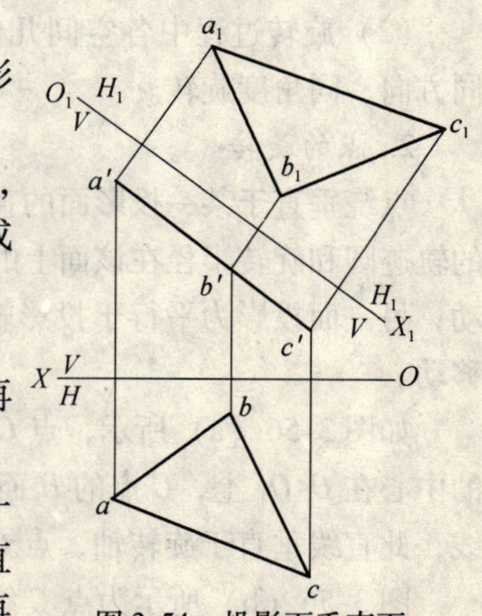

图 3-54　投影面垂直面变换成投影面平行面

（3）一般位置平面变换成投影面平行面

将一般位置直线经过一次换面变换成投影面垂直面，再次换面即可变换成投影面平行面。

如图 3-55 所示，△*ABC* 为一般位置平面，在其内求作一条水平线 *AD*，然后将 *V* 面变换成 V_1 面，并使新轴 O_1X_1 垂直于 *AD* 的水平投影 *ad*，△*ABC* 就变换成了投影面垂直面；再将 *H* 面变换成 H_2 面，并使新轴 O_2X_2 平行于△*ABC* 的 V_1 面投影（积聚投影），$\triangle ABC$ 即被变换成了投影面平行面。

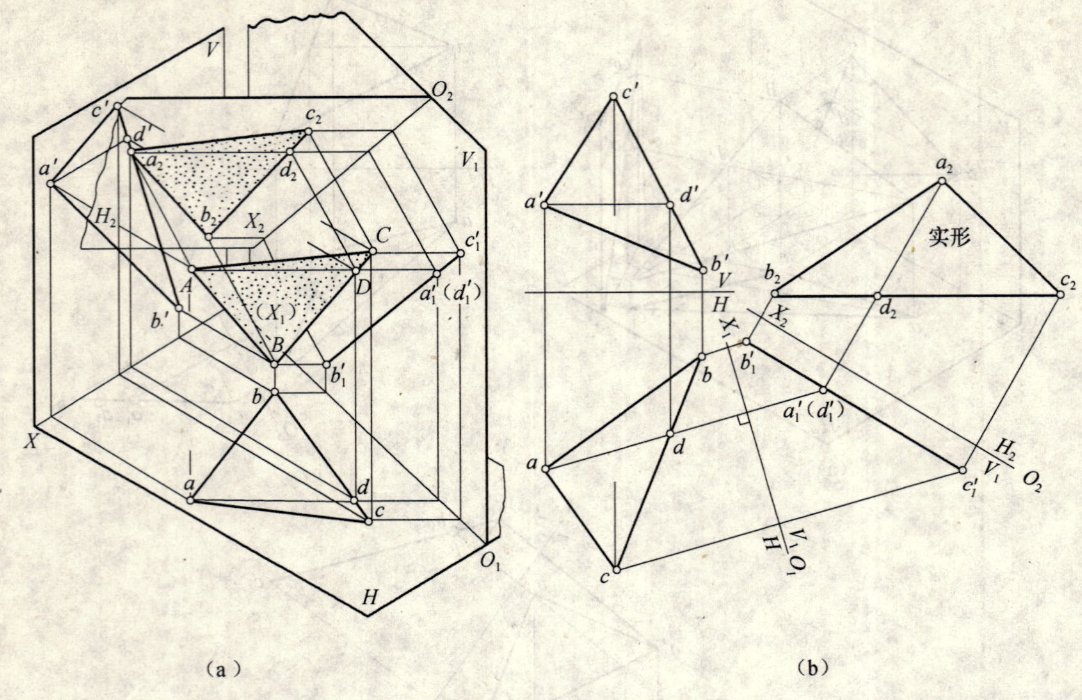

图 3-55　一般面的两次换面

（a）立体图；（b）作图求实形

3.4.3　旋转法

旋转法是保持原投影体系不动，使空间几何元素绕某一轴旋转，变换成特殊的位置。作为旋转轴的直线常为投影面垂直线。

1. *以投影面垂直线为轴旋转的基本规则*

（1）一次只能绕垂直于一个投影面的直线为轴旋转，且垂直于 H 面和垂直于 V 面交替进行。

（2）旋转过程中各空间几何元素的相对位置不能改变，即必须使各几何元素绕同轴、同方向、同角度旋转。

2. *点的旋转*

点绕垂直于某一投影面的直线旋转时，其旋转轨迹为圆，有旋转中心、旋转半径。旋转的轨迹圆和旋转半径在该面上的投影反映圆的实形和半径的实长，点在该面的投影沿圆周移动；另一面投影为平行于投影轴的直线，其长度等于轨迹圆的直径，点的该面投影沿直线移动。

如图 3-56（a）所示，点 C 绕垂直于 H 面的 $O\text{-}O_1$ 轴旋转，它的 H 面投影为一圆周，圆的中心在 $O\text{-}O_1$ 上，C 点的 H 面投影沿此圆周移动；点 C 的 V 面投影为一平行于 OX 轴的直线，此直线垂直于旋转轴，点 C 的 V 面投影沿此直线移动。

图 3-56（b）所示为点 C 绕垂直于 V 面的 $O\text{-}O_1$ 轴旋转。

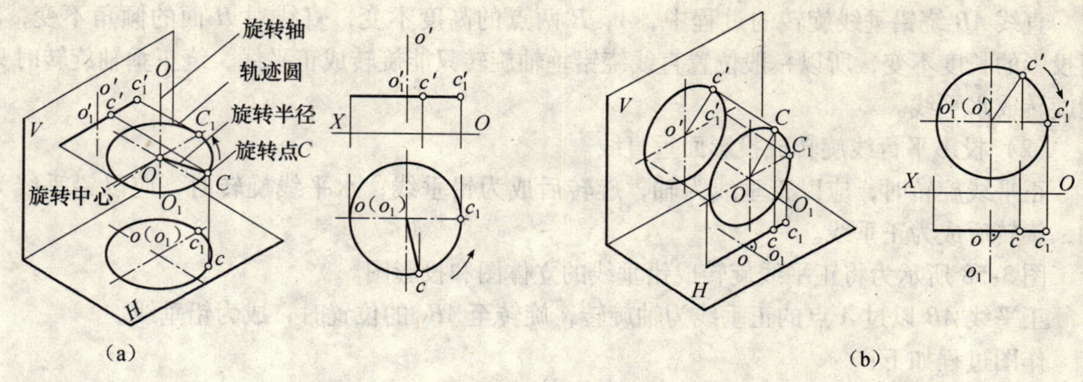

图 3-56　点绕投影面垂直线为轴旋转

(a) 点 C 绕铅垂线 O-O_1 旋转；(b) 点 C 绕正垂线 O-O_1 旋转

3. 直线的旋转

直线的旋转可用直线上两点的旋转来确定，但必须遵循将直线上两点绕同一轴、同一方向、旋转同一角度的基本规则。

(1) 一般位置直线旋转成投影面平行线

图 3-57 (a)、(b) 所示为将一般位置直线 AB 旋转成正平线的立体图和投影图，旋转轴为铅垂线，为了作图简便，使投影轴过 B 点，只有 A 点转动。旋转过程如下：

①根据正平线的投影特性，以 b 点为圆心，ab 为半径，将 a 旋转到 a_1，使 $a_1b /\!/ OX$ 轴。a_1b 即为一般位置直线 AB 旋转后的 H 面投影。

②根据长对正的关系过 a_1 点引垂直于 OX 轴的投影线，并根据点的旋转规律，过 a' 点作 OX 轴的平行线，两线交于 a_1' 点，连 a_1' 和 b' 点，则 $a_1'b'$ 即为一般位置直线 AB 旋转后的 V 面投影。

图 3-57 (c) 所示为将一般位置直线 AB 旋转成水平线的投影图。

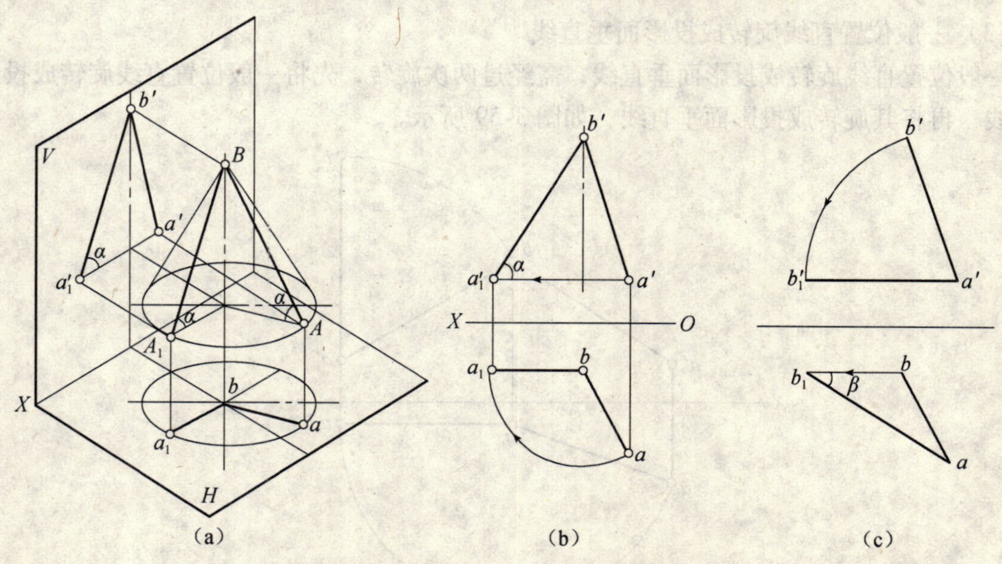

图 3-57　一般位置直线旋转成投影面平行线

直线 AB 绕铅垂线旋转的过程中，A，B 两点的高度不变，直线对 H 面的倾角不变，H 面投影的长度不变，所以一般位置直线绕铅垂轴旋转只能旋转成正平线，绕正垂轴旋转时只能旋转成水平线。

（2）投影平行线旋转成投影面垂直线

正平线旋转时，应以正垂线为轴，旋转后成为铅垂线；水平线旋转时，应以铅垂线为轴，旋转后成为正垂线。

图 3-58 所示为将正平线旋转成铅垂线的立体图和投影图。

正平线 AB 以过 A 点的正垂线为轴旋转，旋转至 AB_1 的位置时，成为铅垂线。

作图过程如下：

①以 a' 为圆心，$a'b'$ 为半径，将 b' 点旋转至 b_1' 点使 $a'b_1' \perp OX$ 轴，$a'b_1'$ 即为正平线 AB 旋转后的新投影。

②将 b 点沿平行于 OX 轴的方向移动至 b_1 点，a（b_1）即为正平线 AB 旋转后的积聚投影。

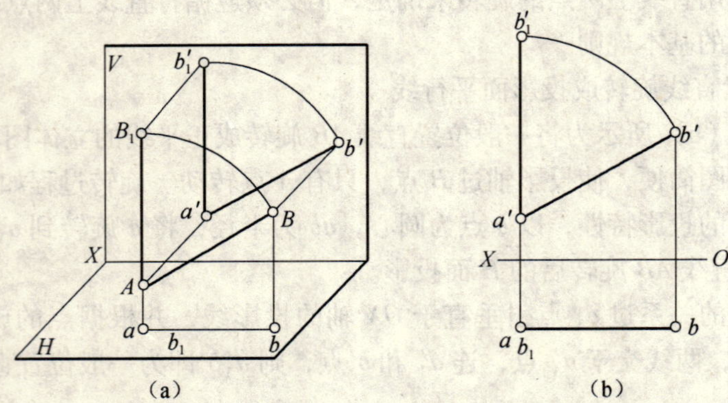

图 3-58　投影面平行线旋转成投影面垂直线

（3）一般位置直线旋转成投影面垂直线

一般位置直线旋转成投影面垂直线，需经过两次旋转，先将一般位置直线旋转成投影面平行线，再将其旋转成投影面垂直线，如图 3-59 所示。

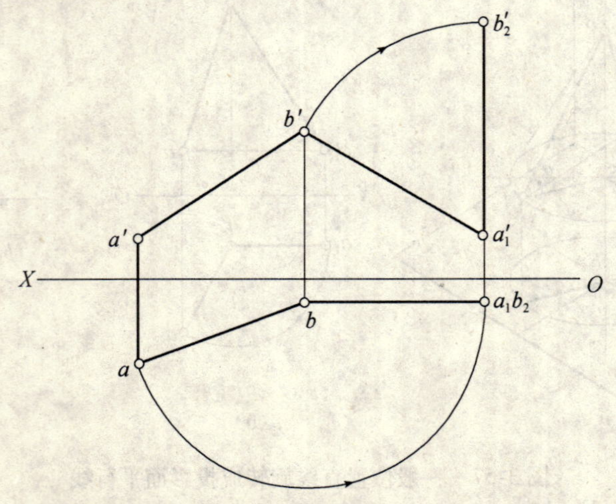

图 3-59　一般位置直线旋转成投影面垂直线

4. 平面的旋转

平面旋转时，可只旋转平面上不在同一直线上的三个点，但必须遵循旋转法换面的基本规则。

（1）一般位置平面旋转成投影面垂直面

一般位置平面旋转成投影面垂直面，只需将其内的一条投影面平行线旋转成投影面垂直线即可，如图 3-60 所示。

△*ABC* 为一般位置平面，在其内作一条水平线 *AD*，然后以过 *A* 点的铅垂线为轴，将 *AD* 旋转成正垂线，同时得到旋转角 *Φ*，再将 *A*，*C* 两点按规则旋转至 A_1，C_1 即可将一般位置平面△*ABC* 旋转成正垂面。

若要将一般位置平面△*ABC* 旋转成铅垂面，则应先在其内作一条正平线，然后将其旋转成铅垂线。

（2）投影面垂直面旋转成投影面平行面

图 3-61 所示为将正垂面旋转成水平面，旋转轴为正垂线。若将铅垂面旋转成正平面时，则旋转轴为铅垂线。

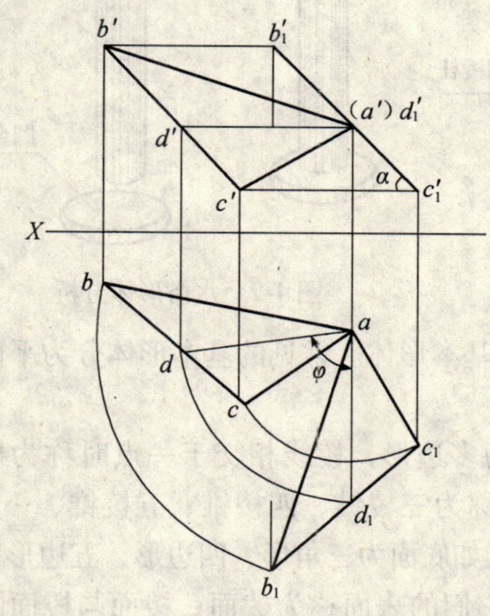

图 3-60　一般位置平面旋转成正垂面

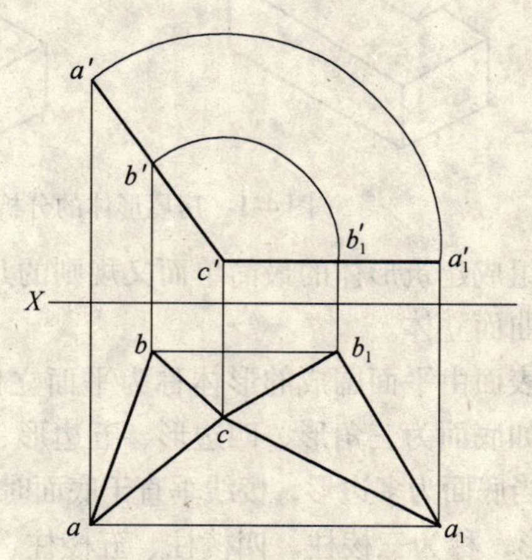

图 3-61　正垂面旋转成水平面

（3）一般位置平面旋转成投影面平行面

一般位置平面旋转成投影面平行面，需经过两次旋转，先旋转成投影面垂直面，再旋转成投影面平行面。

第 4 章　形体的投影

任何建筑形体都是由基本几何形体组成，如图 4-1 所示的房屋由棱柱、棱锥等组成，图 4-2 所示的水塔由圆柱、圆台、圆锥等组成。

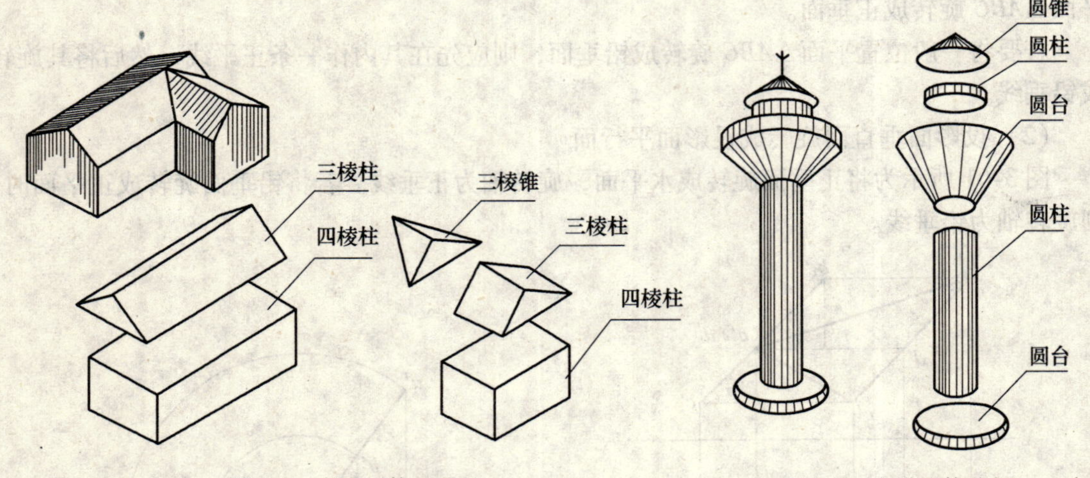

图 4-1　房屋形体的分析　　　　图 4-2　水塔形体分析

组成建筑形体的最简单而又规则的几何形体称为基本形体。常见的基本形体分为平面立体和曲面立体。

表面由平面围成的形体称为平面立体。当底面为多边形，棱线相交于一点时称为棱锥体，如底面为三角形、四边形、五边形、…n 边形，称为三棱锥、四棱锥、五棱锥、…n 棱锥。当底面为多边形，棱线垂直于底面时称为棱柱体，如底面为三角形、四边形、五边形、…n 边形，称为三棱柱、四棱柱、五棱柱、…n 棱柱。它们的表面称为棱面，棱面与棱面的交线称为棱线。

由曲面或曲面与平面围成的形体称为曲面体。曲面是由直母线或曲母线绕一轴线旋转而形成，又称回转面，不同位置的母线称为素线。母线上每一个点的运动轨迹都是一个圆，称为曲面上的纬圆。最大的纬圆称为赤道，最小的纬圆称为颈圆。

常见的基本曲面体有：圆柱体、圆锥体、球体、圆环体等，另外有围成非回转体的直纹曲面。

4.1　形体的投影

4.1.1　棱柱体的投影及其表面上定点

当棱柱体底面为正多边形时，称为正棱柱。图 4-3 所示为正六棱柱的三面投影，由图可知正棱柱体的投影特性是：在与底面平行的投影面上的投影反映底面实形；另两面投影为一

个或 n 个矩形。

平面立体表面上定点与平面上定点的方法相同，但必须确定点是在立体的哪个表面上，以便确定其可见性。平面立体的任一面投影均有立体的两个表面重叠在一起，一为可见，一为不可见。凡位于可见表面上的点都可见，凡位于不可见表面上的点都不可见。

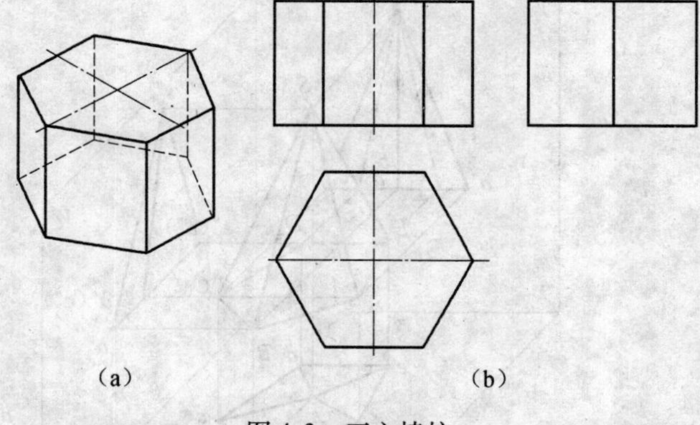

图 4-3　正六棱柱

（a）立体图；（b）投影图

【例 4-1】如图 4-4 所示，已知五棱柱的三面投影及其表面上的点 M，N 的 V 面投影，求 M 点和 N 点的另两面投影。

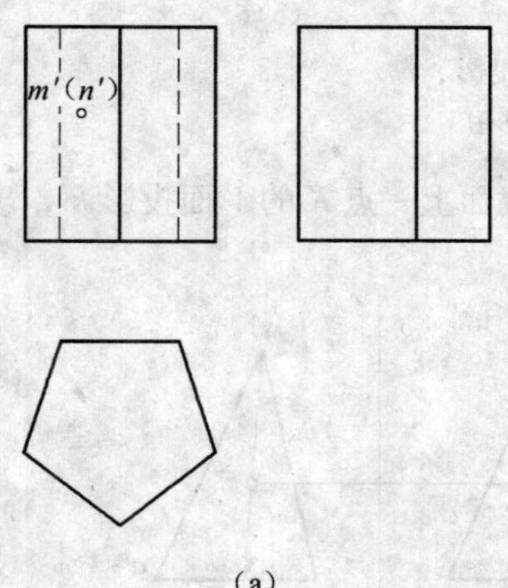

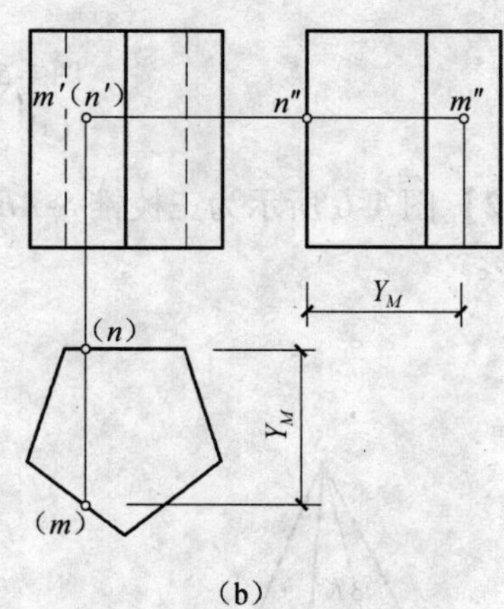

图 4-4　五棱柱表面定点

【解】五棱柱的顶面和底面为水平面，五个棱面为铅垂面，后棱面为正平面。

由图可知，M 点的 V 面投影可见，则 M 点在左前棱面上；N 点的 V 面投影不可见，则 N 点在后面的棱面上。

（1）根据长对正的关系过 m'（n'）点引投影连线垂直于 OX 轴，交左前棱面于 m 点，交后棱面于 n 点。

（2）根据点的投影规律作出 M 点和 N 点的 W 面投影 m'' 和 n''。

（3）判定可见性。

H 面投影：因 M 点和 N 点均位于顶面以下，所以 m 点和 n 点都不可见。

W 面投影：M 点在左前棱面上，其 W 面投影 m'' 可见；N 点位于后棱面的左棱线后一定位置，所以其 W 面投影不可见。

4.1.2　棱锥体的投影及其表面上定点

当棱锥体底面为正多边形时，称为正棱锥。图 4-5 所示为正五棱锥的三面投影，由图可知，正棱锥体的投影特性为：

当底面平行于某一投影面时，在该面上的投影为正多边形实形及其内部的 n 个共顶点的等腰三角形；另两面投影为 1 个或 n 个三角形。

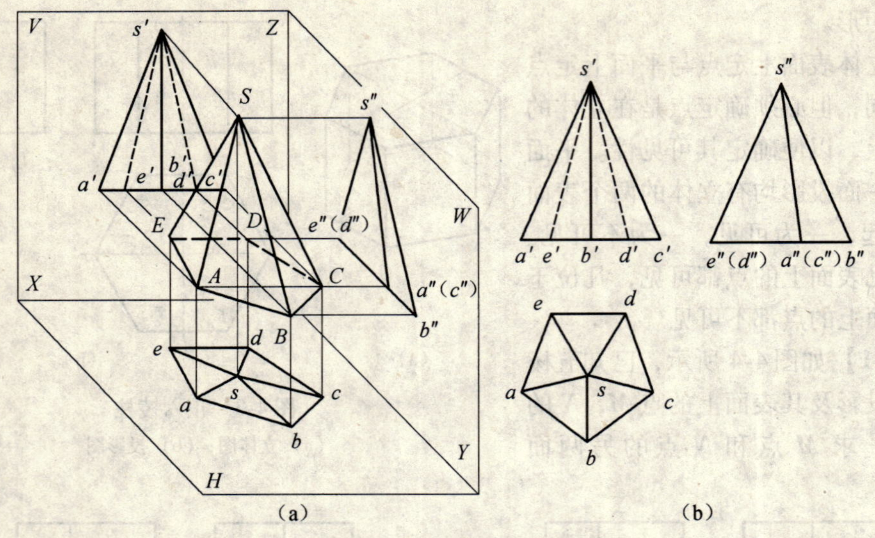

图 4-5　正五棱锥的投影

(a) 立体图；(b) 投影图

【例 4-2】图 4-6 所示为三棱锥 S-ABC 及其左前棱面上一点 K 的 V 面投影 k′，求点 K 的另两面投影。

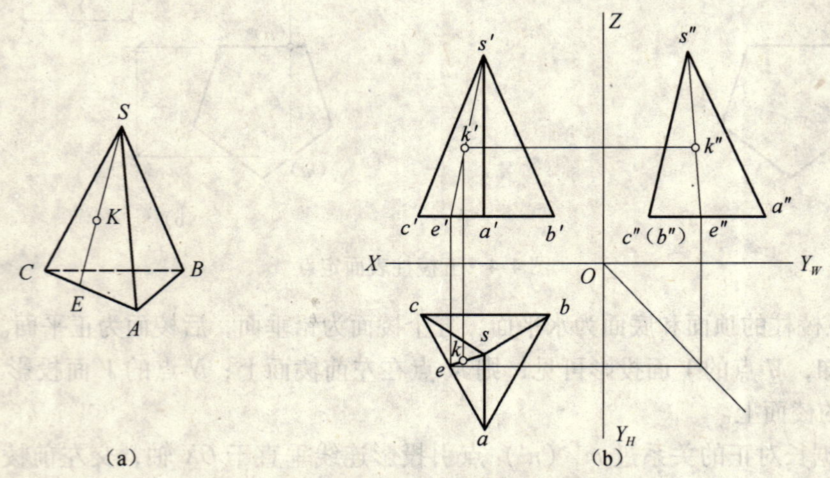

图 4-6　三棱锥体表面上点的投影

(a) 立体图；(b) 投影图

【解】由图可知，K 点在三棱锥的左前棱面上。

(1) 在 V 面投影上，连 s′、k′并交 c′b′于 e′。因 K 点在左前棱面上，所以 E 点在棱锥的底面△ABC 的 AC 边上。

(2) 作出 E 点 H 面投影 e，即得 SE 的 H 面投影 se。

(3) K 点在 SE 上，作出 K 点的 H 面投影 k。

(4) 根据投影规律作出 K 点的 W 面投影 k″。

(5) 判定可见性：因 K 点在左前棱面上，所以其 H 面投影和 W 面投影均可见。

4.1.3　棱台的投影

用平行于底面的平面切割棱锥的顶部后形成棱台。棱台的两个底面为相互平行且相似的平面图形。所有的棱线延长后仍交汇于一公共顶点即锥顶。

图4-7所示为正四棱台的立体图和三面投影图。由图可知，上、下底面为水平面，*H*投影反映实形，*V*投影和*W*投影积聚为上、下两条水平直线；左右棱面为正垂面，它们的*V*投影积聚为左、右两条直线，*H*投影为左右对称的两个梯形，*W*投影为等腰梯形；前后棱面为侧垂面，其*W*投影积聚为前、后两条直线，*H*投影与*V*投影为等腰梯形（*V*投影前后重合）。

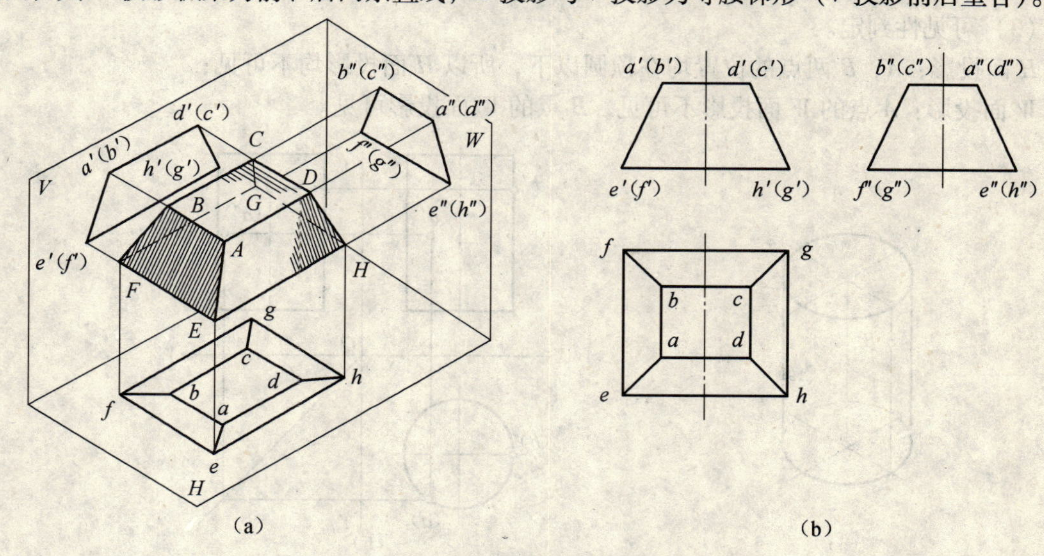

图4-7　四棱台的投影

（a）立体图；（b）投影图

4.1.4　圆柱体的投影及其表面上定点

圆柱体是由直母线绕与其平行的轴线旋转一周而形成，它由顶圆、底圆和圆柱面所围成。

如图4-8所示，圆柱体的投影特性是：在与轴线垂直的投影面上的投影积聚为一个圆并反映顶圆和底圆的实形，另两面投影是相等的矩形。

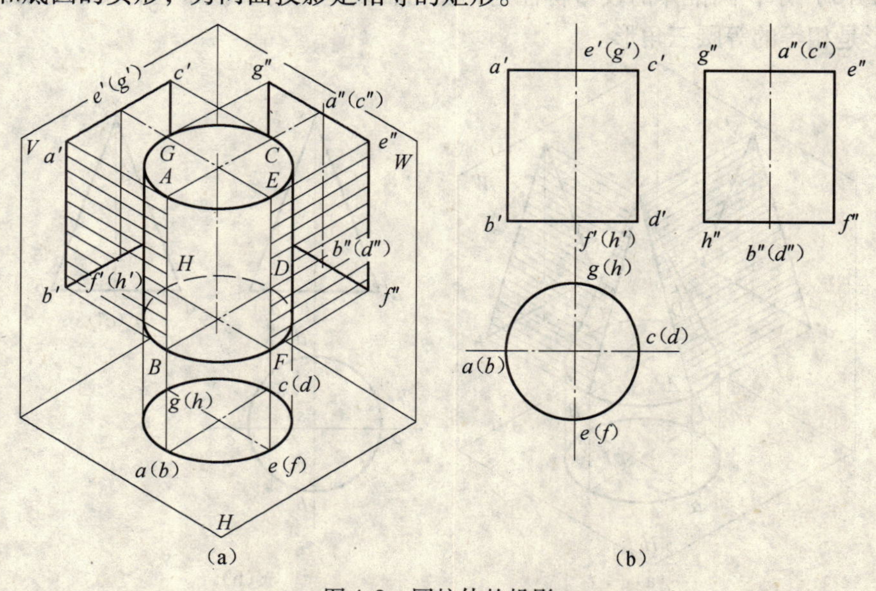

图4-8　圆柱体的投影

（a）立体图；（b）投影图

【例4-3】 图4-9（a）所示为圆柱体及其表面上两点 A 和 B 的 V 面投影 a'，b'，求作 A，B 两点的另两面投影。

【解】 由图可知，A 点在圆柱体的右前柱面上，B 点在圆柱体的最左素线上。

（1）根据长对正的关系作出两点的 H 面投影 a，b。

（2）根据投影规律作出两点的 W 面投影 a''，b''。

（3）可见性判定。

H 面投影：A，B 两点的位置均在顶圆以下，所以 H 面投影均不可见；

W 面投影：A 点的 W 面投影不可见，B 点的 W 面投影可见。

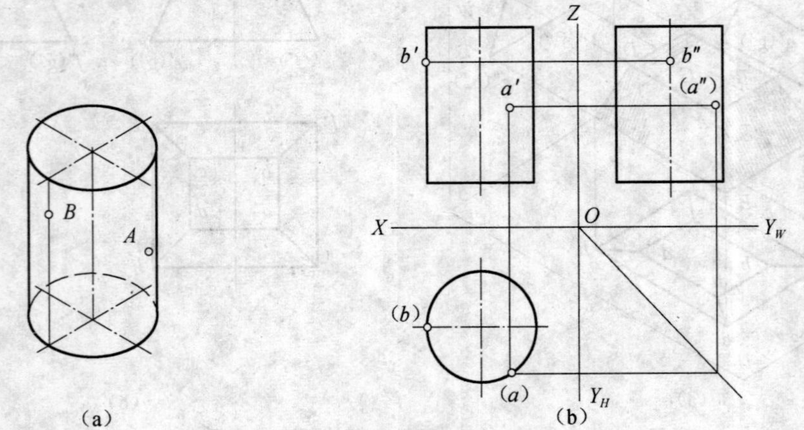

图4-9　正圆柱体表面上点的投影

（a）立体图；（b）投影图

4.1.5　圆锥体的投影及其表面上定点

圆锥体是由直母线 MN 绕与它相交于 S 点的轴线 O-O 旋转一周而形成，S 点即为锥顶，它由圆锥面和底圆围成，圆锥面上的素线是相交于锥顶 S 点的共面直线。

如图4-10所示，圆锥体的投影特性是：在与轴线垂直的投影面上的投影是底圆的实形，另两面投影是相等的等腰三角形。

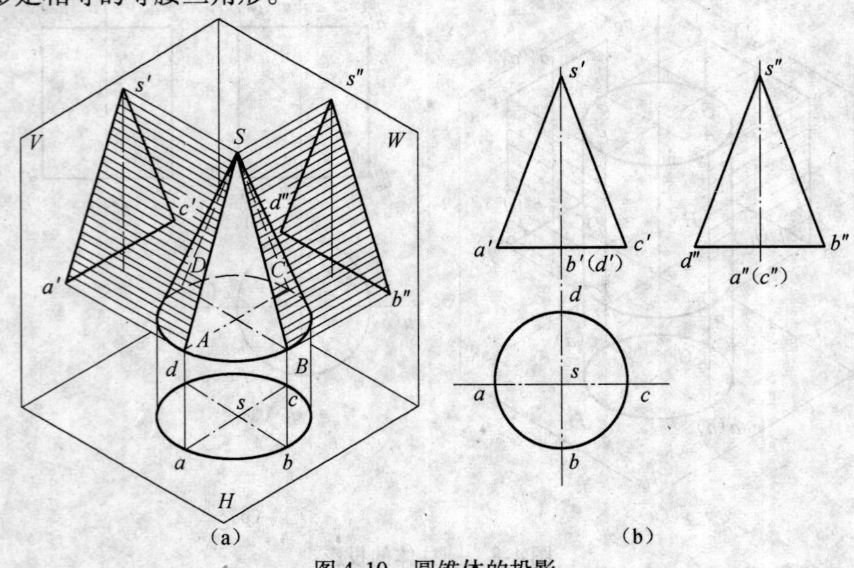

图4-10　圆锥体的投影

（a）立体图；（b）投影图

【例 4-4】如图 4-11（a）、（b）所示，已知圆锥体及其表面上的点 M 和 N 的 V 面投影 m'，n'，求作两点的另两面投影。

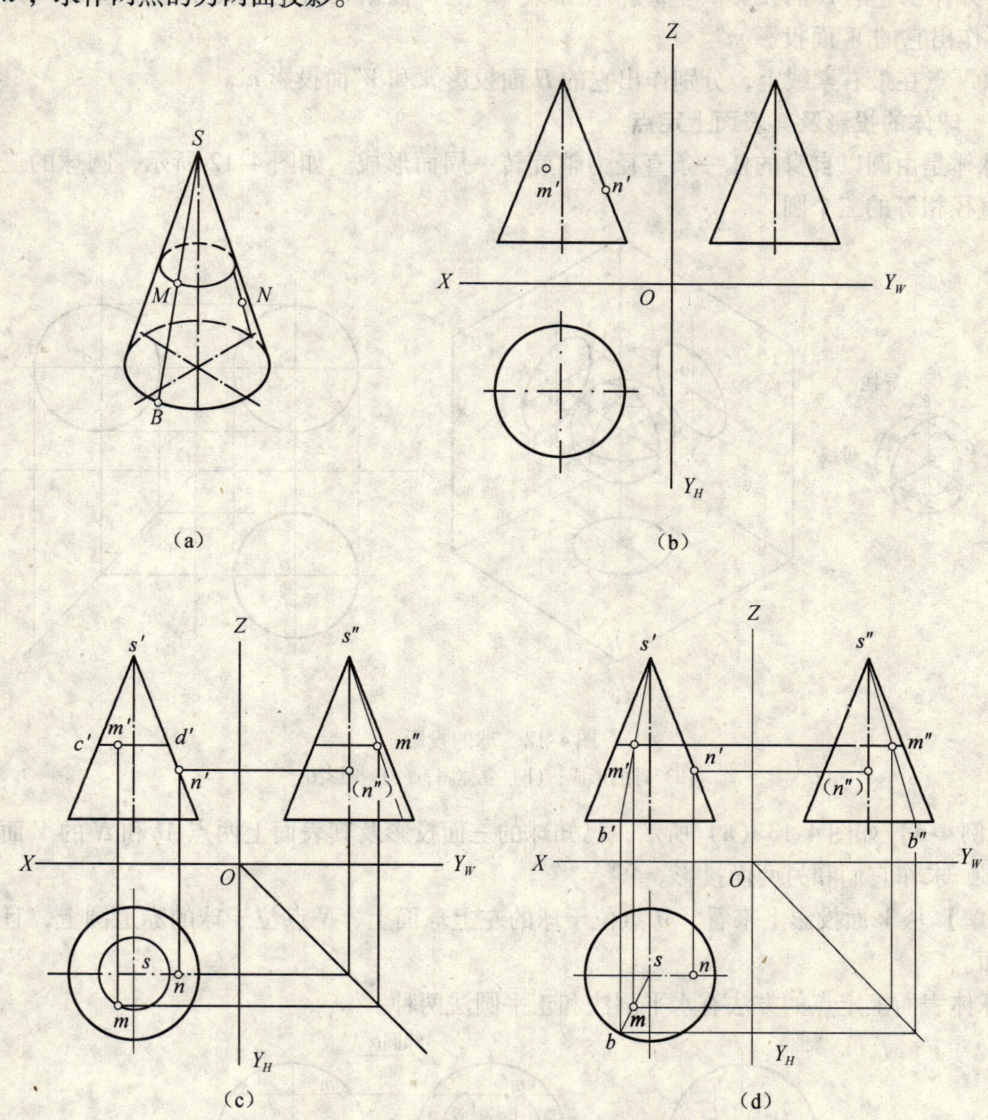

图 4-11　圆锥体表面上的点的投影

（a）立体图；（b）已知 M、N 的正面投影 m'、n'；（c）纬圆法求点的投影；（d）素线法求点的投影

【解】从立体图来看，M 点在圆锥体的左前锥面上，N 点在圆锥体的最右素线上。

（1）纬圆法

①如图 4-11（c）所示，在 V 面投影上作出经过 m' 点的纬圆，并作出其 H 面投影，求得 M 点的 H 面投影 m。再根据 M 点的位置和投影规律作出它的 W 面投影 m''。

②根据 N 点的位置和投影规律作出它的 H 面投影 n 和 W 面投影 n''。

③可见性判定

H 面投影：圆锥体的形状为上小下大，所以，圆锥面上所有点的 H 面投影均可见。

W 面投影：从两点的位置来看，M 点的 W 面投影 m''可见，N 点的 W 面投影 n''不可见。

（2）素线法

①如图 4-11（d）所示，在 V 面投影上作出经过 m' 点的素线 $s'b'$，即连 $s'm'$ 并交底圆于 b' 点，并作出它的 H 面投影 sb。M 点在素线 SB 上，根据长对正的关系作出它的 H 面投影 m，再作出它的 W 面投影 m''。

②N 点在最右素线上，分别作出它的 H 面投影 n 和 W 面投影 n''。

4.1.6 球体的投影及其表面上定点

球体是由圆以自身的任一条直径为轴旋转一周而形成。如图 4-12 所示，圆球的三面投影是直径相等的三个圆。

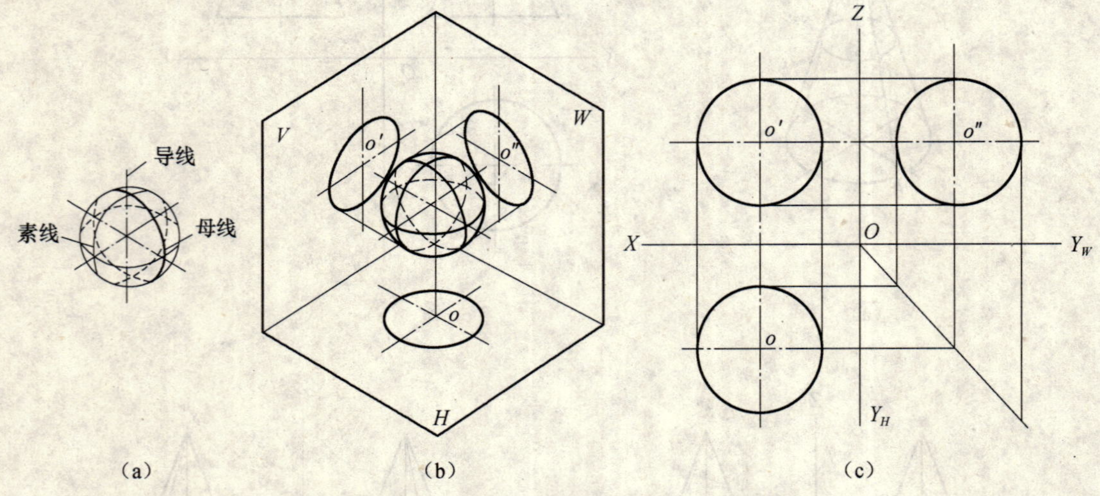

图 4-12 球的投影

（a）球的形成；（b）立体图；（c）投影图

【例 4-5】如图 4-13（a）所示，已知球的三面投影及其表面上两点 M 和 N 的 V 面投影 m'，n'，求作它们和另两面投影。

【解】从 V 面投影上来看，M 点位于球的左上球面上，N 点位于球的赤道圆上，且在右半球面。

球体表面上定点的方法有水平圆法和正平圆法两种。

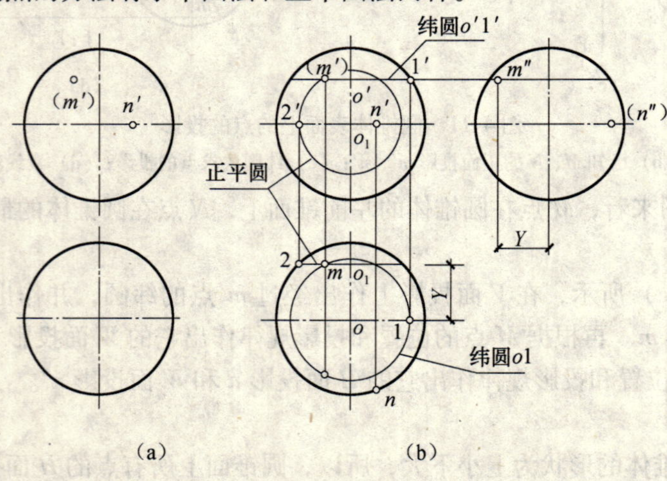

图 4-13 球面上定点

（a）已知；（b）作图

(1) 水平圆法

①在 V 面投影上作出过 M 点的水平圆。

②量取这个水平圆的半径，作出它的 H 面投影，M 点的 H 面投影 m 即可作出。然后作出 M 点的 W 面投影 m''。

③过 N 点的水平圆即为赤道圆，作出 N 点的 H 面投影 n 和 W 面投影 n''。

④可见性判定

H 面投影：球体的上半球的形状为上小下大，上半球面上所有点的 H 面投影均可见，所以 M，N 两点的 H 面投影均可见。

W 面投影：从两点的位置来看，M 点的 W 面投影 m''可见，N 点的 W 面投影 n''不可见。

(2) 正平圆法

正平圆法与水平圆法的原理及作图过程均相同，只要先作出过 A、B 两点的正平圆即可。

4.2 平面与立体相交

4.2.1 平面与平面立体相交

平面与立体相交，可看作平面截割立体，此平面称为截平面，所得交线称为截交线，由截交线围成的封闭图形称为断面或截面。如图 4-14 所示。

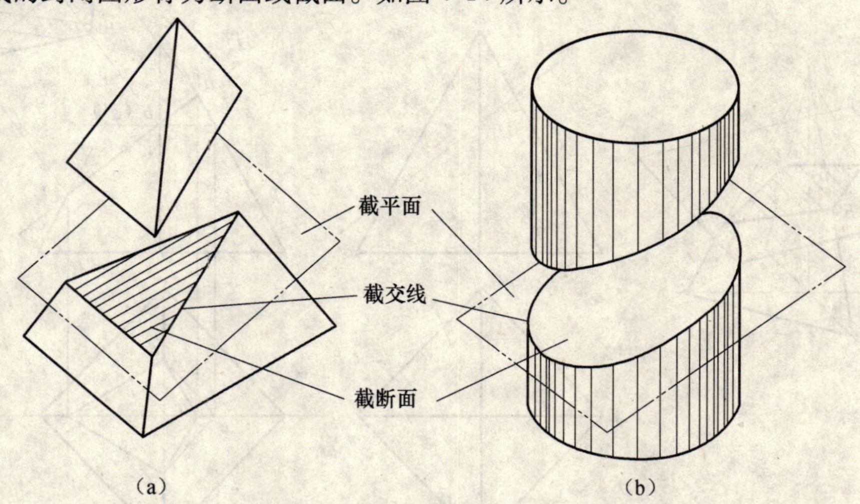

图 4-14 平面与立体截交

研究平面与立体相交的目的是要清楚地表达出形体的形状，以保证工程施工的正确性。

任何截交线都具有如下的特性：

(1) 由于立体都有一定的范围，所以截交线一定是封闭的平面折线。

(2) 截交线是平面和立体的共有部分。

截交线的性质即是求解截交线问题的依据。

平面与平面立体相交的截交线是封闭的平面折线，截交线围成的断面形状是平面多边形。多边形的边数由立体上参与相交的棱线或边线的数目决定，或由参与相交的棱面或底面的数目决定。平面多边形的每条边即是截面与棱面或底面的交线。因此，实际作图时，常用线面交点法，即求作出截平面与棱线的交点，然后依次相连。

【例4-6】 如图4-15（a）、（b）所示，正四棱锥被正垂面P所截，求截交线，并求作断面的实形。

【解】 正四棱锥的四个棱面都是一般位置平面，前、后、左、右四个棱面对称放置。截平面P与四条棱线都相交，有四个交点，断面为四边形，因P面为正垂面，所以断面的V面投影与截平面P的V面投影重合，只需求出它的H面投影即可。

（1）如图4-15（c）所示，A，C两点在最左和最右棱线上，根据长对正的关系作出它们的H面投影a和c。

（2）B，D两点位于最前、最后棱线上，为求作它们的H面投影，需过这两点作一平行于底面的辅助平面，此平面交最左棱线于E点，作出E点的H面投影e和V面投影e'。此平面截割正四棱柱所得的断面为与底面平行且相似的正方形，据此，过e点作底边的平行线，交于前、后棱线的H面投影上得b和d点。依次连接a，b，c，d四点即得截交线的H面投影。

（3）可见性判定

因棱锥的形状为上小下大，所以各棱面的H面投影均可见。

（4）用换面法将断面变换为投影面平行面，求作断面的实形。

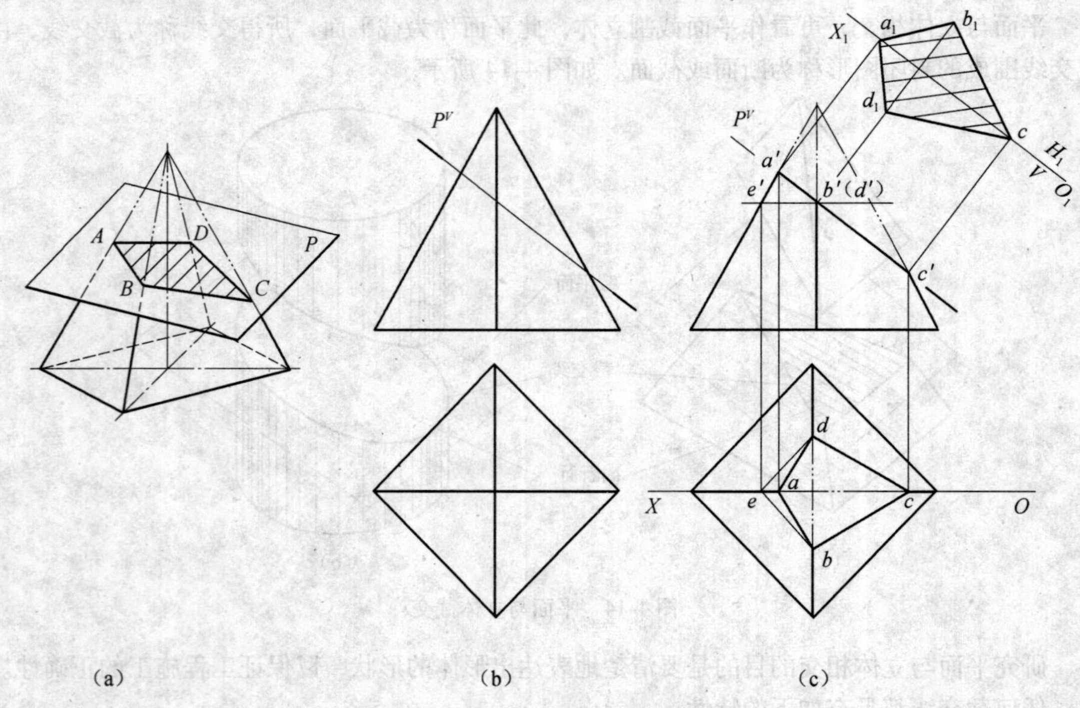

图4-15 正四棱锥的截断

（a）立体图；（b）已知；（c）作图

【例4-7】 图4-16（a）所示为正四棱锥被截割后所得形体的V面投影，求作另两面投影。

【解】 由图可知，正四棱锥的前、后、左、右四个棱面两两对称，截平面为一水平面P和一正垂面Q，两截平面相交，其交线为一条正垂线。所以只要求出P面和Q面与正四棱锥的截交线即可。

（1）如图4-16（b）所示，求作截平面 P 与正四棱锥的截交线 $DBACE$。

（2）如图4-16（c）所示，求作截平面 Q 与正四棱锥的截交线 $DGFHE$。

（3）如图4-16（c）所示，求作截交线的 W 面投影。

经整理，作图结果如图4-16（d）所示。

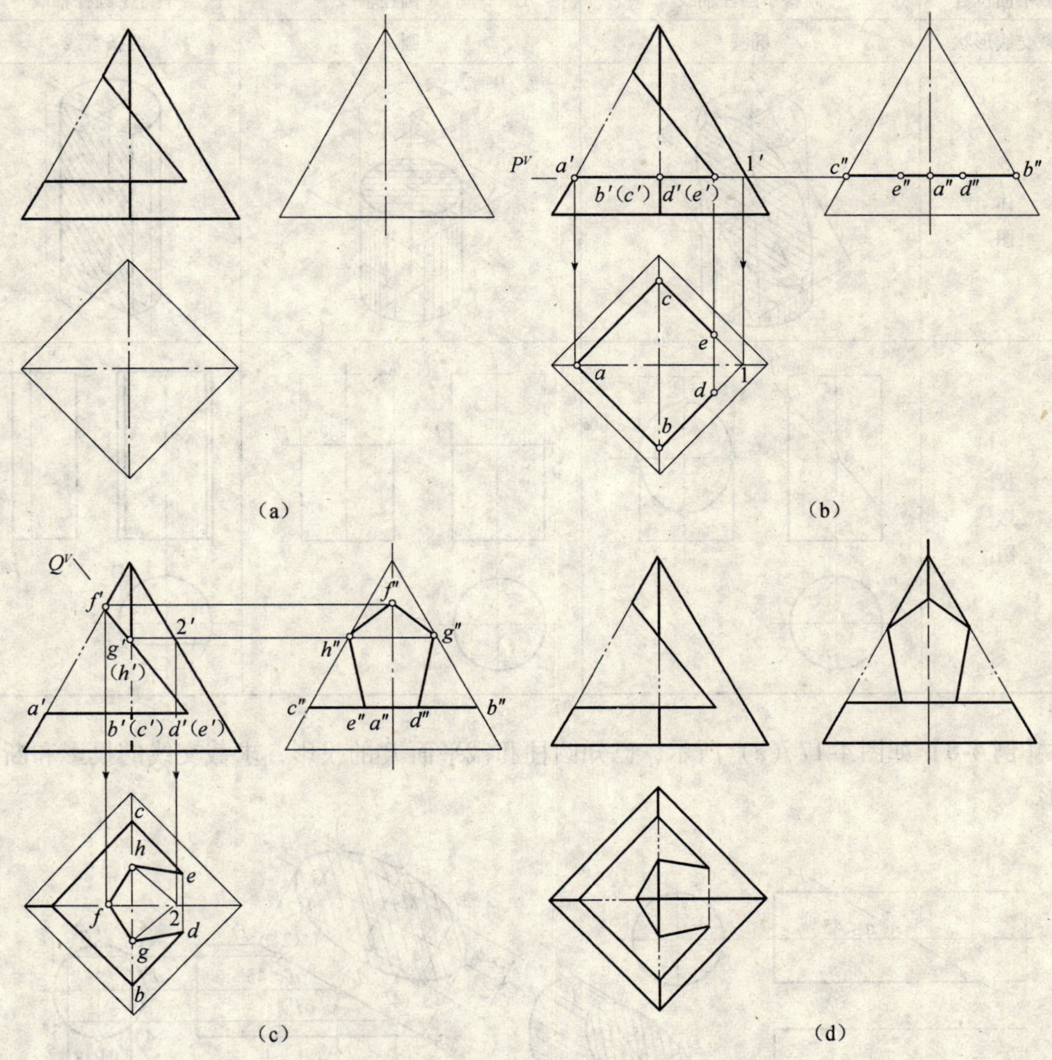

图4-16　带缺口四棱锥的投影

4.2.2　平面与曲面立体相交

平面与曲面立体相交的截交线是闭合的平面图形，多为平面曲线，特殊情况下为一个平面多边形。截交线的形状与曲面立体表面的性质和截平面与曲面立体的相对位置有关。

截交线是截平面与曲面立体表面的共有线。截交线上的每一个点都是截平面与曲面立体表面的共有点。

求截交线的基本方法是：用形体表面定点的方法求得足够的共有点，将各个共有点依次光滑连接。应注意求截交线上的特殊点。

1. 平面与圆柱相交

根据截平面与圆柱轴线相对位置的不同，截交线有圆、椭圆、矩形三种形状，见表4-1。

表 4-1　圆柱上的截交线

截平面位置	倾斜于圆柱轴线	垂直于圆柱轴线	平行于圆柱轴线
截交线形状	椭圆	圆	两条素线
立体图	P	P	P
投影图	P^V	P^V　P^W	P^W　P^H

【**例 4-8**】如图 4-17（a）所示，已知圆柱和截平面 P 的投影，求截交线的投影和断面实形。

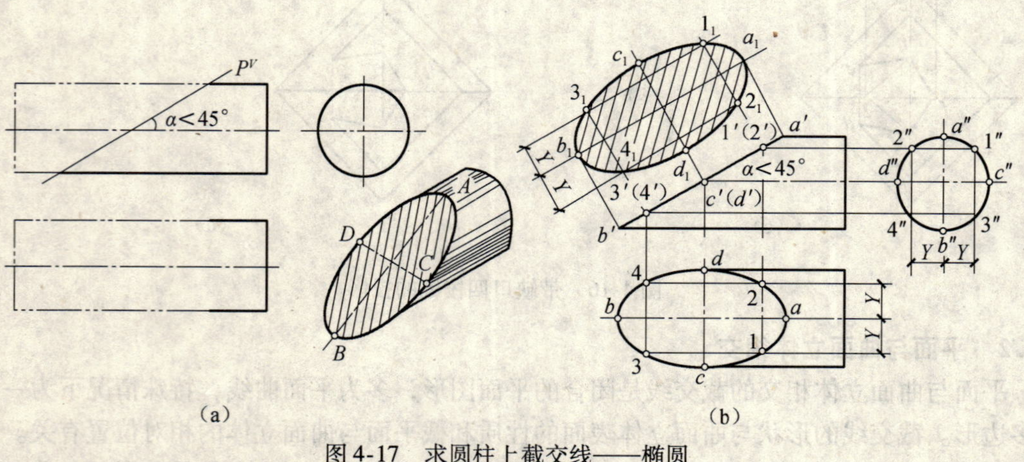

图 4-17　求圆柱上截交线——椭圆

(a) 已知；(b) 作图

【**解**】由图可知，圆柱水平放置，其顶圆和底圆为侧平面，圆柱面为侧垂面。截平面为正垂面，截交线为椭圆，其 V 面投影与截平面 P 的积聚投影重合，W 面投影与圆柱面的积聚投影重合，只需求其 H 面投影即可。

（1）求特殊点

由 V 面投影可求得椭圆长轴（$a'b'$）和短轴（$c'd'$），并作出它们的 H 面投影。

（2）求一般点

在 V 面投影上任意找对称的四个投影点 $1'$，$2'$，$3'$，$4'$，它们的 W 面投影必在圆柱面的积聚投影上，得 $1''$，$2''$，$3''$，$4''$。根据投影规律作出其 H 面投影 1，2，3，4。

将 a，1，c，3，b，4，d，2 八个点依次连接即可求得截交线的 H 面投影。

（3）求断面实形

利用断面椭圆的积聚投影，用换面法将其变换为投影面平行面，即可求得其实形。

在此类问题中，截交线的形状与截平面和圆柱的夹角 α 有关：当 $\alpha>45°$时，截交线为椭圆，空间椭圆长轴的 H 面投影长于短轴的 H 面投影；当 $\alpha=45°$时，截交线为与圆柱底圆相等的圆，这时空间椭圆长轴的 H 面投影等于短轴的 H 面投影；当 $\alpha>45°$时，截交线仍为椭圆，但空间椭圆长轴的 H 面投影短于短轴的 H 面投影，如图 4-18 所示。

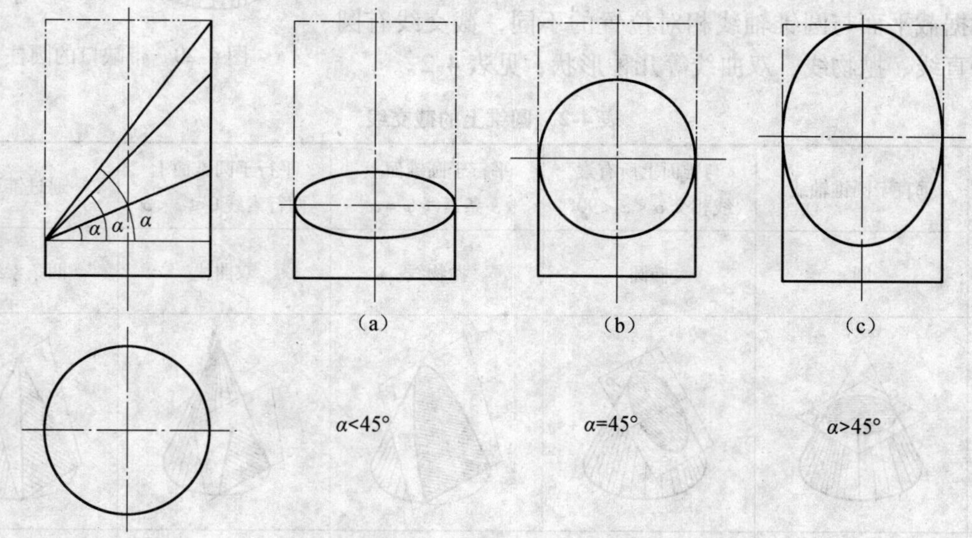

图 4-18　截交线椭圆与夹角 α 的关系

【例 4-9】 如图 4-19 所示，补全圆柱体被截后的 W 投影。

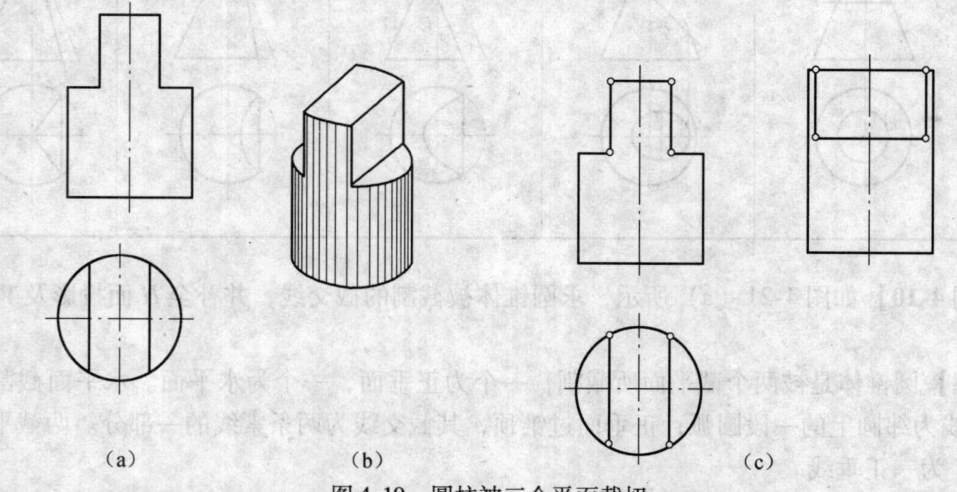

图 4-19　圆柱被三个平面截切

【解】从 V 面投影上看，截平面有三个，两个平行于轴线且关于轴线左右对称的正垂面，它与圆柱体的截交线是矩形（侧平面）；一个水平面截去两边的部分，它与圆柱体的截交线为圆弧（水平面）；两截平面的交线为正垂线。

（1）如图 4-19（c）所示，作出水平截平面与圆柱体的截交线的 W 面投影。

（2）作出正垂截平面与圆柱体的截交线的 W 投影。

如图 4-20 所示，圆柱体仍是被两个与圆柱轴线平行且关于轴线对称的正垂面和一个水平面截切，但由于截切的位置变化，所以，截切以后所得的形体的形状及其投影均有变化。

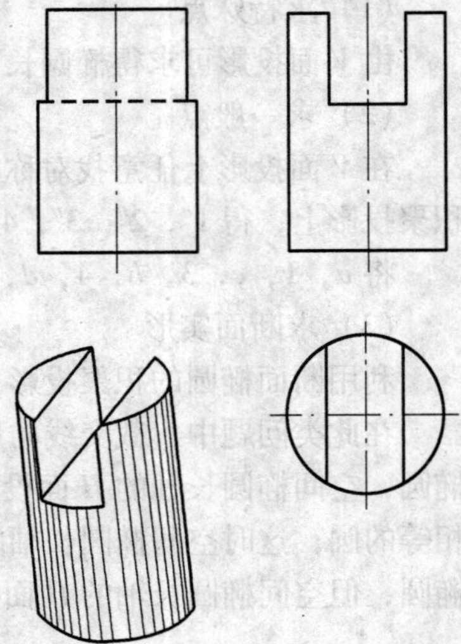

图 4-20　带缺口的圆柱

2. 平面与圆锥相交

根据截平面与圆锥轴线相对位置的不同，截交线有圆、椭圆、直线、抛物线、双曲线等几种形状，见表 4-2。

表 4-2　圆锥上的截交线

截平面位置	垂直于圆锥轴线	与锥面上所有素线相交 $\alpha<\varphi<90°$	平行于圆锥面上一条素线 $\varphi=\alpha$	平行于圆锥面上两行素线 $0\leqslant\varphi<\alpha$	通过锥顶
截交线形状	圆	椭圆	抛物线	双曲线	两条素线
立体图					
投影图					

【例 4-10】如图 4-21（a）所示，求圆锥体被截割的截交线，并补全 H 面投影及 W 面投影。

【解】圆锥体是被两个截平面所截割，一个为正垂面，一个为水平面。水平面截割所得的截交线为纬圆上的一段圆弧；正垂面过锥顶，其截交线为两条素线的一部分。两截平面的交线 BC 为一正垂线。

作图过程如图 4-21（b）所示。

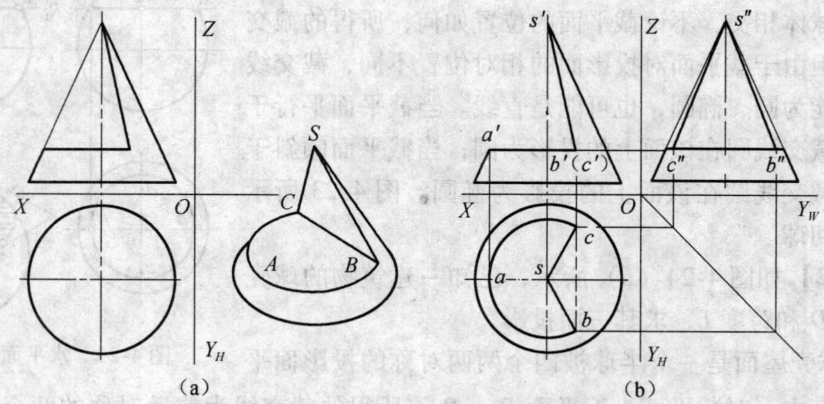

图 4-21 被切圆锥的截交线

（1）先作出 W 面投影的轮廓线（未截时圆锥的 W 面投影）。

（2）量取水平截平面所在的纬圆的半径，并作出相应一段圆弧的 H 面投影。

（3）作出正垂截平面截割圆锥的截交线：两条素线 SB，SC 的 H 面投影 sb，sc。

（4）作出两截平面的交线的 H 面投影 bc（虚线）。

（5）作出 W 面投影。

【例 4-11】 如图 4-22（a）所示，已知圆锥及其上三棱柱通孔，求其 H 面投影。

【解】 圆锥上三棱柱通孔是由三个截平面截割所得：一个是水平面 Q，一个是正垂面 P，另一个是过锥顶的正垂面 R。水平面 Q 截割圆锥所得的截交线是圆锥上的一个纬圆上前后对称的两段圆弧；过锥顶的正垂面 R 截割圆锥所得的截交线为两素线中间部位的一段；正垂面 P 截割圆锥所得的截交线为椭圆上前后对称的两段椭圆弧。

作图过程及结果如图 4-22（b）所示。

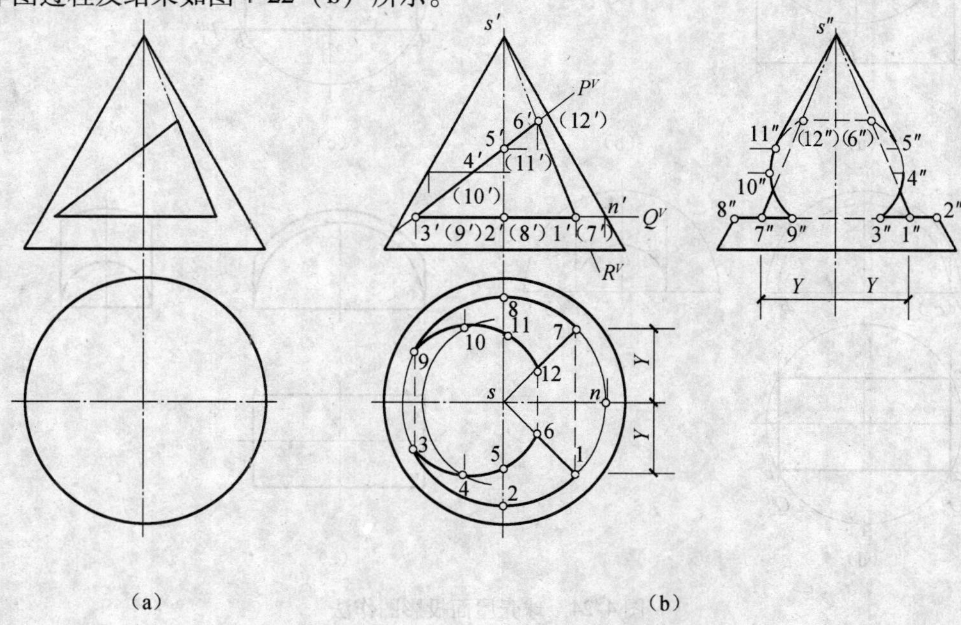

图 4-22 带三棱柱通孔的圆锥

3. 平面与球体相交

平面与球体相交，不论截平面的位置如何，所得的截交线都是圆。但由于截平面对投影面的相对位置不同，截交线圆的投影可能为圆、椭圆，也可能是直线。当截平面平行于投影面时，截交线圆在该面上的投影为圆；当截平面倾斜于投影面时，截交线圆在该面上的投影为椭圆。图4-23所示为水平面截切球。

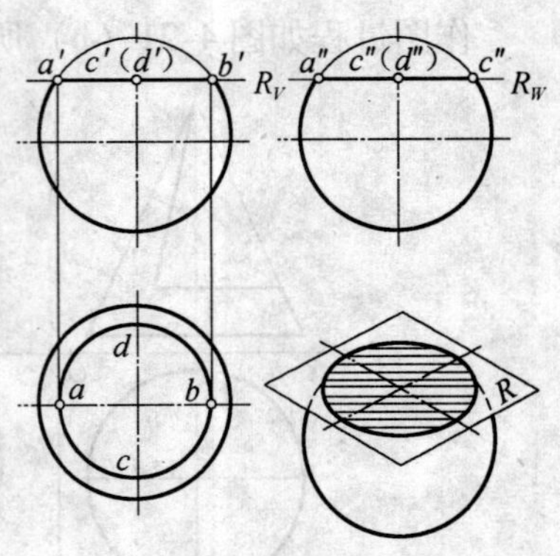

图4-23 水平面截切球

【例4-12】如图4-24（a）所示，已知一建筑物的球壳屋面的直径 D 和跨度 L，求其三面投影。

【解】球壳屋面是一个半球被四个两两对称的投影面平行面所截，其中一对截平面为正平面 P_1，P_2，所得的截交线为前后对称的两个正平圆中的一段圆弧。另一对截平面为侧平面 Q_1，Q_2，所得的截交线为左右对称的两个侧平圆中的一段圆弧。

（1）根据球的直径 D，作出半球的 V 面投影和 W 面投影的轮廓线。

（2）如图4-24（c）所示，作出正平面 P_1，P_2 截割球体所得的截交线。

（3）如图4-24（d）所示，作出侧平面 Q_1，Q_2 截割球体所得的截交线。

作图结果如图4-24（e）所示。

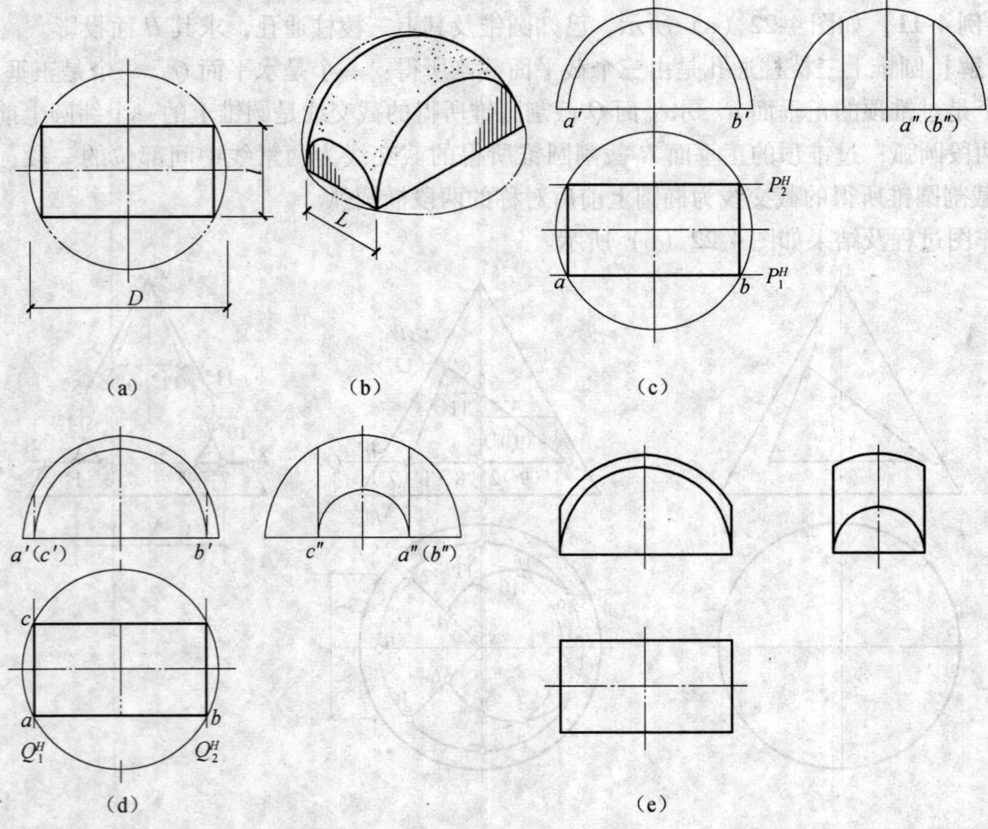

图4-24 球壳屋面投影图作法

（a）已知；（b）立体图；（c）作前后截交线；（d）作左右截交线；（e）完成全图

4.3 直线与立体相交

4.3.1 直线与平面立体相交

直线与形体相交，交点称为贯穿点，贯穿点是直线和形体表面的共有部分且必成对出现，如图 4-25 所示。

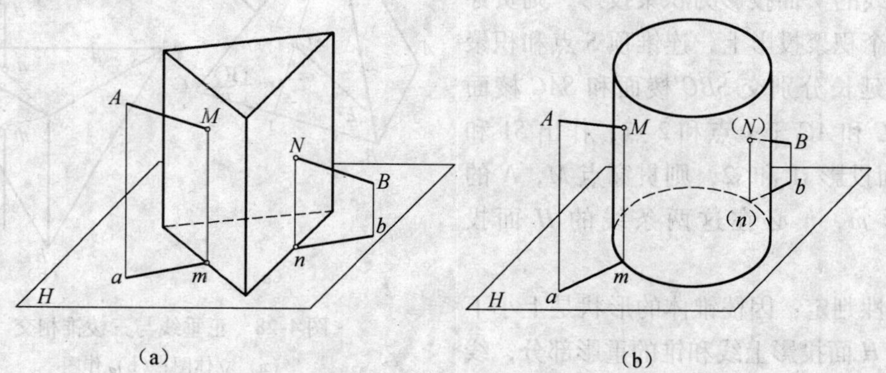

图 4-25 直线与立体相交
(a) 三棱柱的贯穿；(b) 圆柱的贯穿

可以用以下三种方法求直线对平面立体的贯穿点：

1. 利用立体表面的积聚投影求贯穿点

如图 4-26 所示，一直线 AB 贯穿三棱柱，贯穿点 M，N 在三棱柱的左、右两个棱面上，因三棱柱的三个棱面均为铅垂面，所以其 H 面投影为积聚投影，M 点和 N 点的 H 面投影也在相应棱面的积聚投影上，所以，M，N 点的 H 面投影 m，n 已知。根据点在直线上的投影特性，利用长对正的关系，作出 M 点和 N 点的 V 面投影。

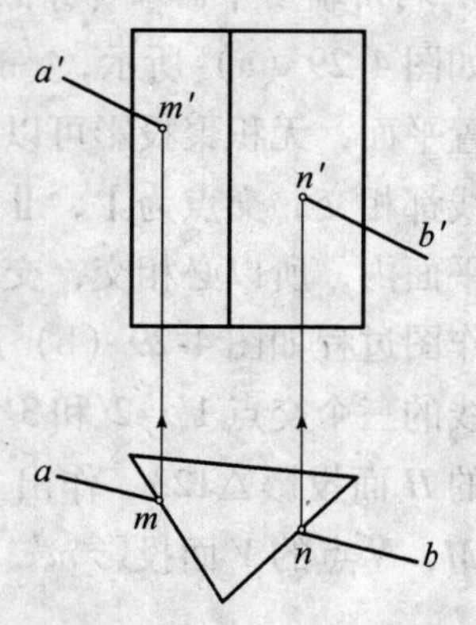

图 4-26 直线与三棱柱相交（一）

直线 AB 的可见性判定：根据直线 AB 贯穿三棱柱的位置来判断，V 面投影线和柱的重影部分，直线均可见。

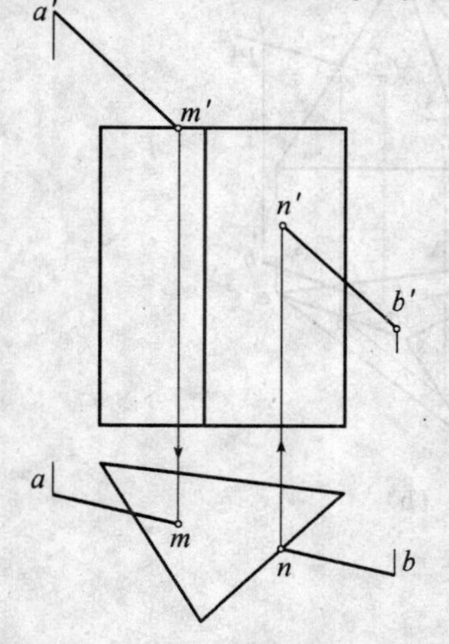

图 4-27 直线与三棱柱相交（二）

如图 4-27 所示，一直线 AB 贯穿三棱柱，贯穿点 M 在三棱柱的顶面上，贯穿点 N 在三棱柱的右棱面上。在 V 面投影上，因三棱柱的顶面为水平面，所以其 V 面投影为积聚投影，直线 AB 和顶面的交点必在这个积聚投影上，即贯穿点 M 的 V 面投影 m′已知，求作其 H 面投影即可。三棱柱的右棱面为铅垂面，其 H 面投影为积聚投影，N 点与右棱面的交点必在这个积聚投影上，N 点的 H 面投影 n 已知，求作其 V 面投影即可。

可见性判定：H 面上重影部分的可见性从 V 面投影来判断，m 点左侧线在上，柱在下，所以线可见，柱不可见；V 面上重影部分的可见性从 H 面投影来判断，n′右侧，线在前，柱在后，所以线可见，柱不可见。

2. 利用直线的积聚投影求贯穿点

如图4-28所示，一正垂线*DE*贯穿三棱锥*S-ABC*，贯穿点*M*，*N*分别位于三棱柱的*SBC*和*SAC*棱面上，三棱柱的底面放成水平面，三个棱面均为一般位置平面。

正垂线的*V*面投影为积聚投影，则贯穿点必在这个积聚投影上，连锥顶*S*点和积聚投影点并延长分别交*SBC*棱面和*SAC*棱面的底边*BC*和*AC*于1点和2点，作出*S*1和*S*2的*H*面投影*s*1和*s*2，则贯穿点*M*，*N*的*H*面投影*m*，*n*必在这两条线的*H*面投影上。

可见性判定：因棱锥体的形状是上小下大，所以*H*面投影上线和锥的重影部分，线在上，锥在下，线可见，锥不可见。

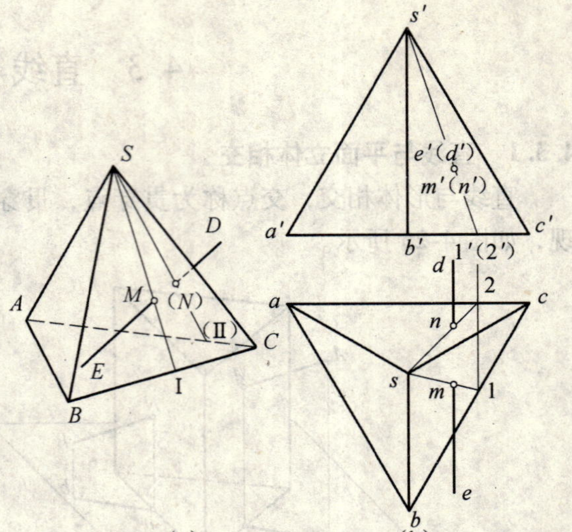

图4-28　正垂线与三棱锥相交

（a）立体图；（b）作图

3. 利用辅助平面求贯穿点

如图4-29（a）所示，一般位置直线*AB*贯穿三棱锥*S-CDE*，三棱锥的三个棱面均为一般位置平面，无积聚投影可以利用。如果包含直线*AB*作一正垂面*P*，则*P*面与三棱锥的三条棱线都相交，交点为Ⅰ，Ⅱ和Ⅲ点，截交线为三角形ⅠⅡⅢ，直线*AB*与三角形ⅠⅡⅢ在一个平面内，所以必相交，交点*M*，*N*即为*AB*对三棱锥的贯穿点。

作图过程如图4-29（b）所示，在*V*面投影上包含直线*AB*作一正垂面*P*，得*P*面与三条棱线的三个交点1′，2′和3′，作出它们的*H*面投影1，2和3，连投影点1，2和3，得截交线的*H*面投影△123，作出*ab*与△123的交点，即为贯穿点*M*，*N*的*H*面投影*m*，*n*。再作出*M*，*N*点的*V*面投影*m*′，*n*′。

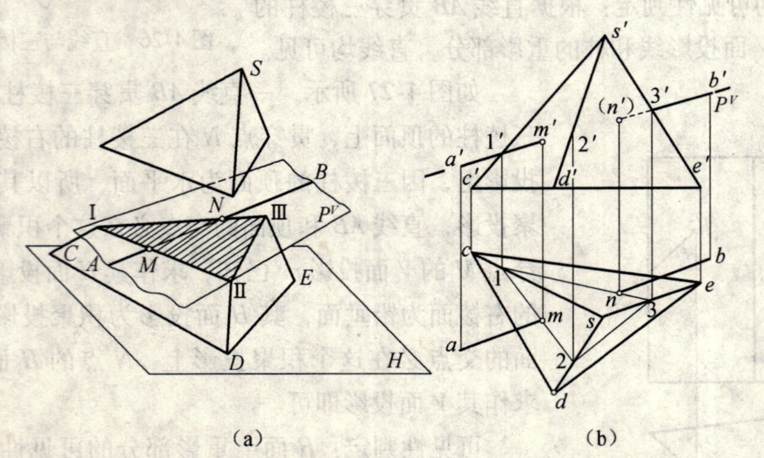

图4-29　一般位置直线与三棱锥相交

（a）立体图分析；（b）作图

可见性判定：

H 面投影线与锥重影的部分，从 V 面投影上看，线均可见。V 面投影线与锥重影的部分，从 H 面投影上看，m 点左侧，线在前，锥在后，线可见，锥不可见；n 点右侧，锥在前，线在后，锥可见，线不可见。

4.3.2 直线与曲面立体相交

直线与曲面立体相交，求贯穿点的方法和直线与平面立体相交求贯穿点的方法基本相同。

1. 利用积聚投影求贯穿点

如图 4-30（a）所示，一直线 AB 贯穿一圆柱，圆柱的顶面和底面为水平面，V 面投影为积聚投影，圆柱面为铅垂面，其 H 面投影为积聚投影圆。

在 V 面投影上，AB 的 V 面投影 $a'b'$ 与顶圆的积聚投影有一个交点 m'，此即为贯穿点之一，用投影规律作出它的 H 面投影 m；在 H 面投影上，AB 的 H 面投影 ab 与圆柱表面的积聚投影圆有一个交点 l，此为另一个贯穿点，作出它的 V 面投影 l'。

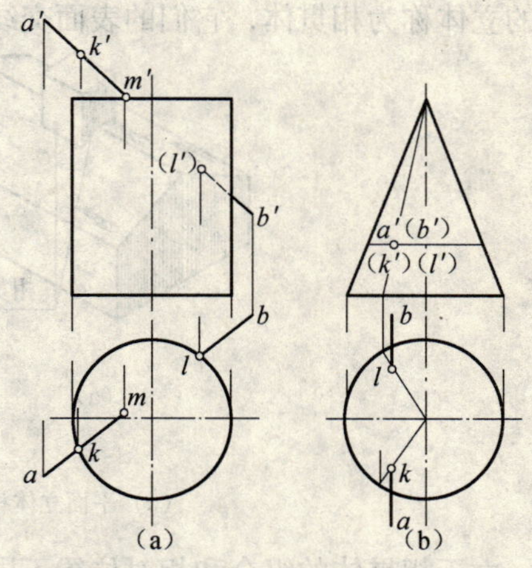

图 4-30 利用积聚投影求贯穿点

可见性判定：

V 面投影的重影部分，l' 点右侧，从 H 面投影上看，柱在前，线在后，所以线不可见；H 面投影的重影部分，m 点左侧，从 V 面投影上看，线在上，柱在下，所以线可见。

如图 4-30（b）所示，一正垂线 AB 贯穿一圆锥，贯穿点必在 AB 的积聚投影上。作出过贯穿点的两素线的 V 面投影和 H 面投影，即可求得贯穿点 L，K。

2. 利用辅助平面求贯穿点

直线和形体表面都没有积聚投影可以利用时，可用作辅助平面的方法求贯穿点。

如图 4-31 所示，一水平线 AB 贯穿球，选包含 AB 的水平面作为辅助平面，截交球体所得的截交线为一水平圆，AB 与这个水平圆的交点即为所求贯穿点 L，K。

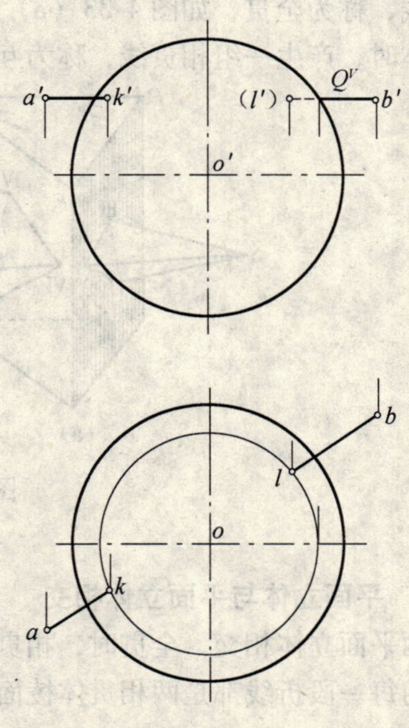

图 4-31 求直线与球的贯穿点

4.4 两立体相贯

有些形体是由两个或两个以上的基本形体相交组合而成的。两立体相交称为相贯，两相交的立体称为相贯体，它们的表面交线称为相贯线，如图 4-32 所示。

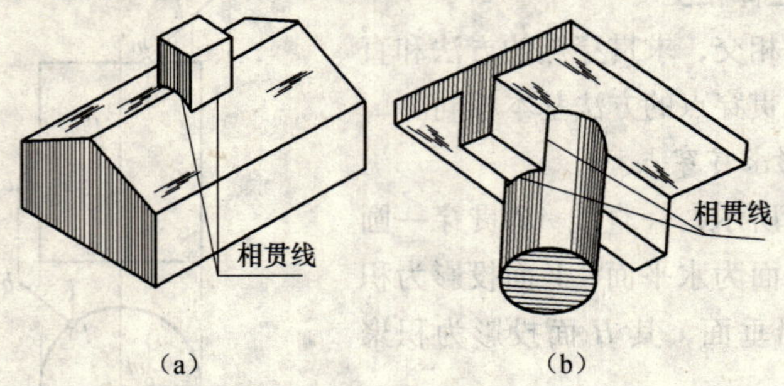

图 4-32 相贯线

(a) 平面立体相贯；(b) 平面立体与曲面立体相贯

由于相贯体的组合和相对位置不同，相贯线也有不同的位置和形状，但任何两立体的相贯线都具有如下两个基本特性：

1. 相贯线是由两相贯体表面上一系列共有点（或共有线）所组成的；

2. 由于立体都具有一定的范围，所以相贯线一般都是闭合的。

当甲乙两立体相贯，若甲立体上的所有棱线（或素线）全部贯穿乙立体时，产生两组相贯线，称为全贯，如图 4-33（a）所示；若甲、乙两立体都有部分棱线（或素线）贯穿另一立体时，产生一组相贯线，称为互贯，如图 4-33（b）所示。

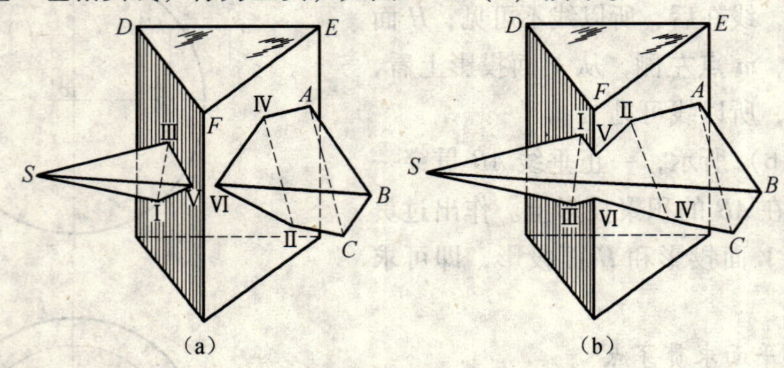

图 4-33 相贯时两种状况

(a) 全贯；(b) 互贯

4.4.1 平面立体与平面立体相交

两平面立体相交，全贯时，相贯线为两组封闭的折线；互贯时，为一组封闭的折线。相贯线的每一段折线都是两相贯体棱面的交线，每一个折点都是相贯体的棱线对另一相贯体的贯穿点。

求相贯线前应先读懂投影图，分析两相贯体的相对位置，确定是全贯还是互贯，有几个贯穿点，再利用线和面的积聚投影或用辅助线求出贯穿点。

【例 4-13】 如图 4-34 所示，求三棱柱和三棱锥的相贯线。

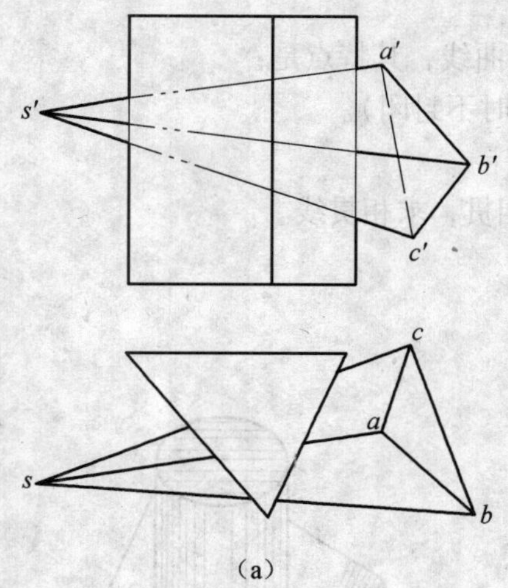

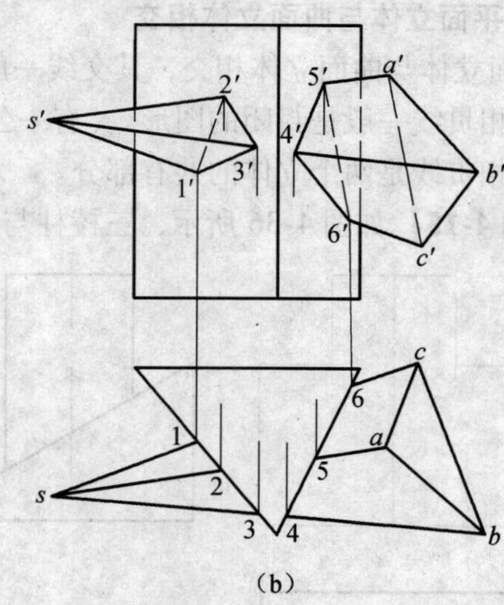

图 4-34　三棱柱与三棱锥全贯

【解】由图可知，三棱锥的三条棱线全部贯穿三棱柱的左、右棱面，所以为全贯。三棱柱的顶面和底面为水平面，三个棱面为铅垂面。三棱锥的三个棱面和底面均为一般位置平面。

相贯线为两组封闭的平面折线，其 *H* 面投影均落在三棱柱左、右棱面的积聚投影上，求作三棱锥的三条棱线对三棱柱的左、右棱面的贯穿点的 *V* 面投影即可。

（1）求作三棱锥的三条棱线对三棱柱的左、右棱面的贯穿点的 *H* 面投影 1，2，3，4，5，6；并求作其 *V* 面投影 1′，2′，3′，4′，5′，6′。

（2）顺次连接各贯穿点。

（3）判定可见性

处在形体的不可见表面上的相贯线不可见，处在形体的可见表面上的相贯线可见。因三棱锥的 *SAC* 棱面不可见，所以相贯线 1′2′，5′6′不可见，其他相贯线均可见。

【例 4-14】图 4-35 所示为三棱柱与三棱锥相贯，求相贯线。

【解】由图可知，三棱柱的顶面和底面为水平面，三个棱面为铅垂面，三条棱线为铅垂线。三棱锥的两条棱线 *SA*，*SC* 贯穿三棱柱的左、右两个棱面，贯穿点必落在这两个棱面的积聚投影上；棱线 *SB* 不贯穿三棱柱，两者为互贯。三棱柱的一条棱线 *F* 贯穿三棱锥的△*SAB* 棱面，贯穿点必落在棱线 *F* 的积聚投影上。

（1）利用积聚投影求作三棱锥的两条棱线 *SA*、*SC* 对三棱柱的左、右两个棱面的贯穿点的 *H* 面投影 1，2，3，4，并求作其 *V* 面投影 1′，2′，3′，4′。

（2）在三棱锥的棱面 *SAB*，*SBC* 上作辅助线 *SM*，*SN*，求三棱柱的棱线 *F* 对三棱锥的 *SAB* 棱面的贯穿点。

连 *s*，*f* 并延长交 *ab*，*bc* 于 *m*，*n*，求作 *M* 点和 *N* 点的 *V* 面投影 *m*′，*n*′，连 *s*′*m*′，*s*′*n*′与 *f*′相交即得 5′，6′。

（3）可见性判定同例 4-13。注意三棱柱的棱线被三棱锥遮挡的部分。

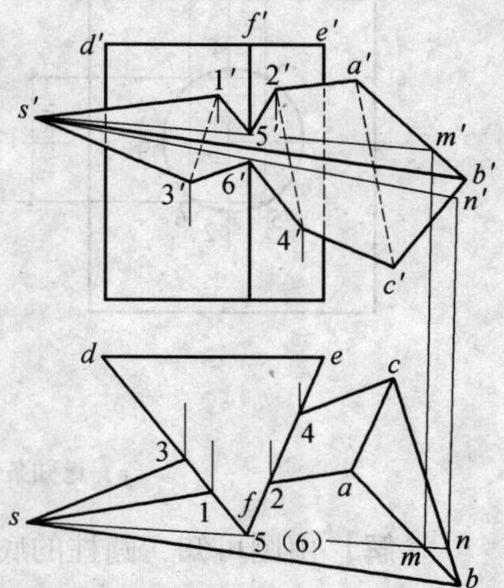

图 4-35　三棱柱与三棱锥互贯

4.4.2　平面立体与曲面立体相交

平面立体与曲面立体相交，其交线一般为平面曲线，其特点是：

1. 相贯线一般是封闭的图形。（有一公共平面时不封闭）。

2. 相贯线是两个立体的共有部分。

【例 4-15】 如图 4-36 所示，三棱柱与圆柱体相贯，求相贯线。

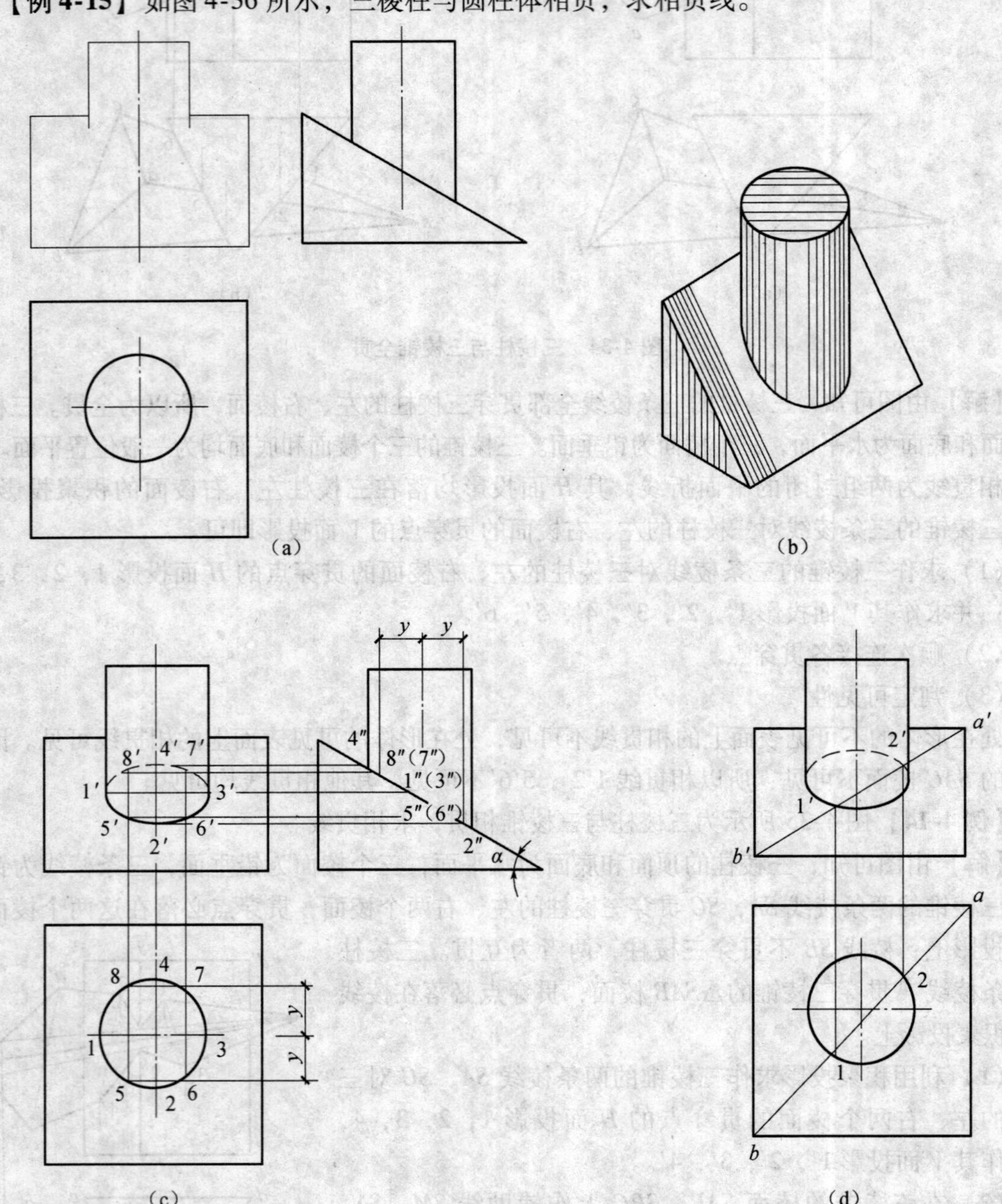

图 4-36　三棱柱与圆柱体相贯

(a) 已知条件；(b) 立体图；(c) 作图过程；(d) 求解方法二

【解】 由图可知，圆柱的底面和顶面均为水平面，圆柱面为铅垂面；三棱柱的底面和顶面为侧平面，三个棱面为侧垂面，三条棱线为侧垂线。

相贯线为两个形体表面的共有部分，所以其 H 面投影必与圆柱表面的积聚投影重合，W

面投影必与三棱柱前棱面的积聚投影重合，只要求 V 面投影即可。

（1）求相贯线上的特殊点

作出圆柱体的最左、最右、最前、最后素线对三棱柱的贯穿点的 V 面投影 $1'$、$2'$、$3'$、$4'$。

（2）求相贯线上的一般点

在 H 面投影上任取几个一般点 5，6，7，8，并根据投影规律作出其 V 面投影 $5'$，$6'$，$7'$，$8'$。

（3）将各点依次光滑连接。

本题也可用在平面立体表面作辅助线定点的方法求得相贯线，如图 4-36（d）所示。

【例 4-16】 如图 4-37 所示，已知四棱柱与圆锥相交，求相贯线。

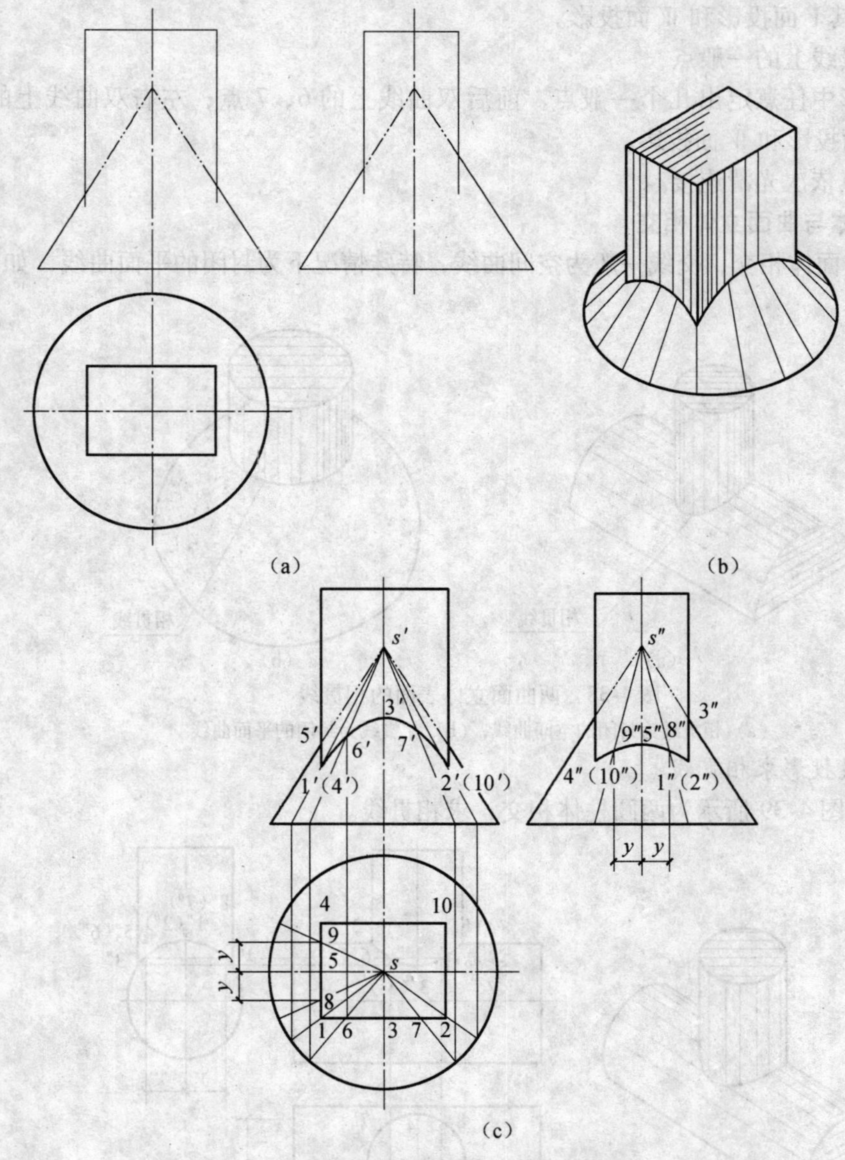

图 4-37　四棱柱与圆锥相贯

（a）已知条件；（b）立体图；（c）作图过程

【解】 由图可知，四棱柱的底面和顶面均为水平面，四个棱面均为铅垂面且关于圆锥的轴线前后、左右对称，四条棱线均为铅垂线，圆锥的底圆放成水平圆。

相贯线为两形体表面的共有部分，所以其 H 面投影必与四棱柱的四个棱面的积聚投影重合，需求其 V 面投影和 W 面投影。

四棱柱的四个棱面平行于圆锥的轴线，它们与圆锥的截交线为双曲线，所以相贯线是由前后、左右两两对称的四条双曲线组成的，四条双曲线的交点即为四棱柱的四条棱线对圆锥面的贯穿点。

可利用圆锥表面定点的方法作出相贯线的 V 面和 W 面投影。

(1) 求相贯线上的特殊点

在 H 面投影中定出各双曲线的最高点和最低点。前后双曲线为 3，1，2；左右双曲线为 5，1，4。作出其 V 面投影和 W 面投影。

(2) 求相贯线上的一般点

在 H 面投影中任意定出几个一般点。前后双曲线上的 6，7 点；左右双曲线上的 8，9 点；作出其 V 面投影和 W 面投影。

(3) 将各点依次光滑连接。

4.4.3 曲面立体与曲面立体相交

曲面体与曲面体相交，交线一般为空间曲线，特殊情况下为封闭的平面曲线，如图4-38所示。

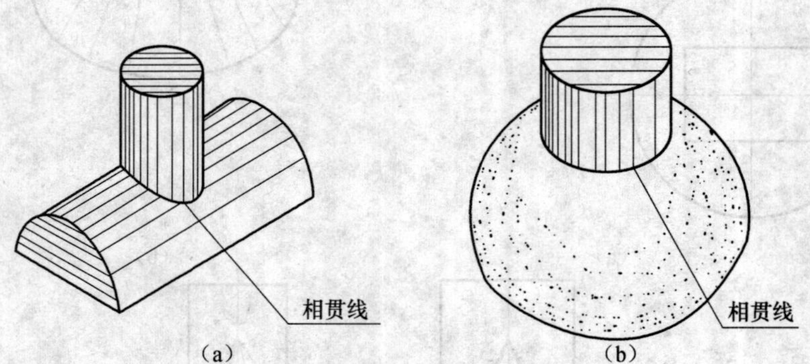

图 4-38 两曲面立体表面的相贯线

(a) 相贯线为封闭的空间曲线；(b) 相贯线为封闭的平面曲线

1. 利用积聚投影求相贯线

【例 4-17】图 4-39 所示为两圆柱体相交，求相贯线。

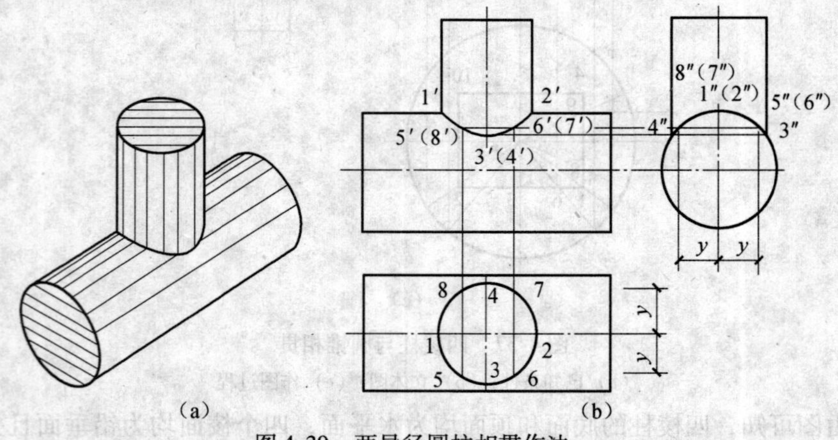

图 4-39 两异径圆柱相贯作法一

(a) 立体图；(b) 作图过程

【解】两圆柱垂直相交，一圆柱直立放置，其底圆和顶圆为水平面，圆柱面为铅垂面；另一圆柱水平放置，其底圆和顶圆为侧平面，圆柱面为侧垂面。

两圆柱体前后、左右对称放置，所以相贯线也前后、左右对称。

相贯线的 H 面投影必与直立圆柱面的积聚投影重合，W 面投影必与水平圆柱面的 W 面投影重合，只要求 V 面投影即可。

（1）求相贯线上的特殊点

在 H 面投影中定出直立圆柱的最前、最后、最左、最右素线 3，4，1，2，作出其 W 面和 V 面投影。

（2）求相贯线上的一般点

在 H 面投影上任取几个一般点 5，6，7，8，并根据投影规律作出其 V 面和 W 面投影。

（3）将各点依次光滑连接。

本题也可用作辅助平面的方法求得相贯线，如图 4-40 所示。

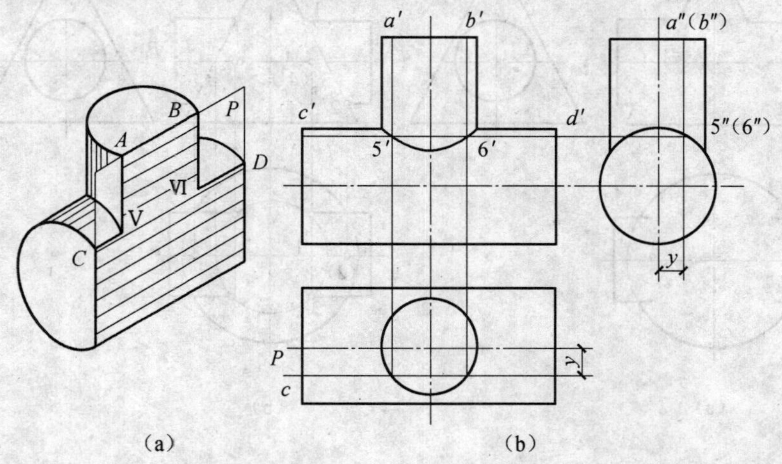

图 4-40　两异径圆柱相贯作法二

（a）立体图；（b）作图过程

【例 4-18】 图 4-41（a）所示为圆拱顶屋面，求其相贯线。

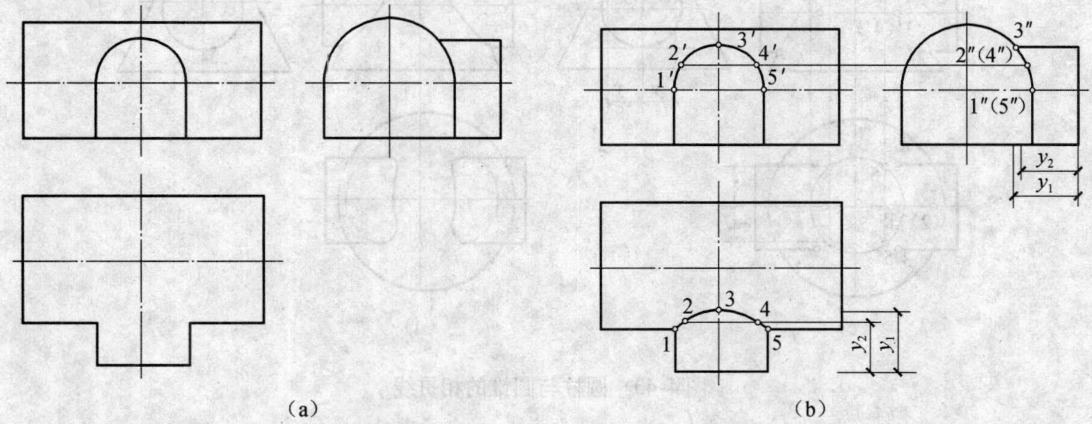

图 4-41　求两圆拱屋面的相贯线

（a）已知；（b）作图过程

【解】由图可知，圆拱顶屋面即为两个半圆柱垂直相贯，其分析和作图过程参考例4-17。作图结果如图4-41（b)所示。

2. 用辅助平面求相贯线

用辅助平面求相贯线，就是作一辅助平面同时截交两个相贯体，并与两相贯体表面各有一组截交线，两截交线处于同一个平面内，必相交，其交点即为两相贯体表面的共有点，如图4-42所示。

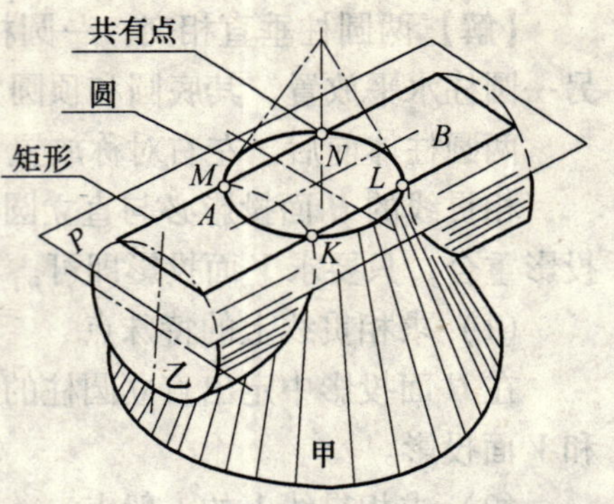

图4-42　辅助平面法求“共有点”

【例4-19】图4-43（a）所示为圆柱与圆锥相贯，求相贯线。

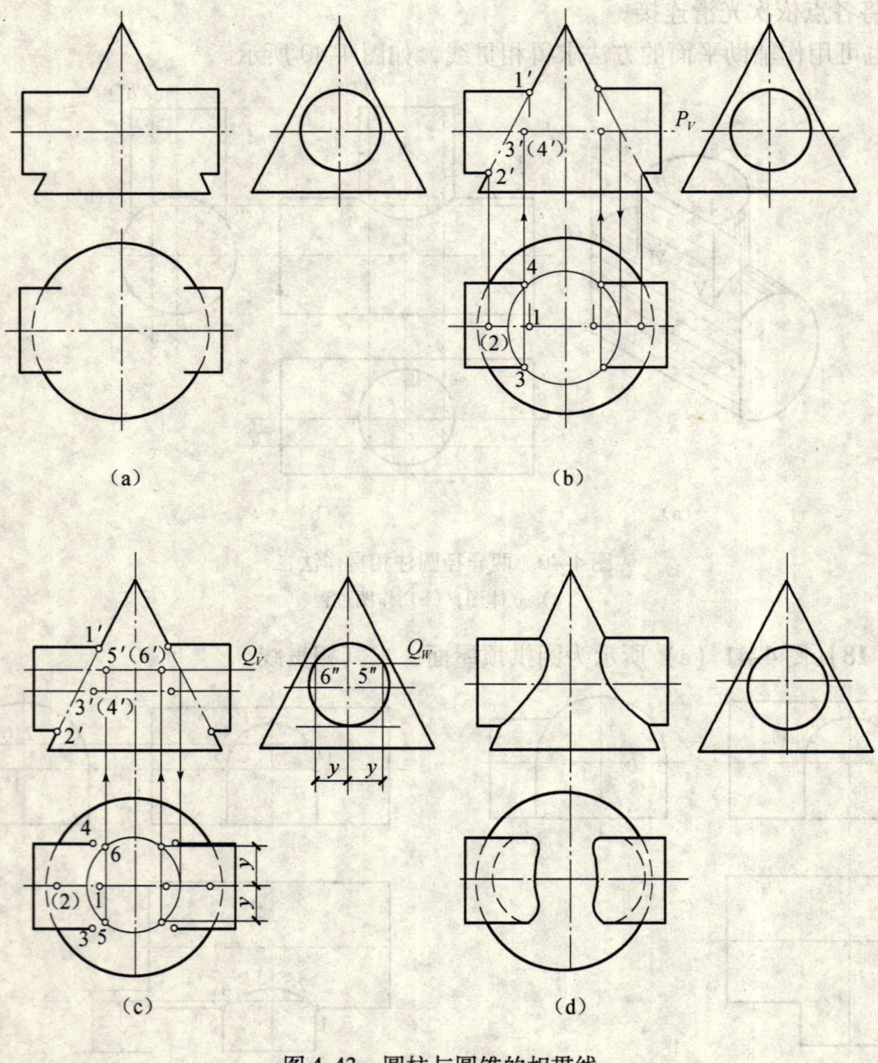

图4-43　圆柱与圆锥的相贯线

【解】如图4-42所示，用一个水平面 P 同时截交圆柱和圆锥，圆柱的截交线为一水平矩形，圆锥的截交线为一水平圆，水平矩形的两条边 A，B 与水平圆有四个交点 K，L，M，N，即为圆柱表面与圆锥表面的共有点。

由图可知，圆柱与圆锥的轴线互相垂直，圆锥的底圆放置成水平面；圆柱的底圆和顶圆均为侧平圆，圆柱面为侧垂面，圆柱表面的素线均为侧垂线。相贯线的 W 面投影必与圆柱面的积聚投影重合。需求作其 H 面和 V 面投影。

（1）求相贯线上的特殊点

在 V 面投影上，包含圆柱的最高、最低、最前、最后素线 1，2，3，4，作辅助水平面 P 和 Q 截割两形体，四条素线的 W 投影均为积聚投影，用投影规律和表面定点的方法作出它们的 W 面和 H 面投影，并作出 V 面投影。

（2）求相贯线上的一般点

在 V 面投影上任取关于圆柱轴线上下对称的两个辅助水平面 R 同时截割两形体，得圆柱表面上的四条素线 5，6，7，8，四条素线的 W 投影均为积聚投影，用投影规律和表面定点的方法作出它们的 W 面投影和 H 面投影，并作出 V 面投影。

（3）将各点依次光滑连接。

整理后的作图结果如图 4-43（d）所示。

3. 两曲面体相交的特殊情况

两曲面体的相贯线一般为空间曲线，特殊情况下为平面曲线，这时求相贯线的作图会大大简化，常见的相贯线特殊情况列于表 4-3 中。

表 4-3　相贯线的特殊情况

情　况	投　影　图	立　体　图
两等径圆柱相交，相贯线是平面曲线（椭圆垂直面）	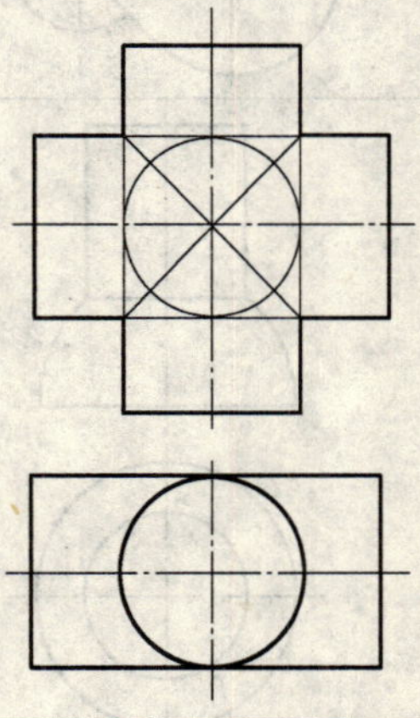	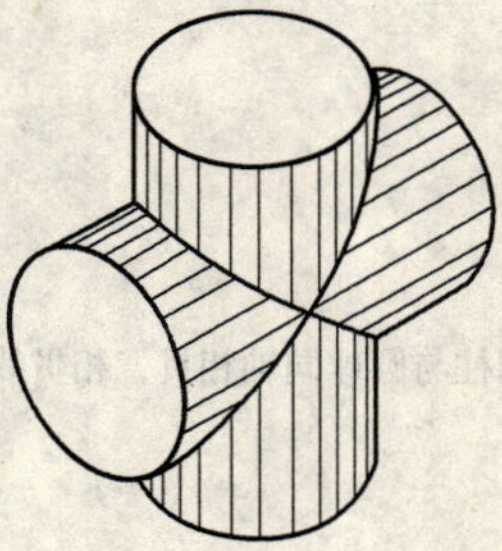
当圆柱与圆锥相交，具有公共内切球时，相贯线是平面曲线	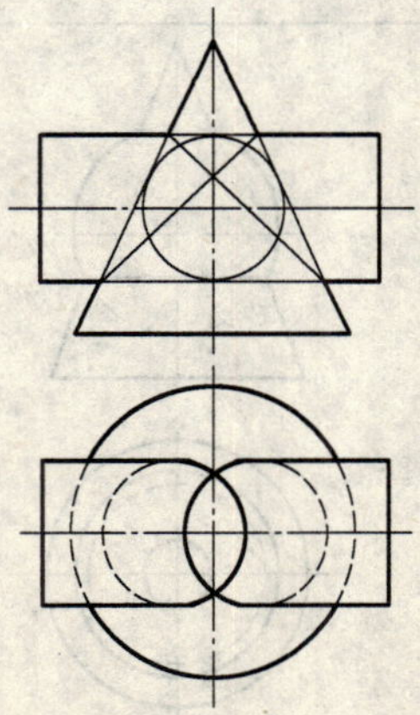	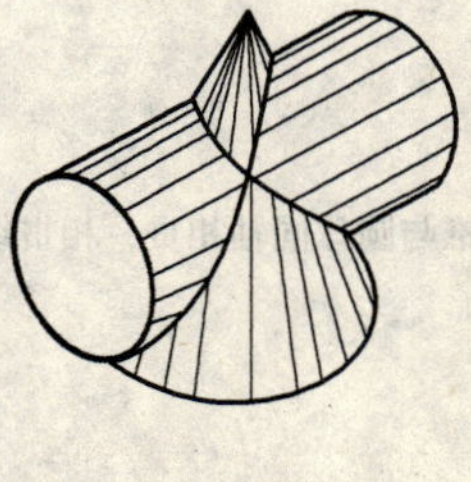

续表

情况	投影图	立体图
轴线平行的两圆柱相交，相贯线为二平行素线		
两圆锥共一顶点相交，相贯线为过锥顶的二素线		
圆柱与圆球同轴相贯，相贯线为圆		
圆锥与圆球同轴相贯，相贯线为圆		

4.5 同坡屋面交线

为了排水需要，屋面均有坡度，坡度大于10%时称为坡屋面，有单坡、两坡和四坡等。当各坡面与地面（*H*面）的倾角都相等时，称为同坡屋面。

坡屋面的交线即为两平面体相贯的相贯线，但因有其特点，作图方法与前面所述有所不同。

坡屋面的各种交线的名称如图4-44所示：与檐口线平行的二坡屋面的交线称屋脊线，如坡面Ⅰ-Ⅲ的交线*AB*；凸墙角处檐口线相交的二坡屋面交线称斜脊线，如坡面Ⅰ-Ⅱ，Ⅲ-Ⅱ交线*AC*和*AE*；凹墙角处檐口处相交的二坡屋面交线称天沟线，如坡面Ⅰ-Ⅳ的交线*DH*。

同坡屋面交线的特点如下：

（1）两个坡屋面的檐口线平行且等高时，交成的水平屋脊线的*H*面投影与两条檐口线的*H*面投影平行且等距。图4-44中的Ⅰ面和Ⅲ面的檐口线*CD*和*EF*平行且等高，在图4-45中，两面交成的水平屋脊线*AB*的*H*面投影*ab*与两檐口线的*H*面投影*cd*，*ef*平行且等距。

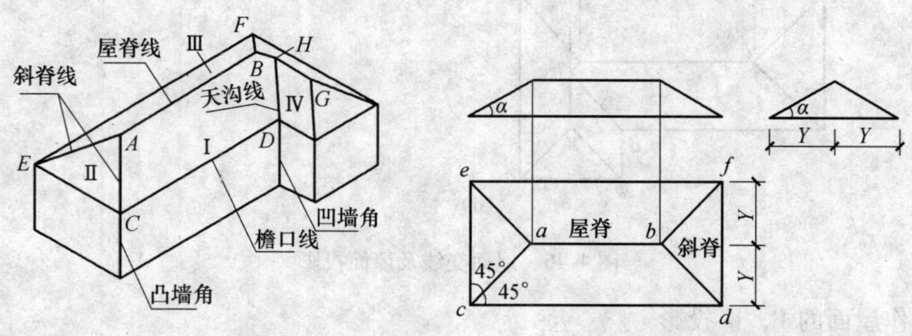

图4-44 同坡屋面 图4-45 同坡屋面的投影特性

（2）相邻且檐口线相交的两个坡屋面交成的斜脊线或天沟线的*H*面投影为两檐口线*H*面投影夹角的平分线。如图4-44中，Ⅰ面和Ⅱ面相邻且两面的檐口线*CD*，*CE*垂直相交。在图4-45中，两面交成的斜脊线*AC*的*H*面投影*ac*与两条檐口线的*H*面投影*cd*，*ce*的夹角为45°。

（3）在屋面上如果有两斜脊、两天沟或一斜脊一天沟相交于一点，则该点上必有第三条线即屋脊线通过，这个点为三个相邻屋面的共有点。如图4-44中，两斜脊线*AE*和*AC*相交于*A*点，在*A*点上又有水平屋脊线*AB*通过，*A*点为Ⅰ面，Ⅱ面和Ⅲ面的共有点。

同坡屋面投影特性如图4-45所示，可知，四个坡屋面对*H*面的倾角α是相等的。四坡屋面的左右两斜坡屋面为正垂面，前后两斜坡屋面为侧垂面。

【例4-20】 如图4-46（a）所示，已知四坡屋面的倾角$\alpha=30°$及檐口线的*H*投影，求屋面交线的*H*投影和屋面的*V*，*W*投影。

【解】 根据上述同坡屋面交线的投影特点，作图步骤如下：

（1）作屋面交线的*H*投影

①在屋面的*H*投影上经每一屋角作45°分角线。在凸墙角上作的是斜脊线*ac*，*ae*，*mg*，*ng*，*bf*，*bh*；在凹墙角上作的是天沟*dh*。其中*bh*是将*cd*延长至*k*点，从*k*点作45°分角线与天沟线*dh*相交而截取的。也可按上述屋面交线的第三特点作出，见图4-46（b）。

②作每一对檐口线（前后或左右）的中线，即屋脊线 ab 和 hg，见图 4-46（c）。

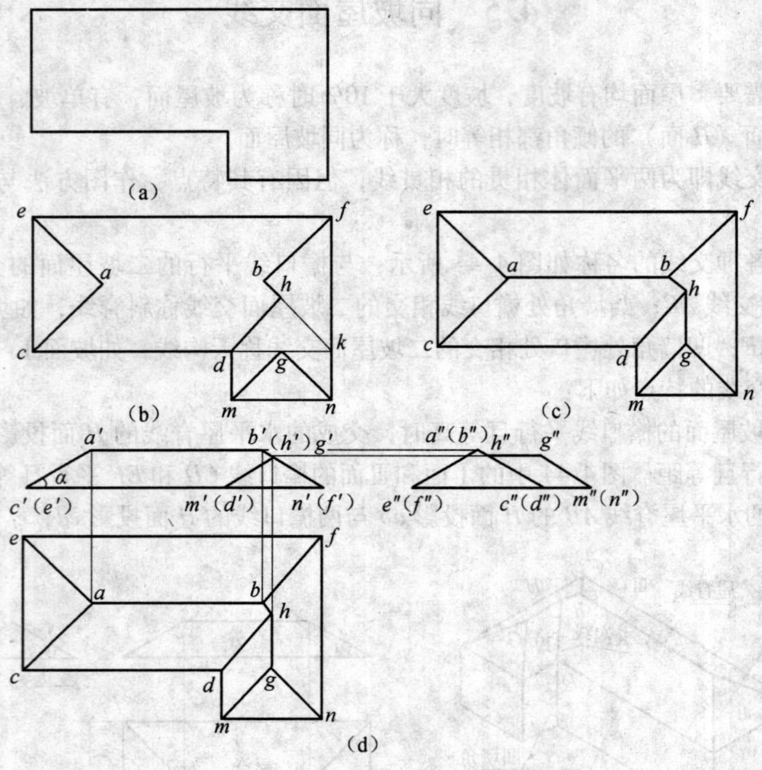

图 4-46　屋面交线及屋面投影

（2）作屋面的 V，W 投影

根据屋面倾角 α 和投影规律，作出屋面的 V，W 投影［图 4-46（d）］。一般先作出具有积聚性屋面的 V 投影（或 W 投影），再加上屋脊线的 V 投影（或 W 投影）即得屋面 V 投影。

由于同坡屋面的同一周界不同尺寸，可以得到四种典型的屋面划分（图 4-47）。

①$ab < ef$　［图 4-47（a）］

②$ab = ef$　［图 4-47（b）］

③$ab = ac$　［图 4-47（c）］

④$ab > ac$　［图 4-47（d）］

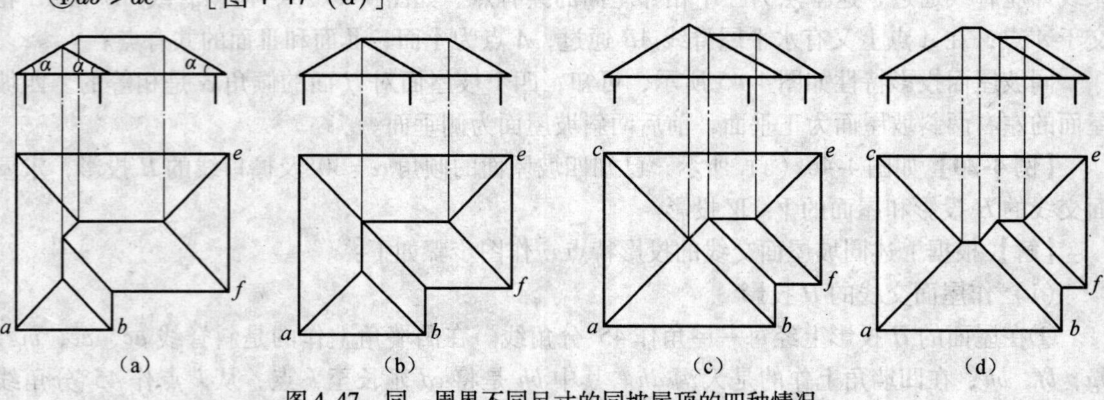

图 4-47　同一周界不同尺寸的同坡屋顶的四种情况

由上述可见，屋脊线的高度随着两檐口之间的距离而起变化，当平行两檐口屋面的垮度越大，屋脊线的高度就越高。

4.6 工程曲面

4.6.1 工程曲面

1. 柱状面

一条始终平行于某固定平面的直线，沿着两条曲线移动时所形成的曲面称为圆柱面，其中，直线称为母线，两条曲线称为曲导线，平面称为导平面。

图 4-48(a)、(b)所示为圆柱面的形成及三面投影。图 4-48(c)所示为圆柱面的应用实例。

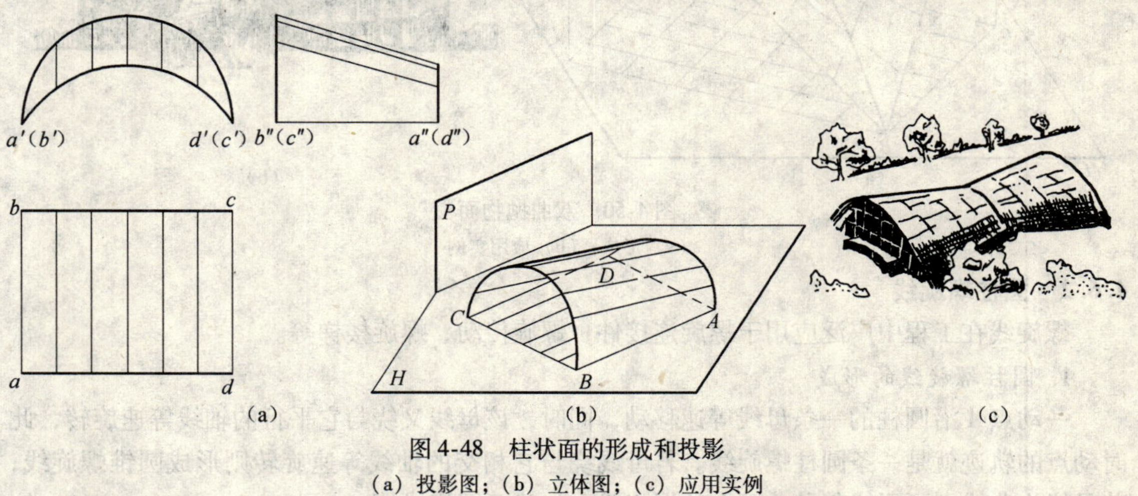

图 4-48 柱状面的形成和投影

(a) 投影图；(b) 立体图；(c) 应用实例

2. 锥状面

锥状面是由一直母线沿着一根直导线和一根曲导线移动所形成的，在移动过程中，直母线始终平行于一个导平面。

图 4-49(a)、(b)所示为锥状面的形成和投影图。图 4-49(c)所示为锥状面的应用实例。

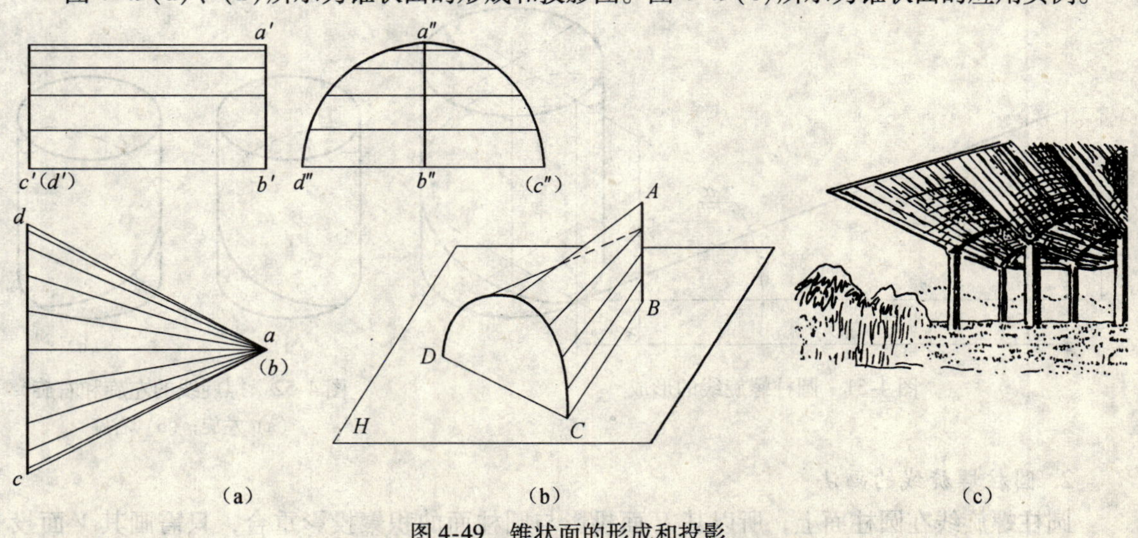

图 4-49 锥状面的形成和投影

(a) 投影图；(b) 立体图；(c) 应用实例

3. 双曲抛物面

直母线沿着交叉的直导线移动，且移动过程中始终平行于一个导平面，这样形成的曲面称为双曲抛物面。图4-50所示为双曲抛物面的形成及应用实例，其中*AD*为直母线，交叉直线*AB*和*CD*为直导线，平面*P*为导平面。

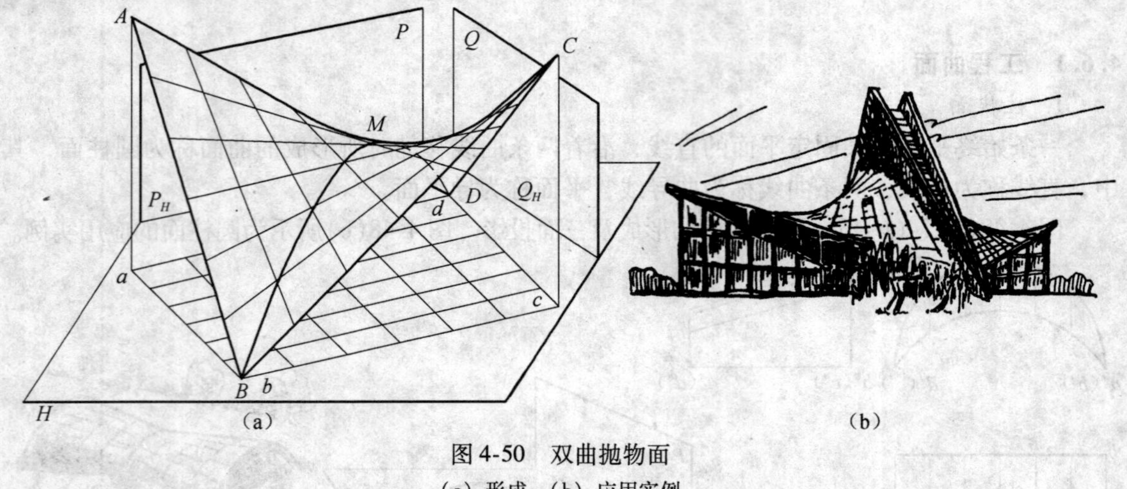

图4-50　双曲抛物面

(a) 形成；(b) 应用实例

4.6.2　圆柱螺旋线

螺旋线在工程中广泛应用于螺旋连接件、螺旋传动、螺旋楼梯等。

1. 圆柱螺旋线的形成

一动点*A*沿圆柱的一条母线等速移动，同时，该母线又绕与它平行的轴线等速旋转，此时动点的轨迹就是一条圆柱螺旋线。若母线绕与它相交的轴线等速旋转则形成圆锥螺旋线；若母线为曲线则可形成某种曲面上的螺旋线，如球面螺旋线等。

如图4-51所示，将螺旋线展开可得到一直角三角形，该三角形的斜边长即为螺旋线长，底边长为圆柱底圆周长，斜边与底边的夹角称为升角，三角形的高称为螺距。

如图4-52所示，由于动点的旋转方向不同，螺旋线又分为左旋和右旋。

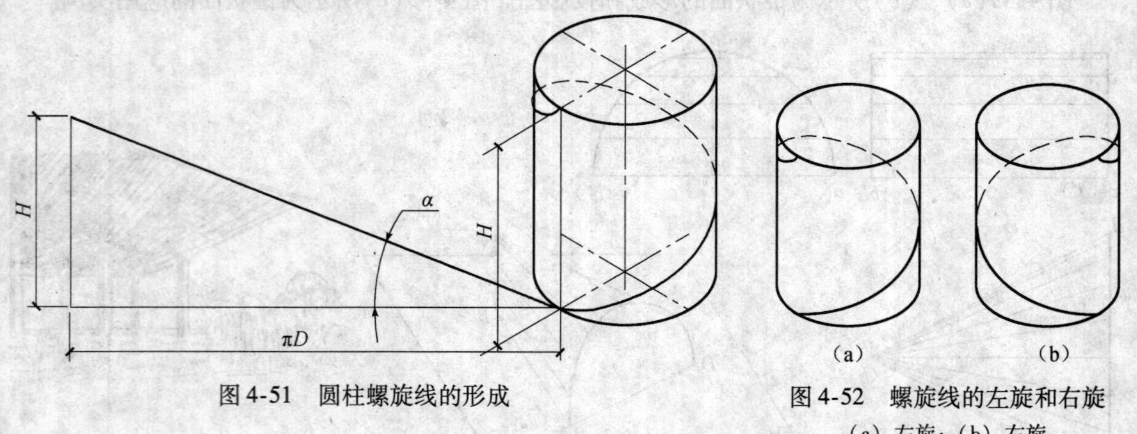

图4-51　圆柱螺旋线的形成

图4-52　螺旋线的左旋和右旋

(a) 左旋；(b) 右旋

2. 圆柱螺旋线的画法

圆柱螺旋线在圆柱面上，所以其*H*面投影与圆柱面的积聚投影重合，只需画其*V*面投影即可。

（1）根据圆柱直径和螺距作出其 H 面和 V 面投影。

（2）将圆周和螺距分为 12 等分。在 V 面投影上过各等分点作水平等分线。

（3）在各等分线上作相应等分点的 V 面投影。

（4）依次光滑连接各点，所得到的曲线即为圆柱螺旋线的 V 面投影。

作图过程如图 4-53 所示。

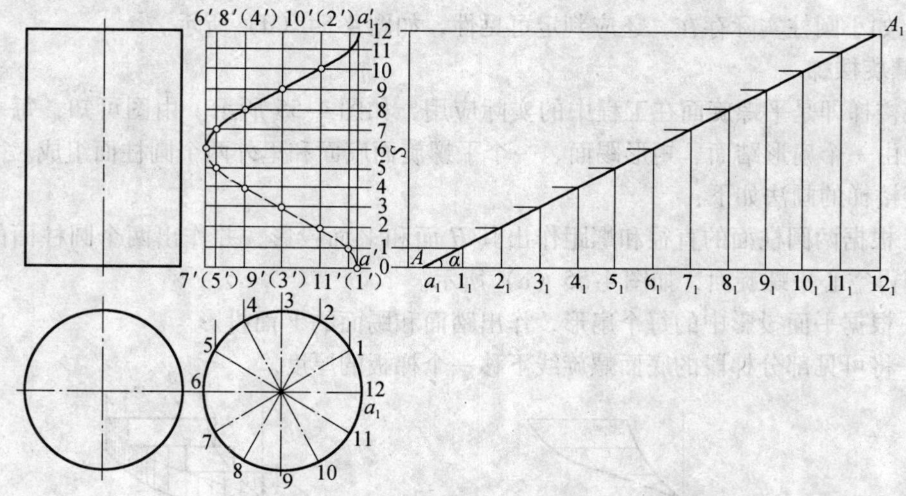

图 4-53　圆柱螺旋线的画法

4.6.3　平螺旋面

1. 平螺旋面的形成

平螺旋面是一种不可展曲面，它是一条直线，一端沿轴线移动，另一端沿圆柱螺旋线移动所形成，且在移动过程中，直线始终垂直于轴线，如图 4-54（a）所示。

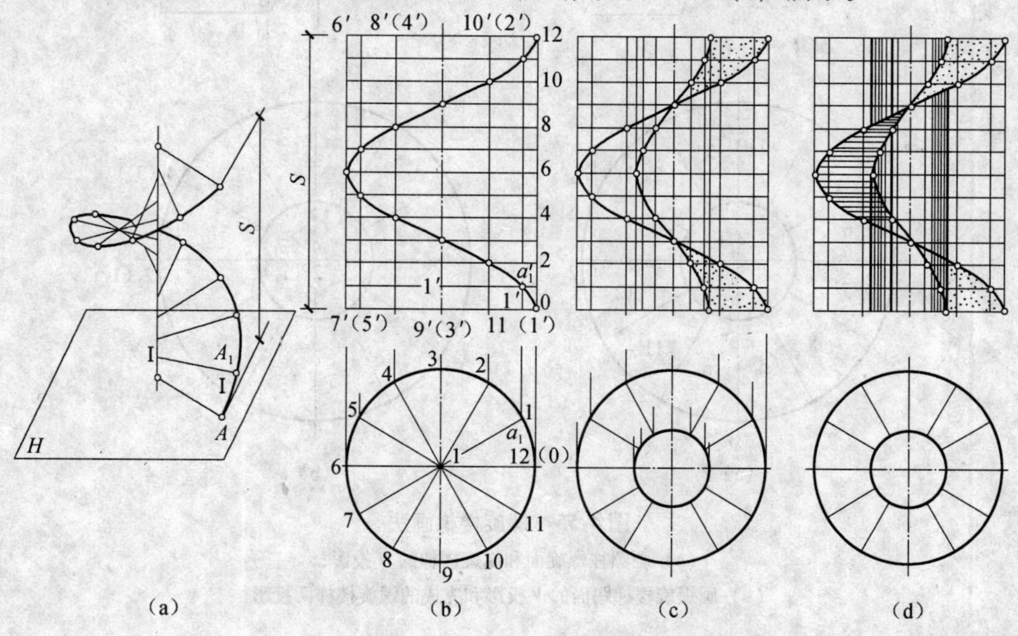

图 4-54　平螺旋面

2. 平螺旋面画法

(1) 作出圆柱的 H 面和 V 面投影，并将圆周和螺距分为 12 等分，作出其圆柱螺旋线，如图 4-54 (b) 所示。

(2) 假设一个同轴的小圆柱与平螺旋面相交，则截交线是一个同螺距的小圆柱螺旋线，即形成了一个空心的平螺旋面，如图 4-54 (c) 所示。

(3) 如小圆柱实际存在，还应判定可见性，如图 4-54 (d) 所示。

4.6.4 螺旋楼梯

螺旋楼梯即是平螺旋面在工程中的实际应用，如图 4-55 所示。由图可知，每一级螺旋楼梯都是由一个扇形踏面、矩形踢面、一个平螺旋面底面和里外两个圆柱面组成。

螺旋楼梯的画法如下：

(1) 根据两圆柱面的直径和螺距作出其 H 面和 V 面投影，并作出两个圆柱面的圆柱螺旋线，即得空心平螺旋面，如图 4-55 (a) 所示。

(2) 根据平面投影中的每个扇形，作出踏面和踢面的 V 面投影。

(3) 将可见部分梯段的底面螺旋线下移一个梯板的厚度。

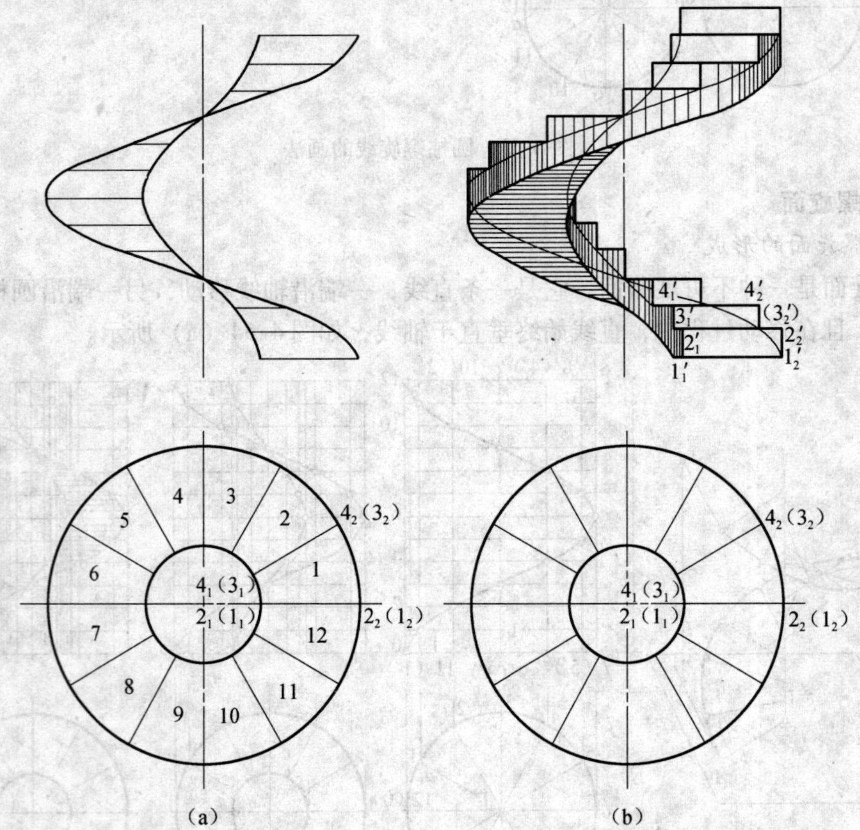

图 4-55 螺旋楼梯画法

(a) 画圆柱螺旋面和螺旋楼梯的 H 投影；

(b) 画螺旋楼梯踢面的 V 投影和完成的螺旋楼梯两投影

第 5 章　轴测图

5.1　轴测图的基本知识

前面几章所介绍的正投影图度量性好，一般在工程实际中用来准确表达形体的形状与大小并作为施工的依据，但它缺乏立体感，每一面投影只能反映形体的两个向度，且不易读懂形体的空间形状。轴测图是在平行投影下形成的一种单面投影图，能同时反映形体的三个向度，具有很好的立体感，弥补了正投影的不足，是一种读图的辅助图样，如图 5-1 所示。

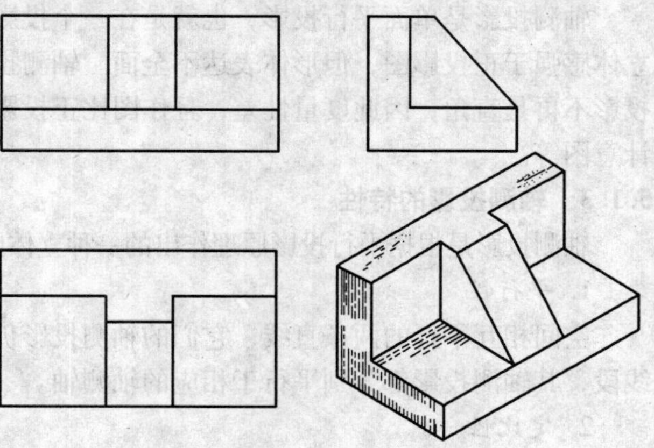

图 5-1　轴测投影

5.1.1　轴测投影的形成

如图 5-2 所示，将形体连同确定它的空间位置的直角坐标轴（OX，OY，OZ）一起，沿着不平行于这三条坐标轴和由这三条坐标轴组成的任一坐标面的方向（S_1 或 S_2）投影到新的投影面（P 面或 R 面）上，所得的新投影称为轴测投影。

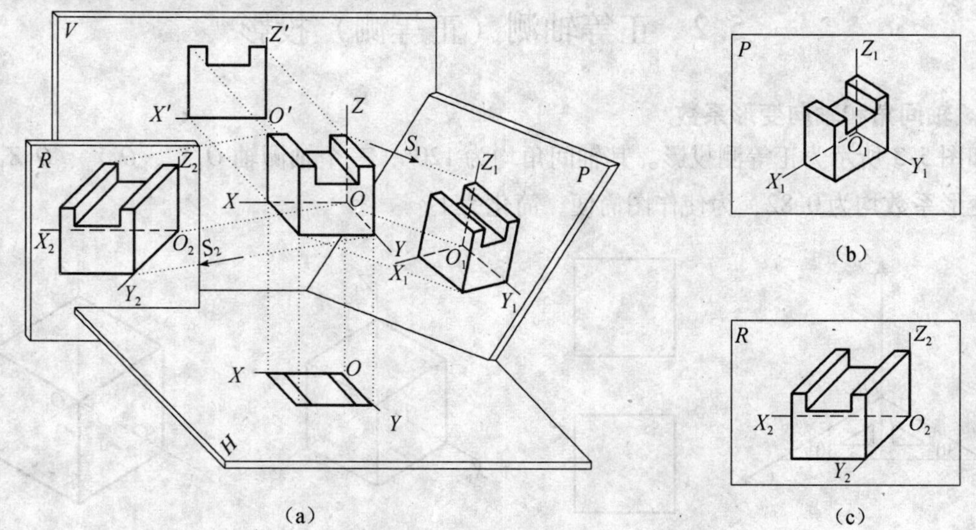

图 5-2　轴测投影的形成

（a）轴测投影形成；（b）正轴测投影图；（c）斜轴测投影图

当投影方向垂直于轴测投影面时，所得的新投影称为正轴测投影；当投影方向不垂直于轴测投影面时，所得的新投影称为斜轴测投影。

在轴测投影中，新投影面称为轴测投影面；三条直角坐标轴 OX，OY，OZ 的轴测投影 O_1X_1，O_1Y_1，O_1Z_1 称为轴测投影轴，简称轴测轴；两相邻轴测轴之间的夹角 $X_1O_1Z_1$，$X_1O_1Y_1$，$Y_1O_1Z_1$ 称为轴间角；轴测轴上某线段的长度与它的实长之比称为该轴的轴向变形系数。

在画轴测投影图时，通常把轴测轴 O_1Z_1 放置为铅直方向。

轴向变形系数和轴间角是轴测投影中的两个基本要素。在画轴测投影之前，必须首先确定这两个要素，才能确定平行于三个坐标轴的线段在轴测投影中的长度和方向。画轴测投影时，只能沿着轴测轴或平行于轴测轴的方向用轴向变形系数来确定形体的长、宽、高三个方向上的线段，即沿轴测轴去测量长度，所以这种投影称为轴测投影。

5.1.2 轴测投影的特点和用途

轴测投影是单面平行投影，也就是在一个投影图上表达形体的长、宽、高三个向度，其立体感强于正投影图，但形体表达不全面。轴测投影图会有一定程度的变形，如直角的轴测投影不再是直角，因此度量性差，且作图比正投影图麻烦，一般用作辅助图样和用于表达设计意图等。

5.1.3 轴测投影的特性

轴测投影是根据平行投影原理作出的一种立体图，因此它必定具有平行投影的一切特性。

1. 平行性

空间相互平行的两条直线，它们的轴测投影仍然相互平行。形体上平行于三个坐标轴的线段，其轴测投影都分别平行于相应的轴测轴。

2. 定比性

空间相互平行的两线段长度之比，等于它们的轴测投影长之比。形体上平行于坐标轴的线段的轴测投影与其实长之比，等于该轴的轴向变形系数。

5.2 正等轴测（正等测）投影

5.2.1 轴间角和轴向变形系数

如图 5-3 所示为正等测投影。其轴间角均为 120°，三个轴测轴 O_1X_1、O_1Y_1、O_1Z_1 上的轴向变形系数均为 0.82，为使作图简便，简化为 1。

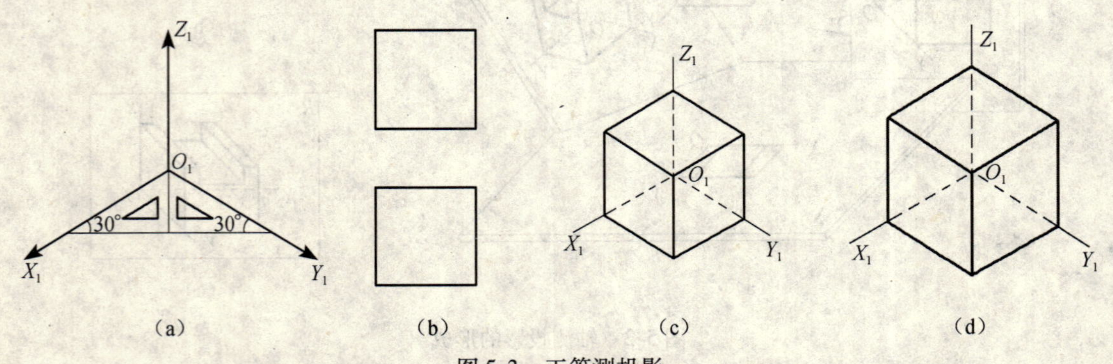

图 5-3 正等测投影

（a）正等轴测轴；（b）正投影图；（c）$p=q=r=0.82$；（d）$p=q=r=1$

5.2.2 平面体的正等测图画法

常用的画平面体轴测图的方法有坐标法、特征面法、叠加法和切割法等。

1. 坐标法

坐标法是根据形体的坐标值确定平面体上各特征点的轴测投影并依次连线，得到形体的轴测图的方法。

【例 5-1】 作如图 5-4（a）所示的四棱锥的正等测图。

【解】 四棱锥的底面为水平面，所以可先作出四棱锥底面的正等测图。

（1）如图 5-4（b）所示：以四棱锥的底面中心为原点，画出轴测轴，O_1Z_1 轴的方向即为四棱锥的高度方向。

（2）在正投影图上量出四棱锥的底面长和宽的一半 X、Y，并在轴测轴 O_1X_1，O_1Y_1 上自原点向两边分别截取 X 和 Y，得底面的四个顶点。

（3）在 V 面投影上量取四棱锥的高度并在 O_1Z_1 轴上截取得锥顶。

（4）连接底面的四个顶点和连接锥顶。

作图结果如图 5-4（c）所示。

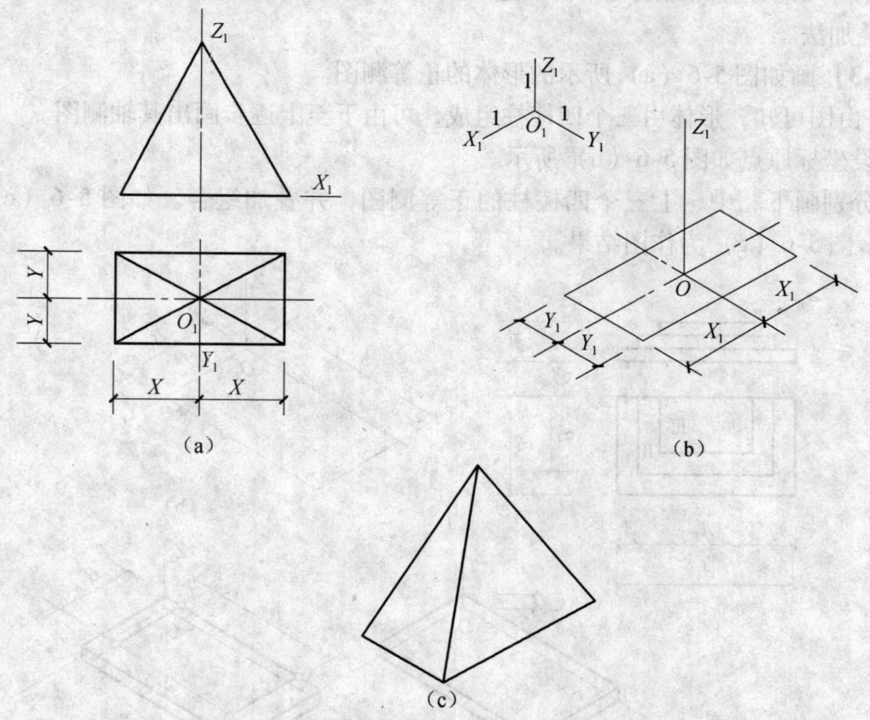

图 5-4 用坐标法画正等测图

（a）视图；（b）画参照轴测轴；先画对称线，再画下底面，确定锥顶位置；（c）连侧棱，虚线不画，检查加深

2. 特征面法

特征面法就是先确定形体的特征面，画出其轴测图，再扩展为立体的方法，一般适用于柱体的轴测图。

【例 5-2】 画出如图 5-5（a）所示的五棱柱的轴测图。

【解】 由图可知，五棱柱的 W 面投影最能反映其形体特征，所以可先画出其轴测图。

（1）设坐标原点如图 5-5（a）所示。

（2）作出五棱柱左端面的正等测图，如图 5-5（b）所示。

（3）过五棱柱左端面的各顶点作 O_1X_1 轴的平行线，并截取五棱柱的长度 X。作图结果如图 5-5（c）所示。

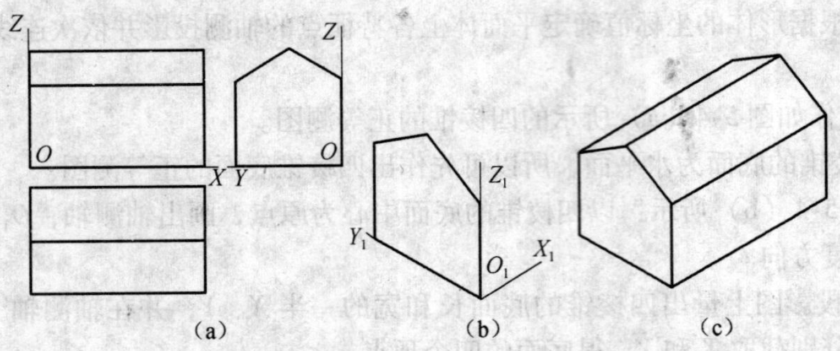

图 5-5　用特征面法画轴测图

3. 叠加法

当形体由几部分叠加而成时，可以逐一画出其轴测图，再将各部分组合起来，这种作图方法称为叠加法。

【例 5-3】画如图 5-6（a）所示的形体的正等测图。

【解】由图可知，形体由三个四棱柱组成，可由下至上逐步画出其轴测图。

（1）设坐标原点如图 5-6（b）所示。

（2）分别画下、中、上三个四棱柱的正等测图，并叠加组合。如图 5-6（c）~图 5-6（f）所示。图 5-6（g）为作图结果。

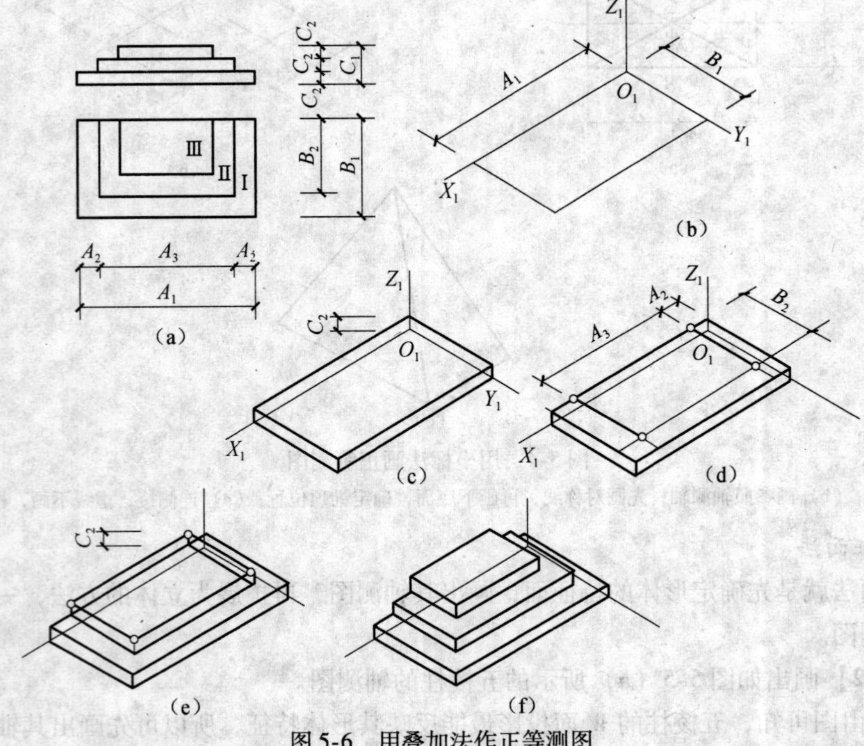

图 5-6　用叠加法作正等测图

4. 切割法

若形体由基本体切割而成，可先画出基本体，再依次切割，这种方法称为切割法。

【例 5-4】画如图 5-7 所示的形体的正等测图。

【解】由图可知，形体可看成是五棱柱上部切去一矩形槽而成。

（1）确定坐标原点如图 5-7（a）所示。

（2）画出五棱柱的正等测图，如图 5-7（b）所示。

（3）画矩形槽，如图 5-7（c）所示。

作图结果如图 5-7（d）所示。

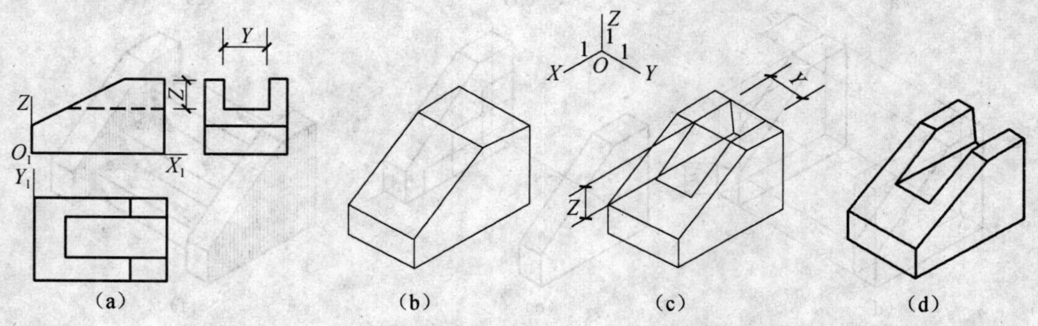

图 5-7 用切割法画轴测图

（a）视图；（b）画出参照轴测轴和五棱柱；

（c）按尺寸画矩形槽；（d）擦去多余线，检查加深

5. 投影方向

画轴测图时，投影方向不同，投影的结果也不同。图 5-8 所示为一种形体的几个不同投影方向的轴测图。

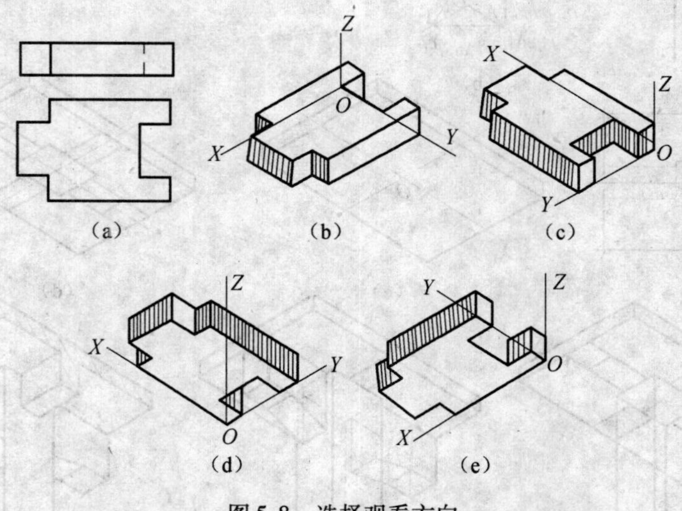

图 5-8 选择观看方向

【例 5-5】画出如图 5-9（a）所示的台阶的轴测图。

【解】台阶由左右两个栏板和中间三级台阶组成，可先画出基本形体——长方体，再逐步画出台阶的正等测图。

作图过程和结果见图 5-9。

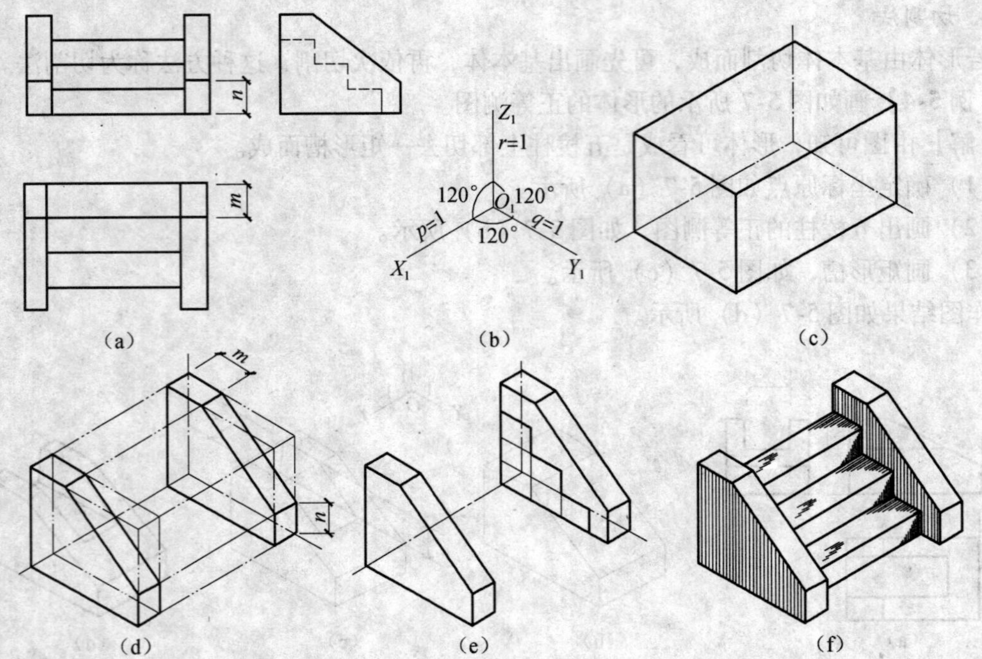

图 5-9　台阶的正等测画法

(a) 正投影图；(b) 轴测轴；(c) 作长方体箱子；(d) 作左右栏板；(e) 作等阶左端面；(f) 完成全图

【例 5-6】画如图 5-10（a）所示的梁板柱节点的正等测图。

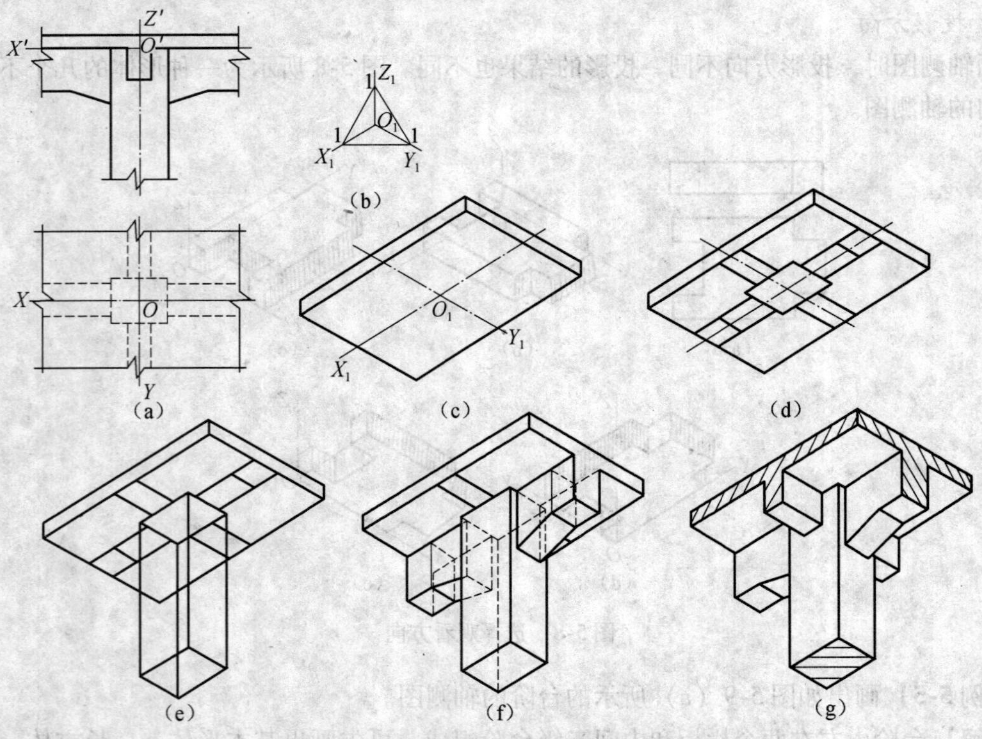

图 5-10　梁板柱节点的正等测画法

(a) 正投影图；(b) 轴测轴；(c) 画底板；(d) 绘梁柱次投影；(e) 往下竖高度画柱子；
(f) 往下竖高度画主梁；(g) 画次梁并完成全图

【解】梁板柱节点位于屋顶面上，正等测图需画成仰视图，即轴测投影方向是从左前下至右后上。

按板、梁、柱的顺序逐一画出。

作图过程及结果如图 5-10 所示。

5.2.3 圆及曲面体的正等测图画法

1. 平行于坐标面的圆的正等测图画法

由于空间各坐标面均倾斜于轴测投影面，所以与各坐标面平行的圆的正等测图均为椭圆。当三个坐标面上的圆的直径相等时，其正等测图是三个形状大小全等但长短轴方向不同的椭圆，如图 5-11 所示。

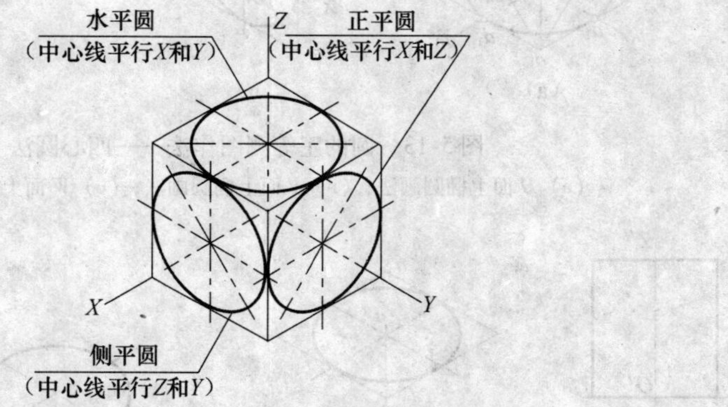

图 5-11　平行于坐标面的圆的正等测

画圆的正等测图，常用四段圆弧近似画出椭圆的方法，即菱形法。

作图时，先画出圆外切正方形和圆直径的正等测图得一菱形和四个切点。四段圆弧的圆心为：菱形短对角线的顶点是两个大圆弧的圆心，小圆弧的圆心在长对角线上，即过各切点作各边垂线所得的交点。

图 5-12 所示为水平圆的正等测图的作图方法与结果。

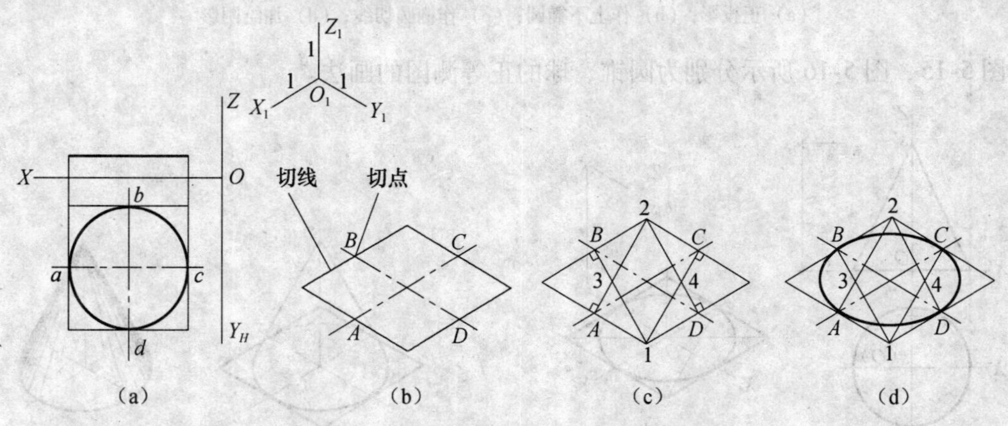

图 5-12　水平圆正等测的画法与步骤

（a）视图；（b）画圆的外切正方形；（c）求 4 段圆弧的圆心；（d）画出 4 段圆弧

2. 曲面体正等测图的画法

图 5-13、图 5-14 所示分别为圆、圆柱的正等测图的画法。

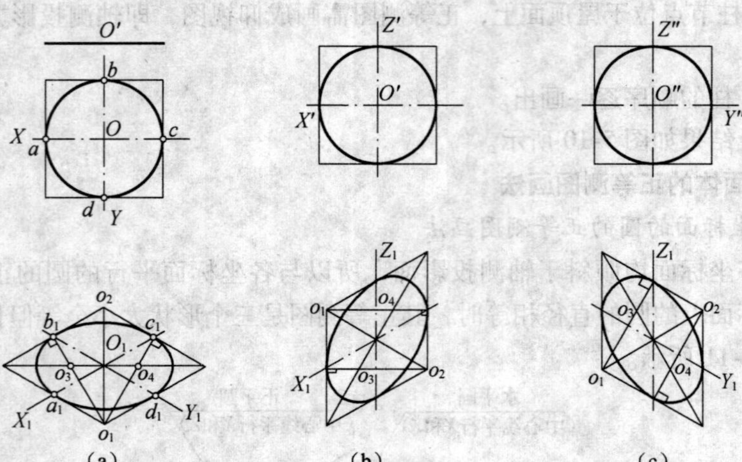

图 5-13　圆的正等测图作法——四心圆法

（a）*H* 面上椭圆画法；（b）*V* 面上椭圆画法；（c）*W* 面上椭圆画法

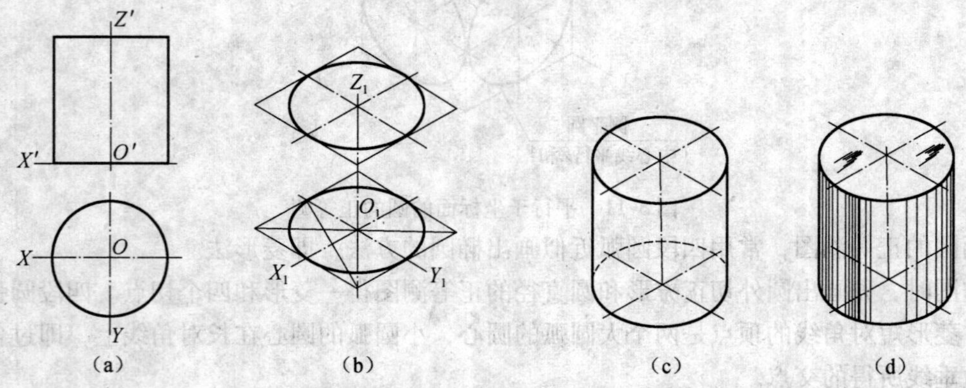

图 5-14　圆柱的正等测画法

（a）正投影；（b）作上下椭圆；（c）作椭圆切线；（d）加绘阴影

图 5-15、图 5-16 所示分别为圆锥、球的正等测图的画法。

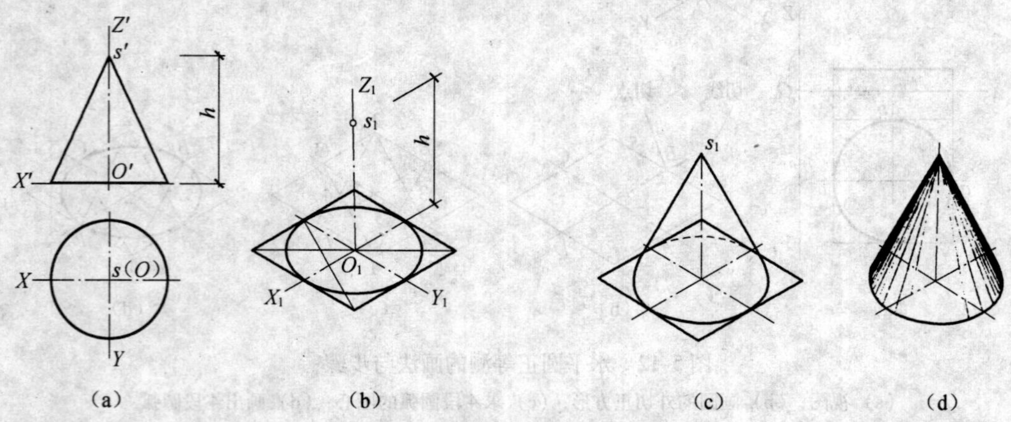

图 5-15　圆锥的正等测画法

（a）正投影；（b）作底椭圆，定锥顶；（c）过锥顶作椭圆切线；（d）加绘阴影线

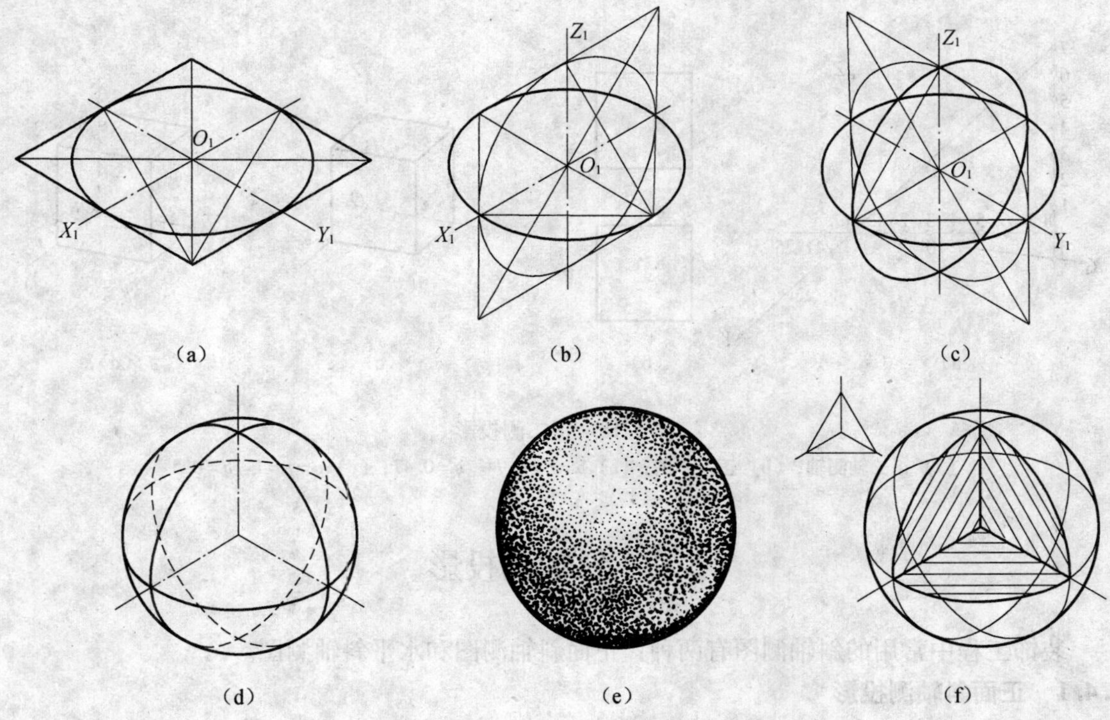

图 5-16　球的正等测画法

（a）作水平赤道圆；（b）加画正平赤道圆；（c）加绘侧平赤道圆；
（d）作三椭圆的包络线圆；（e）加绘阴影；（f）切去 1/8 球

3. 带圆角柱体的正等测图画法

圆角的正等测图画法如图 5-17 所示。

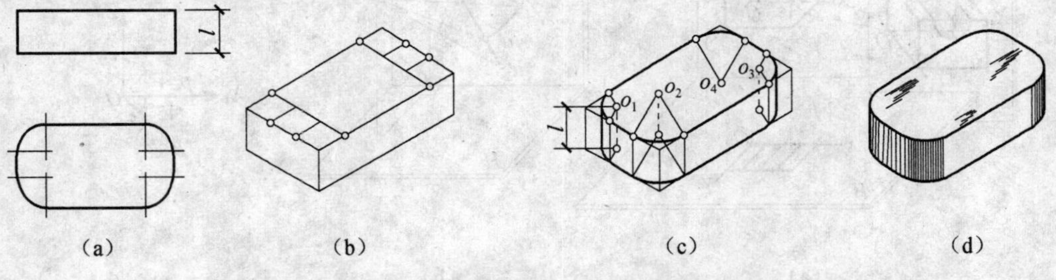

图 5-17　带圆角柱体的正等测画法

（a）正投影图；（b）作长方体及切点；
（c）作圆心、圆弧及切线；（d）完成全图

5.3　正二等轴测（正二测）投影

图 5-18 所示为正二测投影。其轴测轴的画法如图 5-18（a）所示，三个轴测轴 O_1X_1，O_1Y_1，O_1Z_1 上的轴向变形系数分别为 0.94，0.47，0.94，为使作图简便，简化为 1，0.5，1。

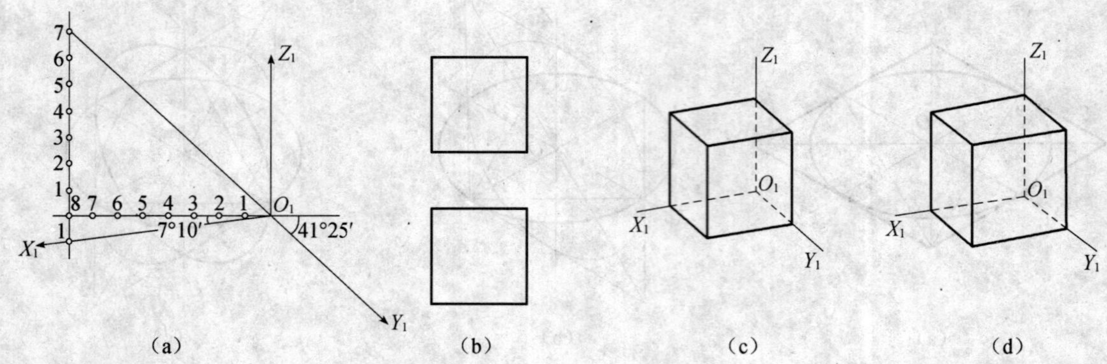

图 5-18　正二测投影

（a）正二轴测轴；（b）正投影图；（c）$p=r=0.94\quad q=0.47$；（d）$p=r=1\quad q=0.5$

5.4　斜轴测投影

装饰工程中常用的斜轴测图有两种：正面斜轴测图和水平斜轴测图。

5.4.1　正面斜轴测投影

当轴测投影面与正立面平行或重合时，所得的斜轴测称为正面斜轴测投影，简称正面斜轴测。图 5-19 所示为正面斜轴测的形成及常用的轴测轴和变形系数。

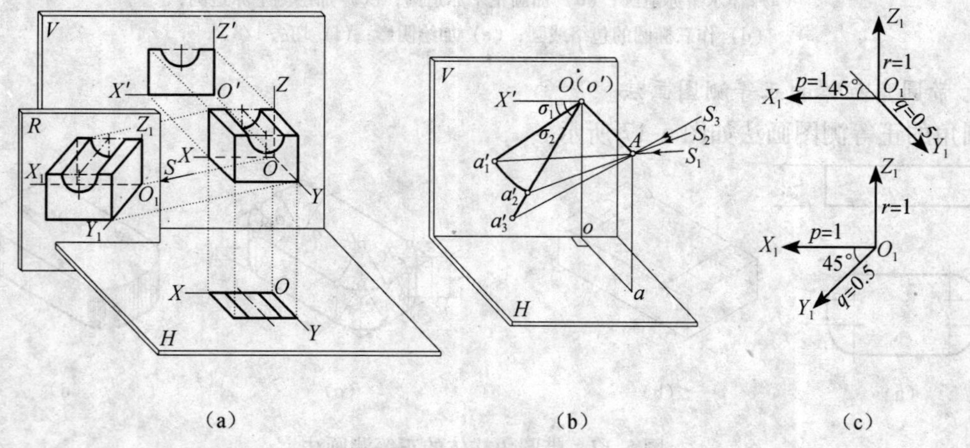

图 5-19　正面斜轴测投影

（a）正面斜轴测投影形成；（b）O_1Y_1 轴的变形系数与轴间角互不相关正面斜轴测投影；（c）常用的轴测轴及变形系数

【例 5-7】如图 5-20（a）所示，已知混凝土空心砖的正投影图，求作轴测图。

【解】由于空心砖的正面有圆，选用正面斜轴测作轴测图最为简便。为了看清底面，采用仰视图。

（1）作正面斜轴测轴，取 $p=r=1$，$q=0.5$ ［5-20（b）］。

（2）作空心砖前表面的正面斜轴测图（即为 V 投影实形）。再过其上各顶点及圆心 O_1 作 O_1Y_1 轴平行线（即形体宽度线，不可见的不画），在其上取砖厚度的一半，得新的各点

及圆心 O_2［5-20（c）］。

（3）连接上述各点且以 O_2 为圆心作砖后表面上的圆（图中只画出可见部分），即得空心砖的正面斜轴测图并加绘阴影［图 5-20（d）］。

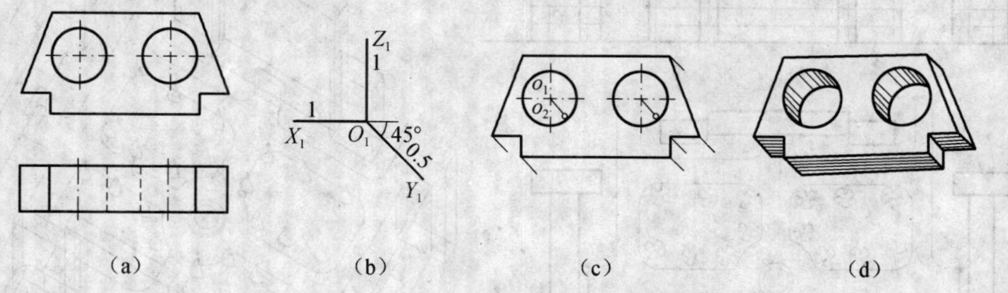

图 5-20　空心砖的正面斜轴测投影的画法

（a）正投影图；（b）轴测轴；（c）作前表面及宽度线；（d）画后表面并加绘阴影

由上可知，无论投射方向如何变化，任何平行于轴测投影面的平面图形，其斜轴测图反映实形。由于这个特性，对于在 V 面或其平行面上的形状复杂或曲线较多的形体，选用正面斜轴测作图较为简便。

5.4.2　水平面斜轴测投影

当轴测投影面与水平面平行或重合时，所得的斜轴测称为水平面斜轴测投影，简称水平斜轴测。图 5-21 所示为水平面斜轴测投影的过程及常用的轴测轴和变形系数。

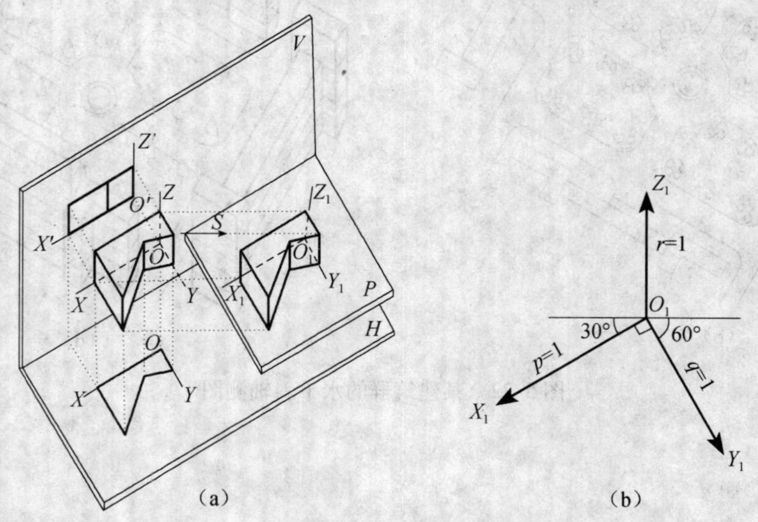

图 5-21　水平面斜轴测投影

（a）水平斜轴测投影过程；（b）常用的轴测轴及变形系数

【例 5-8】 图 5-22（a）所示为某建筑群的总平面图，求作其水平斜轴测图。

【解】（1）画轴测轴，据水平斜轴测图轴测轴的位置，作图时将建筑群的总平面图逆时针方向偏转 30°角，作出其轴测投影［图 5-22（b）］

（2）由建筑物各角竖起棱线，据轴向变形系数取值 $r=1$ 量取建筑物高度方向的尺寸，并连接各点［图 5-22（c）］。

（3）擦去多余的线，加深图线得该建筑物的水平斜轴测图，又称鸟瞰图［图 5-22（d）］。

这种水平斜轴测图，常用于绘制建筑小区的总体规划图。

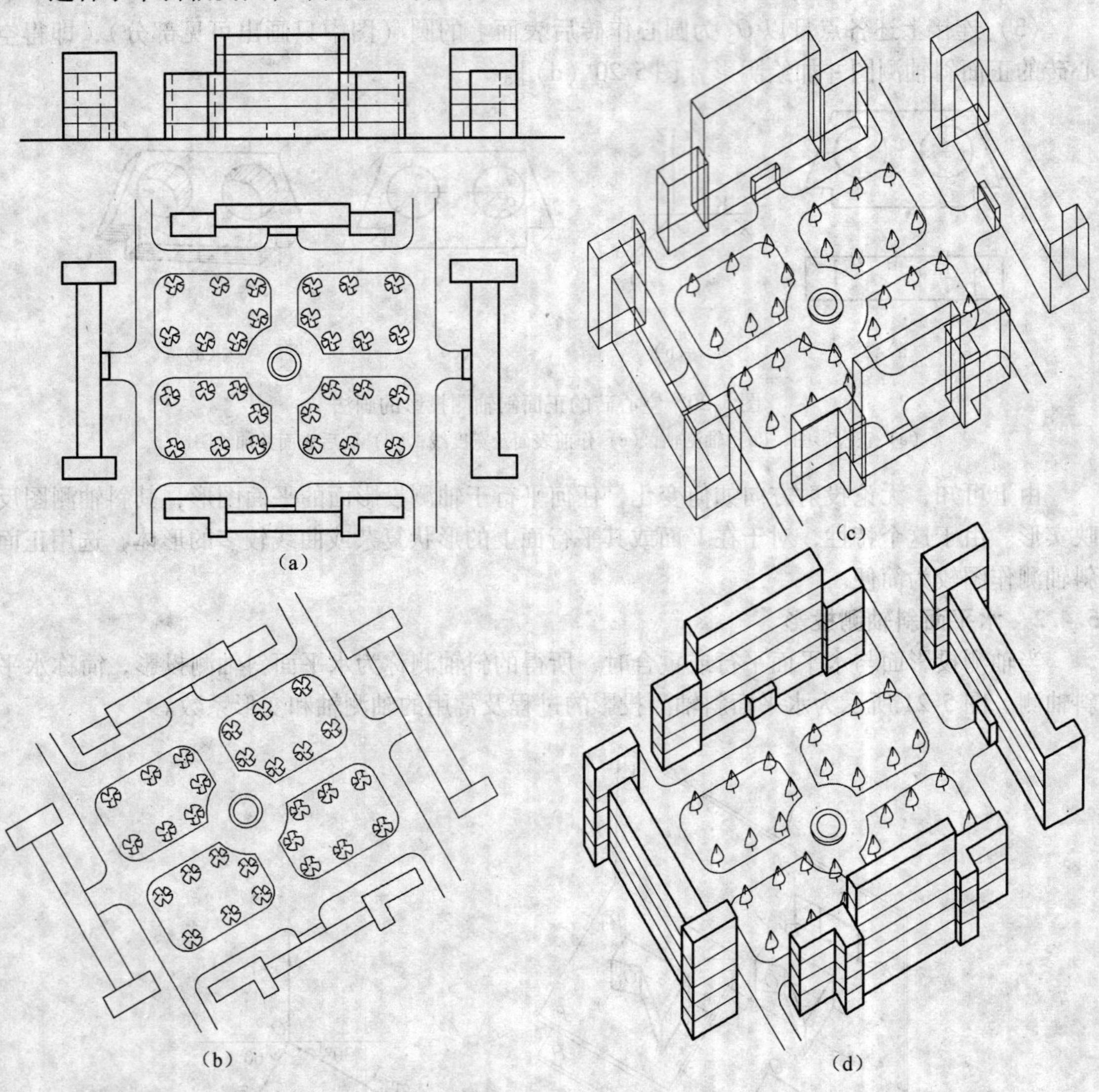

图 5-22　某建筑群的水平斜轴测图

第 6 章　组合体视图

6.1　组合体的组合形式

由多个基本形体组成的形体称为组合体，按组合形式可分为叠加型、切割型和混合型。

图 6-1 所示为叠加型组合体，它是由四棱柱、三棱柱等基本体叠加而成的。图 6-2 所示为切割型组合体，它可以看作是由一个大四棱柱切割而成。图 6-3 所示为混合型组合体，它兼有叠加与切割两种形式。

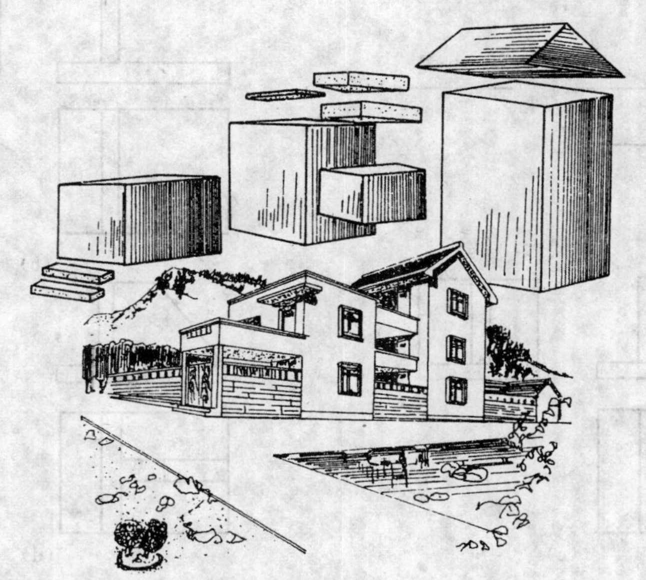

图 6-1　叠加型组合体

图 6-2　切割型组合体

图 6-3　混合型组合体

6.2　组合体视图的画法及尺寸标注

6.2.1　组合体视图的画法

在建筑工程中，组合体三视图的名称如下：

V 面投影称为正立面图；

H 面投影称为平面图；

W 面投影称为左侧立面图。

三个视图之间仍符合投影规律。

画组合体视图主要有形体分析、视图选择、确定图幅和比例、布图、定位、打底、修改、整理、加粗等几个步骤。图 6-4 所示为叠加型组合体三视图画法。图 6-5 所示为切割型组合体三视图画法。

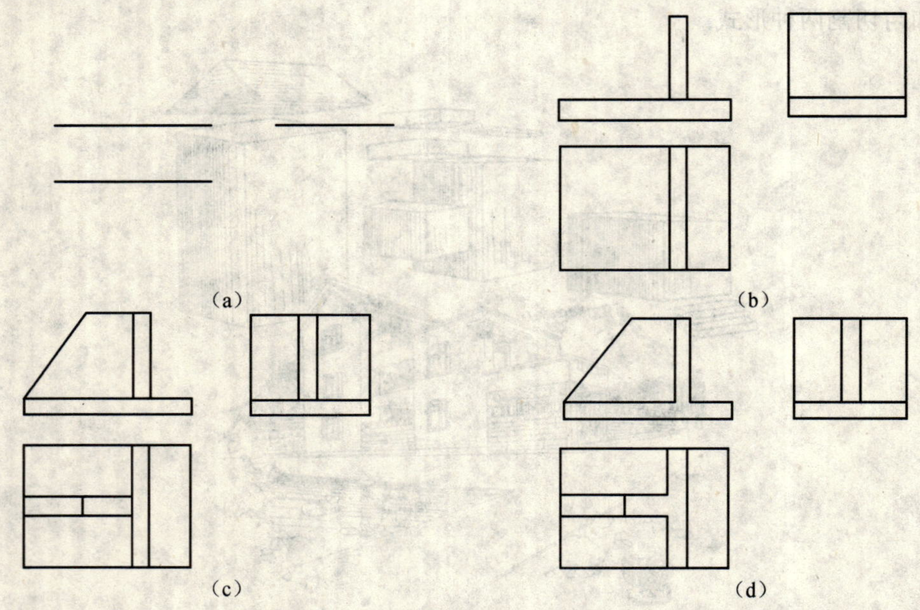

图 6-4　叠加型组合体三视图画法

（a）画各投影图的基准线；（b）画底板和竖板三视图；（c）画左侧竖板三视图；（d）检查组合处的图线，加深全图

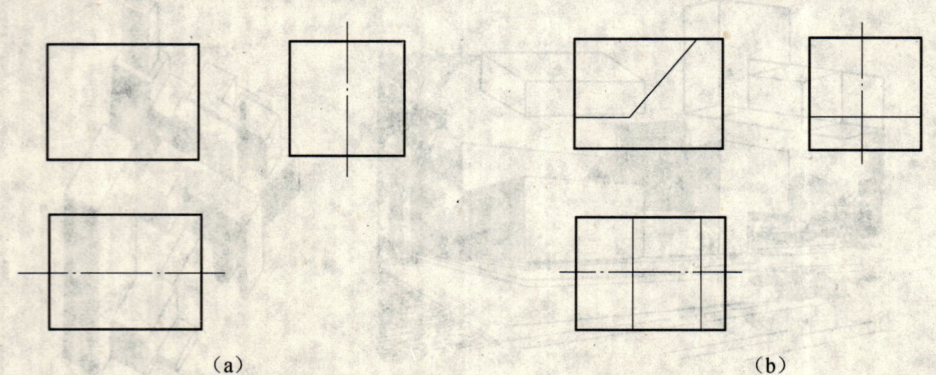

图 6-5　切割型组合体三视图画法

（a）画原基本体和基准线；（b）切割左上方四棱柱

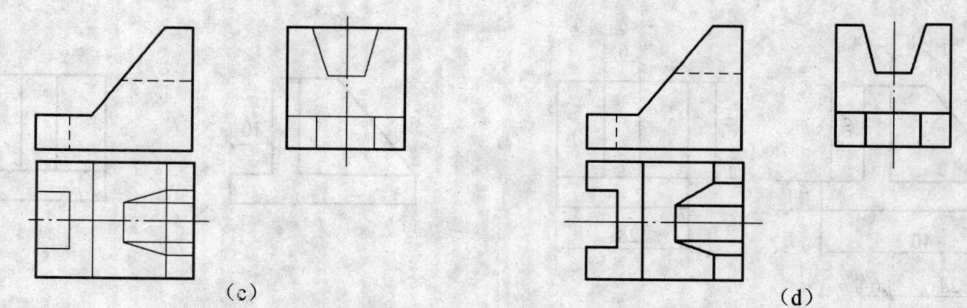

图 6-5　切割型组合体三视图画法（续图）

（c）切割左侧矩形槽和上部梯形槽；（d）检查图线，加深全图

6.2.2　组合体的尺寸标注

组合体的三视图只有标注了尺寸，才能明确它的大小。

1. 尺寸的组成

组合体尺寸由三部分组成：定形尺寸、定位尺寸和总体尺寸。

定形尺寸用于确定组合体中各基本体的大小。定位尺寸用于确定各基本体之间的相对位置，在确定定位尺寸之前要先确定定位基准。

2. 尺寸的标注

尺寸标注时应注意：

（1）尺寸一般应布置在图形之外，以保证图形清晰。小尺寸为避免引出标注线过远，也可标注在图内。

（2）尺寸排列应注意大尺寸在外，小尺寸在内。

（3）反映某形体的尺寸，最好标注在反映这一基本形体特征的视图上。

图 6-6 所示为基本体的尺寸标注；图 6-7 所示为叠加型组合体的尺寸标注；图 6-8 所示为切割型组合体的尺寸标注。

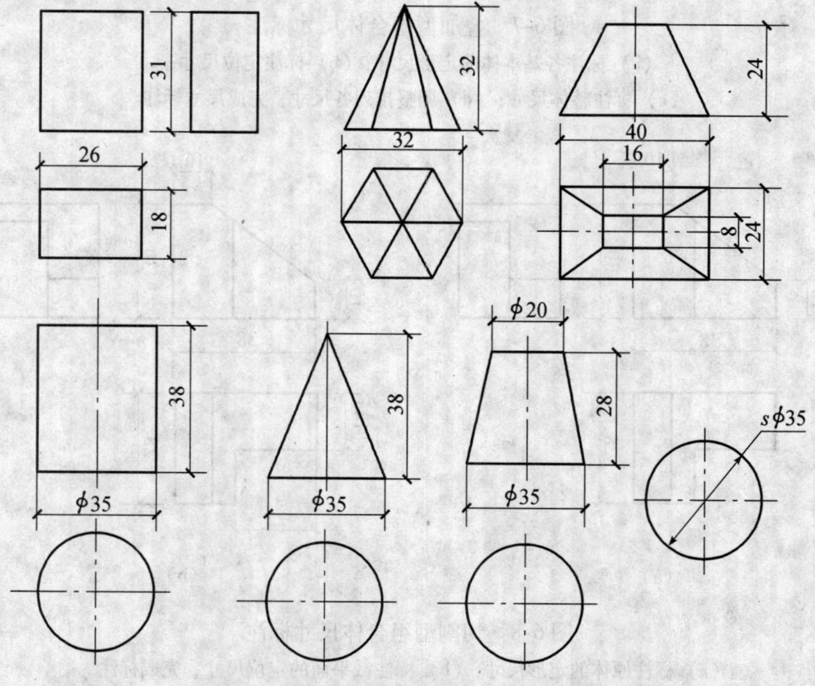

图 6-6　基本体的尺寸标注示例

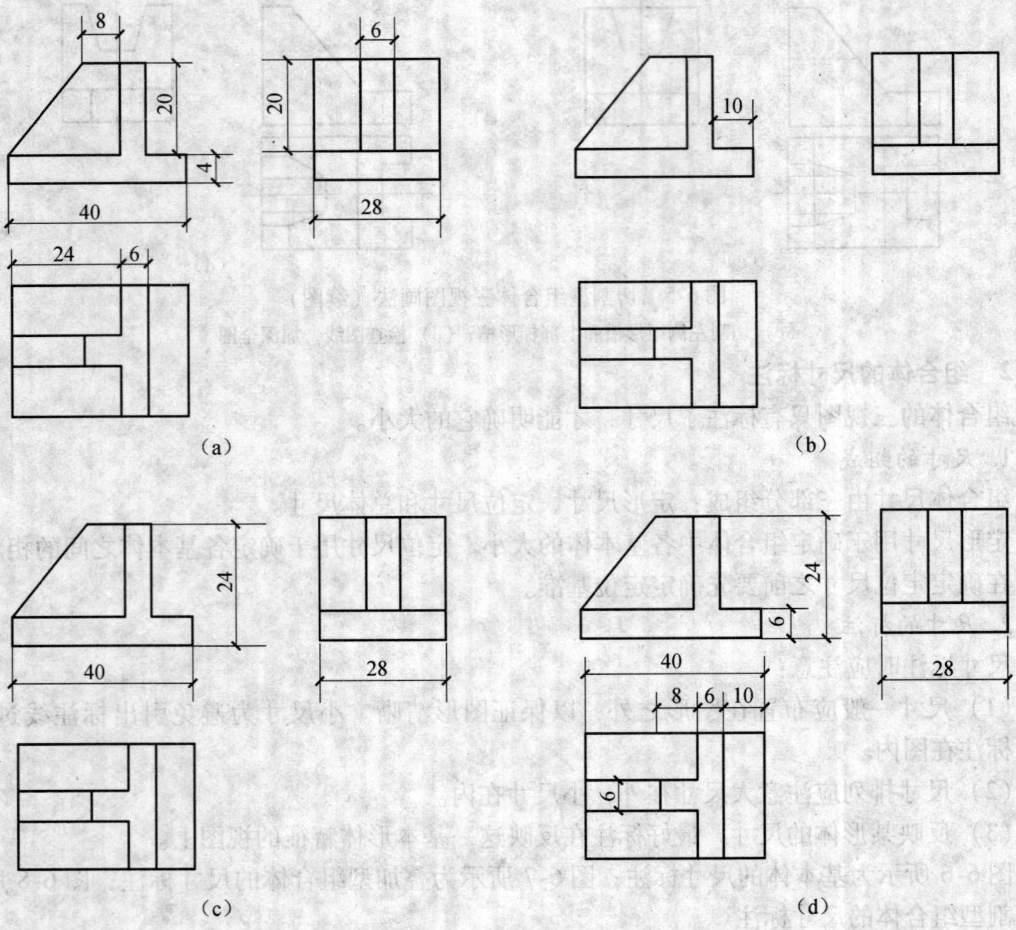

（a）　（b）　（c）　（d）

图 6-7　叠加型组合体尺寸标注

（a）标注各基本体的定形尺寸；（b）标注定位尺寸；
（c）标注整体尺寸；（d）调整排列各尺寸，完成尺寸标注

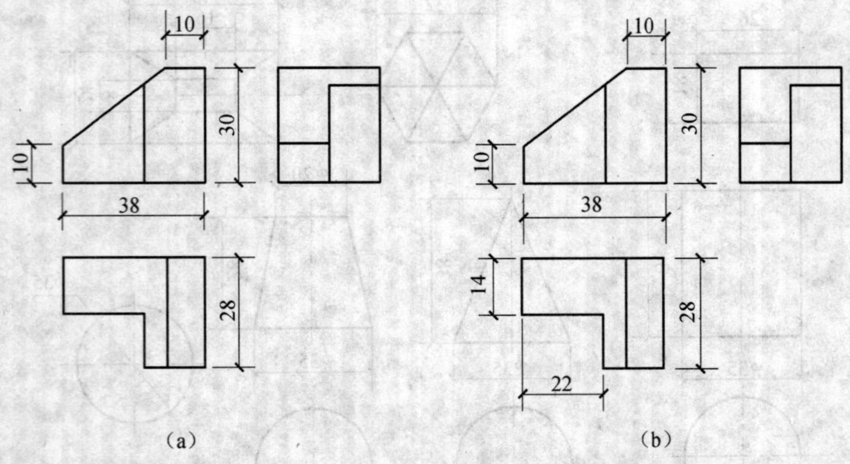

图 6-8　切割型组合体尺寸标注

（a）标注原体的定形尺寸；（b）标注截平面的定位尺寸、完成标注

6.2.3 组合体视图的阅读

1. 形体分析法

形体分析法是从某一个反映组合体主要特征的投影图（H 投影、V 投影或 W 投影，通常是 V 投影反映物体的形体特征）中分析组合体是由哪些部分组成，再对照其他投影图，分别认识、验证各部的细部形状，然后按投影图把各部分叠加在一起，由此读出投影图所表达的形体。具体步骤如下：

（1）将投影分解为若干部分

如图6-9（a）所示，将正立面图分为1′，2′，3′，4′四个部分，并按长对正、高平齐、宽相等的关系分别在平面图和左侧立面图中确定对应的部分。

（2）分析各个部分的形状并确定相对位置

由图可知，形体Ⅰ和Ⅲ均为四棱柱，形体Ⅰ竖直放置，形体Ⅲ水平放置，两者互贯，且前后、左右对称；形体Ⅱ和形体Ⅳ是一四棱柱被斜截了一部分，并于形体Ⅰ前后、左右对称放置的同一种形体。如图6-9（b）、（c）所示。

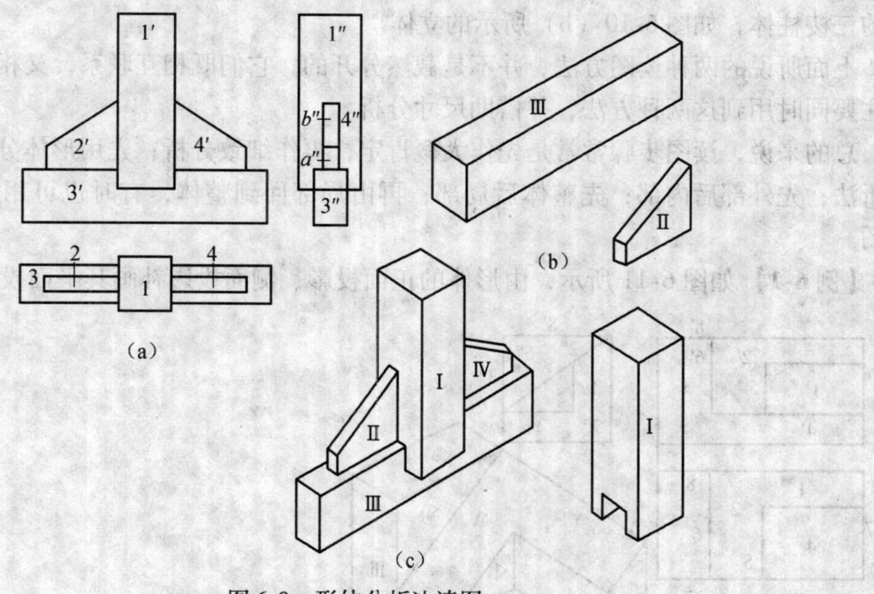

图6-9 形体分析法读图

图6-9所示的组合体中，各基本几何形体的三面投影均能很明显地找到，所以适合用形体分析法读图。而有些形体的各组成部分的各面投影不容易找到，所以应结合线、面分析来读图。

2. 线面分析法

图6-10（a）所示的形体的投影图，其三面投影的外轮廓线均为矩形线框，可知其基本形体为长方体，再在长方体上切割。用线面分析法读图的具体步骤如下：

（1）将投影分成若干部分，按投影分析出各部分的形状

①将正立面图中封闭的线框编上号并找出其对应投影确定其空间形状。

正立面图中有1′，2′，3′三个封闭线框，按“高平齐”的投影关系，1′线框对应在 W 投影上的一条竖直线1″，根据平面的投影规律可知Ⅰ平面是一个正平面，它的平面投影应为与之长对正的平面图中的水平线1。正立面图中的L形2′线框，按“高平齐”的投影关系，它

的 W 投影为斜线 2″，因此Ⅱ平面应为侧垂面，根据平面的投影规律，它的水平投影不仅应与它的正面投影长对正，而且应为正面投影的类似形，所以就可以确定平面图中的L形2线框是它的水平投影。根据“高平齐”3′线框的 W 投影为竖线 3″，说明Ⅲ平面为正平面，它的水平投影为平面图中的水平线3。

②将平面图中剩下的封闭线框编上号（4、8），将侧面图中的封闭线框也编上号（5″，6″，7″），并找出其对应投影，确定其空间形状。

同理可以分析出平面图中的4线框的对应投影为水平线段4′，4″，可确定它的空间形状为矩形的水平面；8线框的对应投影为8′线，8″线，可确定它为矩形的水平面；5″线框的对应投影为竖线5′，5，可确定它为直角三角形的侧平面；6″线框的对应投影为竖线6′，6，可确定它为侧平面；7″线框的对应投影为竖线7′，7，可确定它为侧平面。

（2）根据投影，分析各组成部分的相对位置，并综合起来想出整体形状

由投影图可知各组成部分的上、下、左、右、前、后关系，因此不难想出其整体形状为在长方体的左上方切割去一个大的三棱柱体，再在余下形体的左、上、前方又切割去了一个小的三棱柱体，如图6-10（b）所示的立体。

上面所说的两种读图方法，并不是截然分开的，它们既相互联系，又相互补充，读图时往往要同时用到这两种方法，并借助尺寸分析。

总的来说，读图步骤常常是先作大概肯定，再作细致分析；先用形体分析法，后用面线分析法；先外部后内部；先整体后局部；再由局部回到整体，有时也可用画轴测图来帮助看图。

【例6-1】 如图6-11所示，由形体的正面投影、侧面投影补画其平面投影。

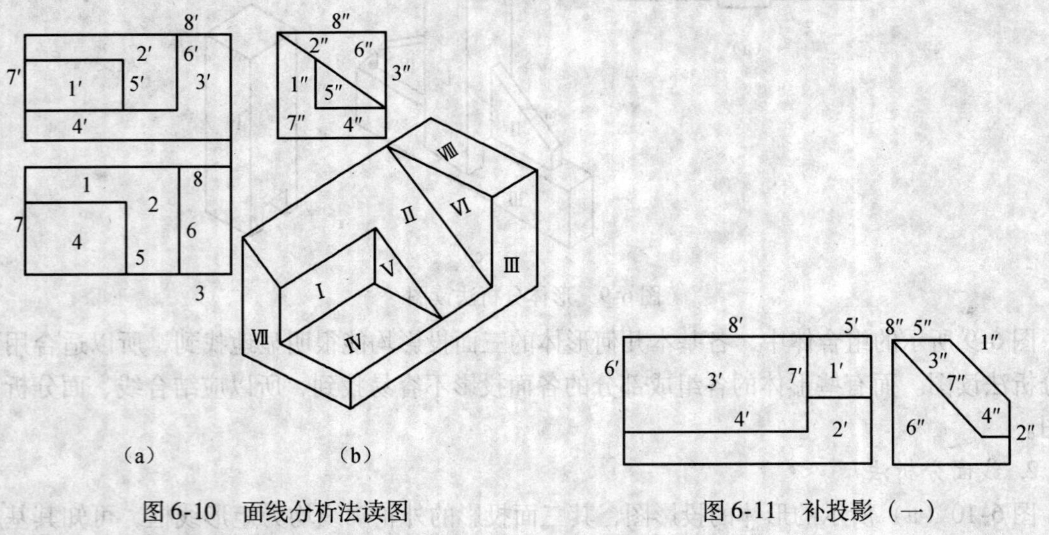

图6-10　面线分析法读图
（a）投影图；（b）立体图

图6-11　补投影（一）

【解】

（1）形体分析

由二投影可确定所示形体为平面体，而且是一个长方体被某些平面截割而成。

（2）面线分析

根据“高平齐”的投影关系，可分析出 W 面上的7″线框所对应的 V 投影为竖线7′，说

明它为侧平面；同理可知 W 面上的 6″线框的 V 投影为竖线 6′，说明它为侧平面；V 面上的 3′线框的 W 投影为斜线 3″，说明它为侧垂面；1′线框的 W 投影为斜线 1″，说明它为侧垂面；2′线框的 W 投影为竖线 2″，说明它为正平面；V 面上的水平线段 4′的 W 投影为水平线段 4″，说明这两投影表示的是一水平面，其长为 4′，宽为 4″；V 面上的水平线 5′的 W 投影为水平线 5″，说明二投影表示的是一水平面，其长为 5′，宽为 5″；V 面上的水平线 8′的 W 投影为一点 8″，说明这二投影表示的是一侧垂线，而且是两个平面的交线。这样就将每个面对投影面的位置分析清楚了。

（3）根据投影图分析这些平面间的相对位置

由 V 投影反映的上下左右位置，由 W 投影反映的上下前后位置，可以知道Ⅱ平面是由长方体的最前平面截割成的，过Ⅱ平面右侧斜向后上方截割长方体并与 V 平面相交得到的截交线围成Ⅰ平面，过Ⅱ平面左侧水平截割长方体得到的截交线即为Ⅳ平面等。

（4）综上分析，想出由题给二投影所表示的形体的空间形状，如图 6-12（b）的立体所示。

由上分析已想出了空间形体，按照“V，H 投影长对正，V，W 投影高平齐，H，W 投影宽相等”的规律，就可以补画出第三投影，如图 6-12（a）的平面图所示。

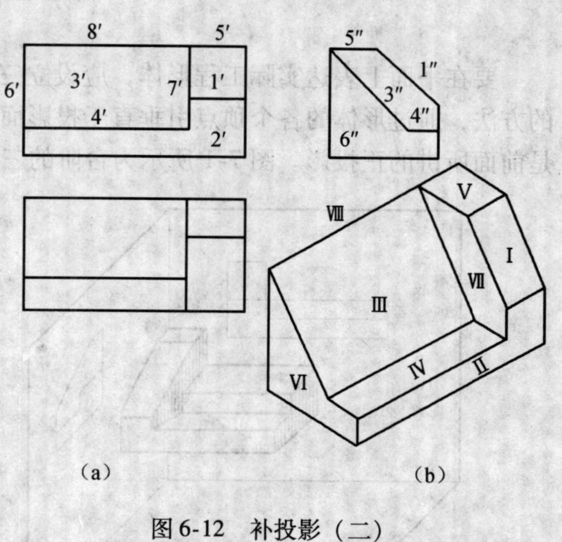

图 6-12　补投影（二）

（a）补绘平面图；（b）立体

第7章 图样的规定画法

7.1 视 图

要在平面上表达实际工程形体，应设立三个投影面即 H 面、V 面和 W 面，用直角投影的方法，通过形体的各个顶点引垂直于投影面的投影线，从而得到形体的三面投影图，这就是前面所讲的正投影。图7-1所示为台阶的三面投影。

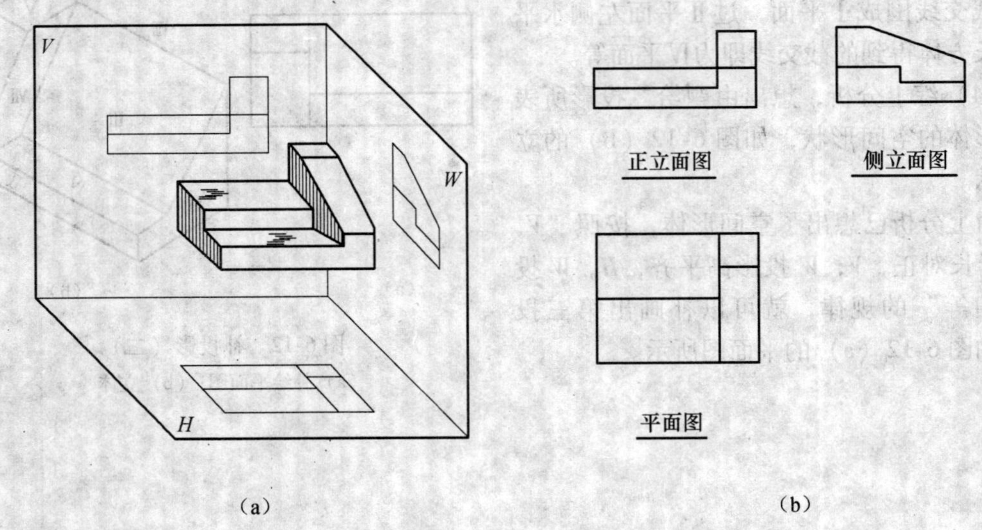

图7-1 台阶的三面投影
(a) 立体图；(b) 三面投影图

在工程图纸中，上述的图形就相当于人站在无限远外，正对投影面观看形体的结果，即通过形体各个顶点的互相平行并且垂直投影面的视线，与投影面相交而得到的图形，称为视图。

用正投影法绘制的形体视图，主要是表达形体的外部形状和结构，一般只画出形体的可见部分，必要时才用虚线表达其不可见部分。视图的种类通常有基本视图、向视图和镜像视图等。

1. 基本视图

在工程制图中，把从上向下观看形体在 H 面上得到的视图称为平面图；从前向后观看形体在 V 面上得到的视图称为正立面图；从左向右观看形体在 W 面上得到的视图称为左侧立面图。对于某些形状复杂的形体，还需要从下向上看、从后向前看、从右向左看的视图，因此，还要增设三个新投影面 H_1，V_1，W_1，如图7-2（a）所示，并在其上分别形成从下向上看、从后向前看、从右向左看时所得的投影，分别称为底面图、背立面图和右侧立面图。

将所有的投影图都展开在正平面上，便得到如图 7-2（b）所示的六个投影图，这六个投影称为基本视图，相应的六个投影面称为基本投影面。

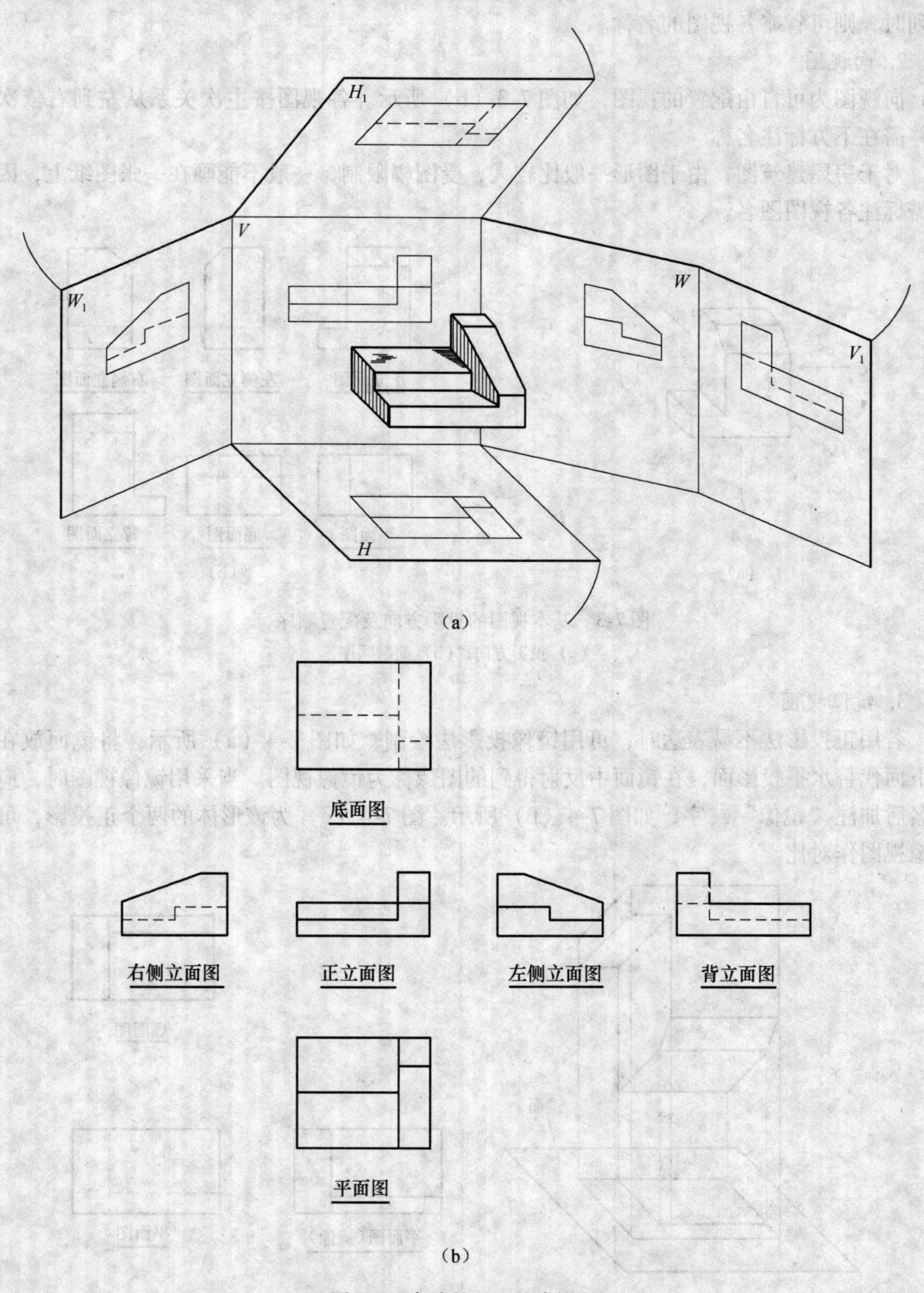

图 7-2 台阶的六面基本视图

（a）基本视图的展开；（b）三面投影图

图 7-3 所示为在同一张图纸上多个视图时，各视图的投影方向和配置顺序。

每个视图一般均应标注图名，但若六个视图在同一张图纸上按图 7-2（b）所示的位置排列时，则可省略各视图的名称。

2. 向视图

向视图为可自由配置的视图，如图 7-3（b）所示。各视图按主次关系从左到右依次排列并需在下方标注名称。

对于房屋建筑图，由于图形一般比较大，受图幅限制，一般不能画在一张图纸上，因此均需标注各视图图名。

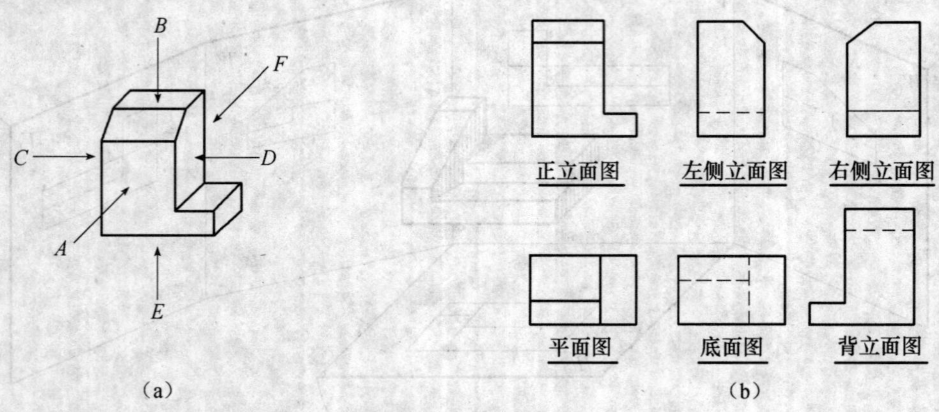

图 7-3　基本视图的投影方向及配置顺序

（a）投影方向；（b）配制顺序

3. 镜像视图

若用正投影法不易表达时，可用镜像投影法绘制，如图 7-4（a）所示，将镜面放在形体下面代替水平投影面，在镜面中反射得到的图像称为镜像视图。当采用镜像视图时，应在图名后加注“镜像”二字，如图 7-4（b）所示。图 7-4（c）为该形体的两个正投影，可与镜像视图作对比。

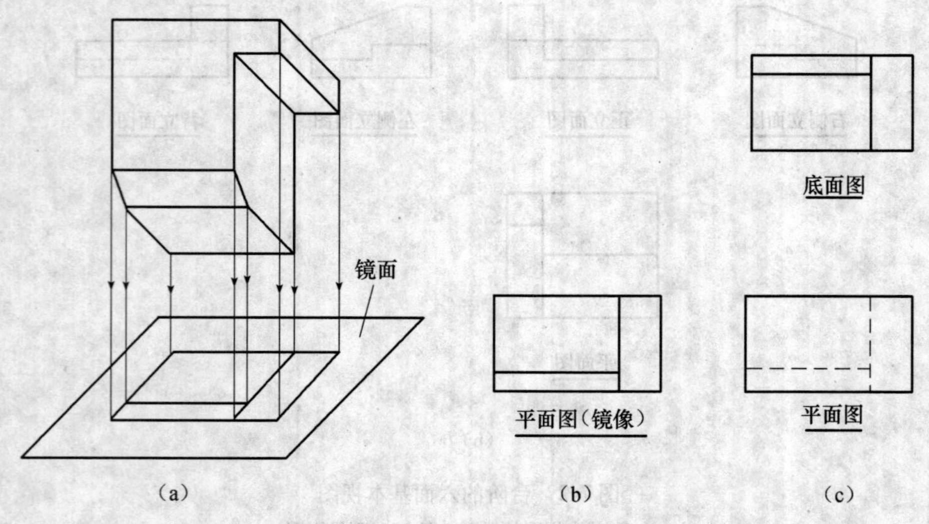

图 7-4　镜像视图

4. 其他视图

(1) 展开视图

有些形体的各个面之间并不是完全垂直的，一些面与基本投影面平行，而另一些面则倾斜于基本投影面，为了能同时表达出倾斜面的实形，画立面图时，可将该部分展开至与基本投影面平行，再按正投影法绘制，并在图名后加注“展开”二字，这样得到的视图称为展开视图，如图7-5所示。

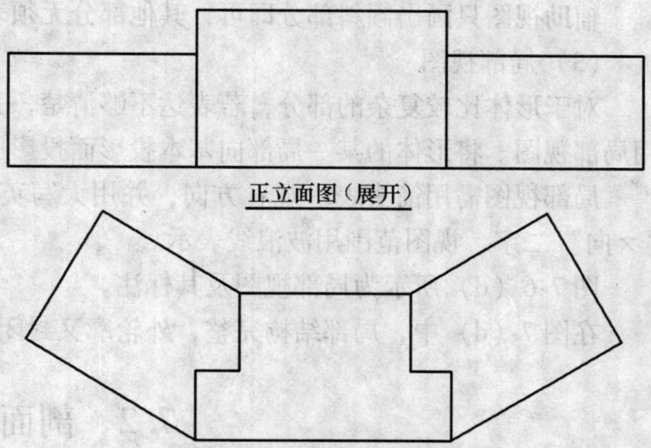

正立面图（展开）

平面图

图7-5 展开视图

(2) 辅助视图

当形体的某一部分倾斜于基本投影面时，其投影会变形。为得到倾斜部分的实形，可设立一个与倾斜部分平行的投影面，则倾斜部分在该投影面上的投影就反映实形。

向不平行于任何基本投影面的平面观看形体，所得的视图称为辅助视图。

图7-6（b）所示为辅助视图，标注时，需在反映斜面的积聚性投影的基本投影图上，用箭头标明辅助视图的观看方向，并用大写英文字母编号。也可如图7-6（c）所示将辅助视图旋转摆正，并在其下方标注“×向旋转”。

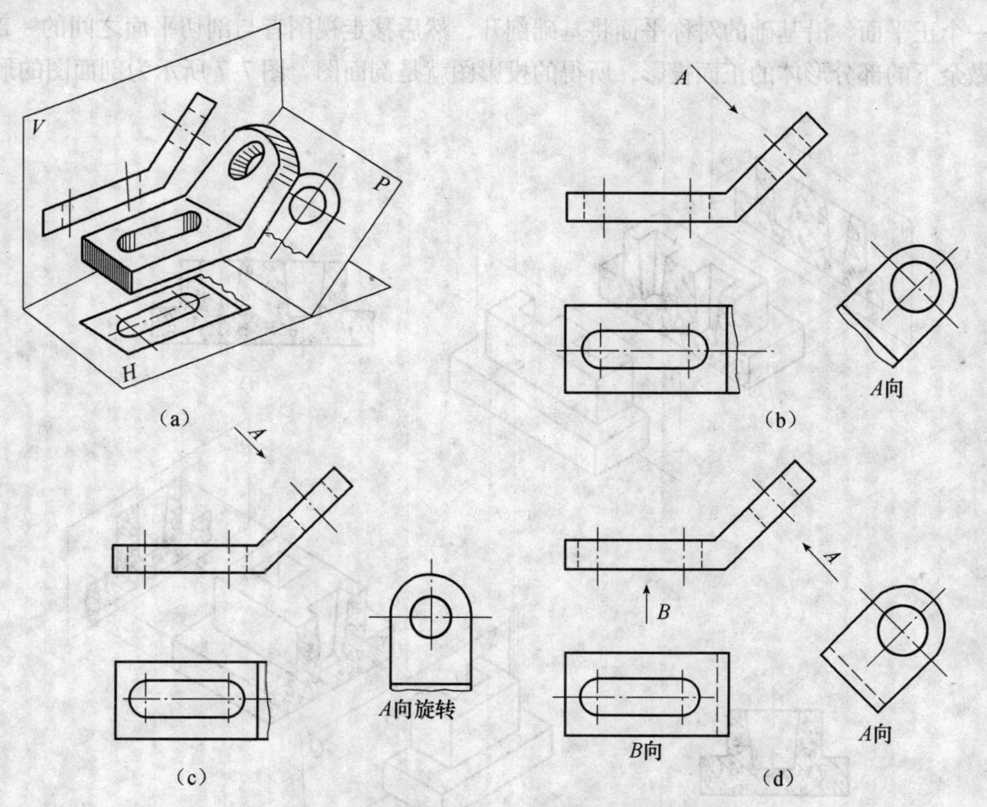

图7-6 辅助投影图与局部投影图

（a）立体图；（b）辅助投影图；（c）旋转辅助投影图；（d）局部投影图

辅助视图只画出倾斜部分即可，其他部分无须表达，需用波浪线断开。

(3) 局部视图

对于形体比较复杂的部分，若表达不够清楚，又没有必要加画一张整体投影图时，可采用局部视图。将形体的某一局部向基本投影面投影所得到的视图称为局部视图。

局部视图需用箭头表示观看方向，并用大写英文字母编号，在所得局部视图下方标注"×向"二字，视图范围用波浪线表示。

图7-6（d）所示为局部视图及其标注。

在图7-（d）中，局部结构完整，外轮廓又封闭时，波浪线也可省略不画。

7.2 剖面图

对于某些复杂的形体，不仅要表达其外形，还要表达其内部结构。若用虚线表示形体的内部结构，则在投影图上将出现很多虚线，从而造成虚、实线纵横交错，使图面不清晰，难于阅读，因此仅有其外形正投影图是不够的。

为了解决这个问题，采用了剖面图和断面图。假设将形体剖切开来，再对剖以后的形体进行正投影，作为对表面正投影的必要补充。

7.2.1 剖面图的形成

如图7-7所示的杯形基础，其内孔被外形挡住。为了将正立面图中的内孔用实线表示，假想用一个正平面，沿基础的对称平面将基础剖开，然后移走视图者与剖切平面之间的一部分形体，做余下的部分形体的正面投影，所得的投影图就是剖面图，图7-7所示为剖面图的形成。

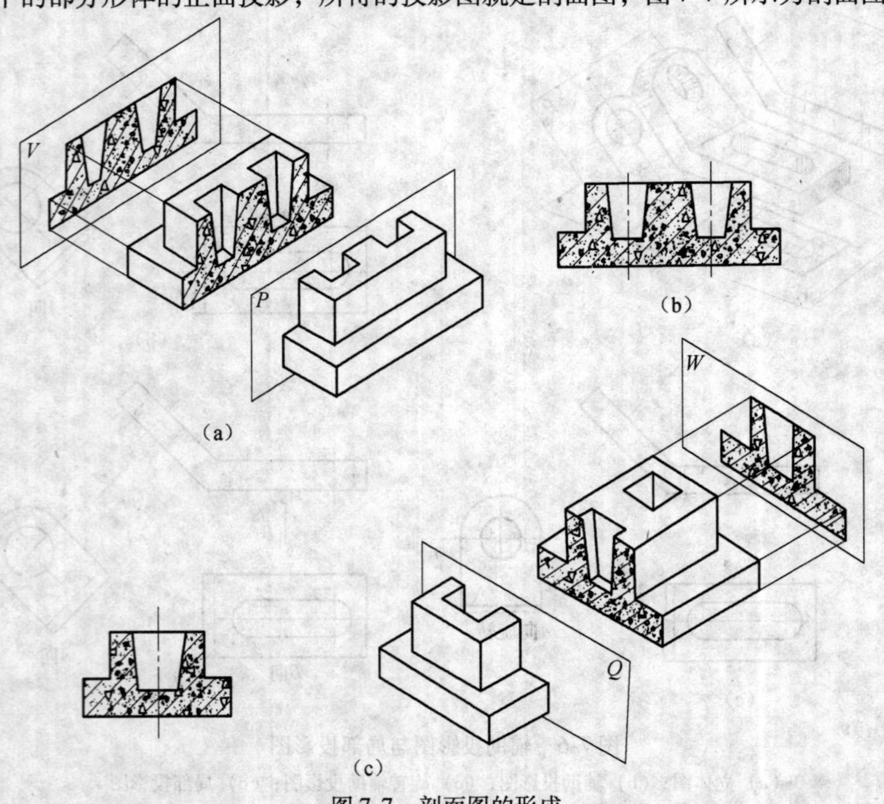

图7-7 剖面图的形成

7.2.2 剖面图的标注

作剖面图时，一般使剖切面平行于基本投影面，则剖切面在它所垂直的投影面上的投影积聚为一条直线，这条直线表示剖切的位置，称为剖切位置直线，简称剖切线。在投影图中用断开的两段短粗实线表示，长度为6～10mm。

为了表明剖切后余下的部分形体的投影方向在剖切线的外侧各画一段与之垂直的短粗实线表示投影方向，长度为4～6mm。

对某些复杂形体，可能要剖切几次，为了区分清楚，对每一次剖切要编号。规定用阿拉伯数字编号，书写在表示投影方向的短线一侧，并在所得剖面图的下方，写上“1—1剖面图”字样。

7.2.3 剖面图的种类

1. 全剖面图

假设用一个剖切平面将形体完全剖开，然后画出它的剖面图，这种剖面图称为全剖面图，如图7-8所示。

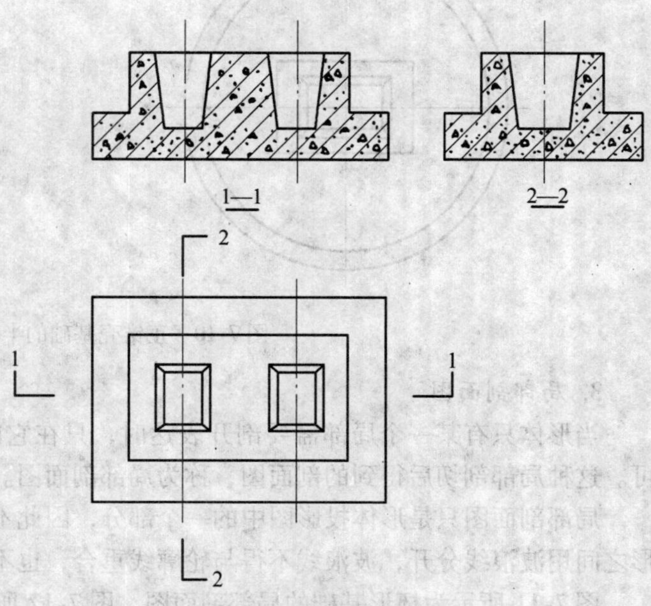

图7-8 剖面图的标注

2. 半剖面图

当形体的内外形状均为左右对称或前后对称而外形又比较复杂时，可将其投影的一半画成表示形体外部形状的正投影图，另一半画成表示内部结构的剖面图，中间用点划线分界。

当对称中心线为竖直时，将外形正投影图画在中心线左方，剖面图画在中心线右方；当对称中心线为水平时，将外形正投影图画在中心线上方，剖面图画在中心线下方，如图7-9所示。这种投影图和剖面图各占一半的图称为半剖面图。图7-10所示为正锥壳基础的半剖面图。

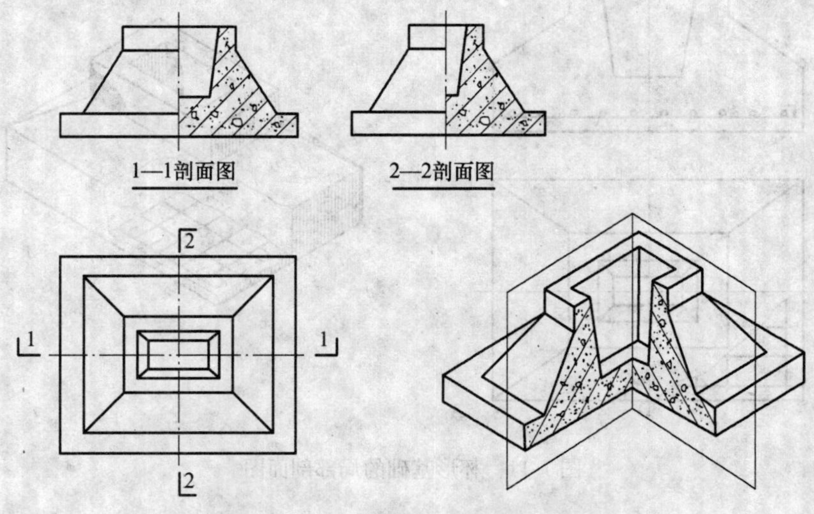

图7-9 杯形基础的半剖面图

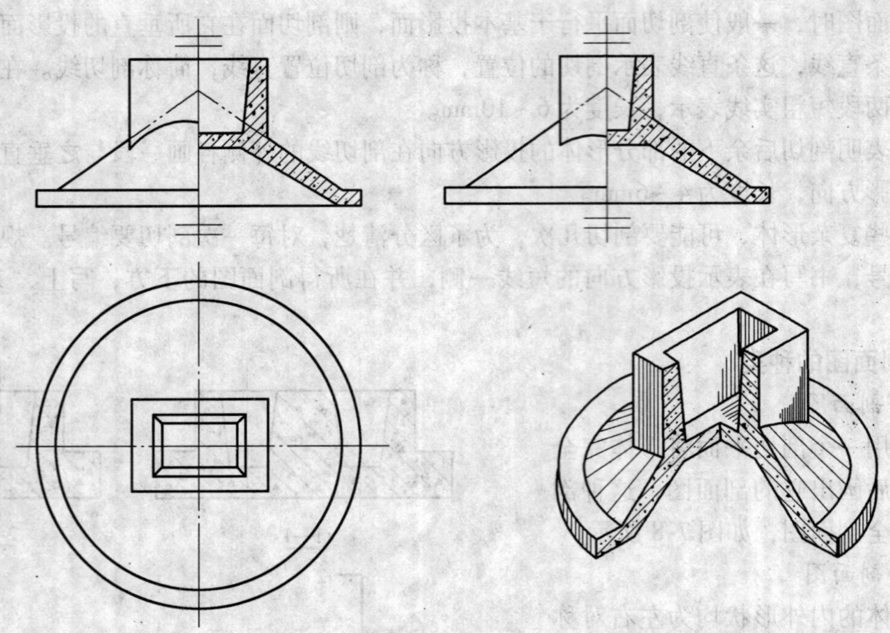

图 7-10 正锥壳基础的半剖面图

3. 局部剖面图

当形体只有某一个局部需要剖开表达时，只在它的投影图上将这一局部画成剖面图即可。这种局部剖切后得到的剖面图，称为局部剖面图。

局部剖面图只是形体投影图中的一个部分，因此不需标注剖切线，但需将局部剖面与外形之间用波浪线分开，波浪线不得与轮廓线重合，也不得超出轮廓线之外。

图 7-11 所示为杯形基础的局部剖面图。图 7-12 所示为建筑工程中常用来表达楼面、地面和屋面的分层局部剖面图。

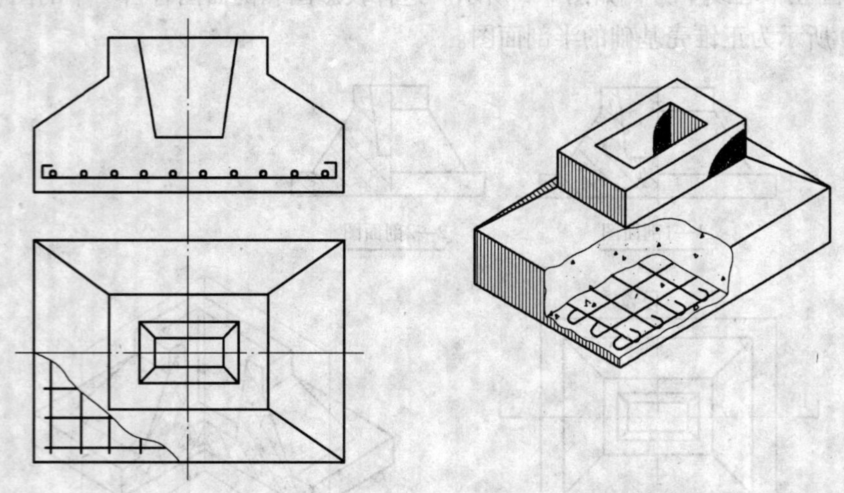

图 7-11 杯形基础的局部剖面图

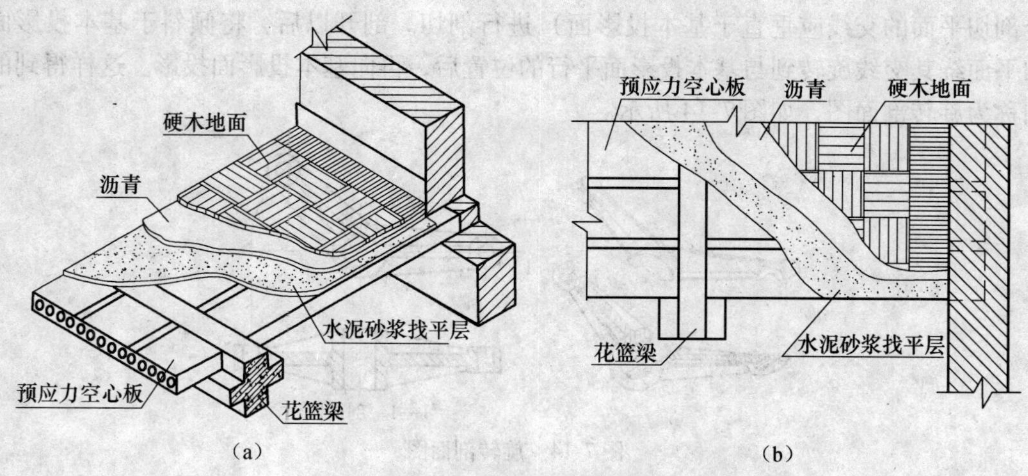

图 7-12　分层局部剖面图

（a）立体图；（b）平面图

剖面图中包含了形体的断面，在断面上必须画上表示材料类型的图例。若没有指明材料，也要画上剖面符号。剖面图的标注如图 7-8 所示。

4. 阶梯剖面图

当形体的内部结构复杂，用一个平面无法都剖切到时，可假设用几个相互平行的剖切平面来剖切形体，这样得到的剖面图，称为阶梯剖面图。如图 7-13 所示。

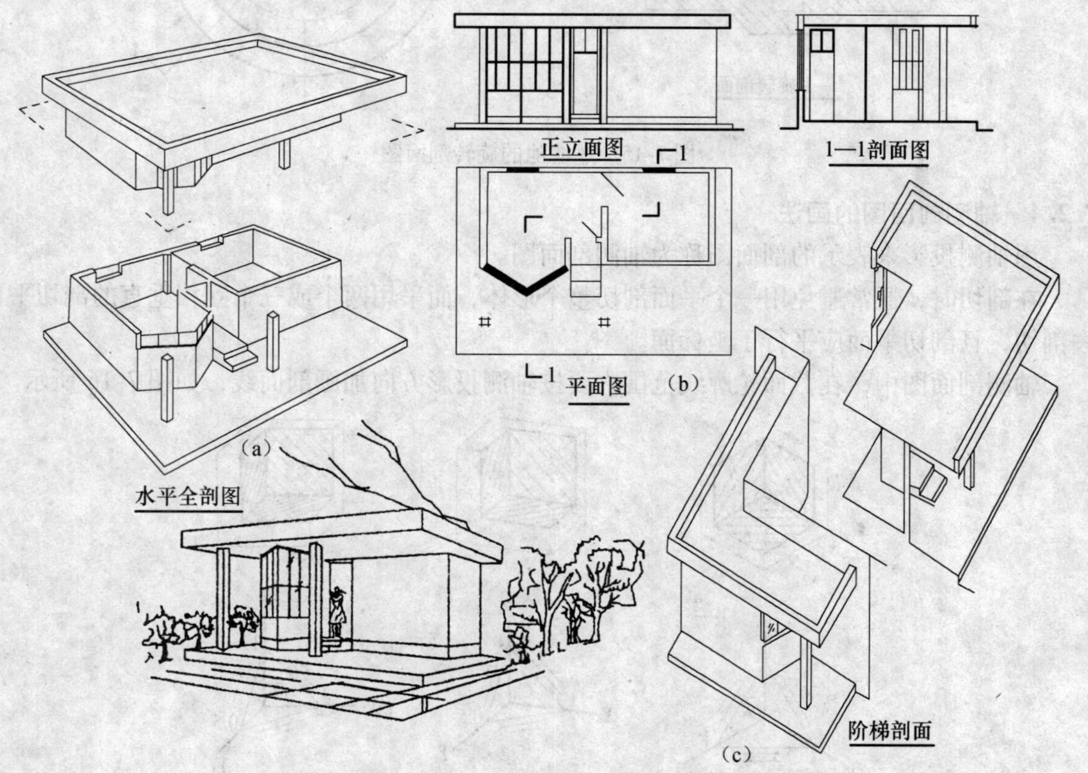

图 7-13　房屋剖面图

5. 旋转剖面图

有的形体不能用一个或几个互相平行的平面进行剖切，而需要两相交的剖切平面（这两个剖切平面的交线应垂直于基本投影面）进行剖切。剖开以后，将倾斜于基本投影面的剖切平面绕其交线旋转到与基本投影面平行的位置后，再向基本投影面投影。这样得到的剖面图称为旋转剖面图，如图 7-14 所示。

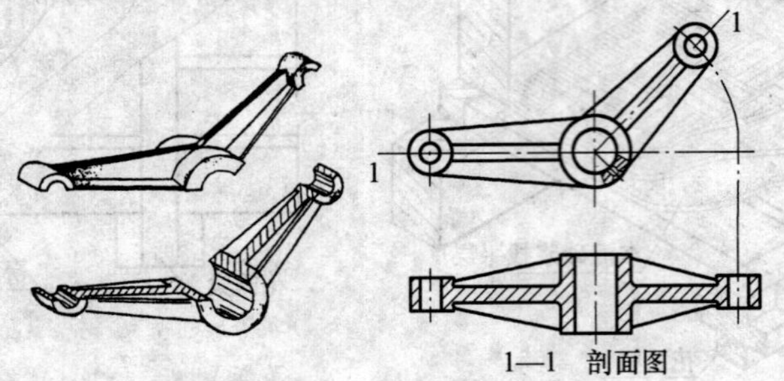

图 7-14 旋转剖面图

图 7-15 为过滤池的旋转剖面图。

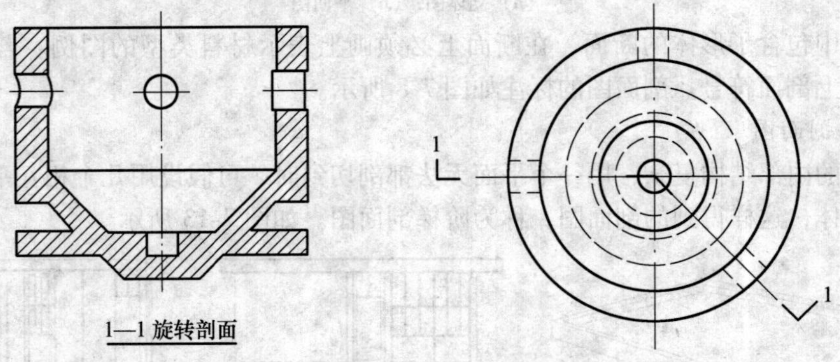

图 7-15 过滤池的旋转剖面图

7.2.4 轴测剖面图的画法

用轴测投影来表示的剖面图称为轴测剖面图。

在剖切时，通常避免用一个平面剖切整个形体，而采用两个或三个互相垂直的剖切平面去剖切，且剖切平面应平行于坐标面。

轴测剖面图中，在截面轮廓线范围内要按轴测投影方向加画剖面线，如图 7-16 所示。

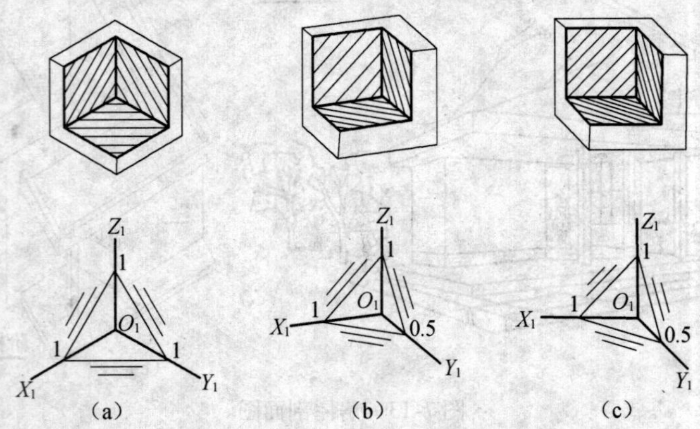

图 7-16 轴测图中剖面线方向的确定

(a) 正等测；(b) 正二测；(c) 正面斜二测

画轴测剖面图时，可根据实际情况，采用“先整体后剖切”或“先剖切后整体”的方法。图 7-17、图 7-18 所示为轴测剖面图画法。

图 7-19 所示为现浇板的轴测剖面图。

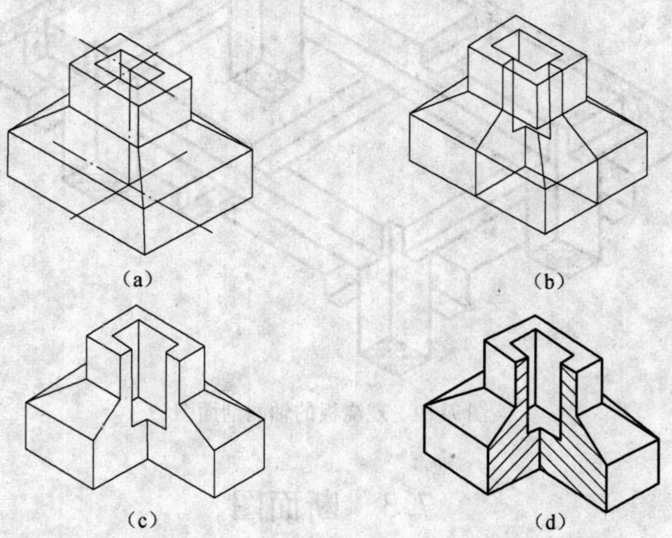

图 7-17　杯形基础轴测剖面图画法（一）

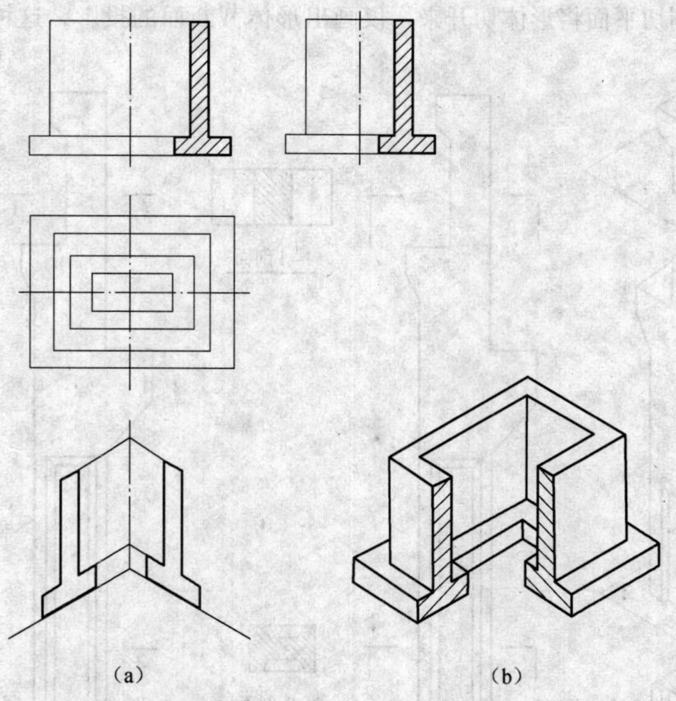

图 7-18　轴测剖面图的画法（二）

(a) 先在轴测图中画出剖切平面上的截面形状；

(b) 由近而远，画出轮廓线和内部形状

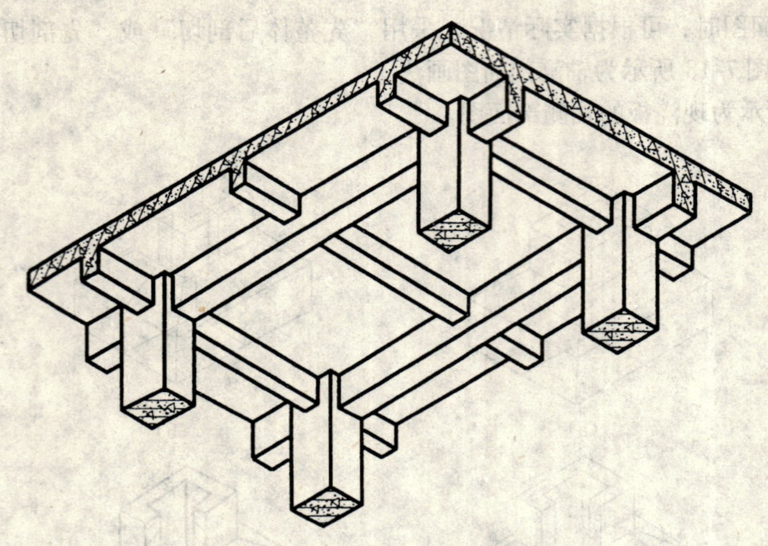

图 7-19　现浇板的轴测剖面图

7.3　断面图

7.3.1　断面图的形成

假设用一个剖切平面将形体切开来，仅画出形体截断面的投影，这种图形称为断面图，如图 7-20 所示。

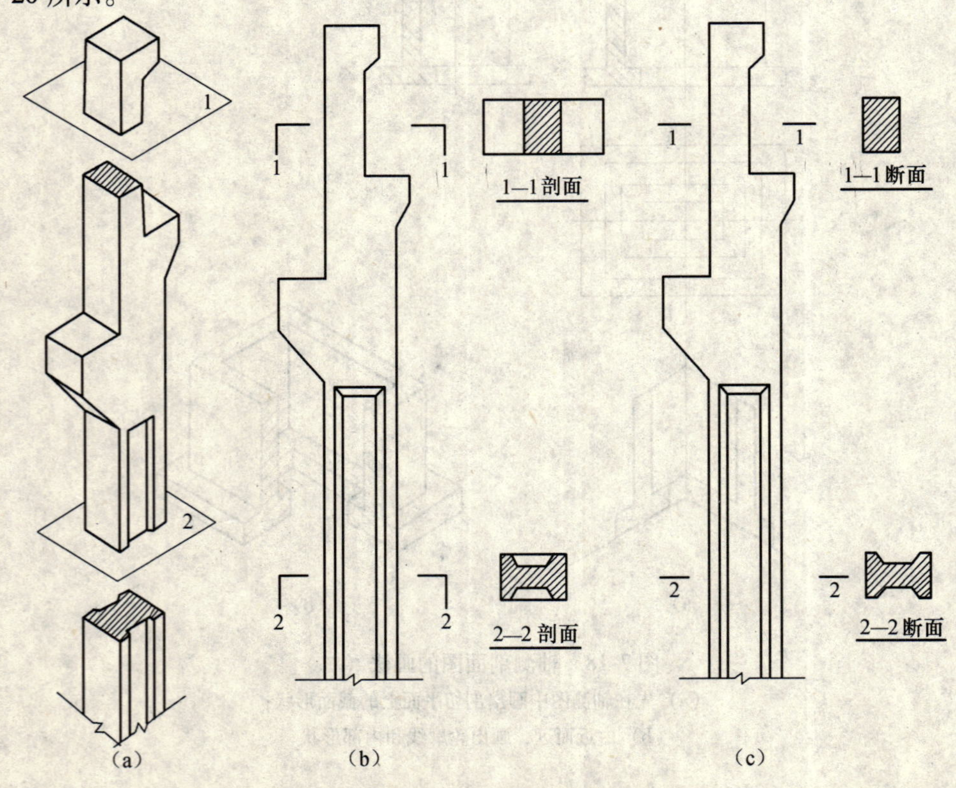

图 7-20　断面图的形成

7.3.2 断面图与剖面图的区别

断面图与剖面图的区别主要有两点：

1. 表达的内容不同

断面图只画出形体被剖切后剖切平面与形体接触的那部分，即截断面的图形，而剖面图是画出被剖切后剩余部分的图形，它是形体的投影图。

2. 标注不同

断面图的剖切符号只画出剖切位置线，为长度 6 ~ 10mm 的粗实线，不画剖视方向线，编号写在投影方向一侧。

图 7-21 所示为断面图与剖面图的区别。

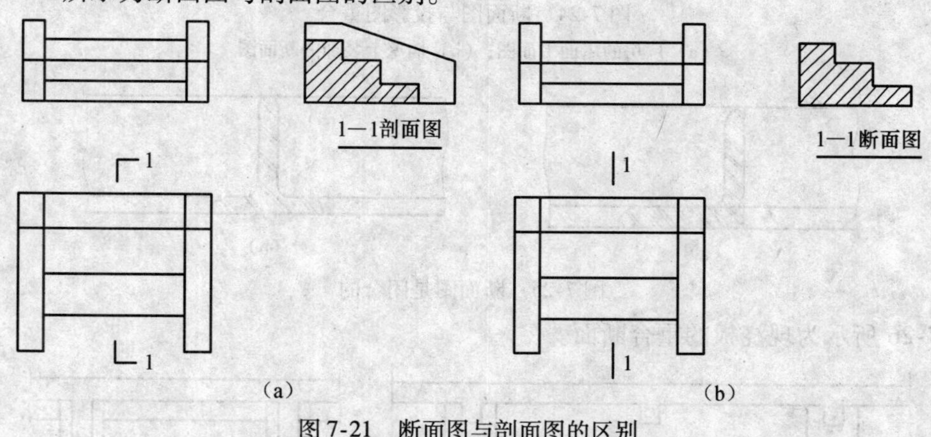

图 7-21 断面图与剖面图的区别

（a）剖面图的画法；（b）断面图的画法

7.3.3 断面图的种类

1. 移出断面

将形体的某一部分剖切后形成的断面移出画于视图一侧的断面图称为移出断面图，如图 7-22、图 7-23 所示。

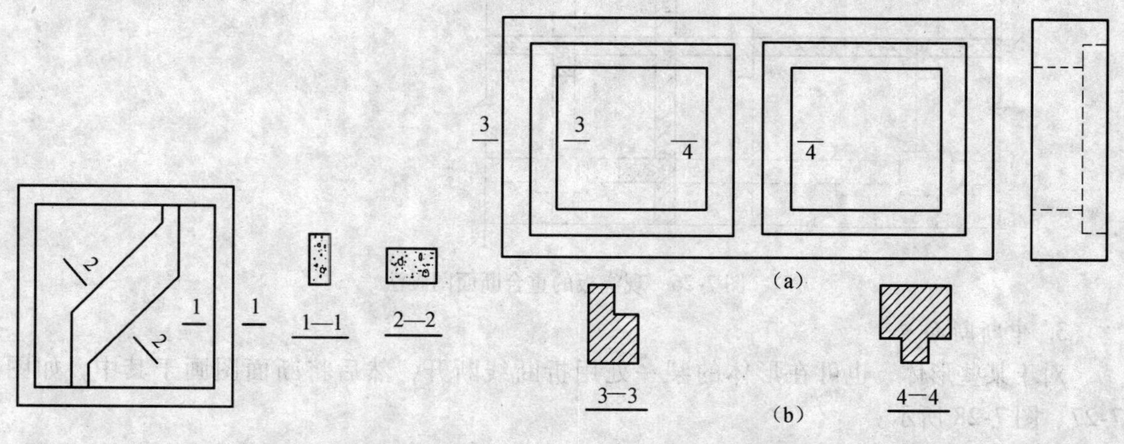

图 7-22 移出断面图的画法

图 7-23 移出断面的画法

（a）正投影图；（b）断面图

移出断面图的位置应靠近相应的视图，并可以适当地放大比例以利于尺寸标注和表达清楚。

2. 重合断面

将断面旋转 90°并直接画于视图中的断面图称为重合断面图。

重合断面图的比例应与原视图一致。断面轮廓线可能是不闭合的，此时应在断面轮廓线的内侧加画图例符号，如图 7-24 所示；也可能是闭合的，如图 7-25 所示。

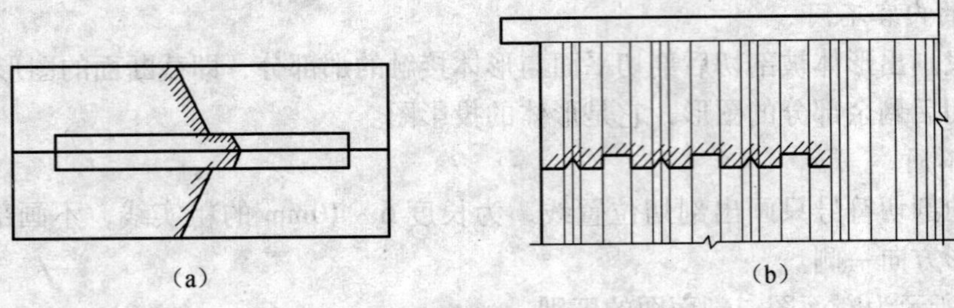

（a）　　　　　　　　　　　　　　（b）

图 7-24　断面图与投影图重合

（a）厂房的屋面平面图；（b）墙壁上装饰的断面图

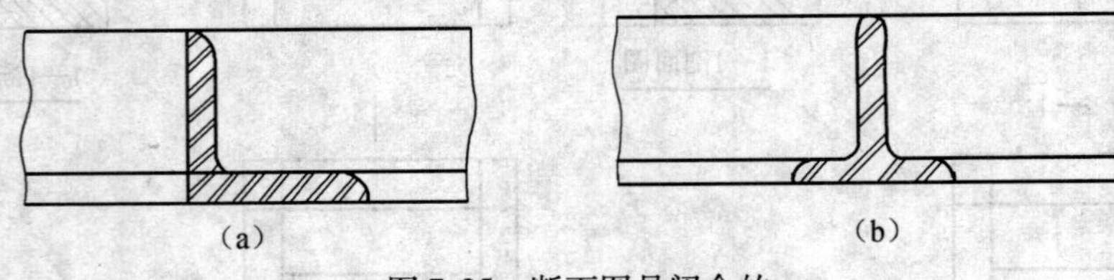

（a）　　　　　　　　　　　　　　（b）

图 7-25　断面图是闭合的

图 7-26 所示为现浇板的重合断面。

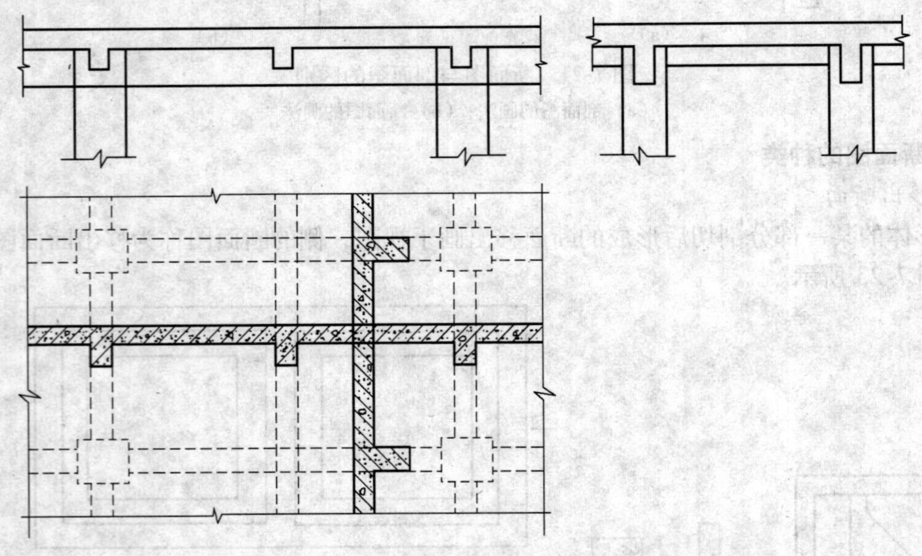

图 7-26　现浇板的重合断面图画法

3. 中断断面

对于某些形体，也可在形体的某一处用折断线断开，然后将断面图画于其中，如图 7-27、图 7-28 所示。

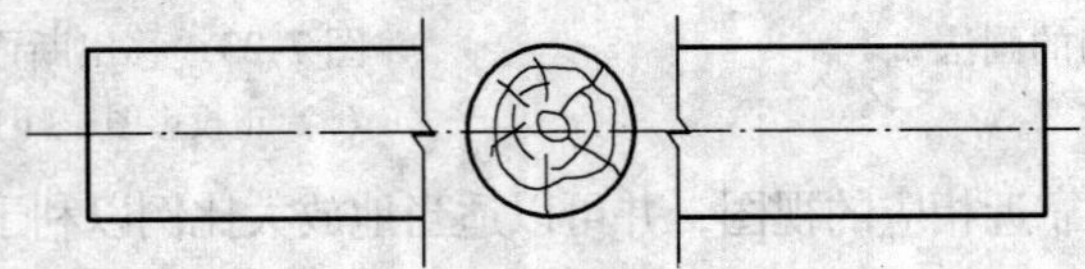

图 7-27　中断断面图的画法

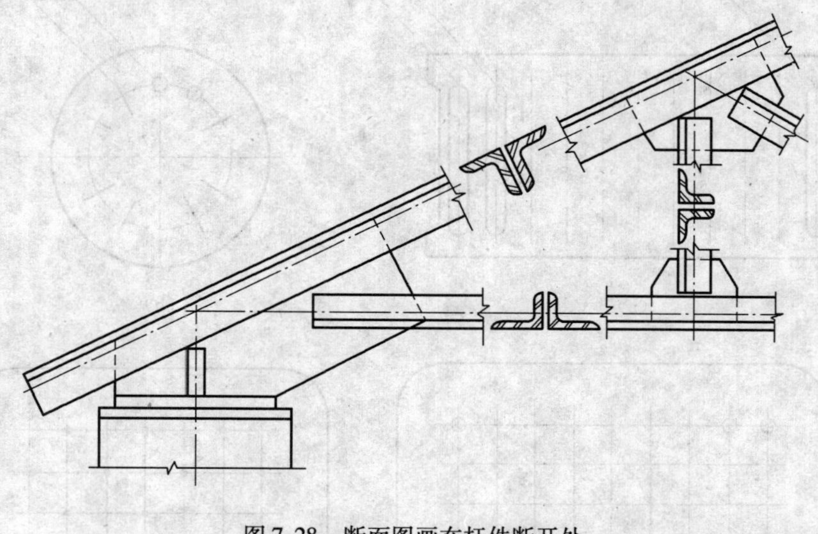

图 7-28　断面图画在杆件断开处

7.4　简化画法

1. 对称图形的简化画法

对称形体的投影图，应在对称中心线的两端画上对称符号，余下的一半图形可省略不画，但尺寸要按全尺寸标注。尺寸线的一端画起始符号，另一端超出对称线，尺寸数字的位置要与对称符号对齐。

如图 7-29（a）、（b）所示为对称形体只画一半或四分之一；图 7-29（c）所示为对称形体画出一半多一点。

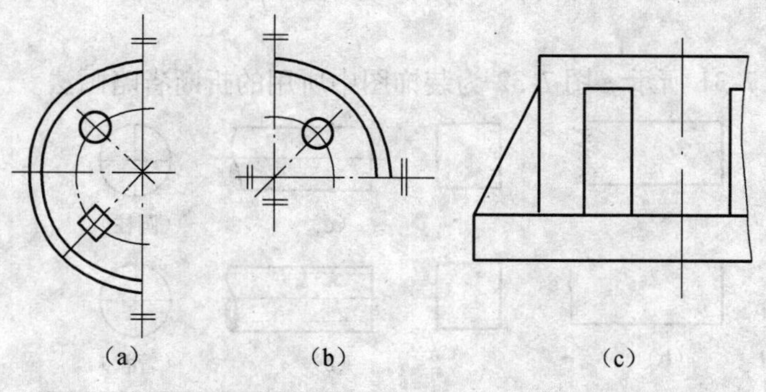

图 7-29　对称图形的画法

2. 相同要素简化画法

当形体上有多个形状相同且连续排列的结构要素时，可只在两端或适当位置画少数几个要素的完整形状，其余的用中心线或中心交叉点来表示。

图 7-30 所示为相同要素简化画法。

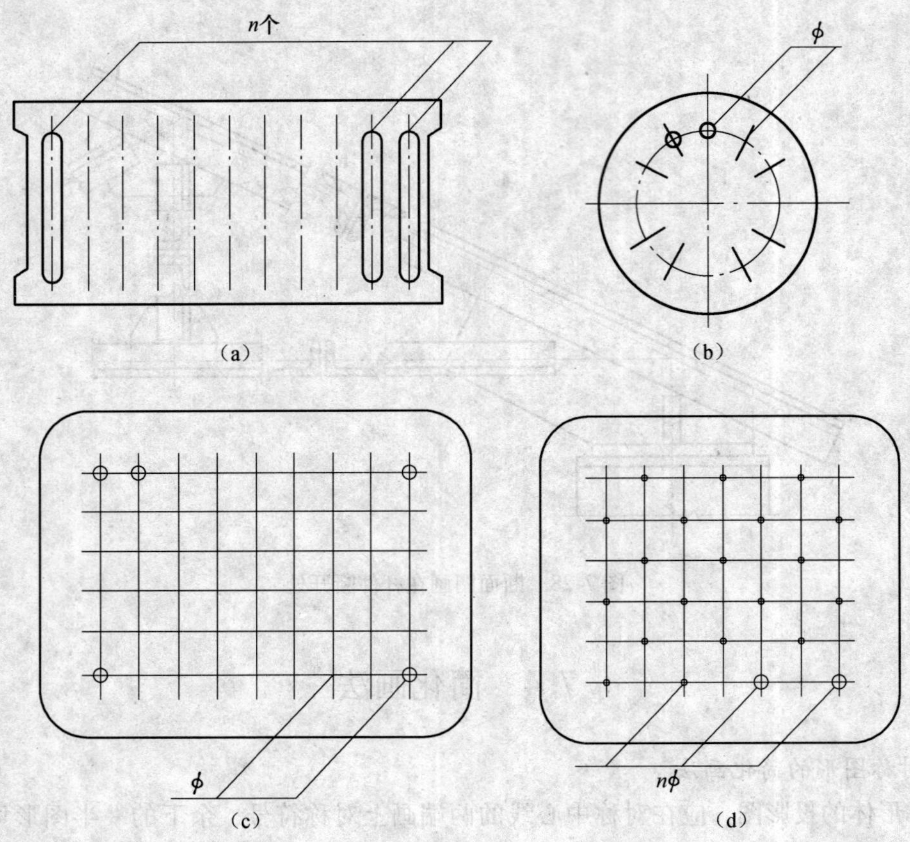

图 7-30　相同要素的简化画法

3. 折断画法

当形体较长且沿长度方向的形状相同或按一定规律变化时，可采用折断的方法，将折断的部分省略不画。断开处以折断线表示，折断线超出轮廓线 2～3mm，但尺寸要按原长度标注。

折断画法如图 7-31 所示。图 7-32 为装饰图中所用的折断省略画法。

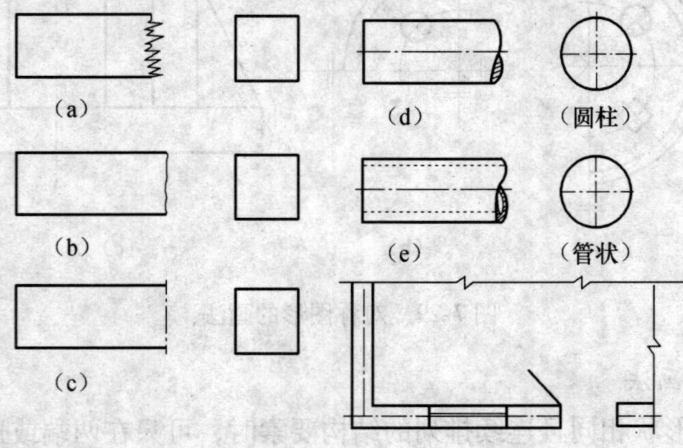

图 7-31　折断画法

(a) 木材；(b) 金属；

(c) 金属；(d) 金属；(e) 金属

(a)

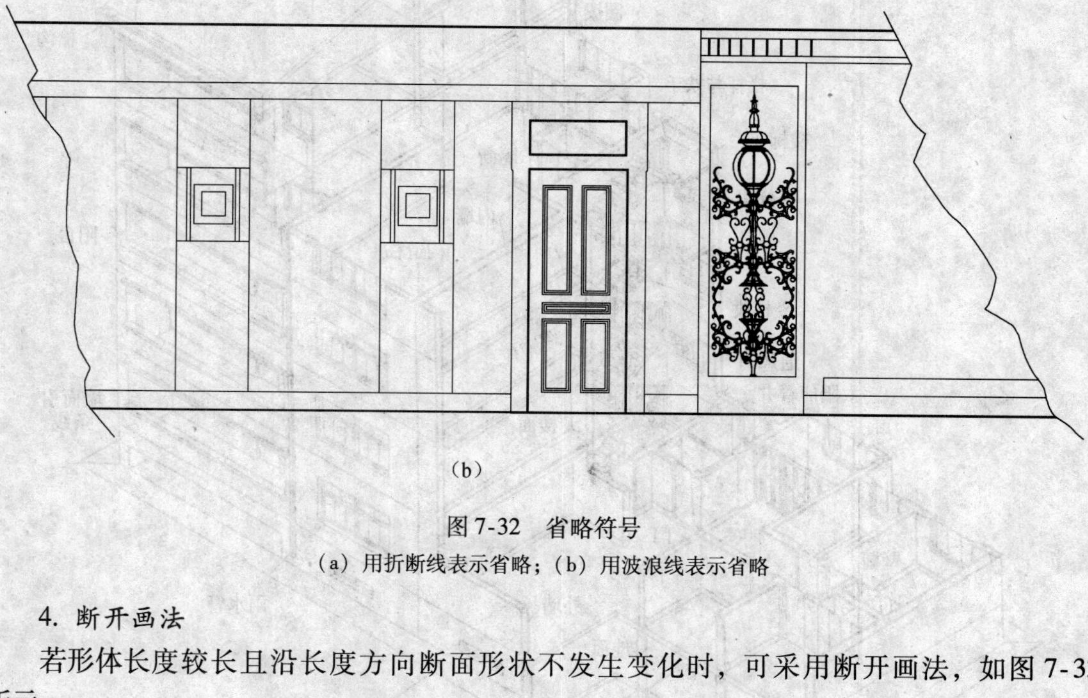

(b)

图 7-32　省略符号

(a) 用折断线表示省略；(b) 用波浪线表示省略

4. 断开画法

若形体长度较长且沿长度方向断面形状不发生变化时，可采用断开画法，如图 7-33 所示。

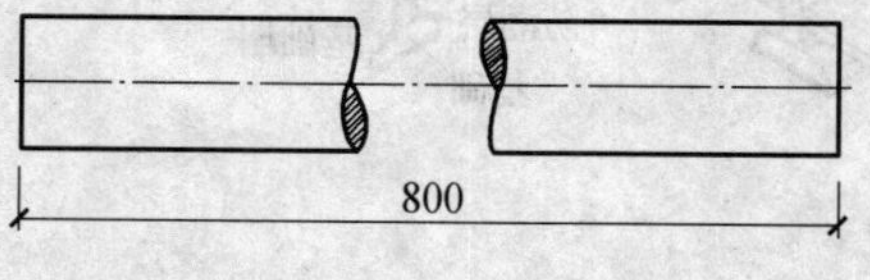

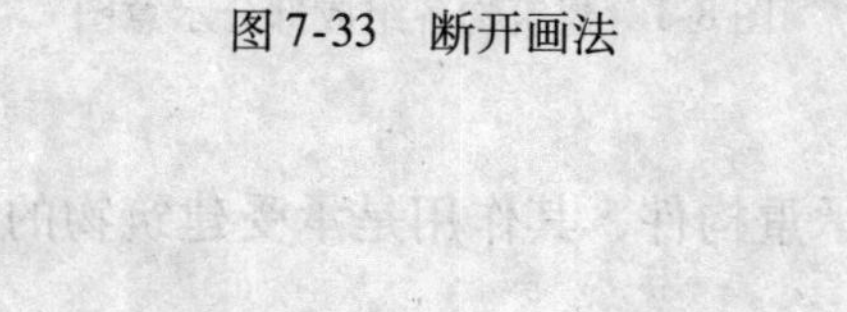

图 7-33　断开画法

第8章　房屋建筑图

8.1　房屋的组成和作用

一幢建筑物的主要组成有以下几大部分，如图8-1所示：

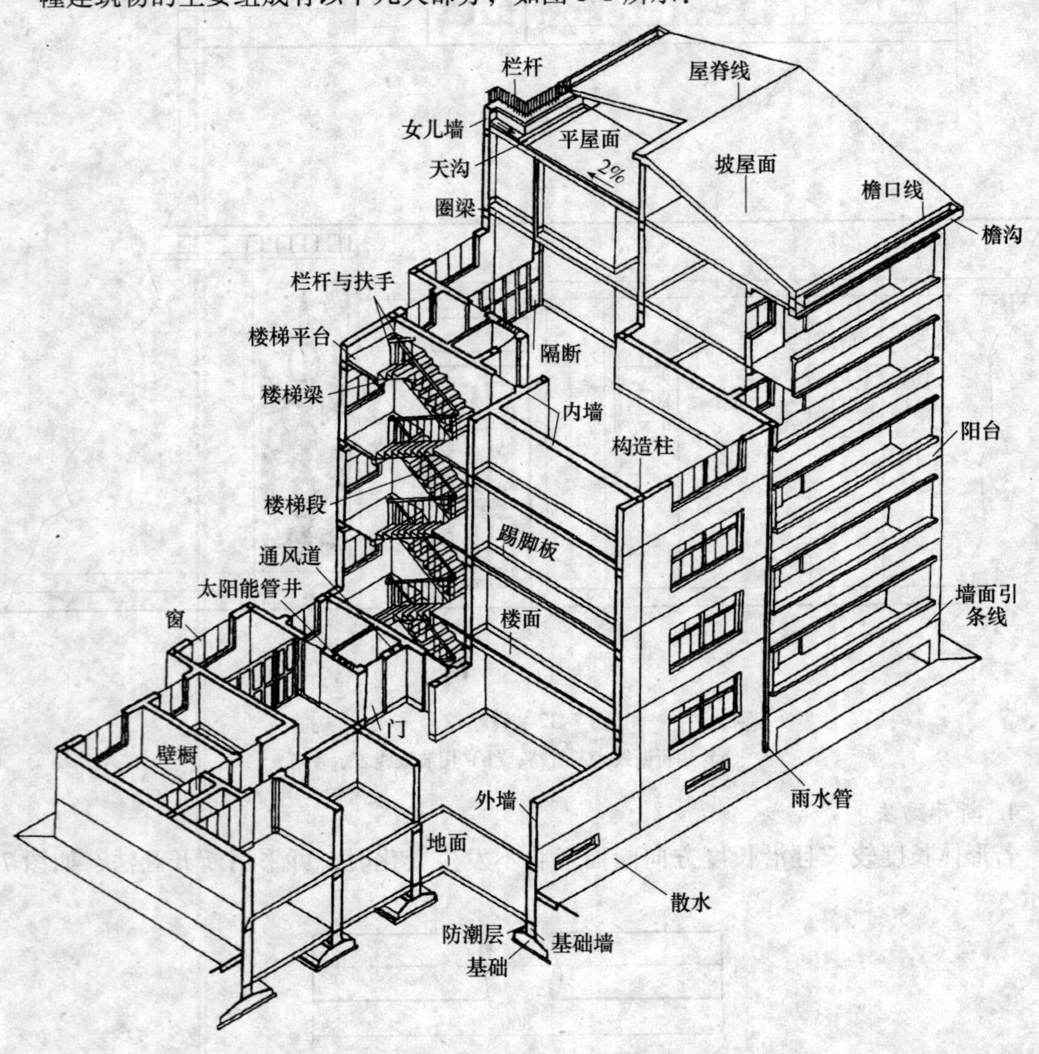

图8-1　建筑物各组成部分示意图

1. 基础

基础是建筑物最下部的承重构件，其作用是承受建筑物的全部荷载并把这些荷载传给地基。

2. 墙

墙是建筑物的承重构件和围护构件，其作用是承重并抵御自然界各种因素对室内的侵袭，内墙起着分隔内部空间的作用。

3. 梁、柱

梁是将支承在其上的结构所承受的荷载传递给墙或柱的承重构件，柱则是将上部结构所承受的荷载传递给地基的承重构件。

4. 楼层和地面

楼层是建筑物水平方向的承重构件，并在竖向将整幢建筑物按层高划分为若干部分，其作用是承受家具、设备和人体等荷载及本身的自重，并把这些荷载传给墙或柱。

5. 楼梯

楼梯是建筑物内的垂直交通设施。

6. 门、窗

门、窗又称配件，均属非承重构件。门的作用是供人内外出入和分隔房间，也兼有通风和采光的作用，窗主要是用作采光、通风。

7. 屋顶

屋顶是建筑物顶部的承重和围护构件。它将其上的荷载及其自身的重量一起传给墙或柱。

8.2 房屋建筑图的分类

一套完整的房屋建筑图应有以下几个组成部分：

1. 首页图

首页图一般包括设计总说明和图纸目录两部分。

2. 建筑施工图（简称建施）

建筑施工图一般包括总平面图、平面图、立面图、剖面图及构造详图。

3. 结构施工图（简称结施）

结构施工图一般包括结构平面布置图和各部分构件的结构详图。

4. 设备施工图（简称设施）

设备施工图一般包括给水排水、采暖、通风、建筑电气等的平面布置图、系统图和详图。

5. 装饰施工图

装饰施工图包括装饰平面图、装饰立面图、装饰详图和家具图。

8.3 房屋建筑图的有关规定

房屋建筑图绘制时应严格遵守国家标准中的有关规定。

1. 定位轴线及编号

定位轴线是设计和施工中定位、放线的重要依据。凡是承重墙、柱子等主要承重构件，都应画出定位轴线并对轴线编号从而确定其位置。对于非承重的分隔墙、次要构件等，有时用附加轴线表示其位置。

（1）定位轴线的画法

定位轴线用细单点长划线绘制，轴线末端画直径 8mm 的细实线圆，详图上可增为 10mm，圆心应在定位轴线的延长线上，圆内注写轴线编号。如图 8-2 所示。

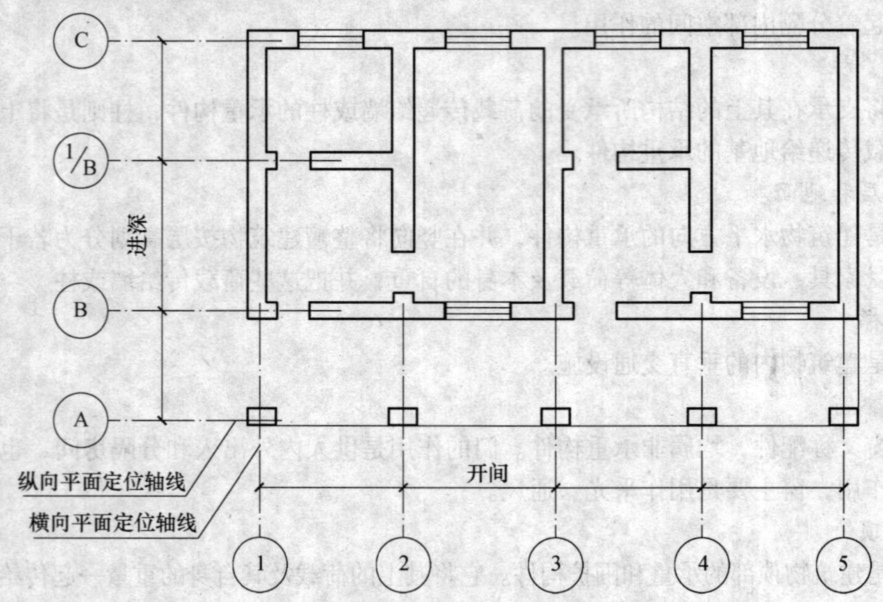

图 8-2　定位轴线及编号方法

（2）定位轴线的编号

平面图上的定位轴线编号，应标注在图的下方与左侧。横向编号用阿拉伯数字，按从左至右的顺序编写；纵向编号用大写拉丁字母按从下至上的顺序编写，但其中字母 I，Z，O 不得用作轴线编号，以免与阿拉伯数字 1，2，0 混淆。

两根轴线之间需加附加轴线时，应以分数表示，分母表示前一轴线的编号，分子以阿拉伯数字表示附加轴线的编号。如图 8-3 所示。

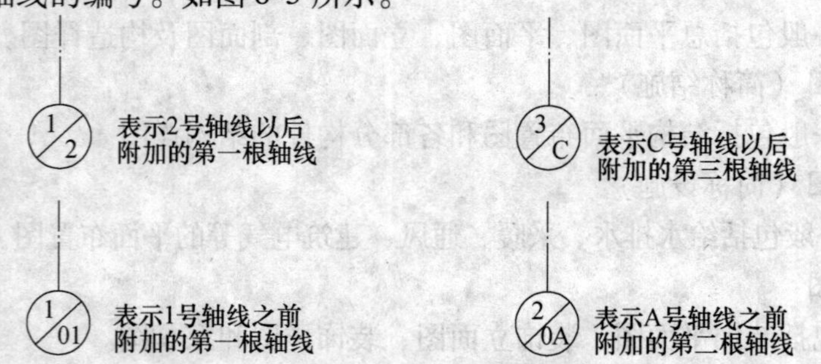

图 8-3　附加轴线的编号

详图上的轴线编号，若某详图同时适用多根定位轴线时，应将各有关轴线的编号注明，如图 8-4 所示。

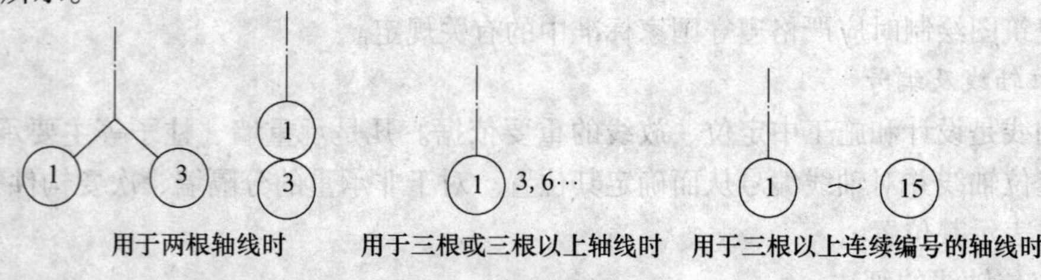

图 8-4　详图的轴线编号

2. 索引符号和详图符号

施工图中的某一局部或构件无法表达清楚时，通常将这些局部或构件用较大的比例放大画出，称为详图。为便于查找，应用索引符号和详图符号来反映基本图与详图之间的对应关系。

索引符号由直径为10mm的圆和其水平直径组成，圆及其直径均用细实线绘制。

索引出的详图如与被索引的图样同在一张图纸内，应在索引符号的上半圆中用阿拉伯数字注明该详图的编号，并在下半圆中间画一段水平细实线。

索引出的详图与被索引的图样不在同一张图纸上时，应在索引符号的下半圆中用阿拉伯数字注明该详图所在图纸符号。

索引出的详图若采用标准图，应在索引符号水平直径的延长线上加注该标准图册的编号。

索引符号与详图符号详见表8-1。

表8-1 索引符号与详图符号

名 称	符 号	说 明
详图的索引符号	5/— 详图的编号；详图在本张图纸上 5/— 局部剖面详图的编号；剖面详图在本张图纸上	细实线单圆圈直径应为10mm 详图在本张图纸上 剖开后从上往下投影
	5/4 详图的编号；详图所在的图纸编号 5/4 局部剖面详图的编号；剖面详图所在的图纸编号	详图不在本张图纸上 剖开后从下往上投影
	J103 5/4 标准图册编号；标准详图编号；详图所在的图纸编号	标准详图
详图的符号	5 详图的编号	粗实线单圆圈直径应为14mm 被索引的在本张图纸上
	5/2 详图的编号；被索引的图纸编号	被索引的不在本张图纸上

3. 标高

标高是标注房屋高度的另一种尺寸标注形式，由标高符号和标高数值组成。

标高符号是用细实线绘制的直角等腰三角形，如图 8-5 所示。标高符号的直角尖端指至被标注的高度，方向可向上，也可向下。

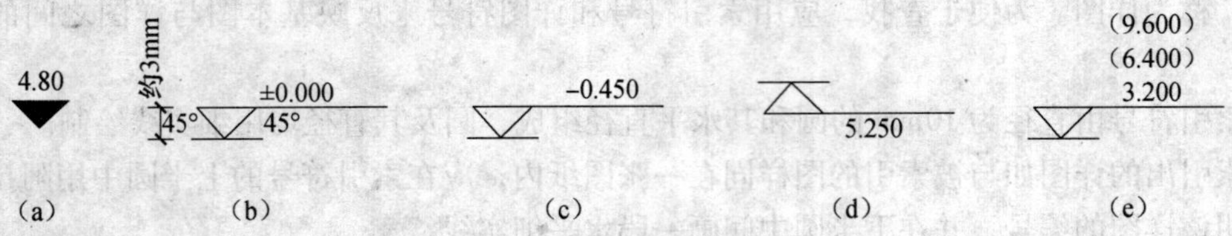

图 8-5　符号及标高数字的注写

(a) 总平面图标高；(b) 零点标高；(c) 负数标高；

(d) 正数标高；(e) 一个标高符号标注多个标高数字

标高数值以米为单位，一般标注到小数点以后三位数，在总平面图中可注写到小数点以后第二位。在数字后面不注写单位。

零点标高应注写成 ±0.000，低于零点的负数标高前应加注“－”号，高于零点的正数标高前不加注“＋”。

在同一个位置表示几个不同的标高时，标高数字可按图 8-5（e）的形式注写。

标高分为绝对标高和相对标高两种。我国的绝对标高是以青岛附近的黄海平均海平面为零点，其他各地以此为基准。相对标高是以房屋底层室内地面高度为零点，其他各层以此为基准。标高按其所注的部位又分为建筑标高和结构标高。建筑标高是指标注在建筑物装饰面层处的标高，结构标高是指标注在建筑物结构部位的标高，如图 8-6 所示。

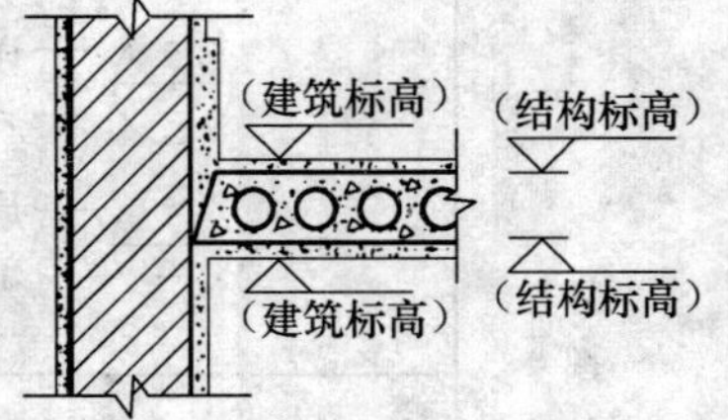

图 8-6　建筑标高和结构标高

4. 引出线

若图样中某些位置图形比例较小，无法标注时，常用引出线注出文字说明或详图索引符号。

引出线用细实线绘制，并用与水平方向成 30°，45°，60°，90°的直线或经过上述角度再折为水平的折线。文字说明注写在水平线的上方或端部。索引详图的引出线应对准索引符号的圆心。如图 8-7 所示。

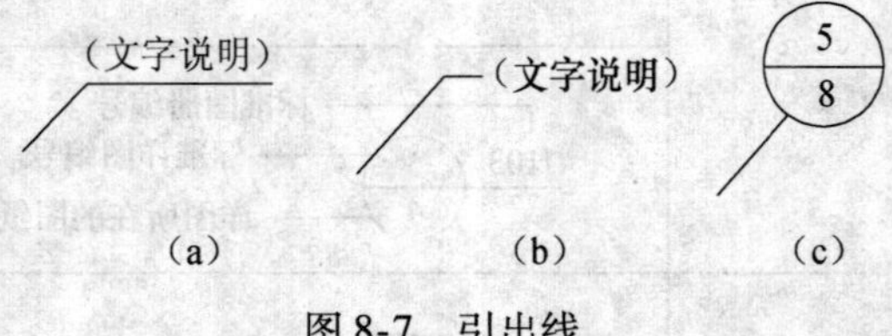

图 8-7　引出线

同时引出几个相同部分的引出线应互相平行，也可画成集中于一点的放射线，如图 8-8 所示。图 8-9 所示为墙面或地面等部位的多层构造引出线。

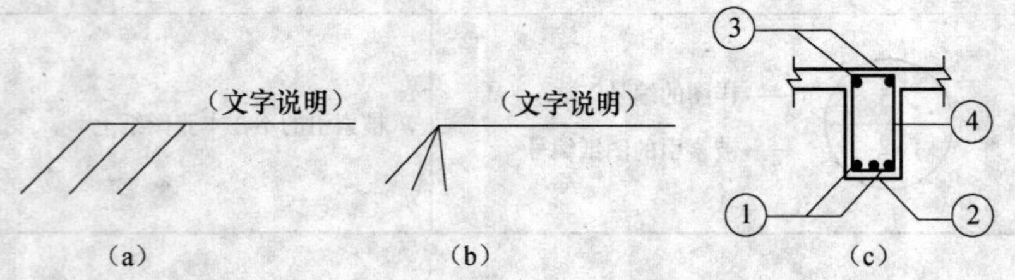

图 8-8　共用引出线

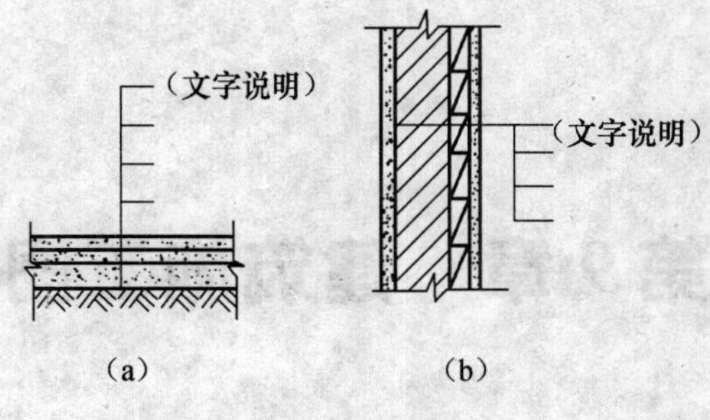

图 8-9　多层构造引出线

5. 图形折断符号

有时为了将不需要表达或可以节缩的部分省去，可采用折断符号，见图 7-31。

6. 指北针

指北针用其所长来指明建筑物的朝向，圆的直径为 24mm，用细实线绘制，指针的尾部宽为 3mm，头部应标注“北”或“*N*”字。若用较大直径绘制指北针时，指针尾部宽应为直径的 1/8。

7. 其他

图 8-10 所示为装饰图中常用的立面图的投影方向表示符号。它是在一直径为 10mm 的中实线圆中用大写字母表示投影名称，涂黑的箭头表示投影方向。箭头由两条成直角的圆的切线所围成。当多个方向均需画出立面图时，该符号也可以合在一起。

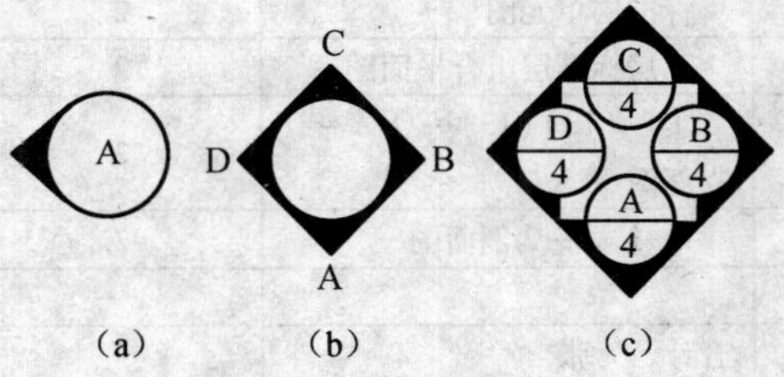

图 8-10　装饰立面图的投影方向表示符号

第9章 建筑施工图

9.1 首页图和总平面图

9.1.1 首页图

首页图包括全套图纸的目录（表9-1）、编号、技术经济指标、构配件统计表（表9-2）、门窗表（表9-3）及设计说明等。常用构配件图例列于表9-4中。

表9-1 图纸目录

建设单位：××房地产　　工程名称：某住宅楼

项　　目：建筑施工图　　工程号：2004-23-25

序号	图号	图名	图纸规格	折合图纸1#量	备注
1	某住宅楼	建筑施工图图纸目录	4	0.125	
2	建施—1	首页图及屋顶平面图	2	0.5	
3	建施——1	下房单元平面图	2	0.5	
4	通施——1	标准层单元图	2	0.5	
5	建施——2	下房标准层组合平面图	2	0.5	
6	建施——3	①～(13)(13)～①A～D立面图	2	0.5	
7	通施——11	1—1，2—2剖面图	2	0.5	
8					
		合计　张		3.125	
共　页　第　页		图纸张数　张	日期　2005.4		
审核		主持	编制		

表9-2 构配件表

	名称	标准图选用		名称	标准图选用
1	散水	98J9－69－6，b＝700	10	120隔墙	88J2(—)－3
2	楼梯扶手，栏杆	98J8－8刷浅驼色油漆	11	墙身防潮层	98J3(—)－19－3，4
3	室内，室外坡道	98J9－70－3设防冻涨层（加铺300厚中砂）	12	楼梯间栏杆　栏杆为铁栏杆	98J8－8
4	室外多步台阶	98J9－73－1设防冻涨层（加铺300厚中砂）	13	变压式通风道出屋面	98J5－25
5	室外一步台阶	98J9－72－4	14		
6	窗线脚	98J6－10－4.5.14.16	15		
7	女儿墙压顶及泛水	98J5－7－2，4	16		
8	雨水管	98J5－9－7，ϕ100PVC管	17		
9	屋面上人孔	98J5－22－1	18		

表 9-3 门窗表 98J4（一）. 98J4（二）

序号	编号	洞口尺寸	数量	质别	选用图集号	备注
1	M0919	900×1900	28	钢质	订做	下房门
2	M1521	1500×2100	2	钢质	订做	单元门 电子对讲门
3	MC1506	900×600	4	钢质	98J4(一)－26－1PC$_{1.2}$－22	水表间门
4	M0921	900×2100	24	钢质	订购	入户门 防盗保温门
5	M0921	900×2100	48	木质	98J4（二）－6－1M37	卧室门
6	M0721	750×2100	24	木质	98J4（二）－6－1M07	厕所门
7	C0906	900×600	10	塑钢	AS70－1PC－32	下房窗 外设 ϕ10 防护栏杆
8	C1206	1200×600	12	塑钢	AS70－1PC－42	下房窗 外设 ϕ10 防护栏杆
9	C1514	1500×1450	36	塑钢	KS85－1TC－50	
10	C0909	900×900	8	塑钢	KS70－1TC－33	
11	C1212	1200×1200	5	塑钢	AS85－1TC－44	

说明：不设窗帘盒塑钢窗采用85系列型材。窗台板采用200宽预制水磨石，板长比窗洞口尺寸长10，屋面老虎窗未编入门窗表，加工时参见立面图。

表 9-4 常用建筑构造及配件图例

序号	名称	图例	说明
1	墙体		应加注文字或填充图例表示墙体材料，在项目设计图样说明中列材料图例表给予说明
2	隔断		1. 包括板条抹灰、木制、石膏板、金属材料等隔断 2. 适用于到顶与不到顶隔断
3	栏杆		
4	楼梯	上；下 上；下	1. 上图为底层楼梯平面，中图为中间层楼梯平面，下图为顶层楼梯平面 2. 楼梯及栏杆扶手的形式和梯段踏步数应按实际情况绘制

设计说明

一、设计依据：

甲方确认的设计方案及甲方提供的委托书和国家现行建筑设计规范防火规范

1. 方案批准文号为
2. 防火规范 GB 50016—2006
3. 抗震规范 GB 50011—2001
4. 民用建筑设计通则 GB 50176—93
5. 住宅建筑设计规范 GB 50096—1999

二、工程概况

1. 项目等级为三级，使用年限为50年，建筑防雷类别：3级

2. 建筑耐燃性能：非燃及难燃体　建筑耐燃极限：2h

3. 耐火等级为二级，屋面防水等级为三级

4. 建筑平面$\underset{\bigtriangledown}{\pm 0.000}$标高相当于绝对标高，见总平面图

5. 本工程抗震设计按6度裂度设防

6. 本住宅楼为6+1层砖混结构，墙体材料为混凝土承重多孔砖；除特殊说明外，所有外墙370厚，轴外250，轴内120；所有内墙240厚，轴线居中

7. 外墙门窗全为白色塑钢窗，白色玻璃内门采用胶合板门

8. 建筑面积：下房339.1m^2，住宅2034.6m^2，共2373.7m^2

三、外装修做法：

外墙面刷涂料见98J1-29-外14

98J1-34-30A（贴仿蘑菇石），具体颜色见立面图。

住宅外窗、厨房窗全为白色塑钢窗；下房门采用单层铁门，入户门采用防盗、防寒、防火的铁门，室内留口不安装门

四、住宅楼内装修具体如下：

1. 内墙面刷白色涂料见　98J1-36-内3

2. 厨房、卫生间墙面见　98J1-45-内35瓷砖到顶

3. 厨房、卫生间楼面见　98J1-77-楼14（刚性防水，取消做法“4”）

4. 除特指外的楼面见　98J1-76-楼12

5. 卫生间顶棚见　98J1-91-棚23PVC板

6. 除特指外的顶棚　98J1-85-棚3（白色涂料）

7. 踢脚见　98J1-55-踢8（高120）

8. 内门刷乳白色油漆，做法见　98J1-94-5

9. 阳台护栏采用白钢做法参见　98J8-43-3，栏杆高度为1100

10. 下房：地面98J1-59-地4（B）踢脚　98J1-54-踢2

11. 构造柱见结构图

12. 各部位标高见剖面图及立面图

五、其他

1. 室内墙体阳角抹1∶2.5水泥砂浆做护角

2. 卫生间地面比同层楼面低20

3. 在-0.060内外墙处设置20厚1∶2.5防水砂浆做防潮层

4. 120墙装门做贴脸　98J7（一）-56-9

5. 木材与砌体接触处均涂油沥青做防腐剂

6. 370厚外墙暖气设120深暖气槽，暖气槽与窗同宽

7. 外墙外保温做法为ZL聚苯颗粒砂浆

保温厚度为370墙25厚，240墙30厚

下房顶棚保温做法：98J1-88-16（聚苯板保温层厚度70）

阳台底板保温做法：98J6-34-B（聚苯板保温层厚度90）

阳台栏板保温做法参：98J6-34-B（聚苯板保温厚度50）

灶台底板保温做法参：98J6-34-B（聚苯板保温层厚度50）

8. 本图所注尺寸除标高以米为单位外，其他均以毫米为单位

9. 未尽事宜，遵照国家规范和施工验收规范执行

9.1.2 总平面图

1. 总平面图的作用

总平面图是表明拟建房屋所在地一定范围内的总体布局，它反映了原有的和拟建的房屋的平面形状、位置、标高、室外场地、道路、绿化、地形、地貌等，是拟建房屋定位、施工放线、土方施工以及绘制施工总平面图的依据。

2. 总平面图的读图步骤和内容

（1）先看图名、图标、图例及有关的文字说明。表9-5 所列为常用总平面图图例。

表 9-5 常用总平面图例

名 称	图 例	说 明
新建的建筑物		(1)上图为不画出入口的图例，下图为画出入口的图例 (2) 需要时，可在图形内右上角以点数或数字（高层宜用数字）表示层数 (3)用粗实线表示
原有的建筑物		(1)应注明拟利用者 (2)用细实线表示
计划扩建的预留地或建筑物		用中实线表示
拆除的建筑物		用细实线表示
围墙及大门		(1) 上图为砖石、混凝土或金属材料的围墙，下图为镀锌铁丝网、篱笆等围墙 (2) 如仅表示围墙时不画大门
坐标	X105.00 Y425.00 A131.51 B278.25	上图表示测量坐标，下图表示施工坐标
填挖边坡		边坡较长时，可在一端或两端局部表示
护坡		

名 称	图 例	说 明
原有的道路		
计划扩建的道路		
人行道		
拆除的道路		
公路桥		用于旱桥时应注明
敞棚或敞廊		
铺砌场地		
针叶乔木		
阔叶乔木		
针叶灌木		
阔叶灌木		
修剪的树篱		
草地		
花坛		

续表

名　称	图　例	说　明
新建的道路	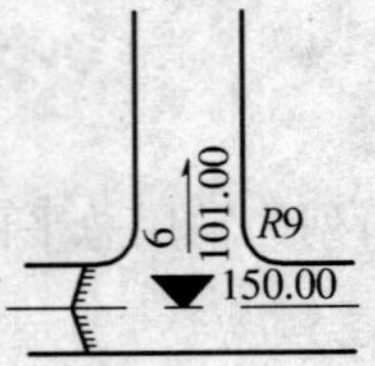	（1）R9表示道路转弯半径为9m，150为路面中心标高，6表示6%，为纵向坡度，101.00表示变坡点间距离 （2）图中斜线为道路断面示意，根据实际需要绘制
坡道	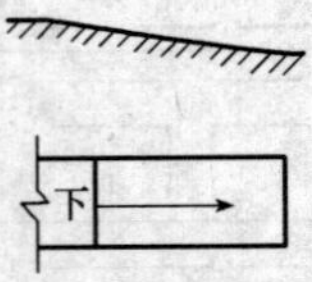 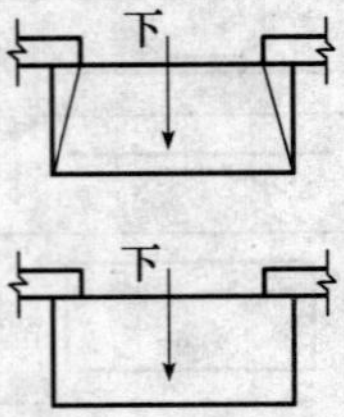	上图为长坡道，下图为门口坡道
烟道	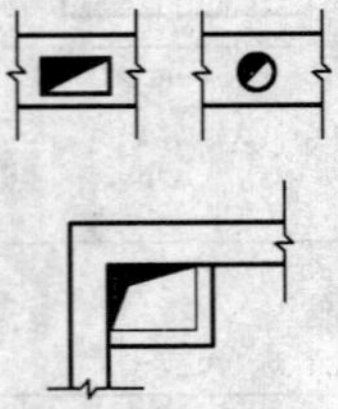	1. 阴影部分可以涂色代替 2. 烟道与墙体为同一材料，其相接处墙身线应断开
通风道	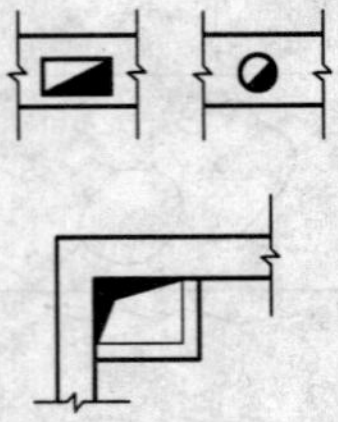	1. 阴影部分可以涂色代替 2. 烟道与墙体为同一材料，其相接处墙身线应断开
孔洞		阴影部分可以涂色代替

名　称	图　例	说　明
单扇内外开双层门（包括平开或单面弹簧）		1. 门的名称代号用M 2. 图例中剖面图左为外、右为内，平面图下为外、上为内 3. 立面图上开启方向线交角的一侧为安装合页的一侧，实线为外开，虚线为内开 4. 平面图上门线应90°或45°开启，开启弧线宜绘出 5. 立面图上的开启线在一般设计图中可不表示，在详图及室内设计图上应表示 6. 立面形式应按实际情况绘制
单扇门（包括平开或单面弹簧）	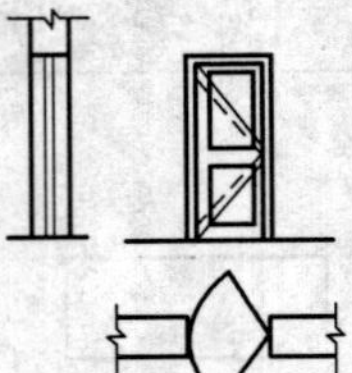	
双扇门（包括平开或单面弹簧）	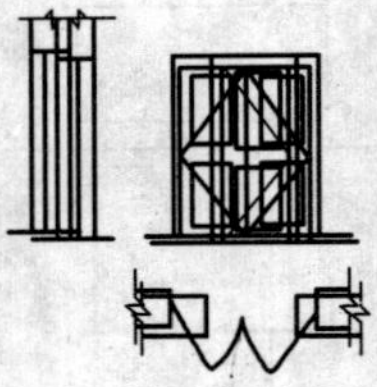	同单扇门
墙外双扇推拉门	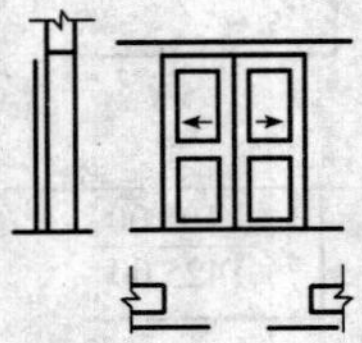	1. 门的名称代号用M 2. 图例中剖面图左为外、右为内，平面图下为外、上为内 3. 立面形式应按实际情况绘制
墙中单扇推拉门	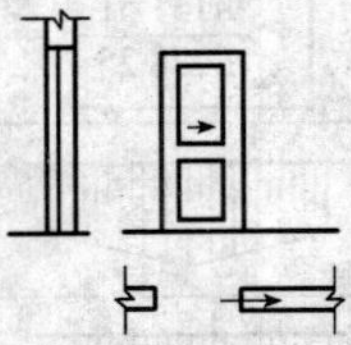	

续表

名称	图例	说明
单扇双面弹簧门	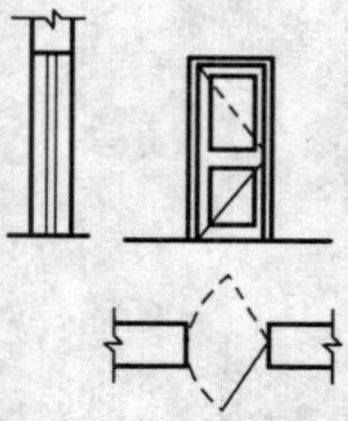	1. 门的名称代号用M 2. 图例中剖面图左为外、右为内，平面图下为外、上为内 3. 立面图上开启方向线交角的一侧为安装合页的一侧，实线为外开，虚线为内开 4. 平面图上门线应90°或45°开启，开启弧线宜绘出 5. 立面图上的开启线在一般设计图中可不表示，在详图及室内设计图上应表示 6. 立面形式应按实际情况绘制
双扇双面弹簧门	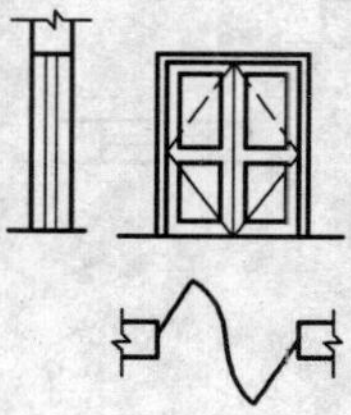	
自动门	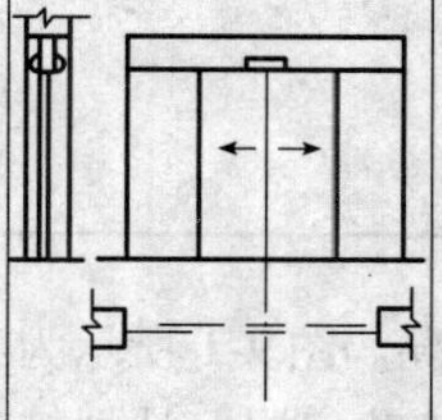	1. 门的名称代号用M 2. 图例中剖面图左为外、右为内，平面图下为外、上为内 3. 立面形式应按实际情况绘制
竖向卷帘门	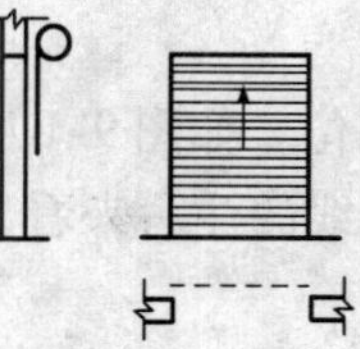	1. 门的名称代号用M 2. 图例中剖面图左为外、右为内，平面图下为外、上为内 3. 立面形式应按实际情况绘制
提升门	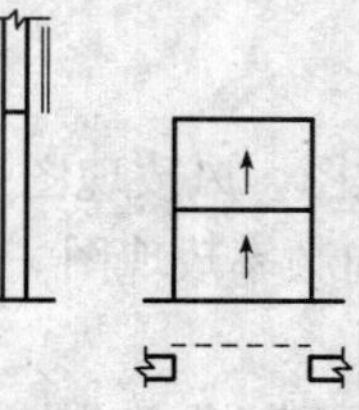	

名称	图例	说明
转门	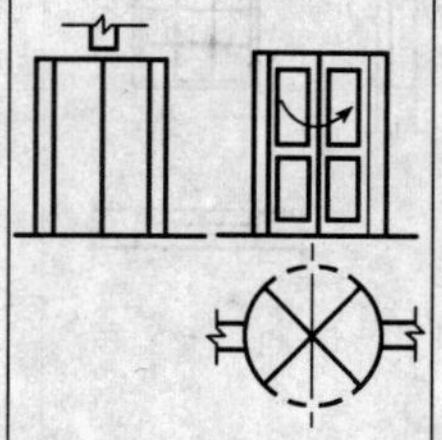	1. 门的名称代号用M 2. 图例中剖面图左为外、右为内，平面图下为外、上为内 3. 平面图上门线应90°或45°开启，开启弧线宜绘出 4. 立面图上的开启线在一般设计图中可不表示，在详图及室内设计图上应表示 5. 立面形式应按实际情况绘制
单层中悬窗	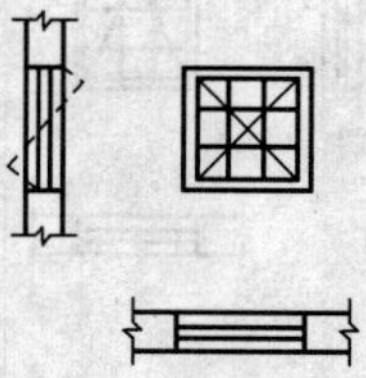	1. 窗的名称代号用C表示 2. 立面图中的斜线表示窗的开启方向，实线为外开，虚线为内开；开启方向线交角的一侧为安装合页的一侧，一般设计图中可不表示 3. 图例中，剖面图所示左为外、右为内，平面图所示下为外、上为内 4. 平面图和剖面图上的虚线仅说明开关方式，在设计图中不需表示 5. 窗的立面形式应按实际绘制 6. 小比例绘图时平、剖面的窗线可用单粗实线表示
单层内开下悬窗	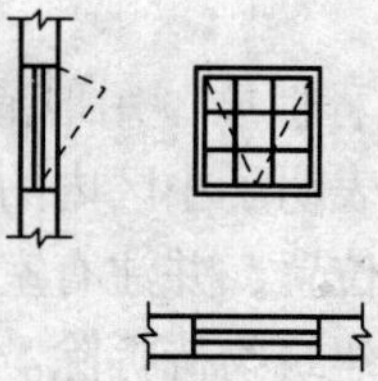	
单层外开平开窗	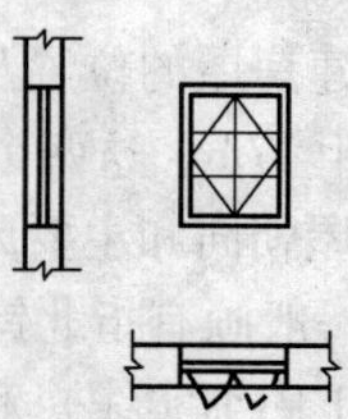	

续表

名　称	图　例	说　明	名　称	图　例	说　明
单层固定窗	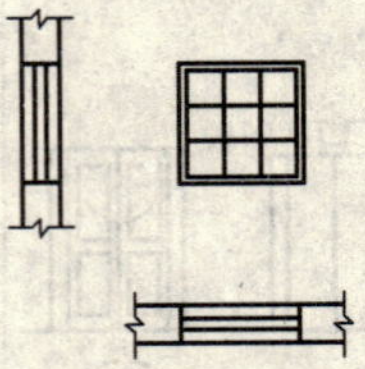	1. 窗的名称代号用C表示 2. 立面图中的斜线表示窗的开启方向，实线为外开，虚线为内开；开启方向线交角的一侧为安装合页的一侧，一般设计图中可不表示 3. 图例中，剖面图所示左为外、右为内，平面图所示下为外、上为内 4. 平面图和剖面图上的虚线仅说明开关方式，在设计图中不需表示 5. 窗的立面形式应按实际绘制 6. 小比例绘图时平、剖面的窗线可用单粗实线表示	百叶窗	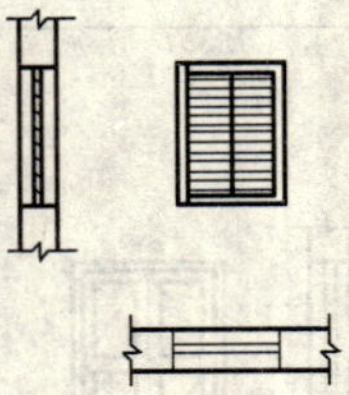	1. 窗的名称代号用C表示 2. 立面图中的斜线表示窗的开启方向，实线为外开，虚线为内开；开启方向线交角的一侧为安装合页的一侧，一般设计图中可不表示 3. 图例中，剖面图所示左为外、右为内，平面图所示下为外、上为内 4. 平面图和剖面图上的虚线仅说明开关方式，在设计图中不需表示 5. 窗的立面形式应按实际绘制
单层外开上悬窗	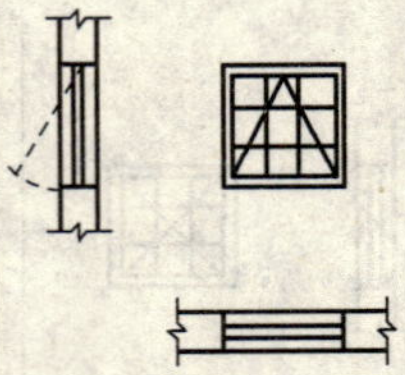				

（2）了解工程性质、用地范围、地形地貌和周围环境情况。图9-1所示为某住宅小区的总平面图，图中表明了小区内的自然状态和原有房屋、规划拟建房屋、计划扩建的预留地和拆除的建筑物的位置，并注有室内、室外地坪标高等。图中的新建建筑物为一幢居民住宅，其南面还有两座建筑物待拆除。

总平面图上所注的标高均为绝对标高，并注至小数点后两位。如图9-1中新建建筑物的标高为45.5m，图中的圆点表示新建房屋的层数。从图中等高线的注写来看，小区的地形是自西北向东南倾斜。

（3）了解新建房屋的位置及定位情况。如图9-1中新建建筑物距左侧建筑物9.5m，与后面的建筑物相距17m，这两个尺寸就确定了该房屋的位置。

（4）了解房屋朝向和主要风向

总平面图上一般画有指北针和风向频率玫瑰图，即风玫瑰图。风玫瑰图是总平面图所在地的全年（图9-1中细实线）和夏季（图9-1中细虚线）风向频率玫瑰图。

指北针表明了建筑物的朝向。图中建筑物均为正南或正西。

（5）从总平面图中还可以了解到道路交通情况、管线情况及绿化美化情况等。

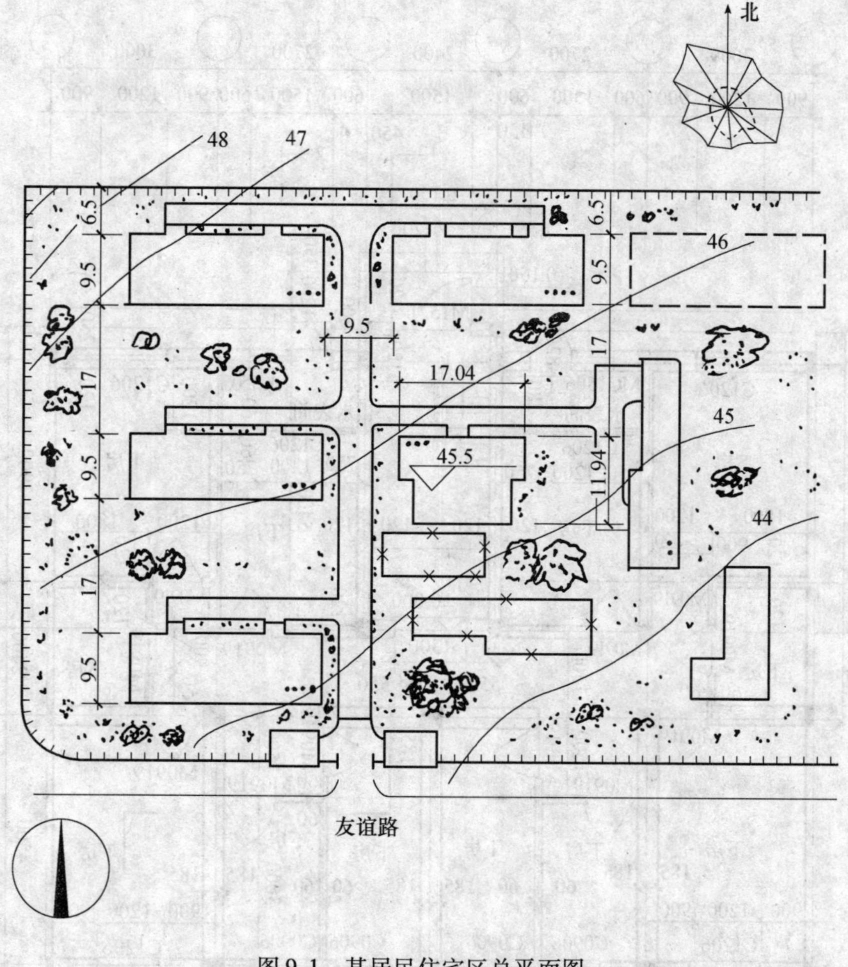

图 9-1　某居民住宅区总平面图

9.2　建筑平面图

9.2.1　建筑平面图的作用

假想用一个水平的剖切面沿房屋窗台以上的部位剖开，移去上部后向下投影所得的水平投影图称为建筑平面图。

建筑平面图主要反映房屋的平面形状、大小和房间布置，墙或柱的位置、厚度和材料，门窗的位置、大小、开启方向等，可作为施工放线，砌筑墙、柱，安装门窗和室内装修及编制预算的依据。一般应有底层平面图、标准层平面图和顶层平面图等三个平面图。

9.2.2　建筑平面图的读图步骤和内容

图 9-2、图 9-3 所示为某 6 +1 住宅楼的下房层平面单元图和组合图。图 9-4、图 9-5 所示为该住宅楼的标准层平面单元图和组合图。该楼的底层为下房，从二楼起供人们居住。

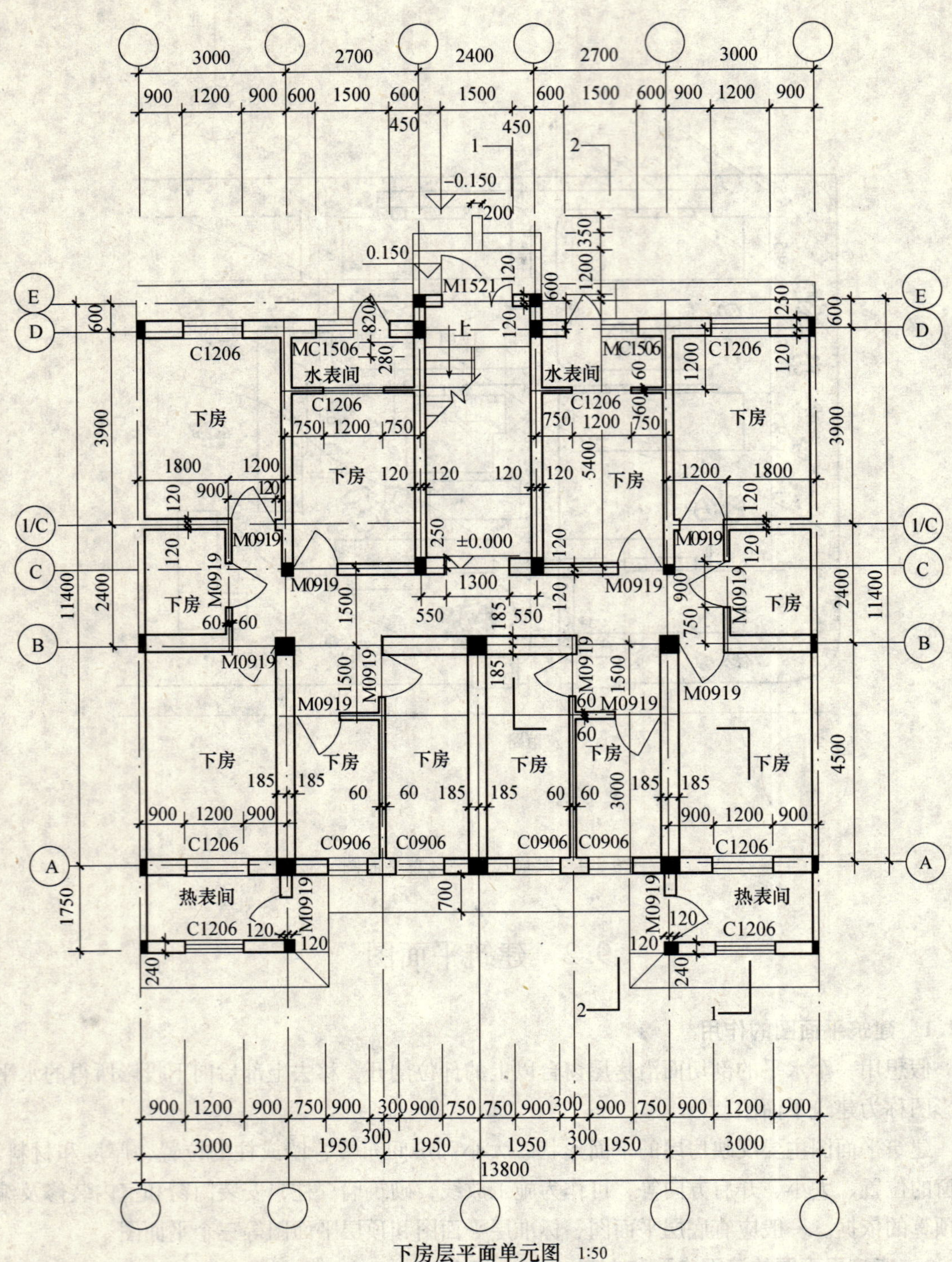

下房层平面单元图 1:50

图9-2 某6+1住宅楼

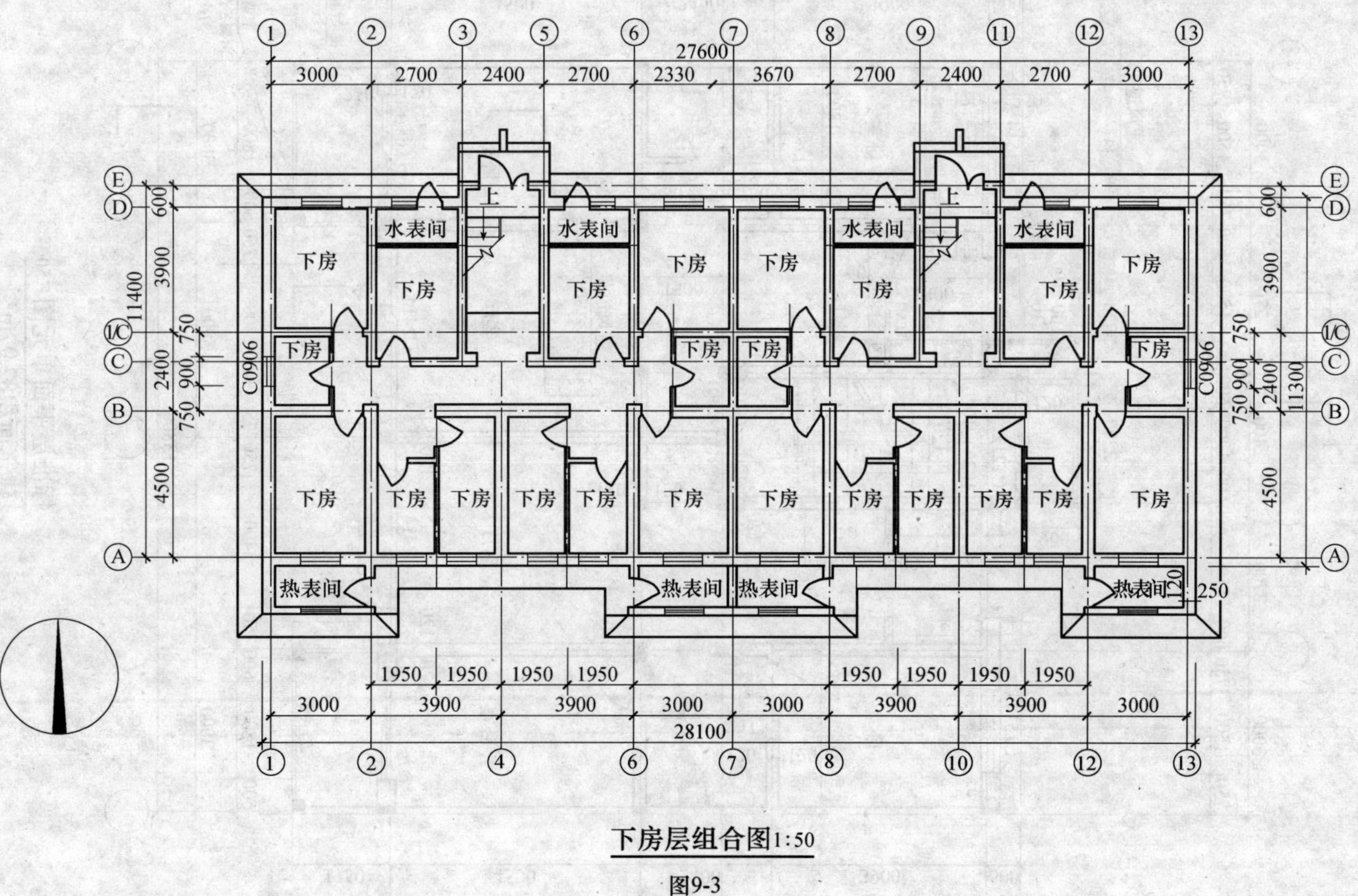

下房层组合图1:50

图9-3

通风道见
98J3（一）-23-PCAZ,Y6-b
雨篷饰面做法见
98Jb-17预埋PVC(ϕ50)
管,外露70,只设在二层
C1514
C1212
C1514
推拉门见（1500×2400）
98J4（一）-52-ITM1.2-58
TLM1523
300×8=2400
卧室
餐厅
下
上
餐厅
卧室
M0921
M072
M0921
M0921
M0921
M0721
M0921
通风道见
98J3（一）-23-PWAZ,Y6-b
15.700
13.000
10.300
7.600
4.900
2.200
卧室
客厅
客厅
卧室
C2414
C2414
TLM1823
推拉门见（1800×2400）
98J4（一）-52-ITM1.2-68
空调板标高同楼面
两侧各设1根ϕ50PVC管
为冷凝水导流管
3000
2700
2400
2700
3000
3000
3900
3900
3000
13800
11400
3900
2400
4500
1750
E
D
1/C
C
B
A
标准层平面单元图1:50
建筑面积82.97m²

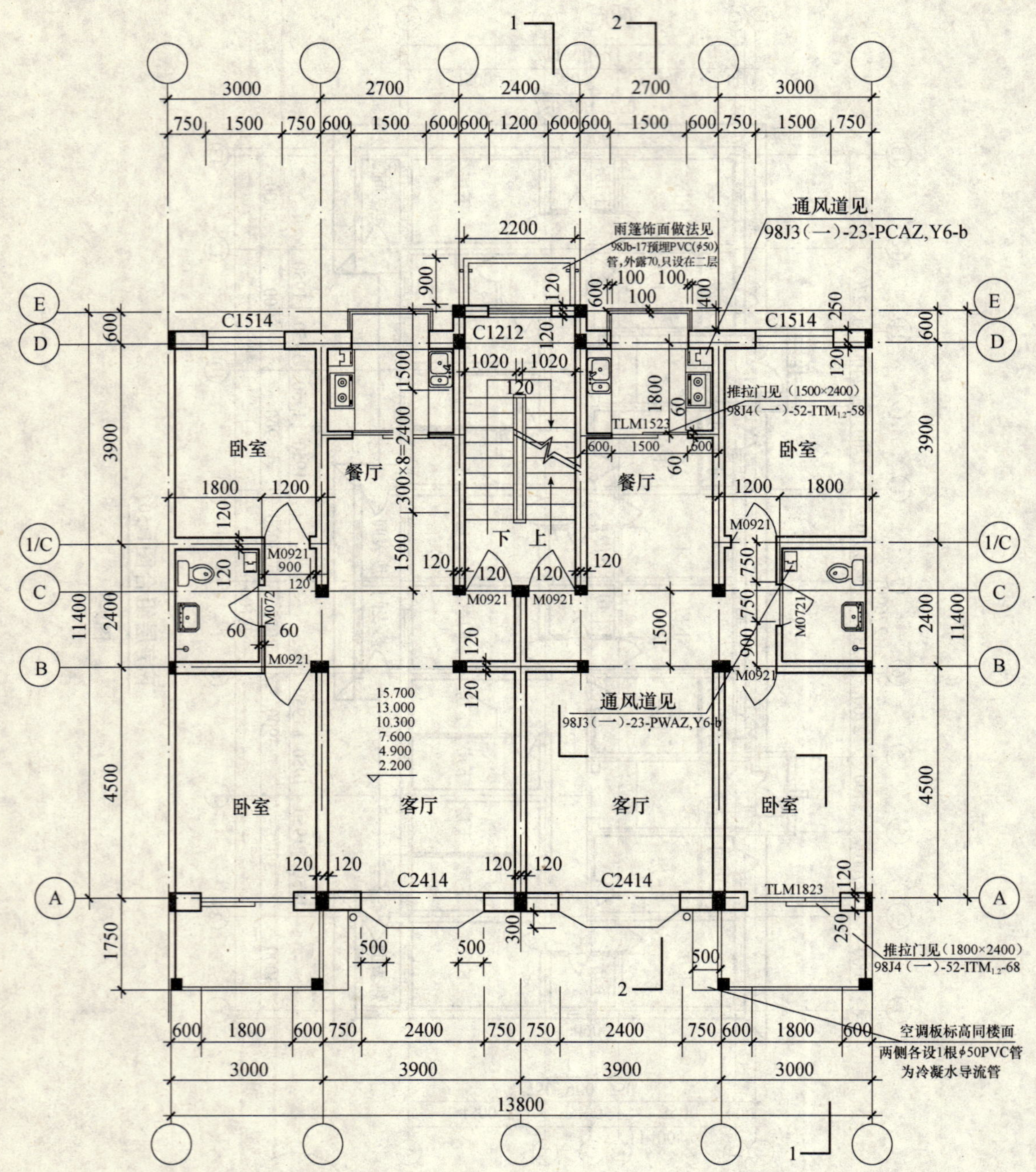

图9-4　某6+1住宅楼

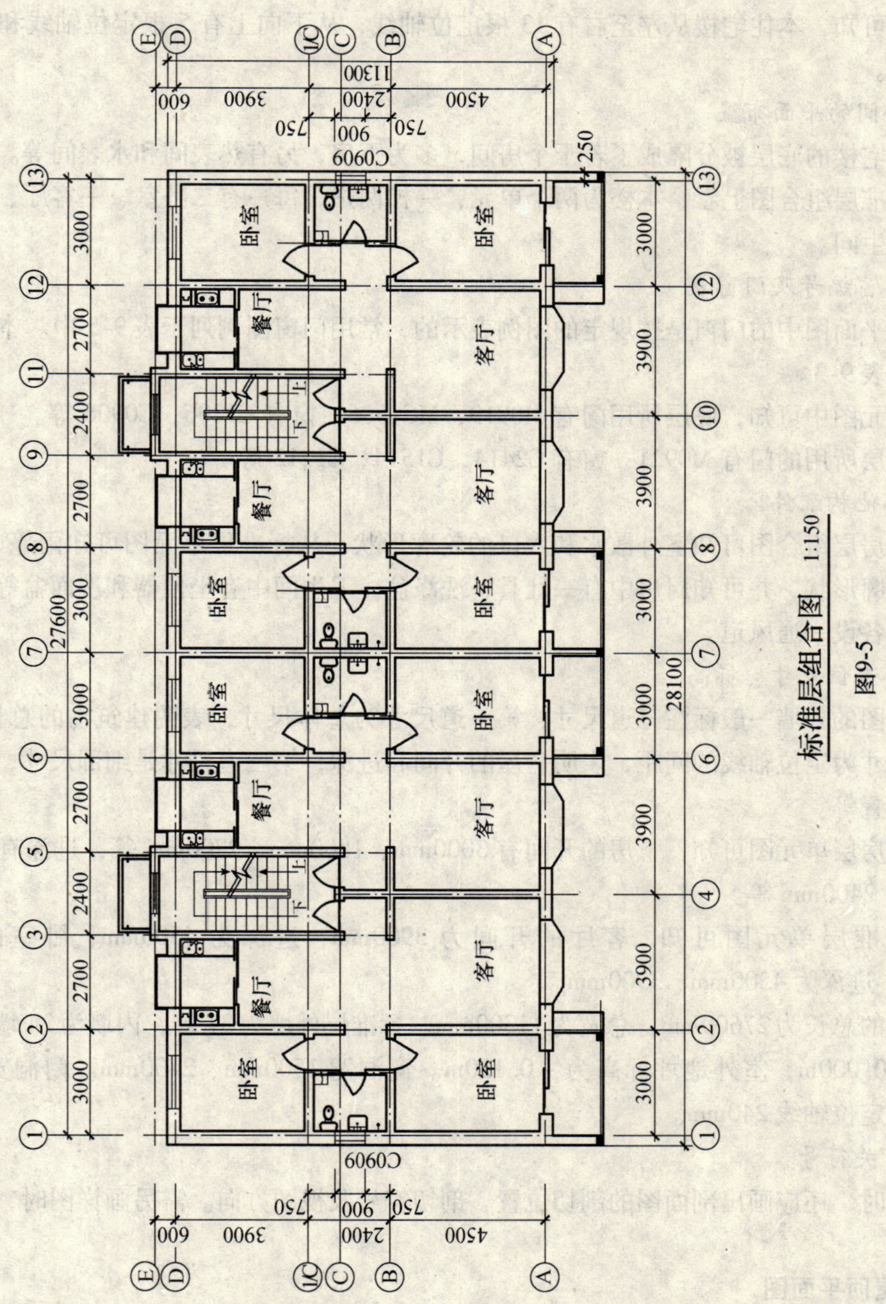

标准层组合图 1:150

图9-5

1. 图名、比例、朝向

单元图比例为1∶50，组合图比例采用1∶150；下房层组合图中的指北针表明了本住宅楼及各个房间的朝向。

2. 定位轴线及编号

由图可知，本住宅楼从左至右有13根定位轴线，从下向上有5根定位轴线和1根附加定位轴线。

3. 房间的平面布置

本住宅楼的底层被分隔成了若干个房间，多为下房，另有热表间和水表间等。

从标准层组合图上看，本楼为两个单元，一梯两户，每户有二卧室、一客厅、一餐厅及厨房、卫生间。

4. 门窗编号及门窗表

建筑平面图中的门窗是按规定的图例表示的，常用门窗图例列于表9-5中。本住宅楼的门窗表见表9-3。

从单元图中可知，底层所用门有M0919，MC1506；窗有C1206，C0906等。

标准层所用的门有M0921；窗有C2414，C1514，C1212等。

5. 其他构配件

由下房层组合图可知室外散水和入口的轮廓形状；从标准层单元图可知雨篷、通风道、阳台的轮廓形状，并可知厨房中有一灶具、洗涤盆，卫生间中有坐便器和洗面盆等，厨房和卫生间中各设一通风道。

6. 各部位尺寸、标高

平面图的外墙一般标注三道尺寸：第一道尺寸为总体尺寸，表明建筑物的总长和总宽；第二道尺寸为定位轴线的间距，表明房屋的开间和进深；第三道尺寸是细部尺寸，表明门窗洞宽和位置等。

从下房层单元图可知，下房的开间有3000mm、1800mm、2700mm等，进深有4500mm、3900mm、2400mm等。

从标准层单元图可知，客厅的开间为3900mm，进深为4500mm；卧室的开间为3000mm，进深为4500mm、3900mm。

本楼的总长为27600mm，总宽为11300mm。标准层外墙为37墙，内墙为24墙。室内地坪标高±0.000m，室外地坪标高为-0.150m。窗洞宽1500mm、2400mm。门洞宽900mm，距最近的定位轴线240mm。

7. 有关符号

需要时，还应画出剖面图的剖切位置、剖切符号及视图方向。需另画详图时，还应画出索引符号。

9.2.3 屋顶平面图

屋顶平面图表示了屋顶的形状和大小、屋面的排水方向和坡度、檐沟和水落管的位置以及水箱、上人孔等的位置、大小和形状。

图9-6所示为某6+1住宅楼屋顶平面图。

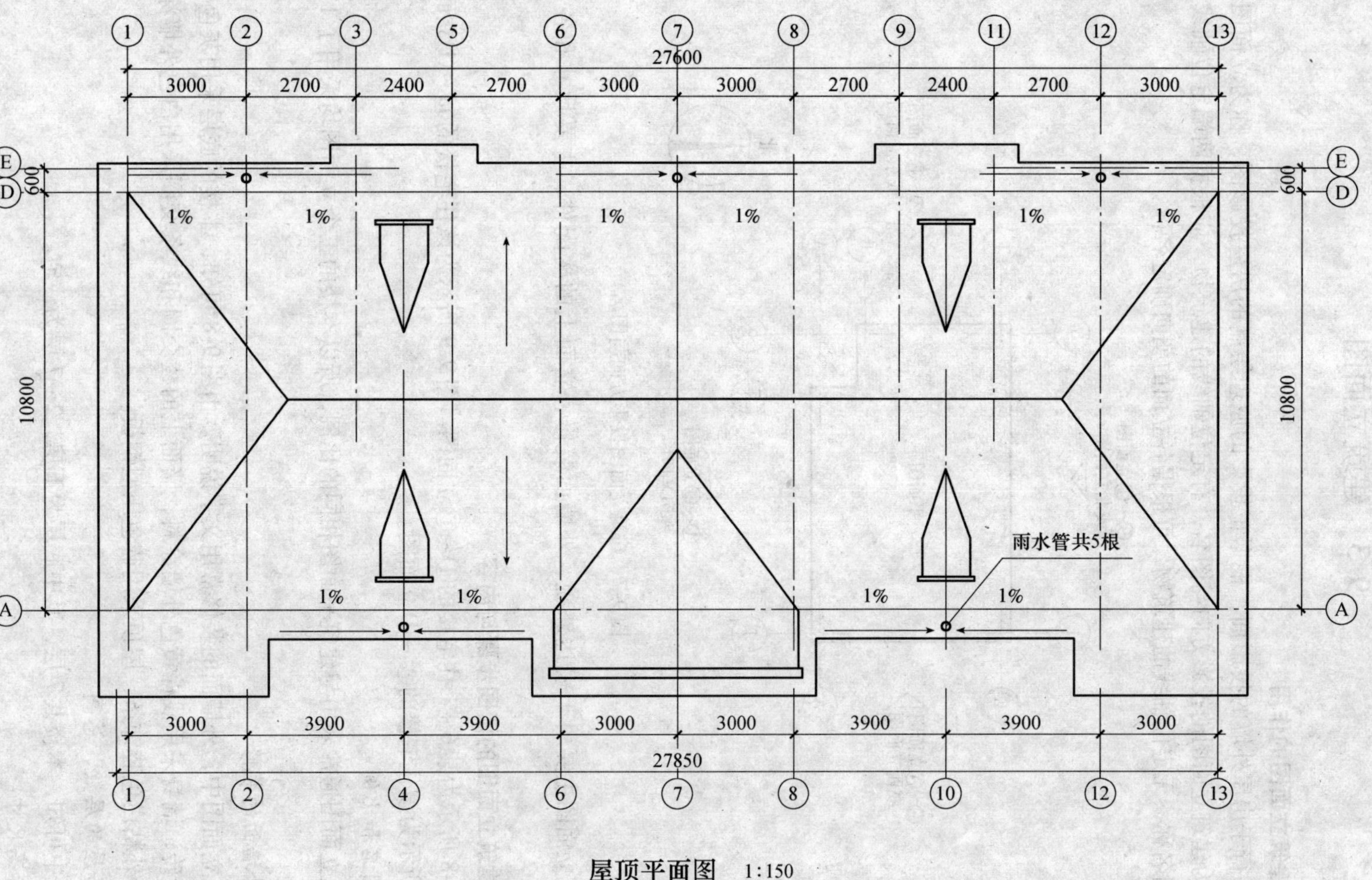

图9-6 某6+1住宅楼屋顶平面图

9.3 建筑立面图

9.3.1 建筑立面图的作用

用平行于房屋外墙的投影面，根据正投影的原理绘制的房屋投影图，称为立面图。图9-7所示为建筑立面图的投影方向与图名，有定位轴线的建筑物，应根据两端定位轴线号编注立面图名称，无定位轴线的建筑物，可根据各立面的朝向确定名称。

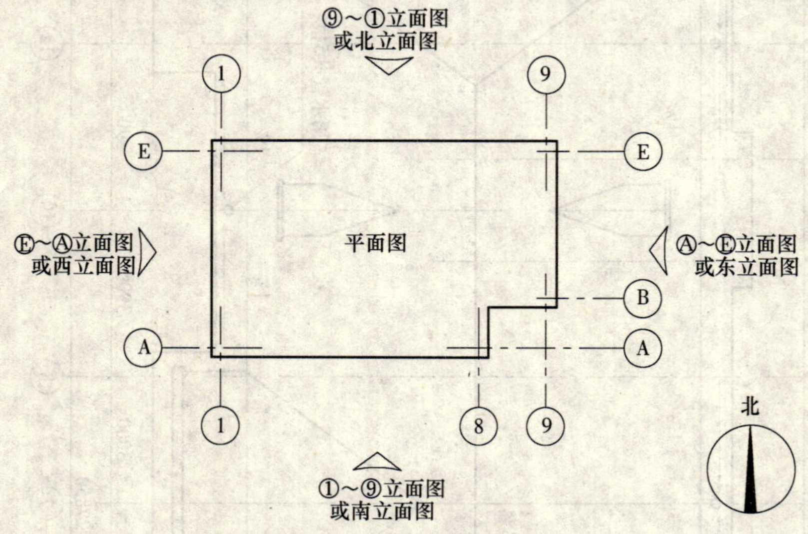

图9-7 建筑立面图投影方向与图名

建筑立面图主要用于表达外貌、外墙面装修、立面上的构配件、主要尺寸和各层标高等。

9.3.2 建筑立面图的读图步骤与内容

图9-8 所示为某6 +1 住宅楼的①～⑬立面图。图9-9 所示为该住宅楼的⑬～①立面图。图9-10 所示为该住宅楼的Ⓐ～Ⓓ立面图。

1. 图名和比例

建筑立面图通常采用与建筑平面图相同的比例，所以本楼的三个立面图均采用了1∶150的比例。

2. 外墙面的装修

建筑立面图中，外墙面的装修常用文字说明。由图9-8 可知，本楼的底层采用灰色仿蘑菇石外墙砖，墙身采用浅棕黄色外墙涂料，墙面上的棱交圈和线条交圈采用白色外墙涂料，阳台下沿外粘白色装饰条，屋顶采用蓝色压型钢板。

3. 房屋的层数、总高

从图中可知，本楼共7 层，其中底层为下房，2～7 层为住宅。

4. 标高尺寸

在建筑立面图上应标出外墙上各主要构配件的标高，如室外地面、台阶、门窗洞、墙面上的引条线、各层屋面等。一般注在图形外侧，要求符号大小一致，并排列在同一条竖线上。

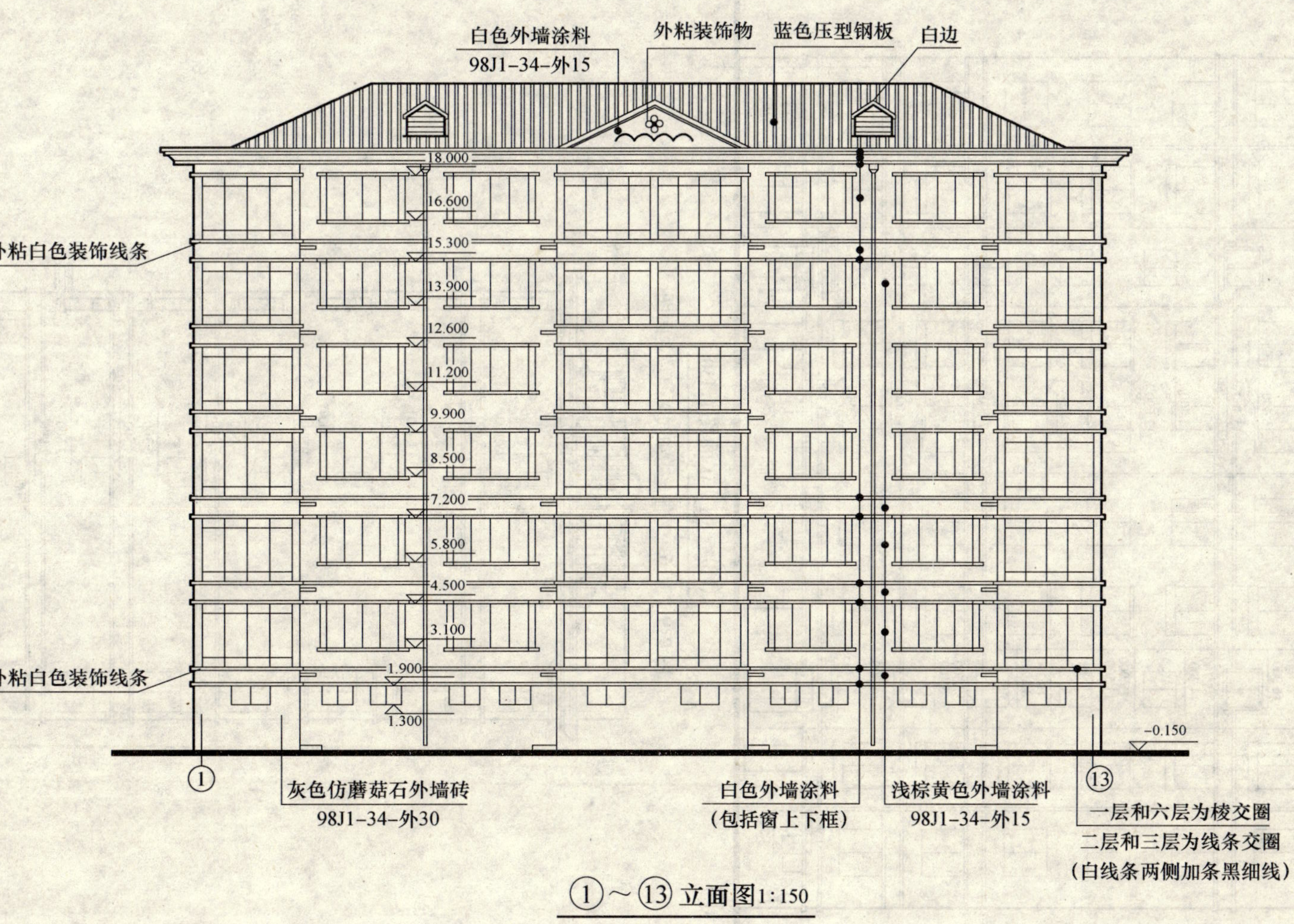

图9-8　某6+1住宅楼的①～⑬立面图

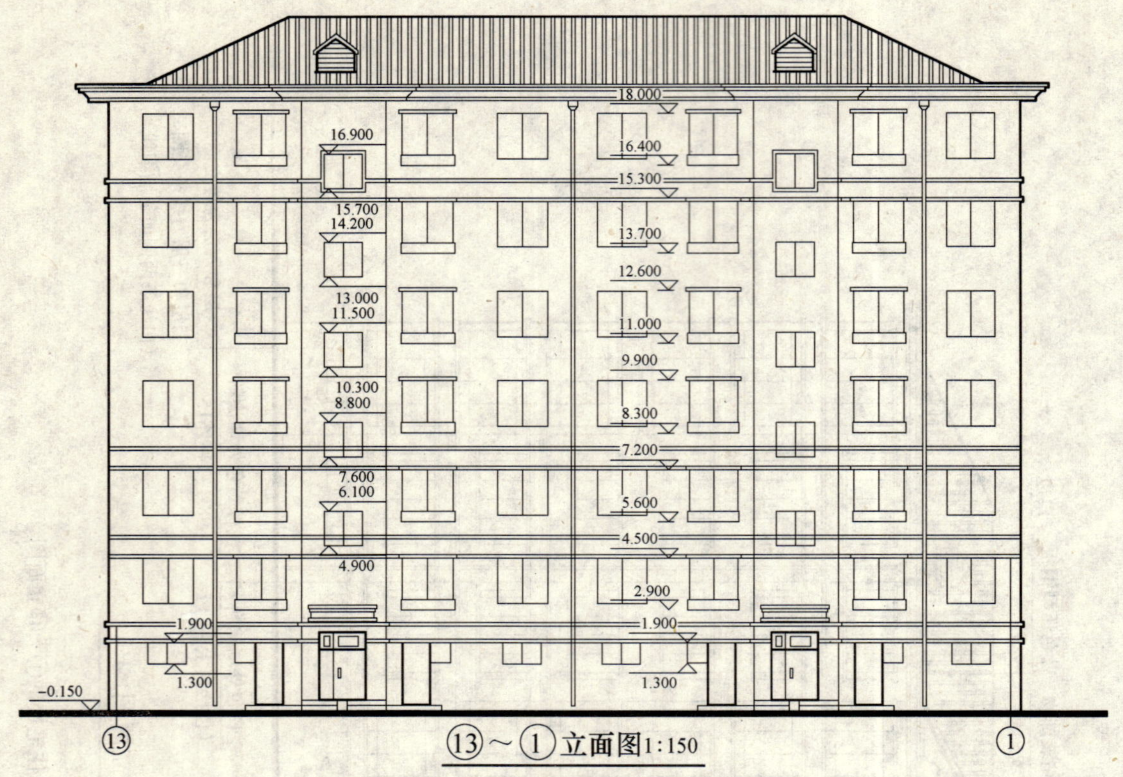

图9-9　某6+1住宅楼的⑬~①立面图

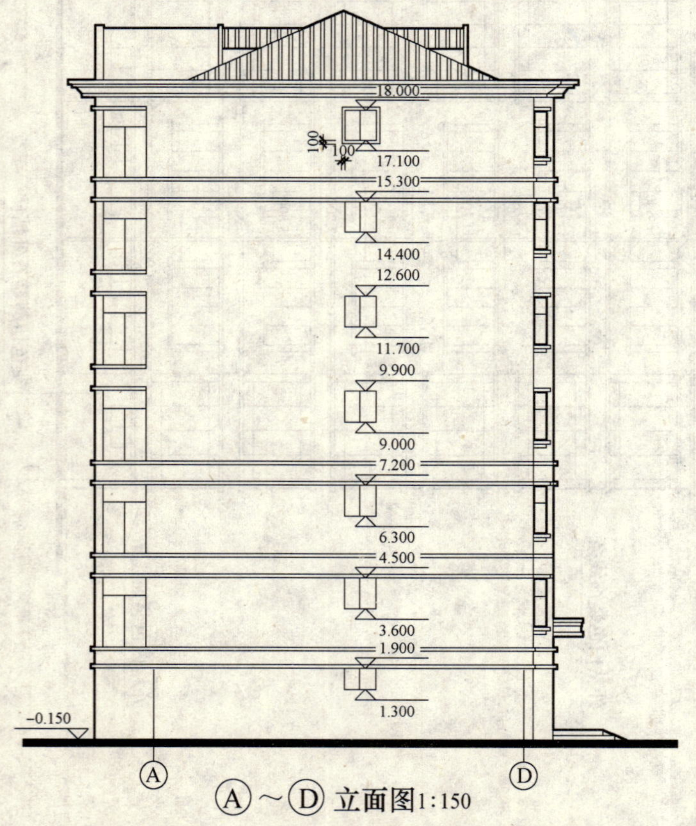

图9-10　某6+1住宅楼的Ⓐ~Ⓓ立面图

5. 索引符号

在建筑立面图中，需要时，应加索引符号。

9.4 建筑剖面图

9.4.1 建筑剖面图的作用

假想用一个或多个垂直于外墙的铅垂剖切面将房屋剖开，移开靠近观察者的部分，对余下的部分所作的正投影图称为建筑剖面图，它是整幢建筑物的垂直剖面图。

建筑剖面图主要用于反映建筑物内部的构造形式，分层情况和各部位的联系、高度等，它与平面图、立面图互相配合，采用的比例也与平面图、立面图一致。

剖面图的数量根据房屋的复杂情况以及施工实际需要而定，剖切位置一般为横向，即垂直于屋脊线、平行于 *W* 面方向，必要时也可纵向（平行于 *V* 面）。习惯上在剖面图上不画基础，而在基础墙部位用折线断开。

建筑剖面图中，必须标注垂直尺寸和标高，如室内外地面、各层楼面、楼梯平台面、檐口或女儿墙顶面、高出屋面的水箱顶面、烟囱顶面、楼梯间顶面等处。

外墙的高度尺寸一般也注三道：第一道为室外地面以上的总高尺寸；第二道为层高尺寸；最里面一道为门、窗洞及窗间墙的高度尺寸。另外，还应标注某些局部尺寸。

9.4.2 建筑剖面图的读图步骤与内容

图 9-11、图 9-12 所示为某 6 +1 住宅楼的剖面图。

1. 图名、比例和定位轴线

从下房层和标准层单元图上来看，1—1 剖面图为阶梯剖，即从南卧室转折到客厅、进户门、楼梯间。2—2 剖面剖在客厅、餐厅和厨房的位置。两剖面图的比例均为 1∶100。

2. 剖切到的建筑构配件

从图中可知，被剖到的部位有各层楼面、阳台、楼梯段的休息平台、屋顶、雨篷等。

3. 房屋的竖向尺寸及标高

从图中可知各层标高、檐口高、建筑物总高度，各层休息平台标高及各层窗台、阳台的高度等。

SBS改性沥青复合卷材防水层（构造选材见
《全国通用图集》98YJ102）
1:2.5水泥砂浆找平层
1:6水泥焦渣找2%坡，最薄处30厚
90厚聚苯乙烯泡沫塑料板保温层
钢筋混凝土楼板
20.900
18.900
18.400
15.700
14.350
13.000
11.650
10.300
8.950
7.600
6.250
4.900
3.550
2.250
2.200
±0.000
0.150
-0.150
300×8=2400
280×11=3080
6000
5400
11400
19050
1—1剖面图 1:100
通用图

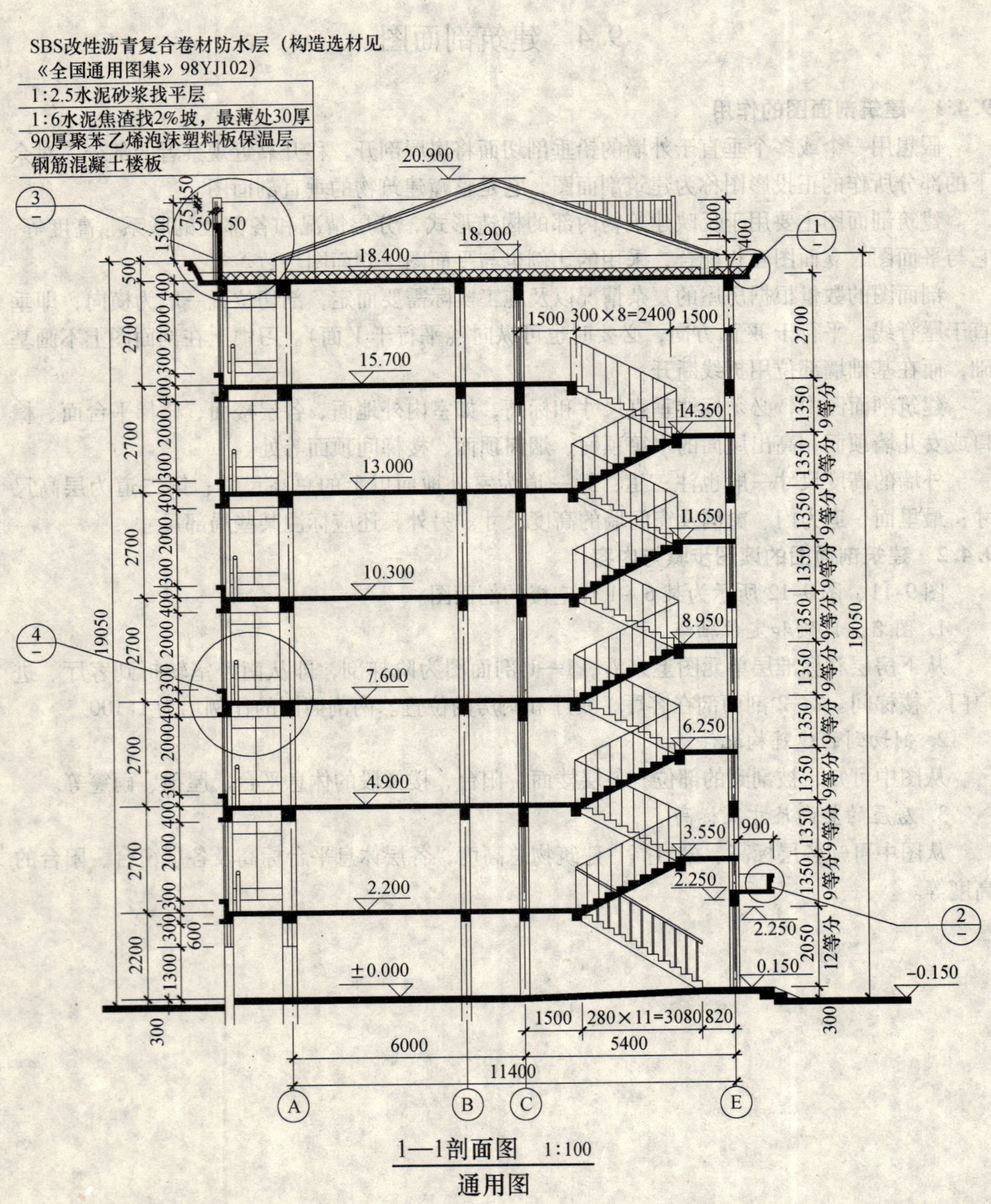

图 9-11 1—1 剖面图

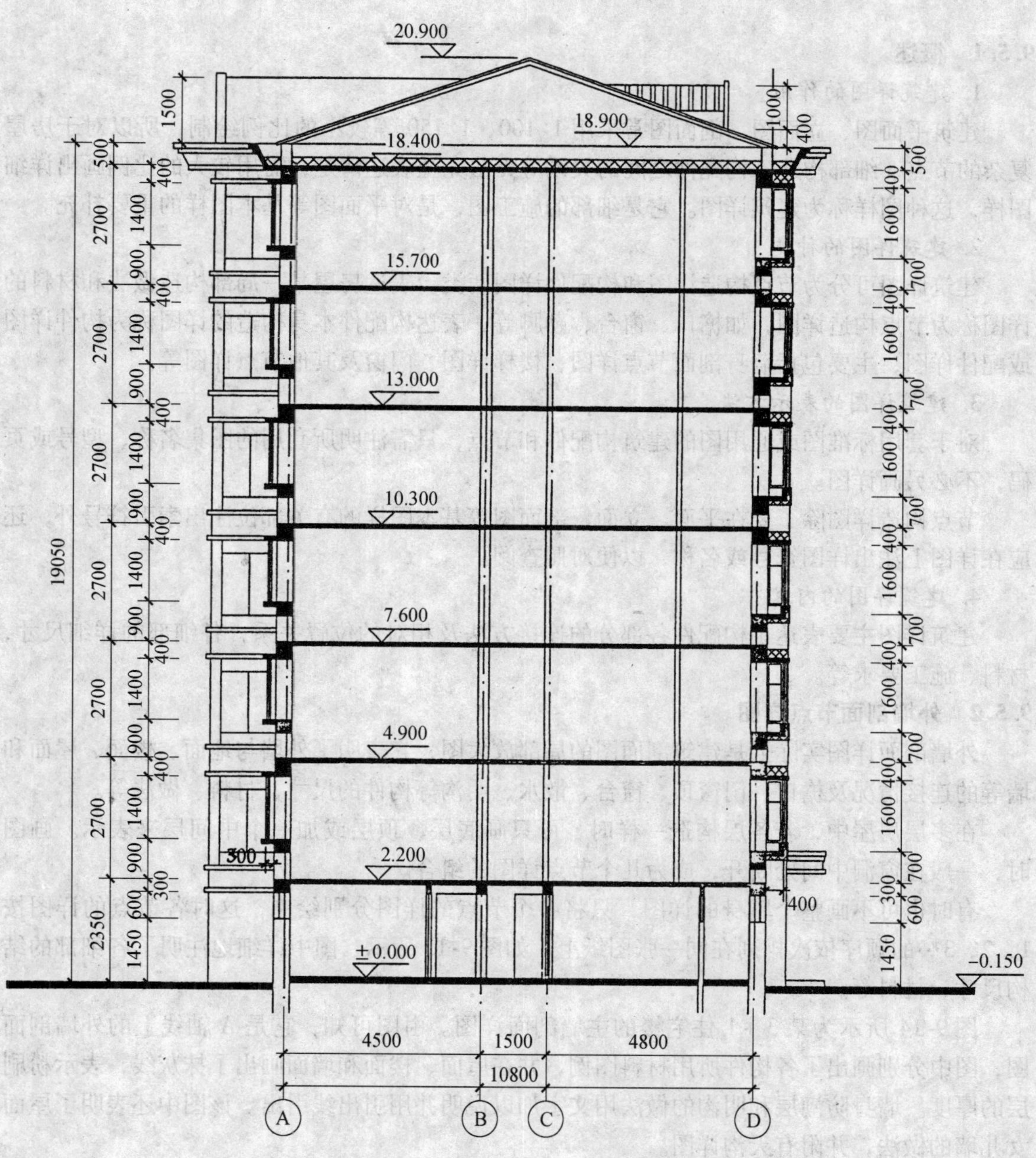

2—2 剖面图1:100

通用图

图 9-12　2—2 剖面图

9.5 建筑详图

9.5.1 概述

1. 建筑详图的作用

建筑平面图、立面图、剖面图常采用1∶100，1∶150等较小的比例绘制，所以对于房屋复杂的节点、细部构造、构配件之间的关系等无法完全表达清楚，需用较大的比例画出详细图样，这种图样称为建筑详图。它是细部的施工图，是对平面图等基本图样的重要补充。

2. 建筑详图的种类

建筑详图可分为节点构造详图和构配件详图两类。表达房屋某一局部构造做法和材料的详图称为节点构造详图，如檐口、窗台、勒脚等；表达构配件本身构造的详图称为构件详图或配件详图，主要包括墙身剖面节点详图，楼梯详图、门窗及其他节点详图等。

3. 建筑详图的表示方法

对于套用标准图或通用图的建筑构配件和节点，只需注明所套用的图集名称、型号或页码，不必另画详图。

节点构造详图除了要在平面、立面、剖面图等基本图样的有关部位注出索引符号外，还应在详图上注出详图符号或名称，以便对照查阅。

4. 建筑详图的内容

建筑详图主要表达了构配件各部分的连接方法及相对的位置关系，各细部的详细尺寸，材料、施工要求等。

9.5.2 外墙剖面节点详图

外墙剖面详图实际上是建筑剖面图的局部放大图，它表明了外墙与地面、楼面、屋面和墙等的连接情况及檐口、门窗顶、窗台、散水、明沟等构件的尺寸、材料、做法等。

在多层房屋中，若各层构造一样时，可只画底层、顶层或加一个中间层来表示。画图时，一般在窗洞中间处断开，成为几个节点详图的组合。

有时也可不画整个墙身的详图，只将各个节点的详图分别绘制，这时各节点的详图按1，2，3…的顺序依次排列在同一张图纸上，如图9-13所示，图中详细地注明了各细部的结构尺寸、材料等。

图9-14所示为某3+1住宅楼的主墙剖面详图。由图可知，它是A轴线上的外墙剖面图，图中分别画出了各构件所用材料图例，并在屋面、楼面和墙面画出了抹灰线，表示粉刷层的厚度。墙身防潮层和明沟的做法用文字加以说明并用引出线引出。该图中还表明了屋面女儿墙的做法，并附有天沟详图。

二毡三油上撒绿豆砂
20厚水泥砂浆找平
上刷冷底子油
60厚1:6水泥煤渣隔热层
40厚C20细石混凝土
120厚预应力多孔板
10厚板底纸筋石灰
粉平刷白二度
30厚1:2.5
水泥砂浆粉面
钢筋混凝土压顶
防腐木砖
统长防腐木条
浅绿色水刷石
铸铁落水弯头
12.800
20厚1:2.5石灰砂浆打底纸筋
石灰粉面，奶黄涂料刷白二度
12.740
白铁水斗
檐口节点详图1:10
20厚细石混凝土加7%氧化铁
红深暗红踢脚
26号白铁水管
15厚1:3水泥砂浆找平
11.050
120厚预应力多孔板
10厚板底筋石灰粉平，刷白二度
9.850
浅绿色水刷石
20厚1:2.5石灰砂浆打底，纸筋
石灰粉面，奶黄涂料刷白二度
窗顶节点详图1:10
7.750
(4.450)
(1.350)
里窗台用黑水磨石面层
1:2.5水泥砂浆粉后
白水泥加108胶刷白
(6.650)
(3.250)
0.750
20厚1:2.5石灰砂浆打底，纸筋
石灰粉面，奶黄涂料刷白二度
窗台节点详图1:10
25厚1:2水泥砂浆粉勒脚
浅绿色水刷石
±0.000
白水泥浆引条线
20厚1:2水泥砂浆粉勒脚
30厚水泥石屑随捣随光（门厅、走廊、
厕所、盥洗部分上做水磨石）
-0.450
50厚150号混凝土
70厚道碴
素土夯实
15厚1:2水泥砂浆
50厚1:6水泥煤屑
70厚碎石
素土夯实
勒脚、明沟详图1:10
D

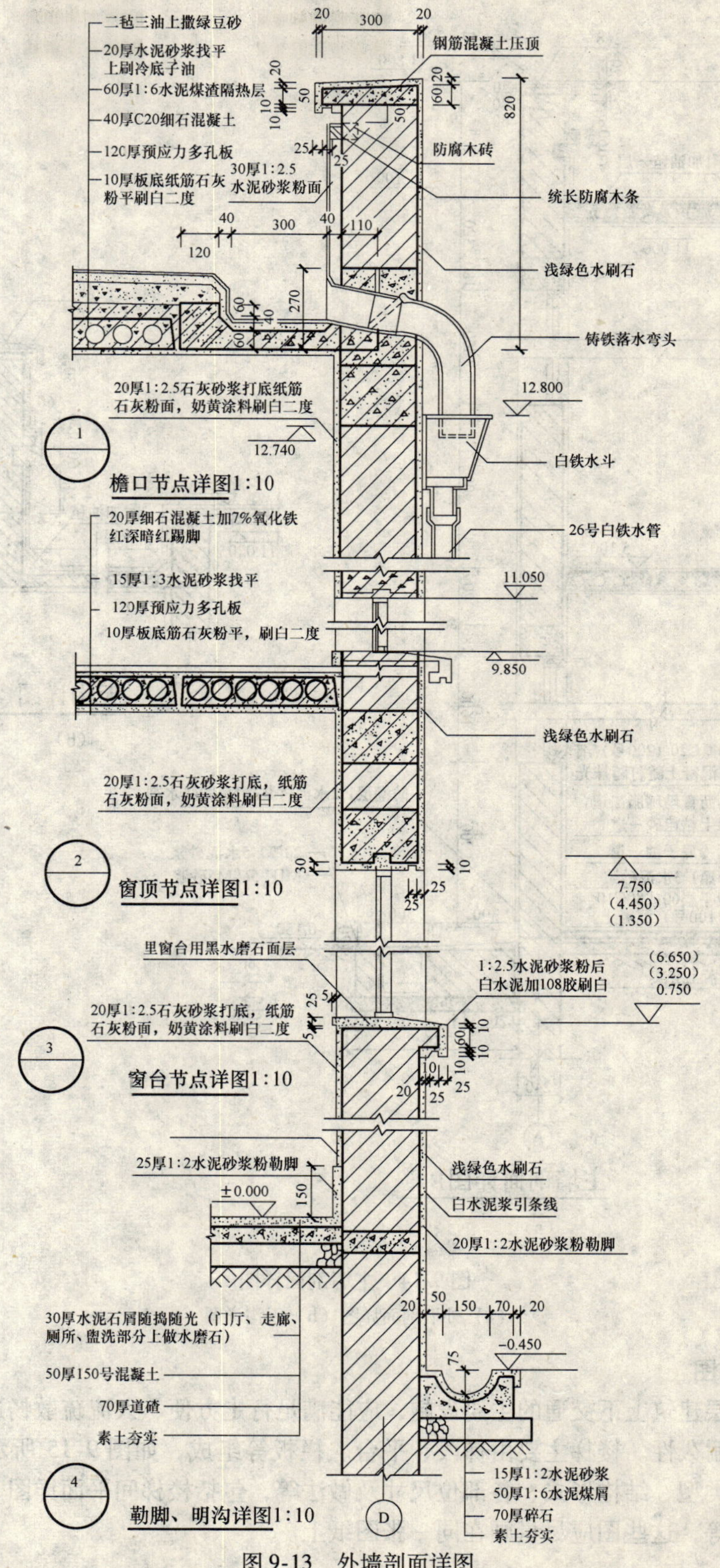

图9-13　外墙剖面详图

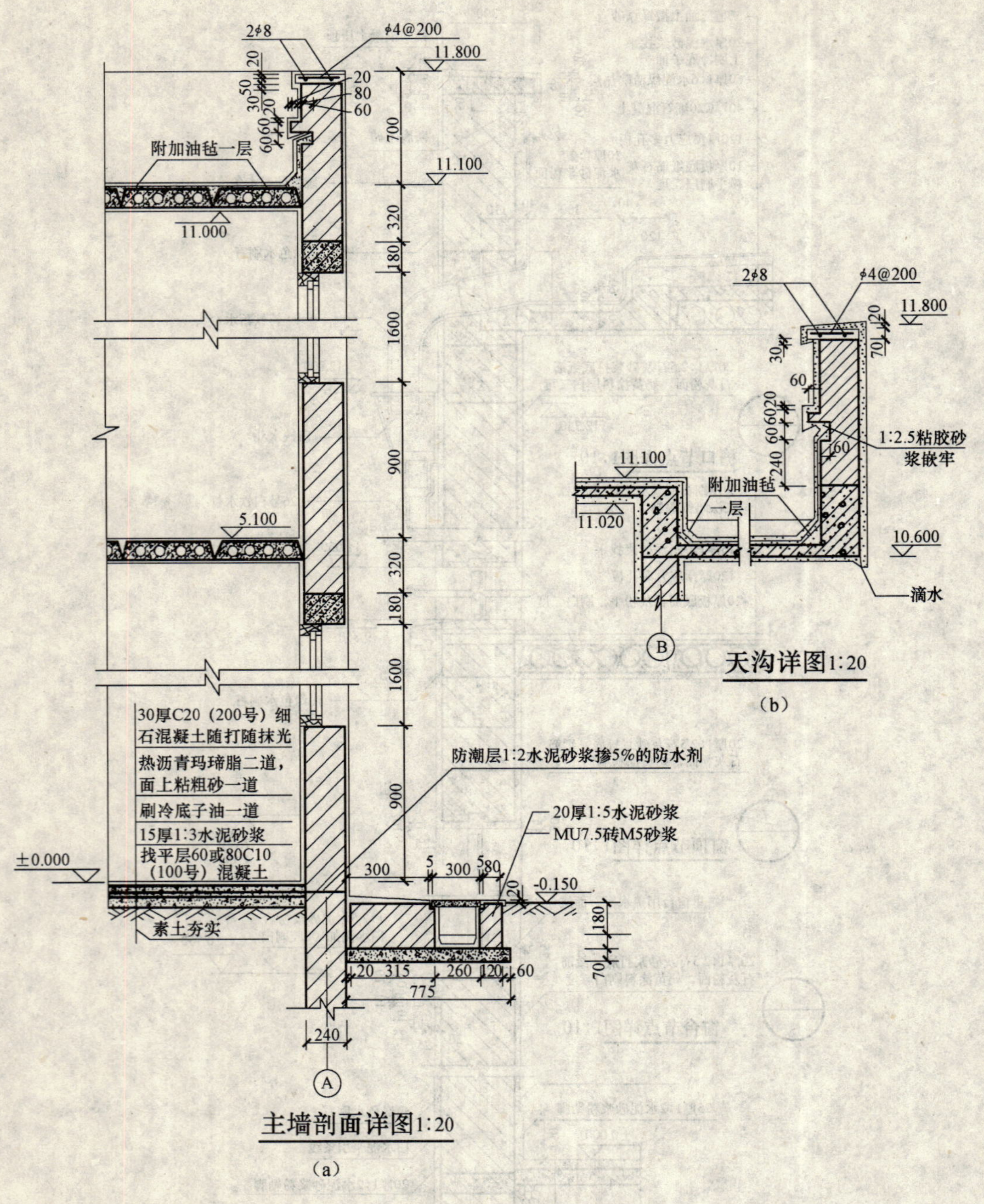

图 9-14　主墙剖面详图

（a）外墙剖面详图（b）天沟详图

9.5.3　楼梯详图

楼梯是多层建筑上下交通的主要设施，应能满足行走方便、人流疏散畅通的要求，并应有足够的坚固耐久性。楼梯主要由梯段、平台、栏板等组成，如图 9-15 所示。楼梯详图主要表示楼梯的类型、结构形式、各部位尺寸及做法等，包括楼梯间平面详图、剖面详图、踏步、栏板详图等，这些图应尽量画在同一张图纸上。

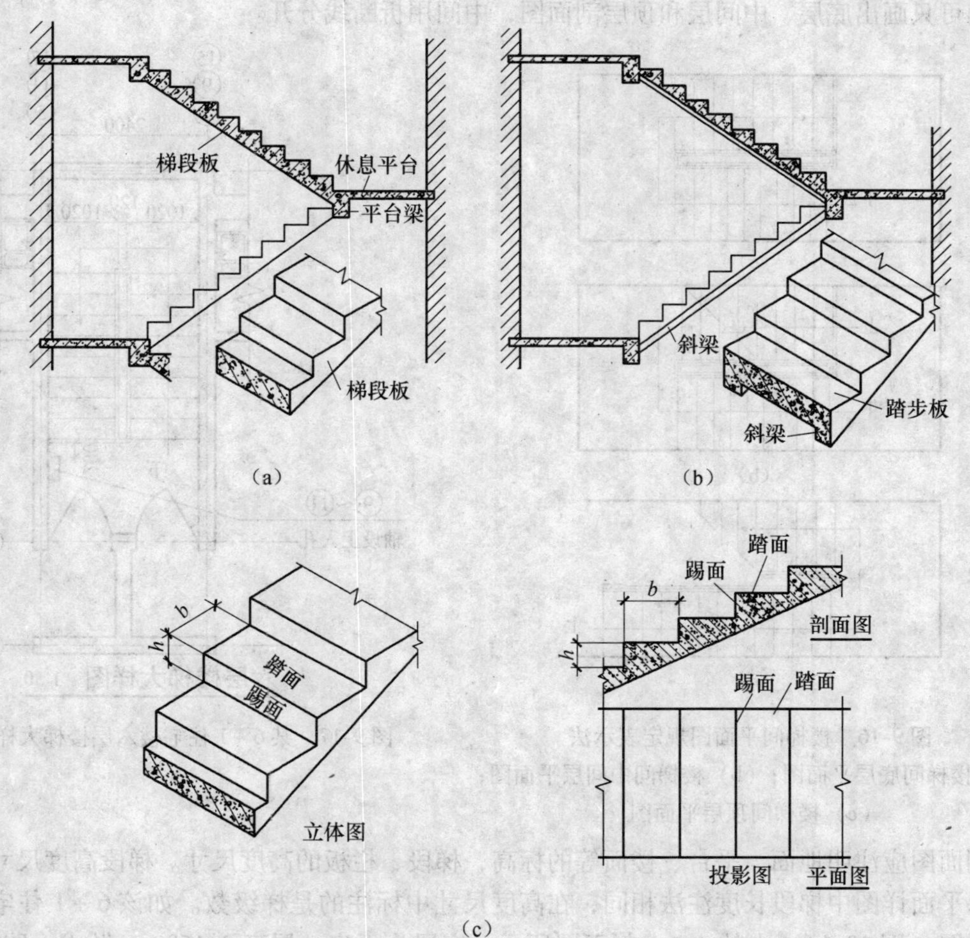

图 9-15　板式楼梯、梁板式楼梯及踏步组成

（a）板式楼梯；（b）梁板式楼梯；（c）板式楼梯踏步组成

对于多层建筑，当中间各层的楼梯位置、梯段数、踏步数大小都相同时，一般只画出底层、中间层和顶层三个平面图。图 9-16 所示为楼梯间平面图规定表示法。

1. 楼梯平面详图

楼梯平面详图中，除注出楼梯间的开间和进深尺寸、楼地面和平台的标高尺寸外，还需注出各细部的尺寸。如在某 6 +1 住宅楼的楼梯施工图（图 10-13）中，一层平面图中的 280 ×11 =3080，表示该梯段有 11 个踏面，每一踏面的宽度为 280mm，楼梯长为 3080mm。一般三个平面图在一张图纸上并对齐，这样便于阅读，又可省略标注。各层平面图中还应标出楼梯间的轴线。在底层平面图中还应注明楼梯剖面图的剖切位置。

图 9-17 所示为某 6 +1 住宅楼的六层楼梯大样图。

2. 楼梯剖面详图

楼梯剖面图应能完整清楚地表示出各梯段、平台、栏板等的构造和它们的相互关系。该 6 +1 住宅楼梯，每层有两个梯段，称为双跑楼梯，且为现浇钢筋混凝土板式楼梯。若楼梯间的屋面没有特殊之处，一般可不画出。在多层建筑中，若中间各层的楼梯构造相同时，则剖面图可只画出底层、中间层和顶层剖面图，中间用折断线分开。

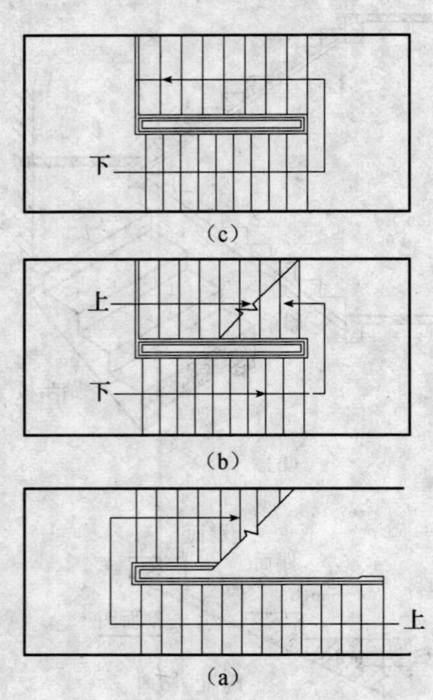

图 9-16　楼梯间平面图规定表示法
(a) 楼梯间底层平面图；(b) 楼梯间中间层平面图；
(c) 楼梯间顶层平面图

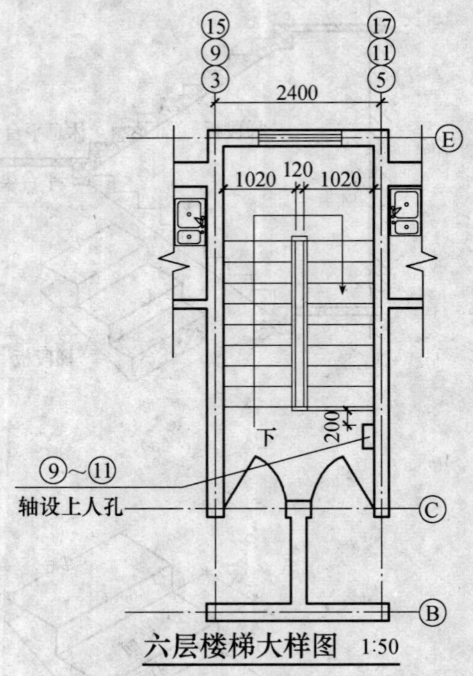

图 9-17　某 6 + 1 住宅楼六层楼梯大样图

剖面图应注明地面、平台、楼面等的标高，梯段、栏板的高度尺寸。梯段高度尺寸注法与楼梯平面详图中梯段长度注法相同，在高度尺寸中标注的是梯级数。如该 6 + 1 住宅的楼梯施工图（图 10-14）中的 A—A 剖面图所示，底层为下房，层高 2.150m，做成一跑楼梯，从一层直接上到二层，共 12 级，即 171 × 12 = 2052。

本例 6 + 1 住宅楼中的其他详图请见第 10 章内容。

9.6　建筑施工图的绘制

在基本掌握了建筑施工图的内容之后，还必须学会绘制施工图，才能把房屋的内容及设计意图正确、清楚地表达出来。通过施工图的绘制，还可以对房屋的构造有更加深入、全面、系统的了解，从而提高识读建筑施工图的能力。

绘制施工图时要认真细致，投影正确，表达完整清楚，尺寸齐全，字体工整，布图紧凑合理，图面整洁，符合制图标准。

施工图的绘制主要有以下几步：

（1）作图准备。

（2）根据所绘房屋的实际情况确定图样比例、数量。

（3）合理布置图面，既要考虑对应关系，又要做到图面主次分明、排列紧凑均匀、美观。

（4）打底稿。

（5）加粗。

（6）标注尺寸、比例和各种符号。

（7）填写标题栏。

9.6.1 建筑平面图的画法

建筑平面图的画法步骤是：

（1）画定位轴线。

（2）画墙，定墙厚，定门窗位置。

（3）画楼梯、室外散水等细部。

（4）经检查无误后，加粗，标注尺寸、门窗编号、图名、比例、剖切面位置、其他文字说明等。

图9-18（a）、（b）、（c）、（d）所示为建筑平面图的画图步骤。

9.6.2 建筑立面图的画法

建筑立面图的画法步骤是：

（1）画室外地坪线、外墙轮廓线、屋脊线。

（2）确定门窗位置，画细部，如檐口、门窗洞、窗台、雨篷、阳台等。

（3）经检查后加粗；画门窗扇、装饰、墙面分格线等。

（4）标注各部位尺寸、标高；注写图名、比例及其他文字说明。

图9-19（a）、（b）、（c）所示为建筑立面图的画图步骤。

9.6.3 建筑剖面图的画法

建筑剖面图的画法步骤是：

在画图之前，根据平面图中的剖切位置和编号，分析剖面图的具体情况，分清哪些是剖到的，哪些是看到的。

（1）定轴线、室内外地坪线、楼面线和顶棚线。

（2）定墙厚、楼板厚、屋面厚度、屋面坡度等。

（3）定门窗、楼梯位置，画门窗、阳台、楼梯、檐口、台阶、梁板等细部。

（4）经检查后加粗。

（5）注写各部位尺寸、标高等。

图9-20（a）、（b）、（c）所示为建筑剖面图的画图步骤。

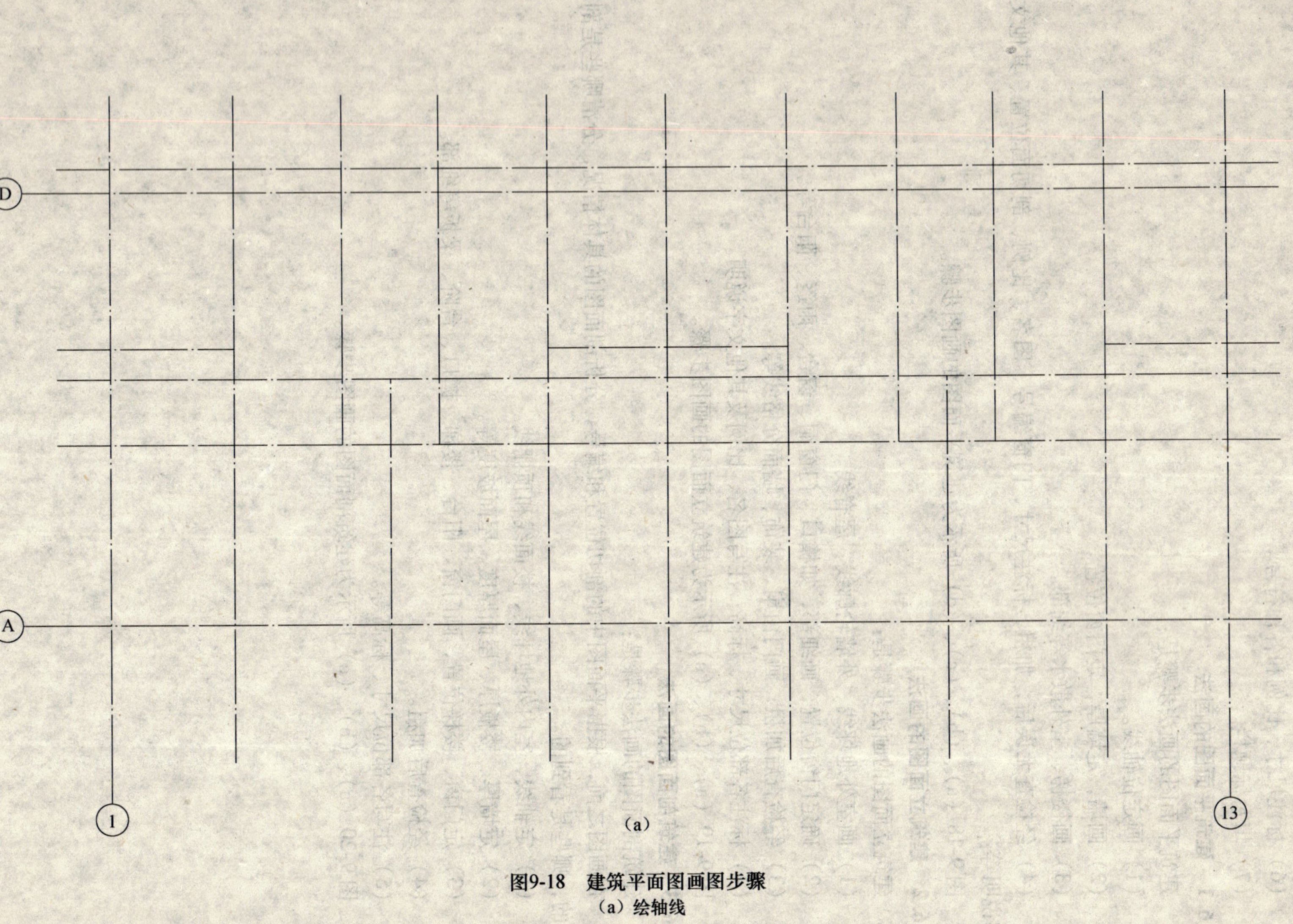

(a)

图9-18 建筑平面图画图步骤

(a) 绘轴线

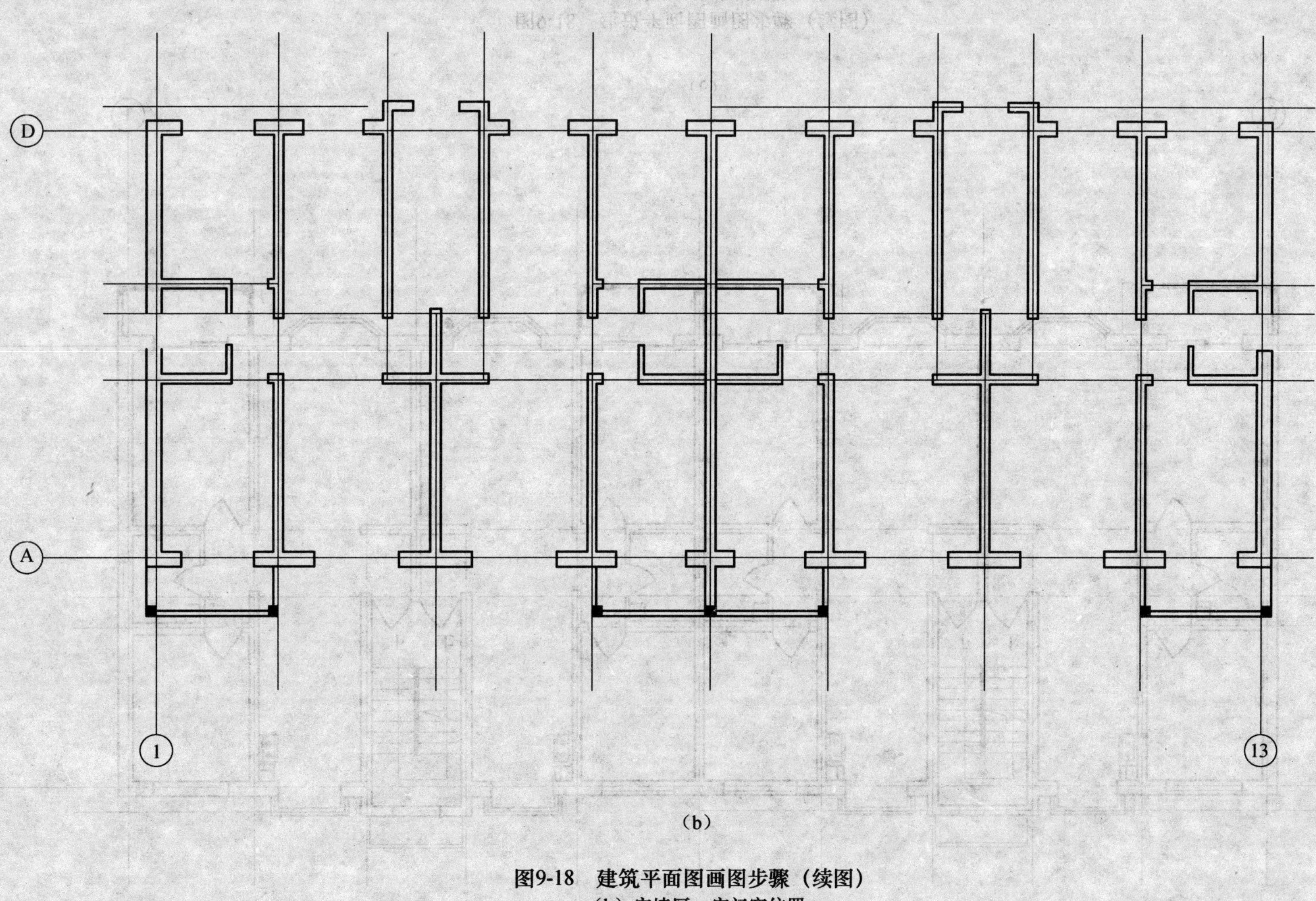

（b）

图9-18 建筑平面图画图步骤（续图）

（b）定墙厚，定门窗位置

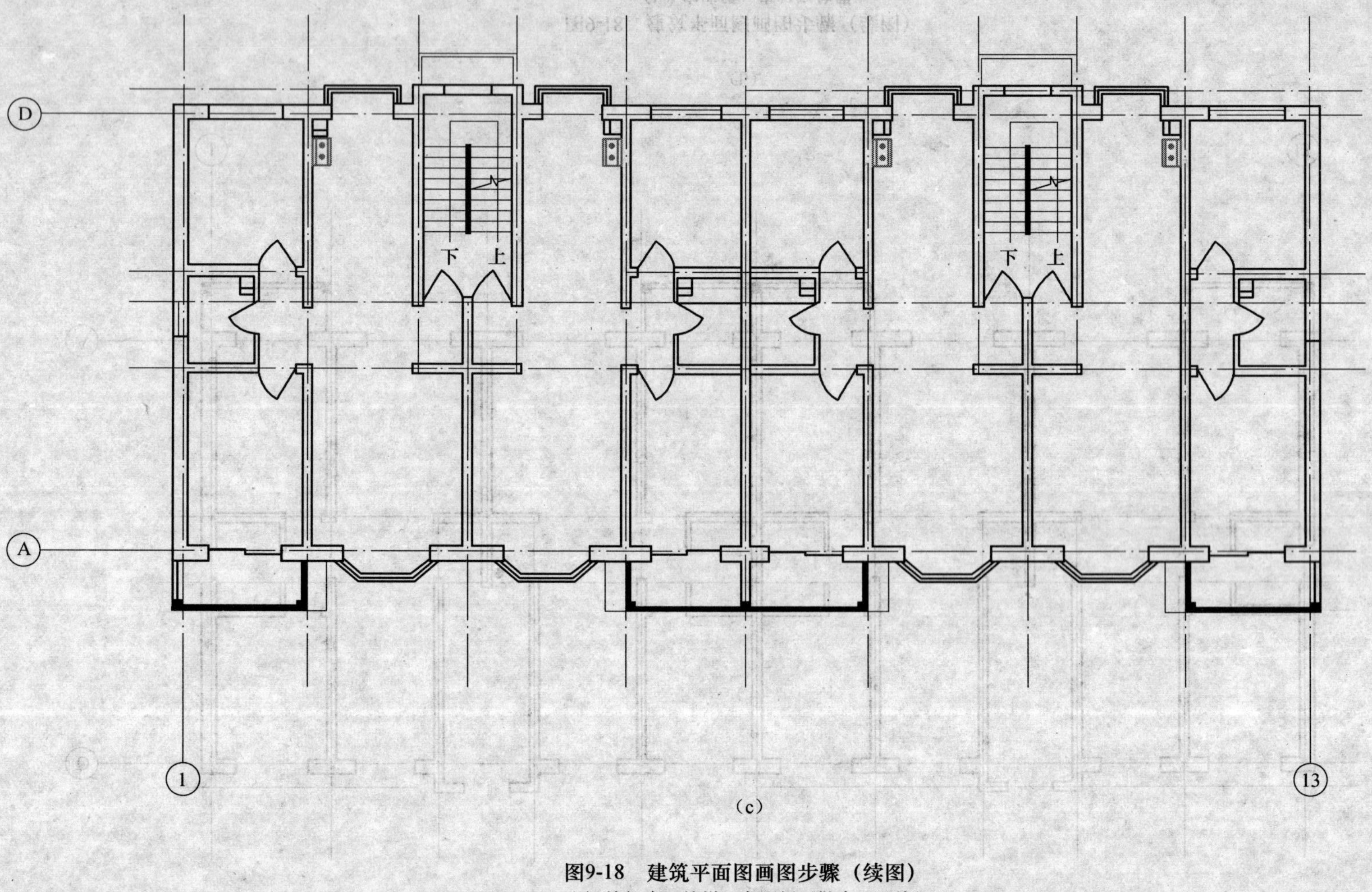

（c）

图9-18　建筑平面图画图步骤（续图）
（c）绘门窗、楼梯、空调板（散水　明沟）

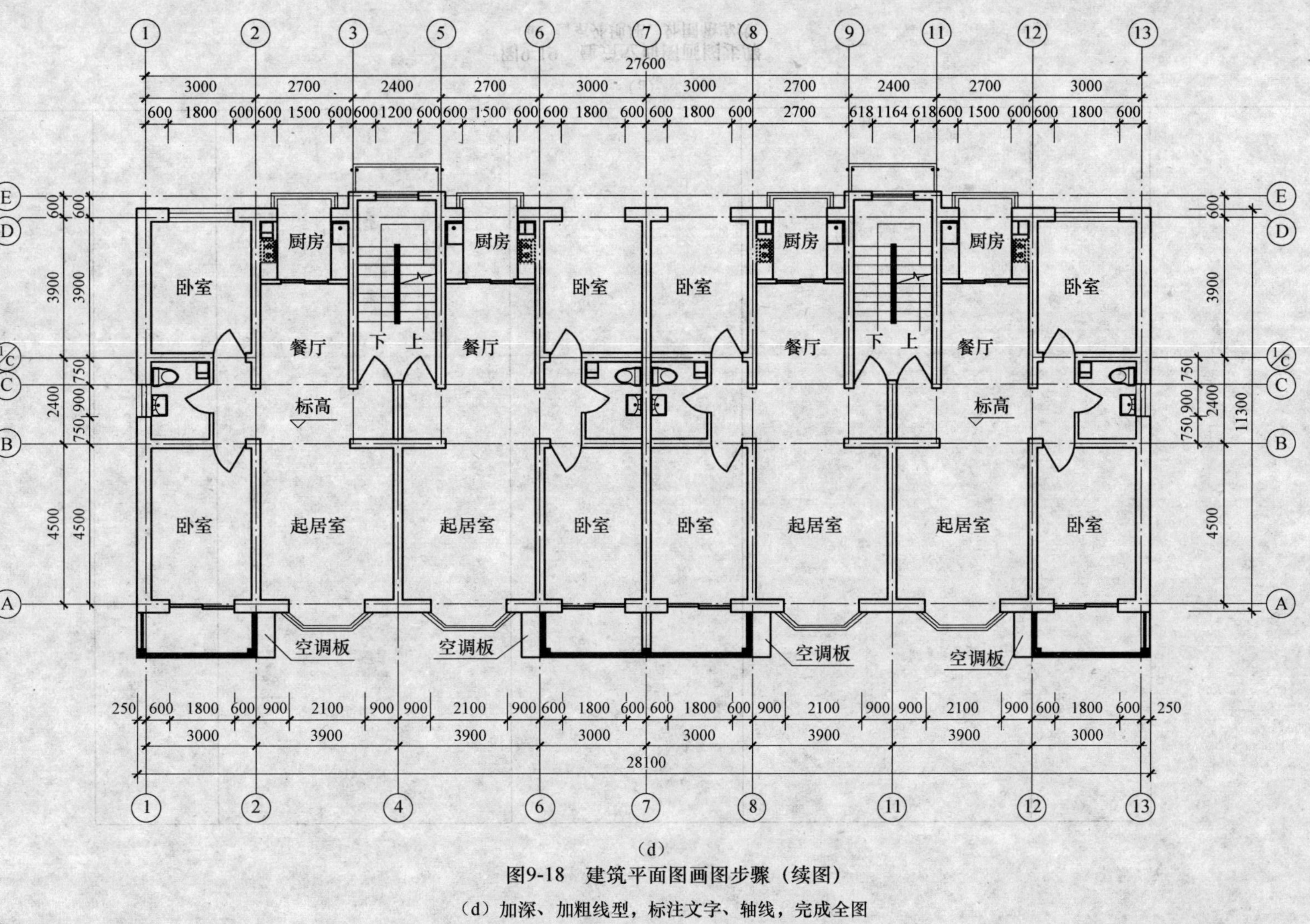

（d）

图9-18 建筑平面图画图步骤（续图）

（d）加深、加粗线型，标注文字、轴线，完成全图

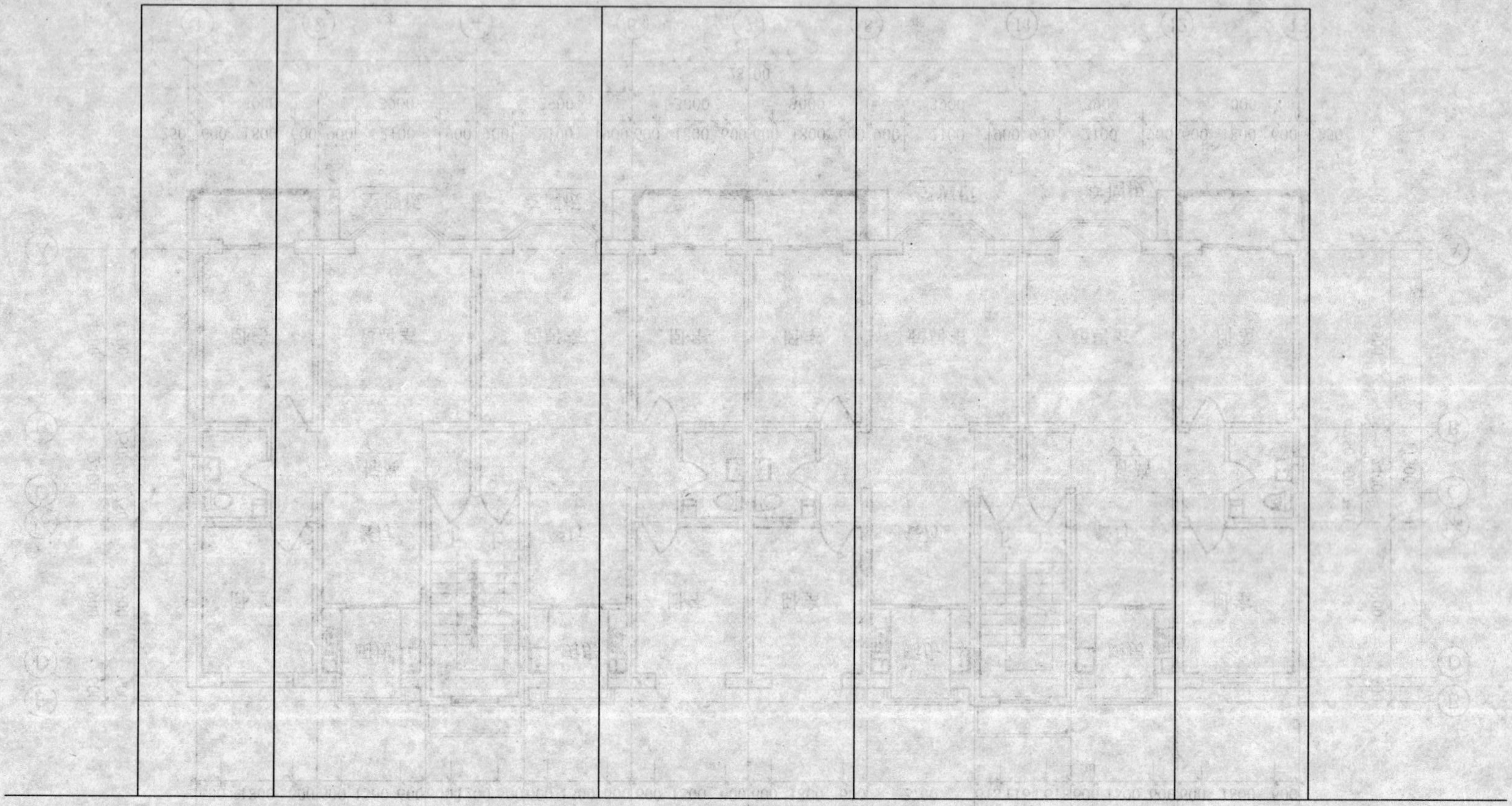

(a)

图9-19 建筑立面图画图步骤
（a）画室外地坪、外围轮廓线

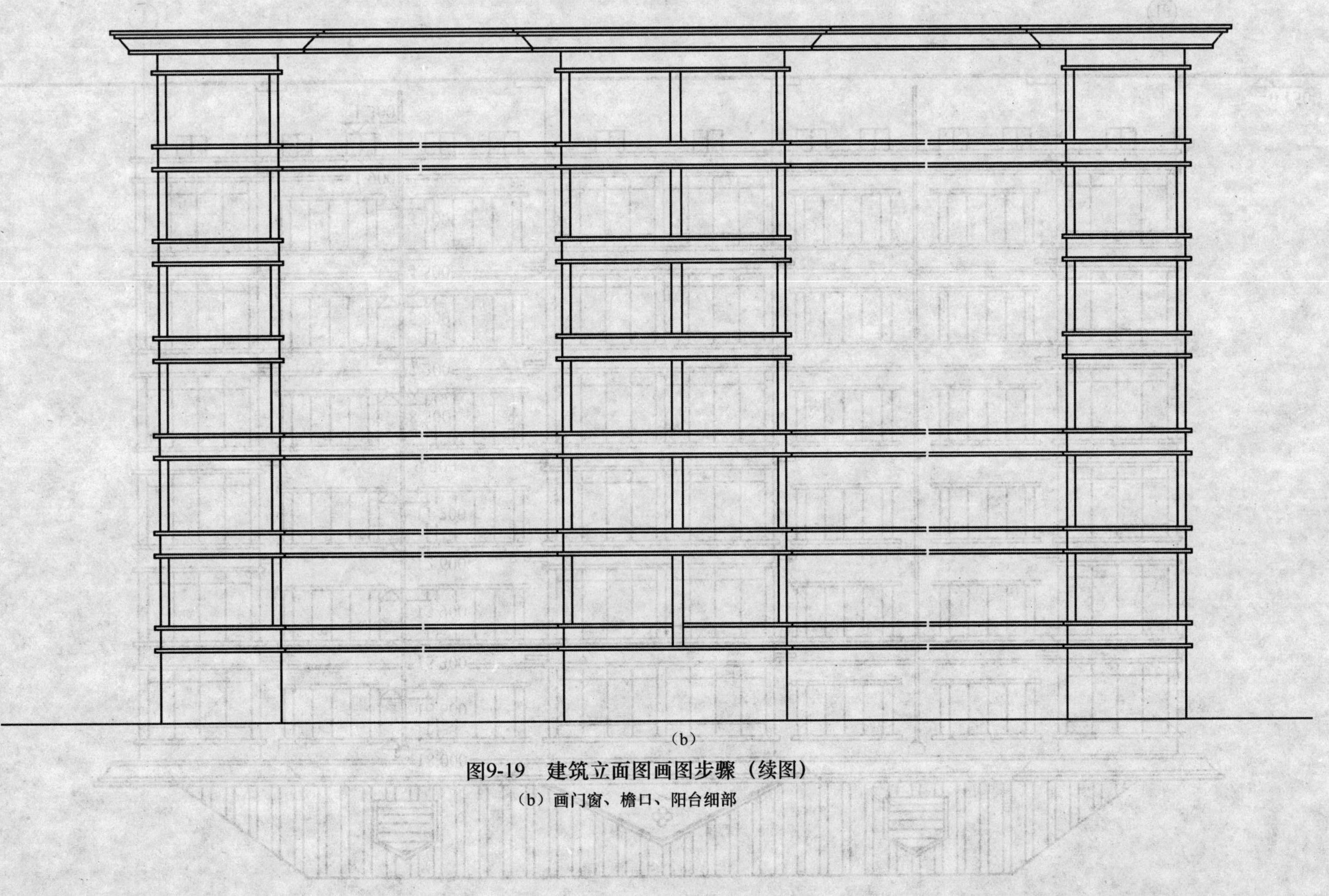

（b）

图9-19　建筑立面图画图步骤（续图）

（b）画门窗、檐口、阳台细部

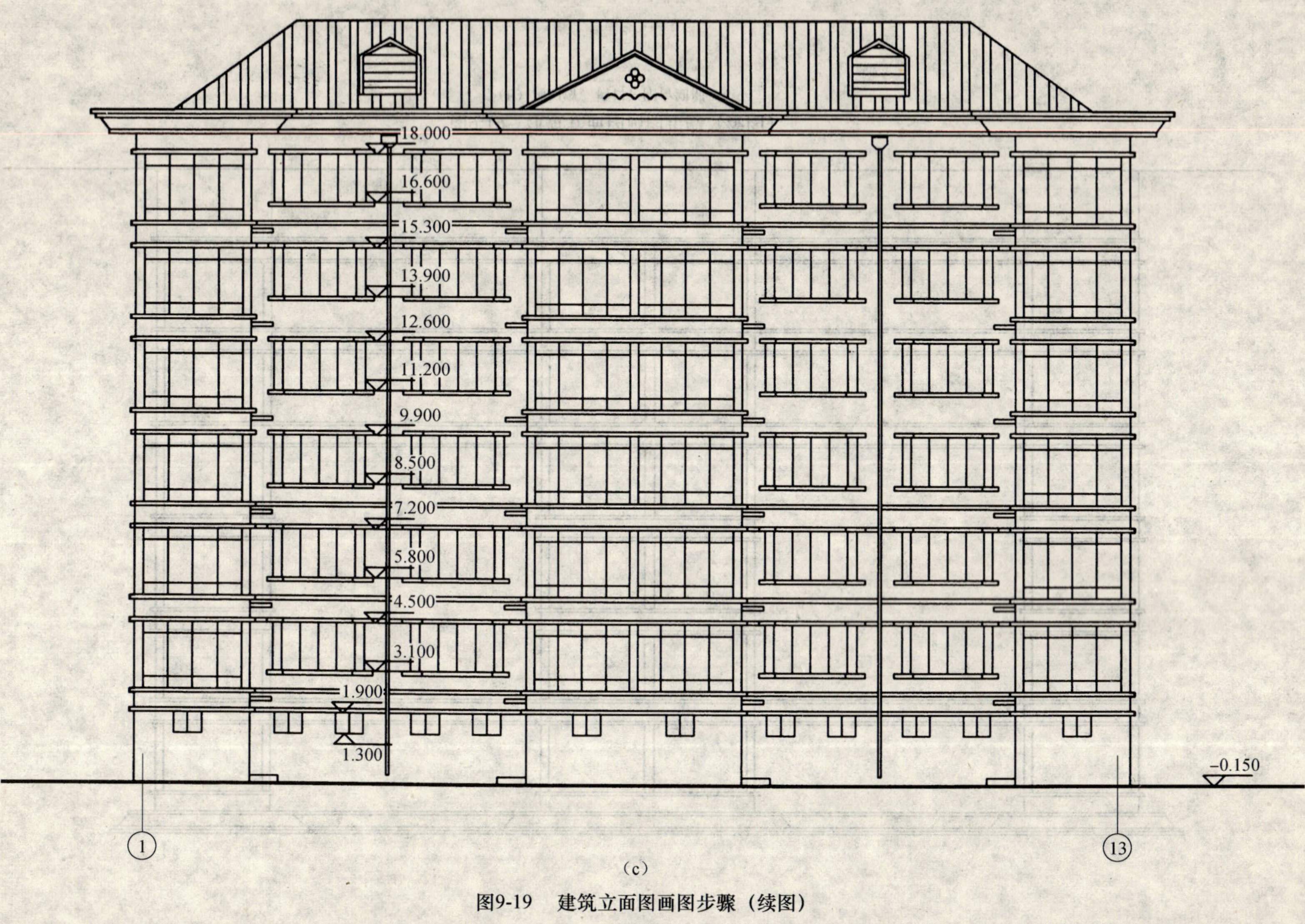

（c）

图9-19　建筑立面图画图步骤（续图）

（c）加深、加粗线型，标注文字、标高，标注轴线，完成全图

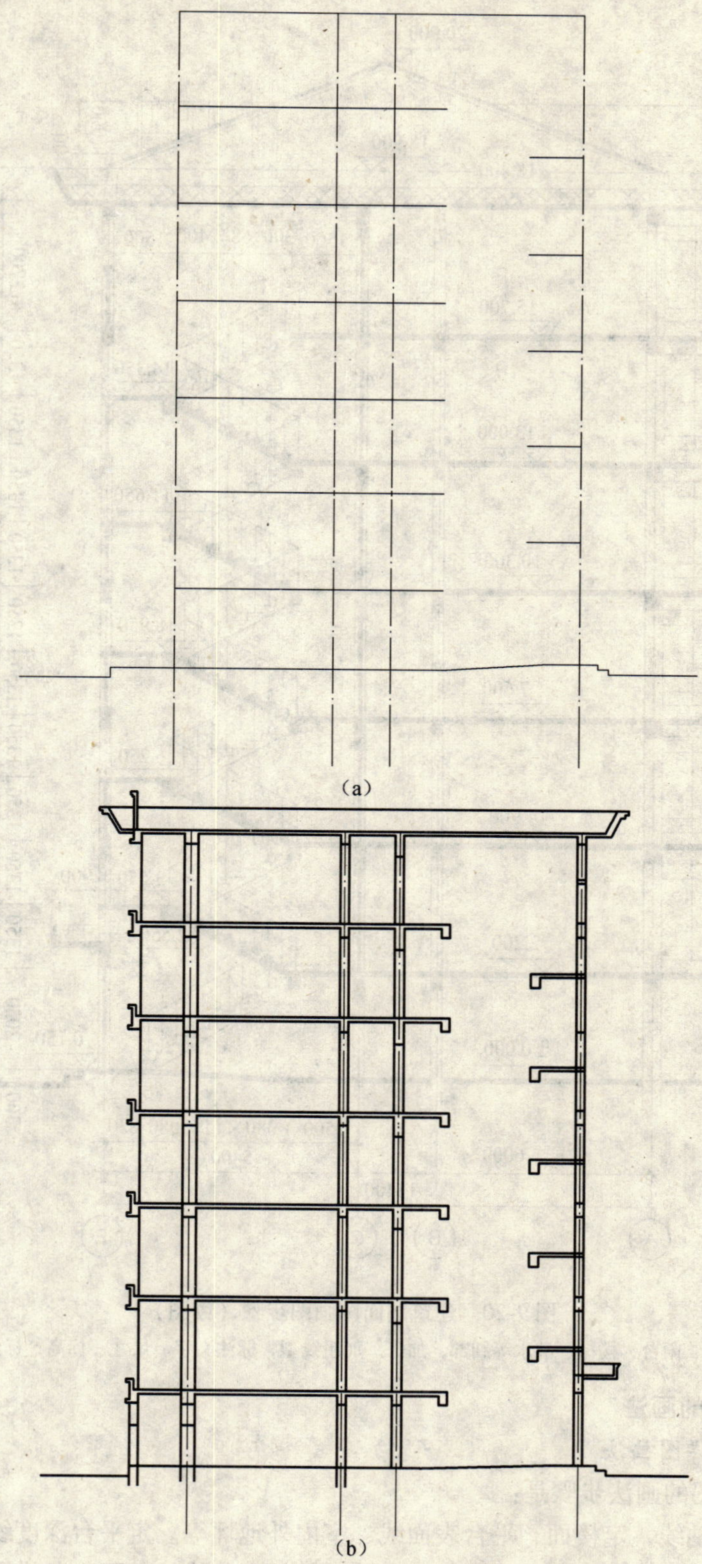

（a）

（b）

图 9-20　建筑剖面图画图步骤

（a）画室外地坪、定轴线、楼板线、天棚线；（b）定墙厚、楼板厚、屋面厚

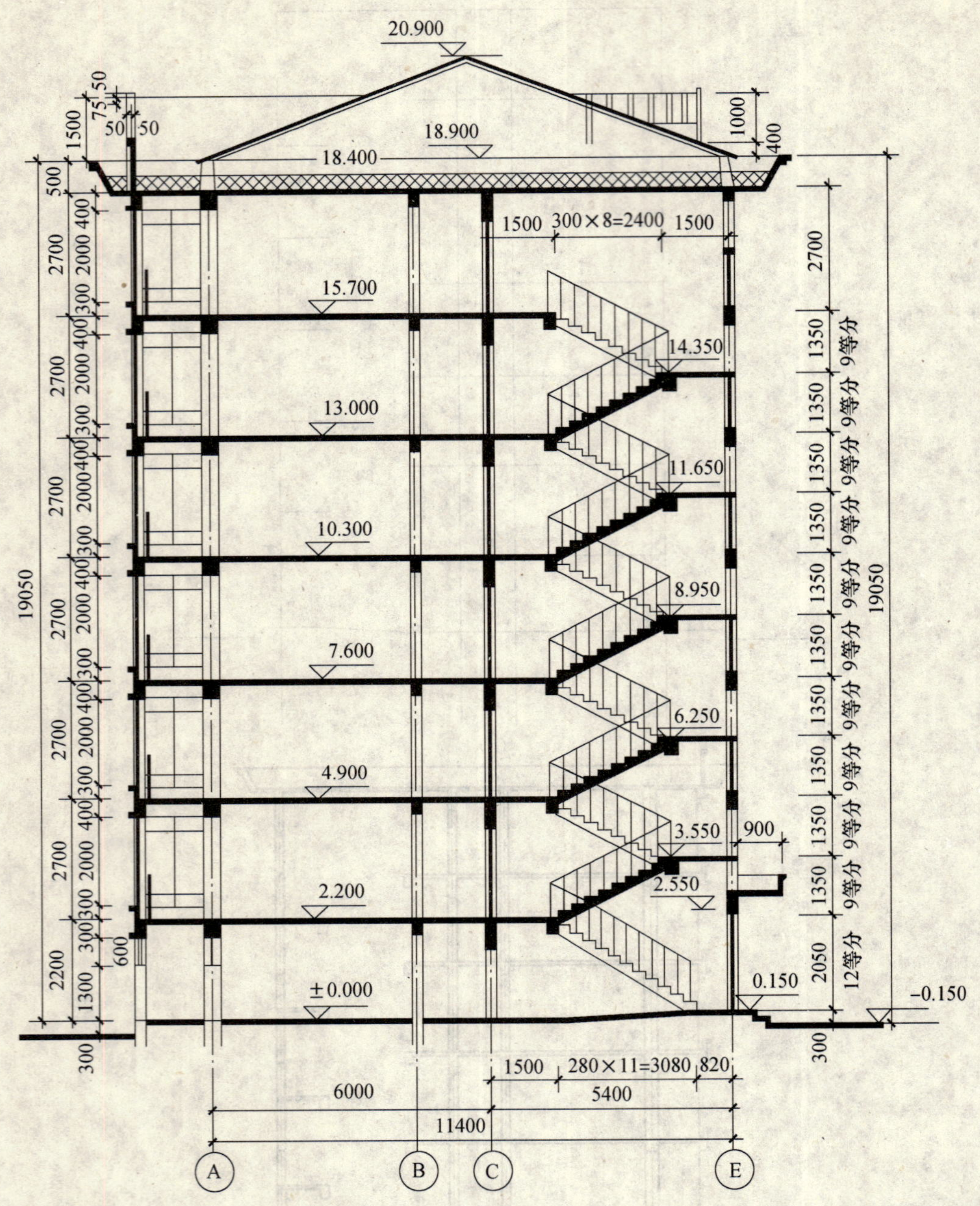

图9-20　建筑剖面图画图步骤（续图）

（c）绘门窗、檐口、阳台、楼梯、散水等细部，加深、加粗线型，标注文字、尺寸、标高，标注轴线，完成全图

9.6.4　楼梯详图的画法

1. 楼梯剖面详图画法

楼梯剖面详图的画法步骤是：

（1）画定位轴线，定楼面、平台表面线、室内外地坪等。定平台深度线、梯段。

（2）定墙厚、梯段坡度线、踏面宽，画踏面的投影分格线，画出各梯段踏步。

（3）定楼面、平台、梯段板的厚度，画出平台梁。

（4）画门窗洞、栏板、扶手等细部。

（5）经检查后加粗。

（6）注写各部位尺寸、标高等。

图 9-21（a）、（b）、（c）、（d）所示为楼梯剖面详图的画图步骤。

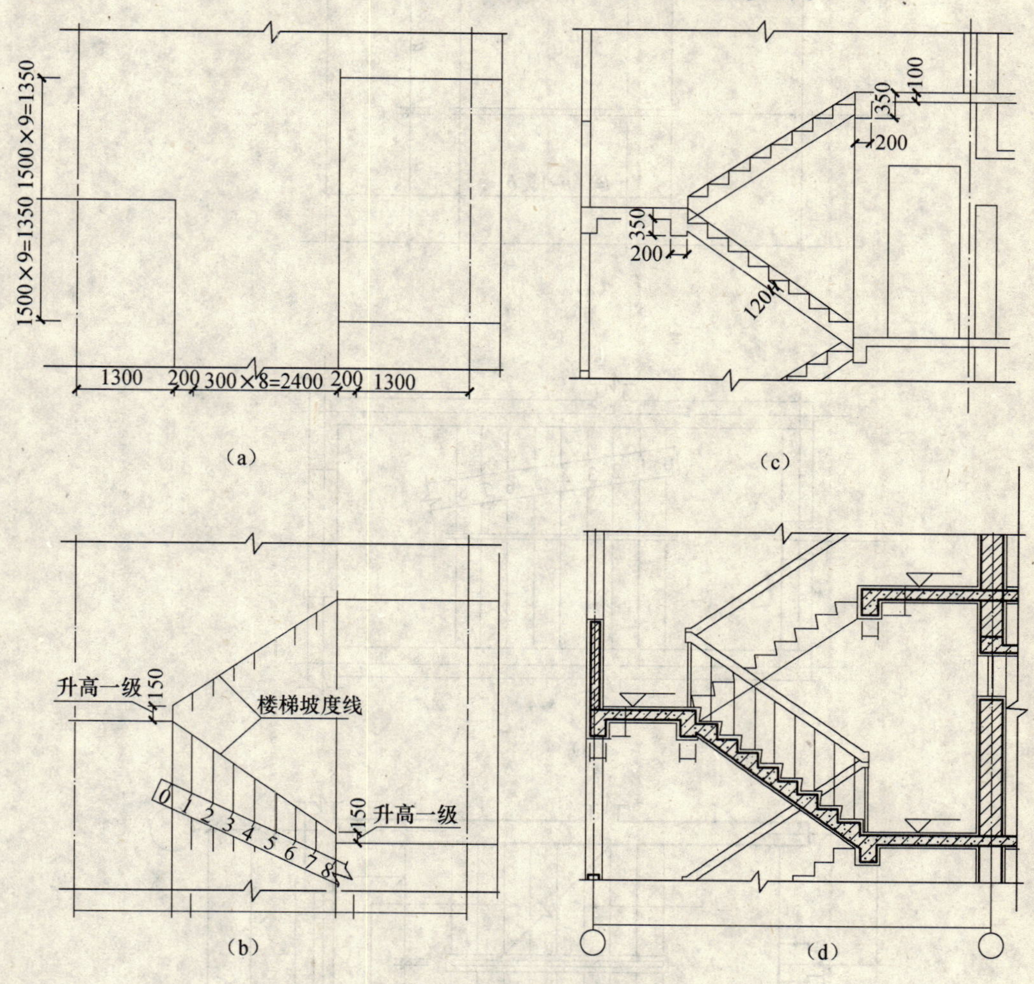

图 9-21　楼梯剖面详图画法

2. 楼梯间详图画法

楼梯间详图画法步骤是：

（1）根据开间、进深尺寸画出定位轴线。确定梯段宽度 a、平台深度 s、踏面宽度 b、梯段长度 l，踏步级数 n、梯井宽度 k。

（2）画出踏面的投影，定墙厚和门窗洞。

（3）画栏板、箭头。

（4）经检查后加粗。

（5）标注尺寸、图名、比例等。

图 9-22 所示为楼梯间详图的画图步骤。

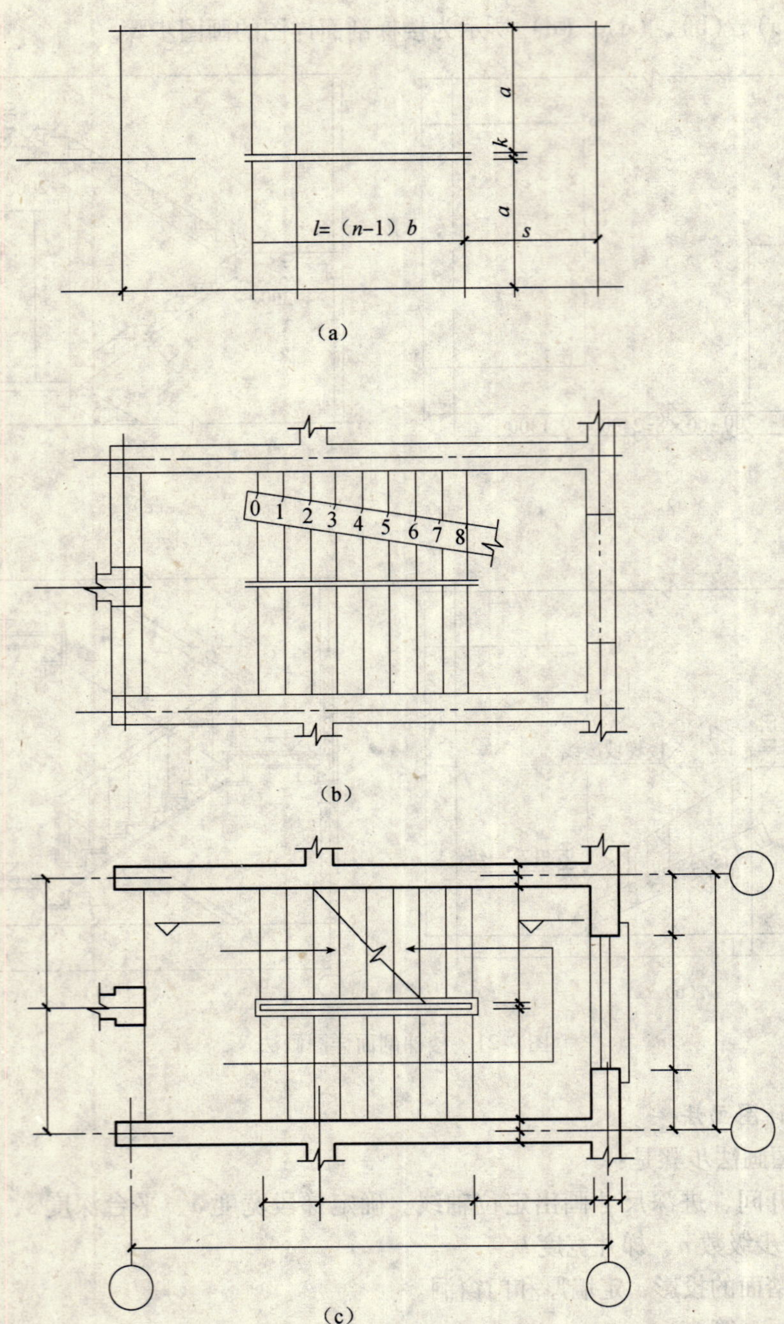

图 9-22　楼梯间详图画法步骤

第10章 结构施工图

10.1 概 述

10.1.1 结构施工图的作用和组成

1. 结构施工图的作用

在建筑设计中，除需进行建筑设计，画出建筑施工图外，还要进行结构设计，即根据建筑要求，经过结构选型、构件布置和力学计算，确定建筑物各承重构件（梁、板、柱、墙、基础等）的断面形状、大小、材料及构造等，并将设计结果画成图样，用以指导施工，这种图样称为结构施工图，简称结施。

结构施工图主要表达建筑结构的整体布局和各承重构件的形状、大小、材料、配筋及施工要求等，是构件制作、安装、预算编制和指导施工的重要依据。

2. 结构施工图的组成

结构施工图的主要组成有：

(1) 结构设计说明书。

(2) 结构平面图。

包括：基础平面图、楼层结构平面图、屋面结构平面图等。

(3) 构件详图。

包括：基础详图、钢筋混凝土构件详图、楼梯详图、屋架详图、节点构造详图等。

10.1.2 常用构件代号

为了图示简便，常用代号来表示结构施工图中的构件名称，代号后面应用阿拉伯数字标注该构件的型号或编号。常用构件代号是用各构件名称汉语拼音的第一个字母来表示的，见表10-1。

表10-1 常用构件代号

序号	名称	代号	序号	名称	代号	序号	名称	代号
1	板	B	10	吊车安全走道板	DB	19	圆梁	QL
2	屋面板	WB	11	墙板	QB	20	过梁	GL
3	空心板	KB	12	天沟板	TGB	21	连系梁	LL
4	槽形板	CB	13	梁	L	22	基础梁	JL
5	折板	ZB	14	屋面梁	WL	23	楼梯梁	TL
6	密肋板	MB	15	吊车梁	DL	24	框架梁	KL
7	楼梯板	TB	16	单轨吊车梁	DDL	25	框支梁	KZL
8	盖板或沟盖板	GB	17	轨道连接	DGL	26	屋面框架梁	WKL
9	挡雨板或檐口板	YB	18	车挡	CD	27	檩条	LT

续表

序号	名称	代号	序号	名称	代号	序号	名称	代号
28	屋架	WJ	37	承台	CT	46	雨篷	YP
29	托架	TJ	38	设备基础	SJ	47	阳台	YT
30	天窗架	CJ	39	桩	ZH	48	梁垫	LD
31	框架	KJ	40	挡土墙	DQ	49	预埋件	M-
32	刚架	GJ	41	地沟	DG	50	天窗端壁	TD
33	支架	ZJ	42	柱间支撑	ZC	51	钢筋网	W
34	柱	Z	43	垂直支撑	CC	52	钢筋骨架	G
35	框架柱	KZ	44	水平支撑	SC	53	基础	J
36	构造柱	GZ	45	梯	T	54	暗柱	AZ

注：1. 预制钢筋混凝土构件、现浇钢筋混凝土构件、钢构件和木构件，一般可直接采用本表中的构件代号。在绘图中，当需要区别上述构件的材料种类时，可在构件代号前加注材料代号，并在图纸中加以说明。

2. 预应力钢筋混凝土构件的代号，应在构件代号前加注“Y-”，如 Y-DL 表示预应力钢筋混凝土吊车梁。

在结构施工图中，常用沿房屋防潮层的水平剖面图来表示基础平面图；用沿房屋每层楼板面的水平剖面图来表示相应各楼层结构平面图；用沿屋面承重层的水平剖面图来表示屋面结构平面图。在构件的立面图和断面图上，轮廓线多用中粗线或细实线画出，图内不画材料图例，以便表达钢筋的配置情况，多用粗实线表示钢筋的长度方向（立面形状）；用黑圆点表示钢筋的断面。

10.1.3 钢筋混凝土的基本知识

混凝土是用水泥、沙子、石子和水按一定比例配合，浇注入模，经养护硬化后得到的一种人工石材。其特点是抗压强度高，抗拉强度低，质脆，易受拉而产生裂缝。为了提高混凝土的抗拉能力，常在混凝土构件的受拉部位配置一定数量的钢筋，使两种材料黏结成一个整体，共同承受外力，这种配有钢筋的混凝土称为钢筋混凝土。用钢筋混凝土制成的构件称为钢筋混凝土构件。在工地直接浇制的称为现浇钢筋混凝土构件，预先制好的称为预制钢筋混凝土构件。

钢筋按其作用分为以下几种（图 10-1）：

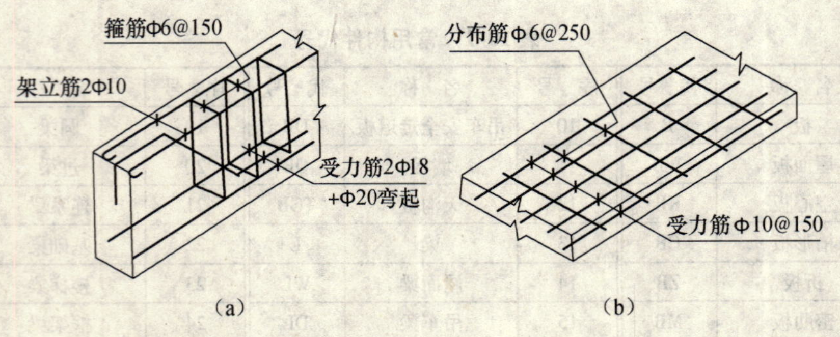

图 10-1 构件中钢筋的名称

(a) 梁内配筋；(b) 板内配筋

（1）受力筋：主要承受构件中的拉力或压力，配置在梁、板、柱等承重构件中。受力筋又分为直筋和弯筋两种。

（2）箍筋：主要用来固定受力筋的位置，并承受一部分剪力，多用于梁和柱内。

（3）架立筋：主要用来固定箍筋的位置，构成钢筋骨架，一般位于上部。

（4）分布筋：用于钢筋混凝土板内，与板的受力筋垂直布置，使承受的重量均匀地传给受力筋，并固定受力筋的位置。

（5）构造筋：因构件构造要求或施工安装需要配置的钢筋，如腰筋、预埋锚固筋、吊环等，架立筋和分布筋也属于构造筋。

另外，钢筋的外缘到构件表面还有一层保护层，其作用是保护钢筋免受锈蚀，提高钢筋与混凝土的黏结力，不同的构件，保护层的厚度也不同。

表 10-2 为钢筋种类和符号。

表 10-2　钢筋种类和符号

钢筋种类	钢筋代号
HPB235 钢筋（Q235 光圆钢筋）	Φ
HRB3335 钢筋（带肋钢筋）	Φ
HRB400 钢筋（带肋钢筋）	Φ
RRB400 钢筋（带肋钢筋）	Φ^{R}

10.1.4　钢筋的表示方法

图 10-2 所示为钢筋的标注。

①标注钢筋的根数和直径（如梁内受力筋和架立筋）

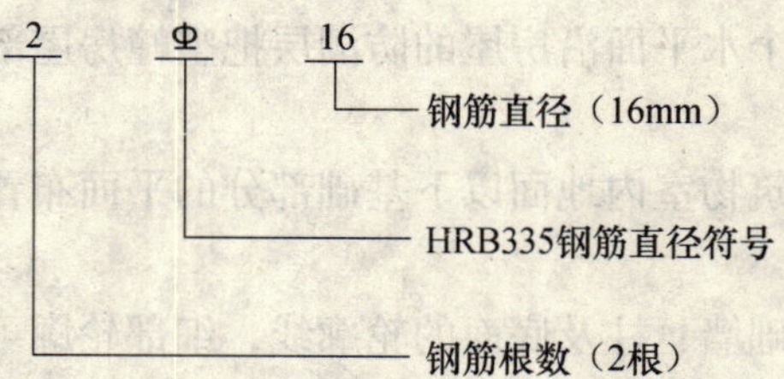

②标注钢筋的直径和相邻钢筋中心距（如梁内箍筋和板内钢筋）

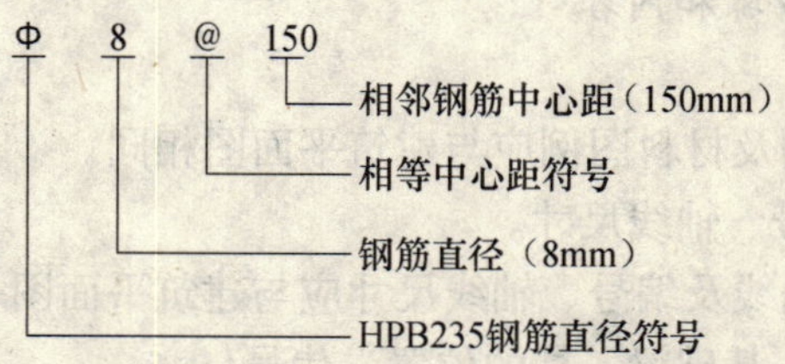

图 10-2　钢筋的标注

钢筋的表示方法列于表 10-3 中。

表 10-3　钢筋表示图例

名　称	图　例	说　明
钢筋横断面	°	
无弯钩的钢筋端部		下图表示长短钢筋投影重叠时，可在短钢筋的端部用 45° 短划线表示
预应力钢筋横断面	+	
预应力钢筋或钢铰线		用粗双点划线
无弯钩的钢筋搭接		
带半圆形弯钩的钢筋端部		
带半圆弯钩的钢筋搭接		
带直弯钩的钢筋端部		
带直弯钩的钢筋搭接		
带丝扣的钢筋端部		
接触对焊（闪光焊）的钢筋接头		
单面焊接的钢筋接头		
双面焊接的钢筋接头		
焊接网	W-1	一张网平面图

注：预应力钢筋及钢筋焊接接头的其他情况参见“GBJ 105—87”。

10.2　结构平面图

10.2.1　基础平面图

1. 基础平面图的表示方法

基础平面图是假想用一个水平面沿房屋的防潮层把整幢房屋剖开后，移去上层的房屋和泥土所作出的水平投影。

基础平面图表示的是建筑物室内地面以下基础部分的平面布置，它是施工时放灰线、开挖基坑和砌筑基础的依据。

基础平面图中只画出基础墙、柱及底面的轮廓线，细部轮廓可省略不画；剖切到的基础墙、柱画成粗实线，基础底面画细实线；若剖切到钢筋混凝土则涂黑；基础中的基础梁和地圈梁用粗单点长划线表示其中心线的位置。

2. 基础平面图的识读步骤和内容

（1）图名、比例。

基础平面图采用的比例及材料图例应与建筑平面图相同。

（2）各定位轴线及编号、轴线尺寸。

基础平面图的各定位轴线及编号、轴线尺寸应与建筑平面图一致。

（3）基础的平面布置；基础梁、柱的位置、代号。

（4）基础的编号、基础断面图的剖切位置及编号。

（5）施工说明。

图 10-3 所示为某 6 + 1 住宅楼桩基础平面布置图。图 10-4 所示为该楼构造柱平面布置图。

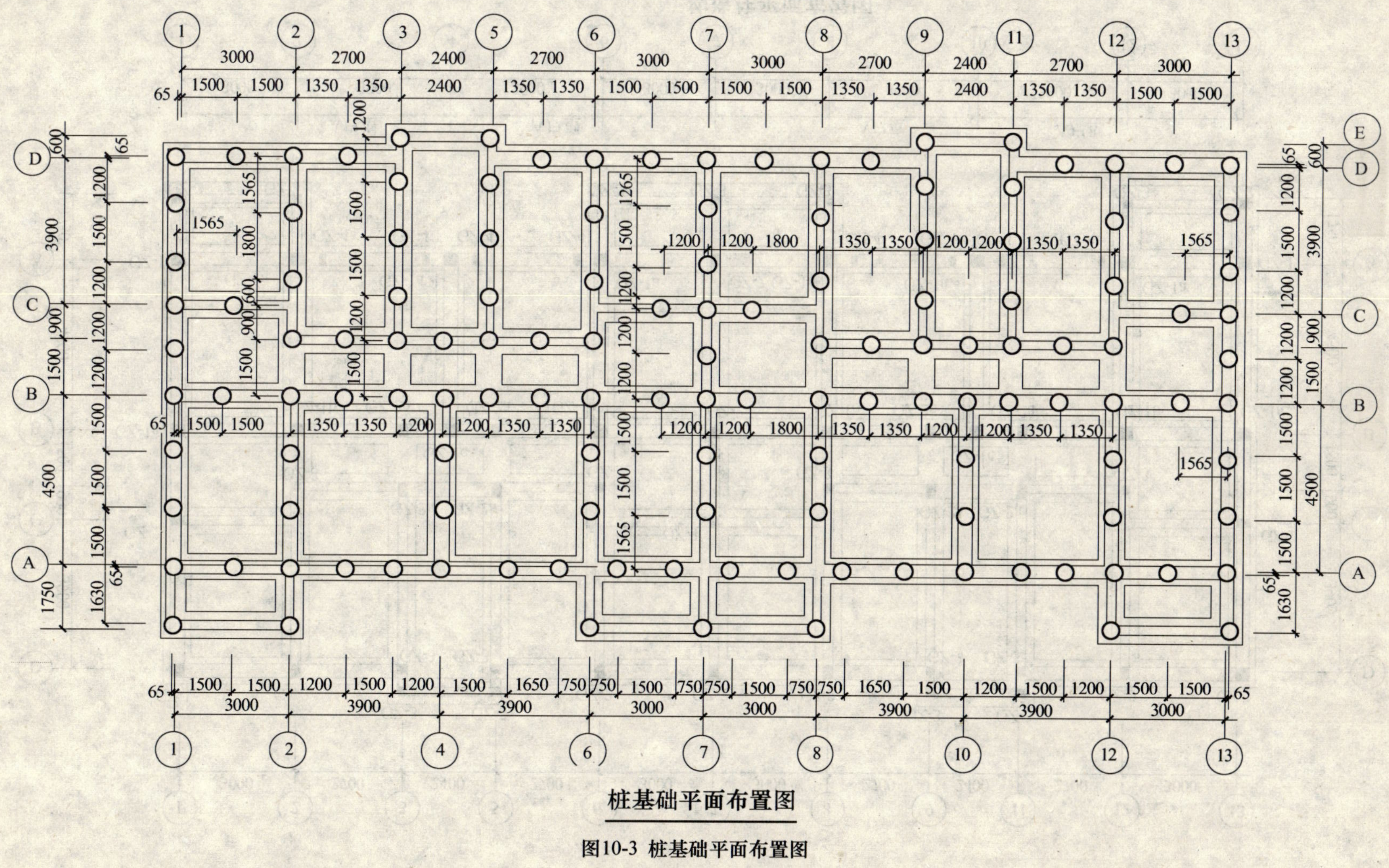

图10-3 桩基础平面布置图

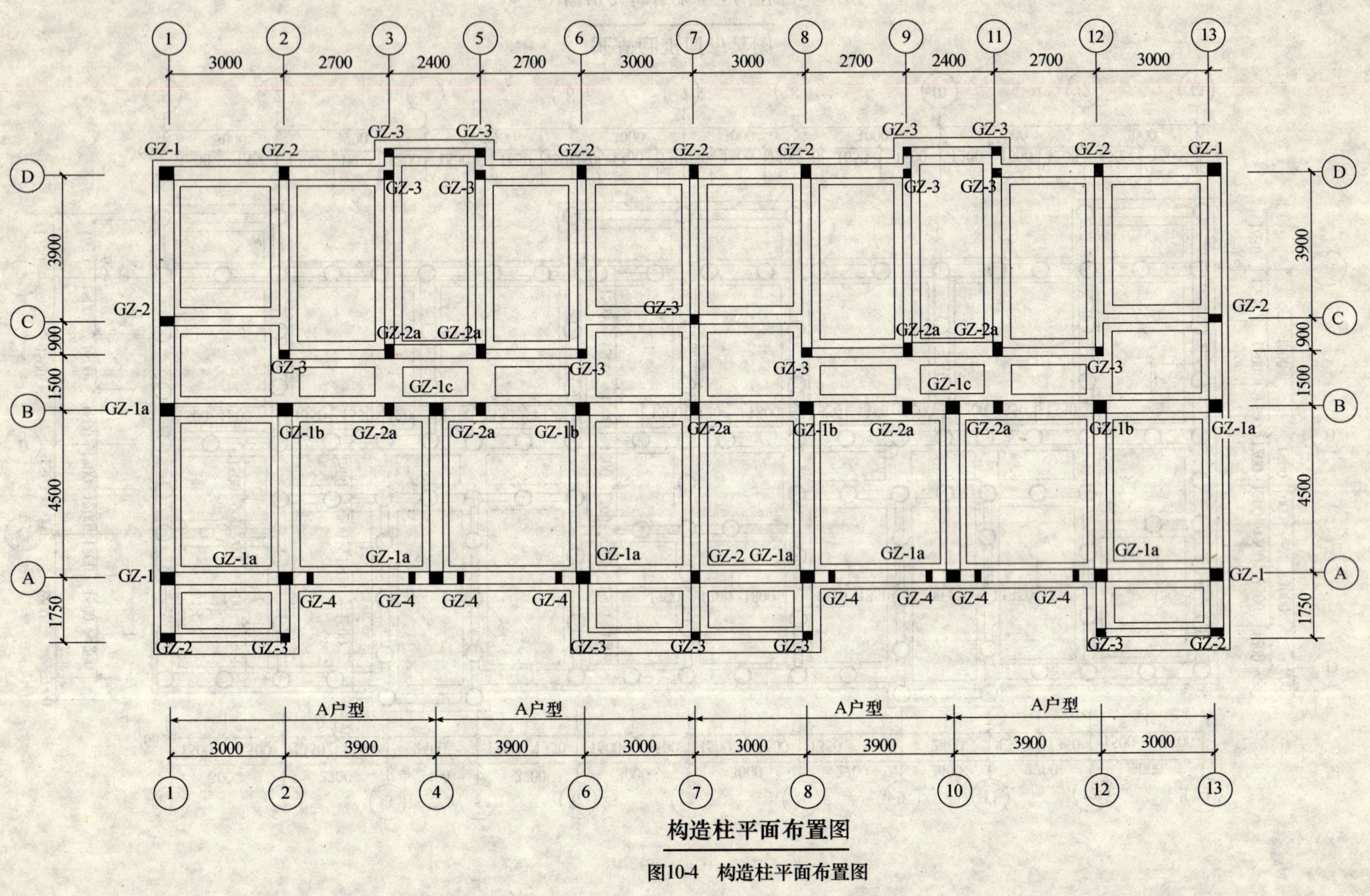

图10-4 构造柱平面布置图

10.2.2 楼层结构平面图

1. 楼层结构平面图的表示方法

楼层平面图是假想沿楼板面将房屋水平剖开后所作的楼层水平投影。

楼层结构平面图用来表示每层的梁、板、柱、墙等承重构件的平面布置及它们之间的构造关系，是现场安装或制作构件的施工依据。

（1）多层建筑一般应分层绘制楼层结构平面图，如果各层构件类型、大小、数量、布置均相同时，可只画出标准层楼层结构平面图，并注明适用楼层。

（2）若平面对称时，可采用对称画法，一半画屋面结构平面图，另一半画楼层结构平面图。楼梯间或电梯间因另有详图，可在平面图上用一相交对角线表示。

（3）当铺设预制板时，可用细实线分块画出铺设的方向，也可用一条对角线表示楼板的布置范围，并在对角线上方或下方写明预制板的数量及型号。现浇楼板可在平面图中直接表达现浇部分的配筋，注明编号、规格、直径、间距等；也可用对角线表示现浇板的范围，并注明现浇板字样（XB），然后另画详图表示。

（4）可见的钢筋混凝土楼板的轮廓线用细实线表示，楼板下面不可见的轮廓线用中虚线表示，剖切到的墙身轮廓线用中实线表示，剖切到的钢筋混凝土柱涂黑，梁、屋架、支撑等可用粗单点长划线表示其中心位置。

（5）圈梁、门窗过梁等的编号应注明。

2. 楼层平面图的识读步骤及内容

（1）图名、比例。

（2）各定位轴线及编号。

（3）墙、柱、梁、板等构件的位置及代号和编号。

（4）预制板的跨度方向、数量、型号或编号，预留孔洞的位置、大小。

（5）轴线尺寸及构件的定位尺寸。

（6）详图索引符号、剖切符号。

（7）文字说明。

图 10-5 所示为某 6 + 1 住宅楼某层的结构组合平面图，图 10-6 为该层的单元平面配筋图。

10.3 结构详图

结构平面图只能表示各承重构件的平面布置情况，而承重构件的形状、大小、构造、连接情况、材料等需用结构详图来表示。

结构详图主要包括配筋图、钢筋表及文字说明等。配筋图主要表示构件内部的钢筋配置、数量、形状、规格等，是钢筋下料、成形的依据。为了突出钢筋，假设混凝土是透明的，构件轮廓线用细实线表示，钢筋用粗实线表示，断面图中与断面垂直的钢筋用黑圆点表示，混凝土材料图例不必画出。

结构详图的识读内容是：

（1）图名、比例。

（2）梁、柱的长度，截面尺寸，标高及配筋情况。

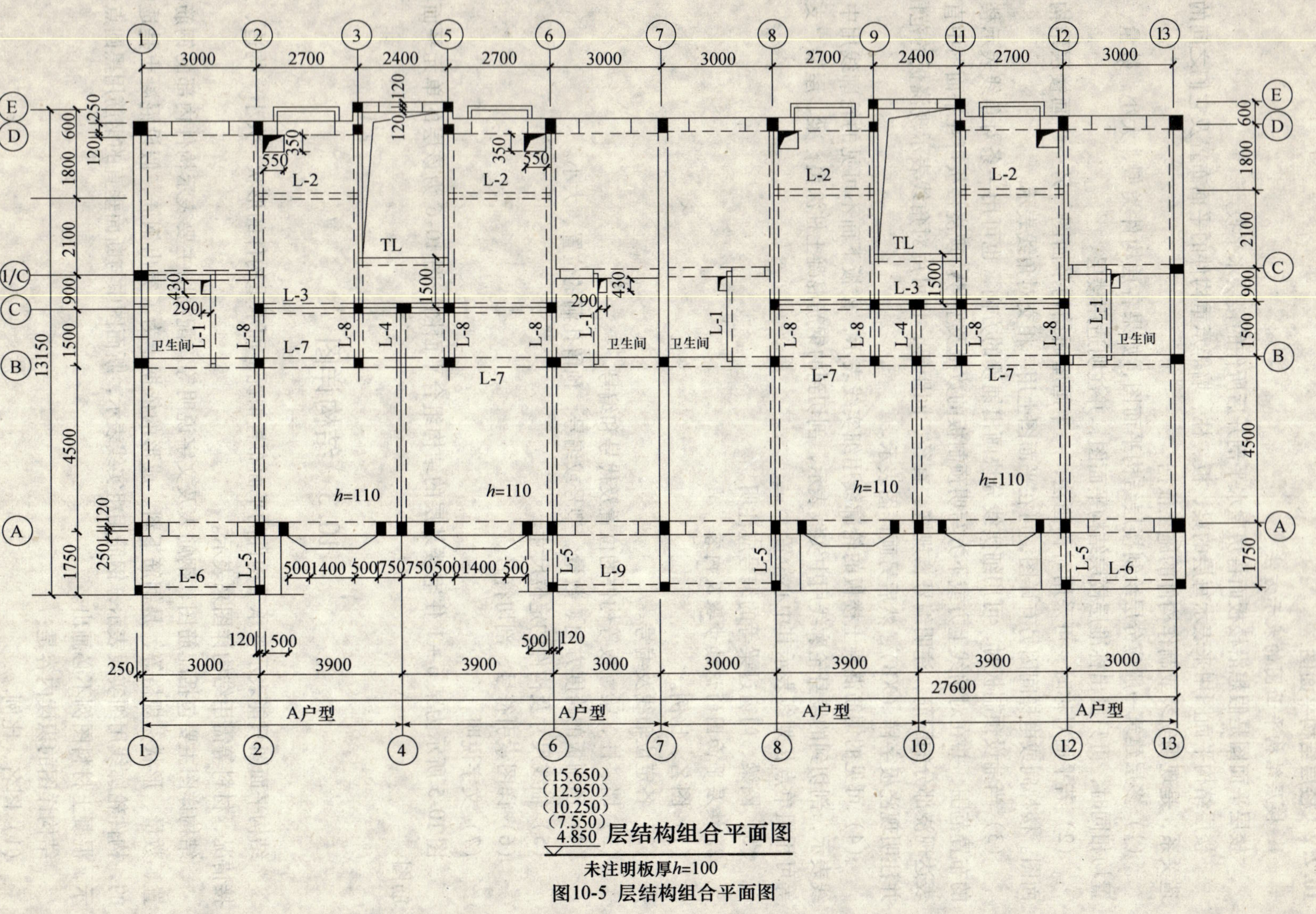

图10-5 层结构组合平面图

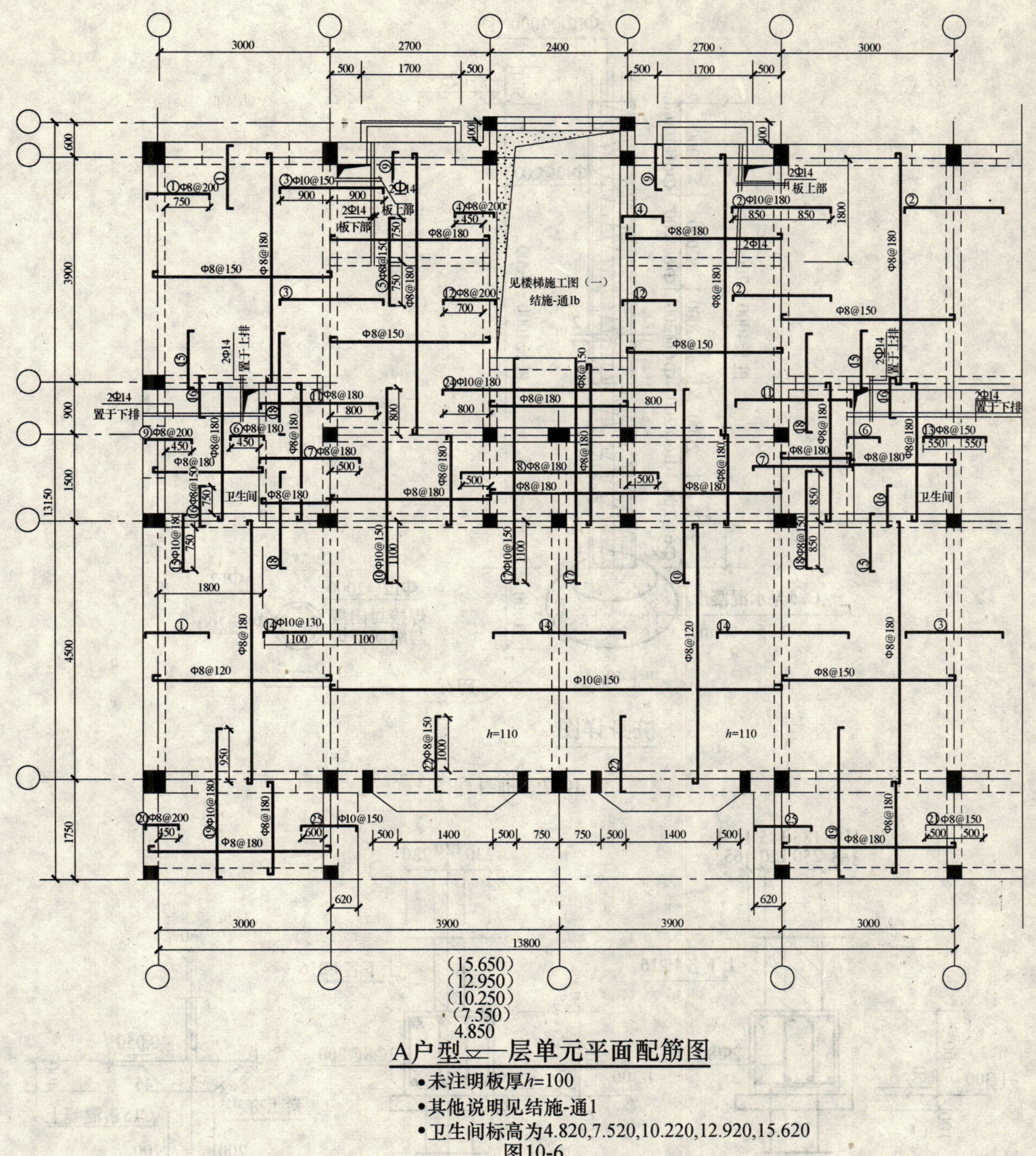

(15.650)
(12.950)
(10.250)
(7.550)
4.850
A户型▽一层单元平面配筋图

- 未注明板厚h=100
- 其他说明见结施-通1
- 卫生间标高为4.820,7.520,10.220,12.920,15.620

图10-6

（3）断面图的剖切位置、数量。

（4）钢筋详图及钢筋表。

10.3.1 基础详图

基础详图表示的是基础各部分的具体构造即断面形状、大小、材料、构造等，常用1∶20的比例绘制。图10-7所示为某6+1住宅楼桩基础的桩身详图。图10-8为该6+1住宅楼的墙基础详图。图10-9所示为条形基础详图。图10-10为独立基础详图。

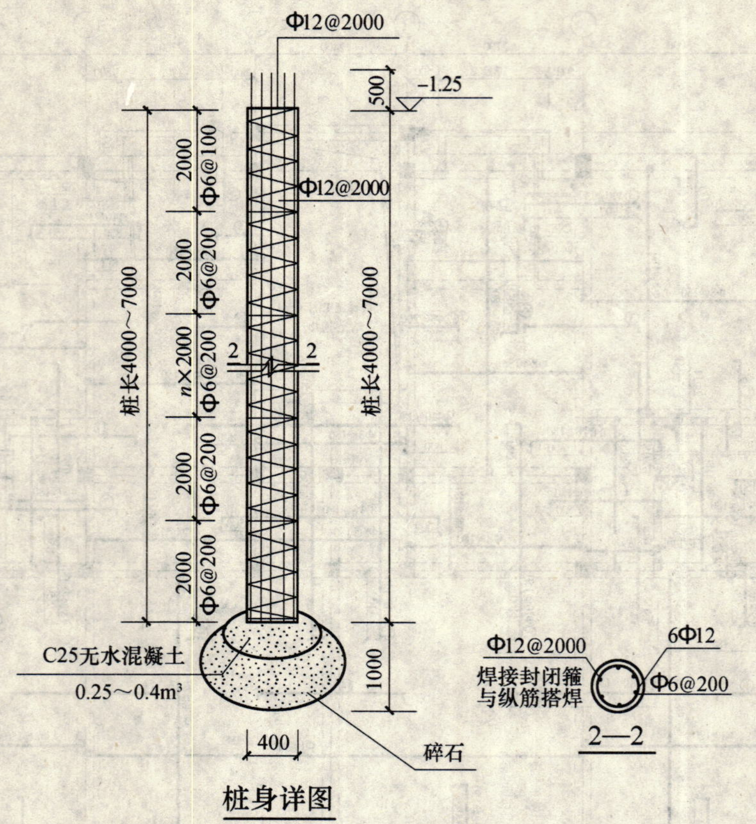

图 10-7 桩身详图

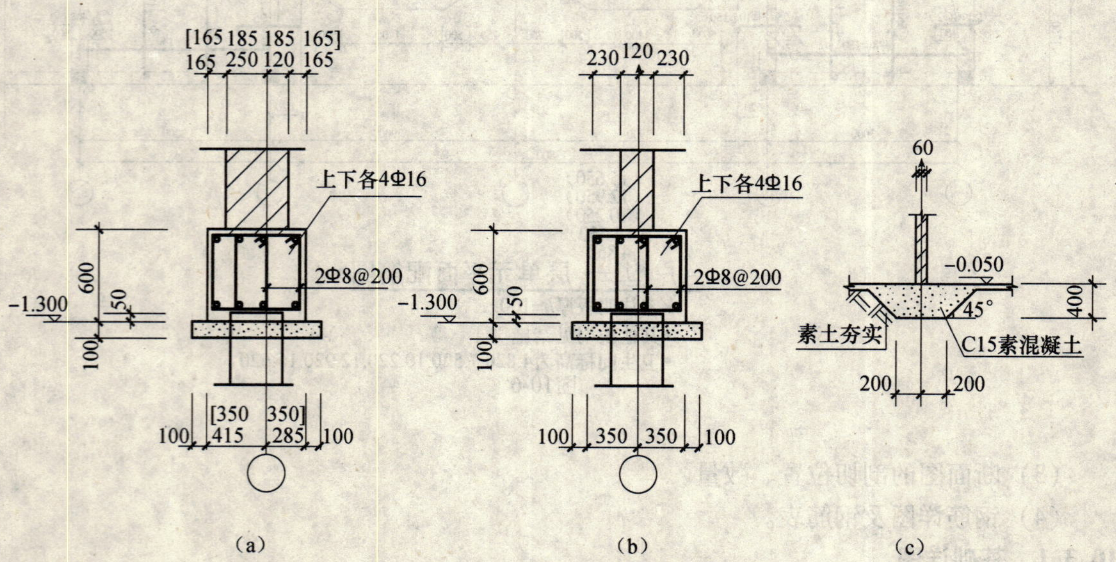

图 10-8 墙基础详图

(a) 370 墙基础;

(b) 240 墙基础; (c) 120 墙基础

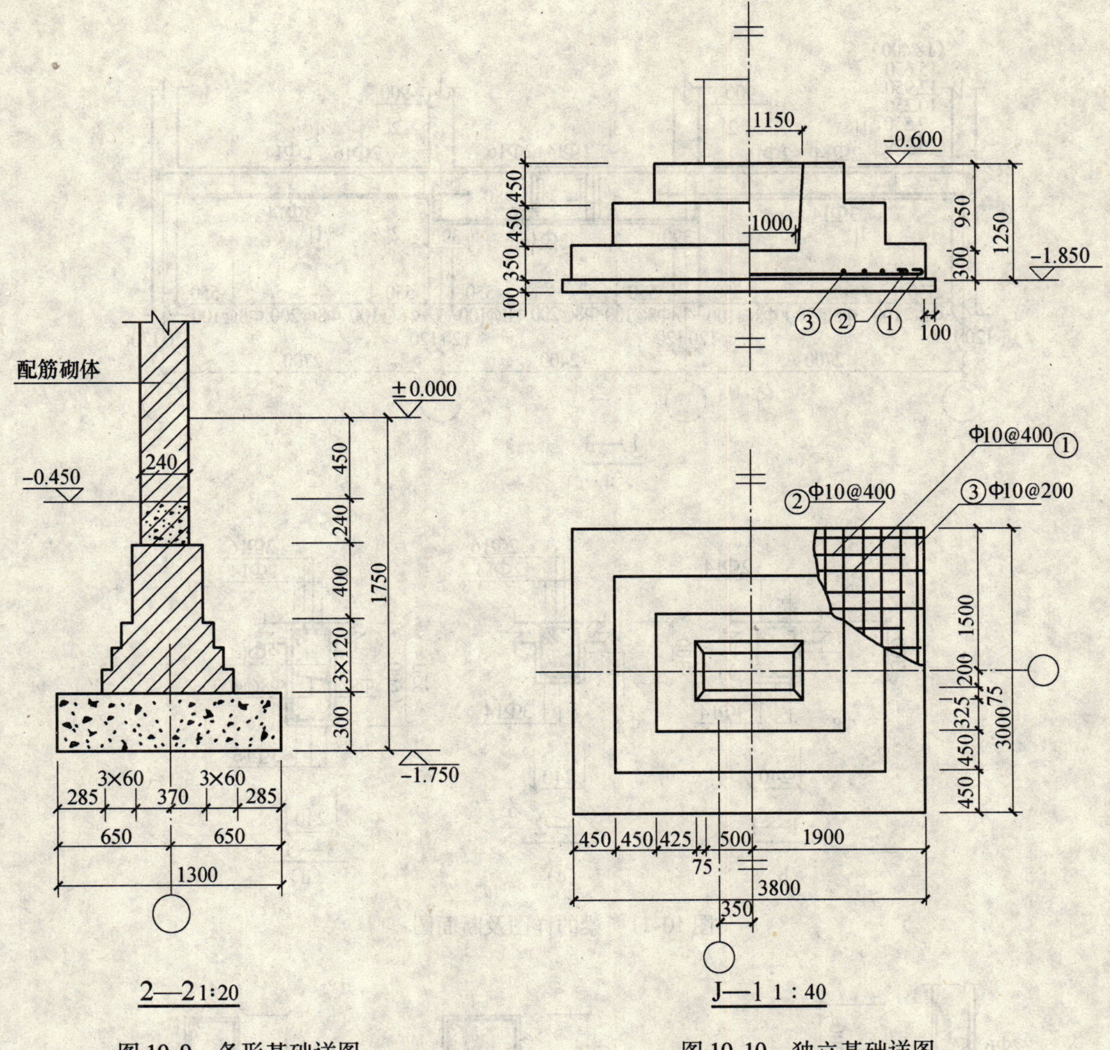

图 10-9　条形基础详图　　　　图 10-10　独立基础详图

10.3.2　钢筋混凝土构件详图

1. 梁的详图

图 10-11（a）所示为某 6 + 1 住宅楼梁的详图，由图可知梁的长度、标高及配筋情况。图 10-11（b）、（c）、（d）所示为该梁的几个不同位置的断面图，由图可知梁的截面尺寸及配筋情况。

2. 柱的详图

图 10-12 所示为某 6 + 1 住宅柱的详图，由图可知柱的各段标高、截面尺寸和配筋情况。

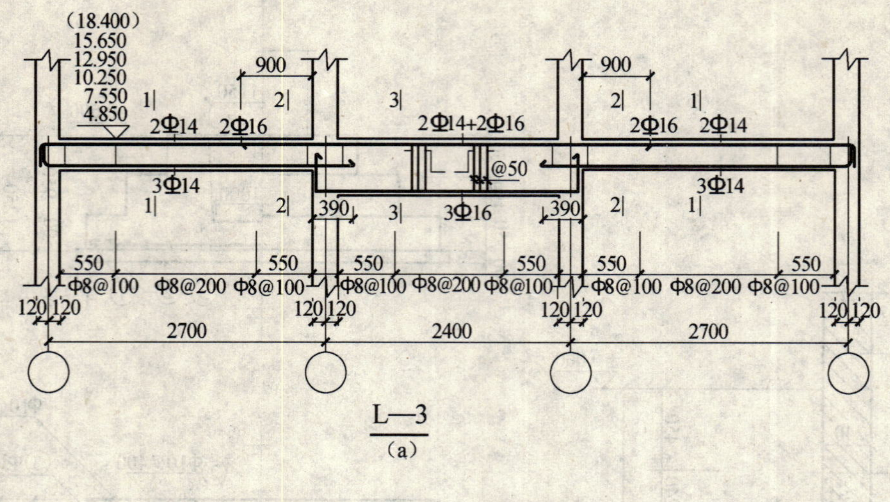

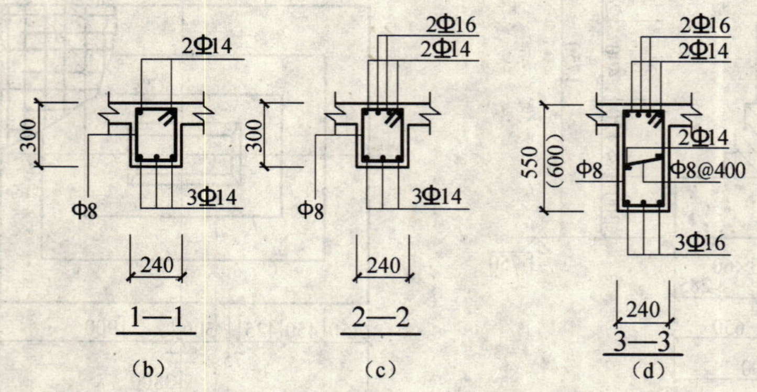

图 10-11　梁的详图及断面图

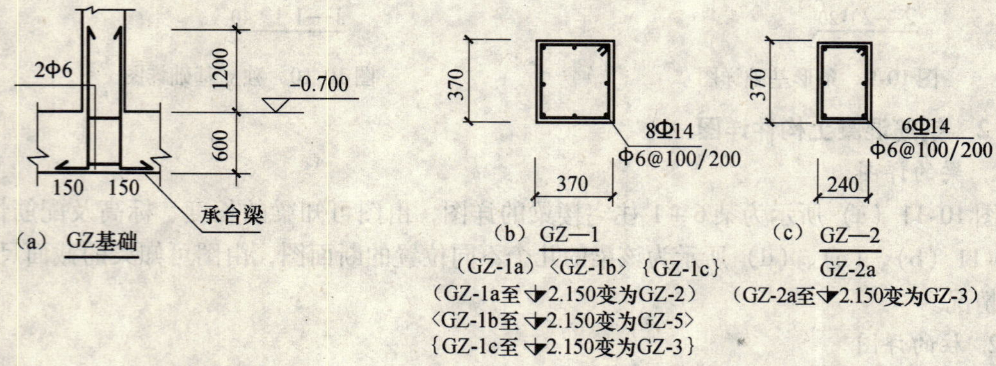

图 10-12　柱详图

10.3.3　楼梯详图

图 10-13 所示为某住宅楼的楼梯间平面详图；图 10-14 所示为楼梯剖面详图；图 10-15 所示为梯板结构详图；图 10-16 所示为梯梁详图。

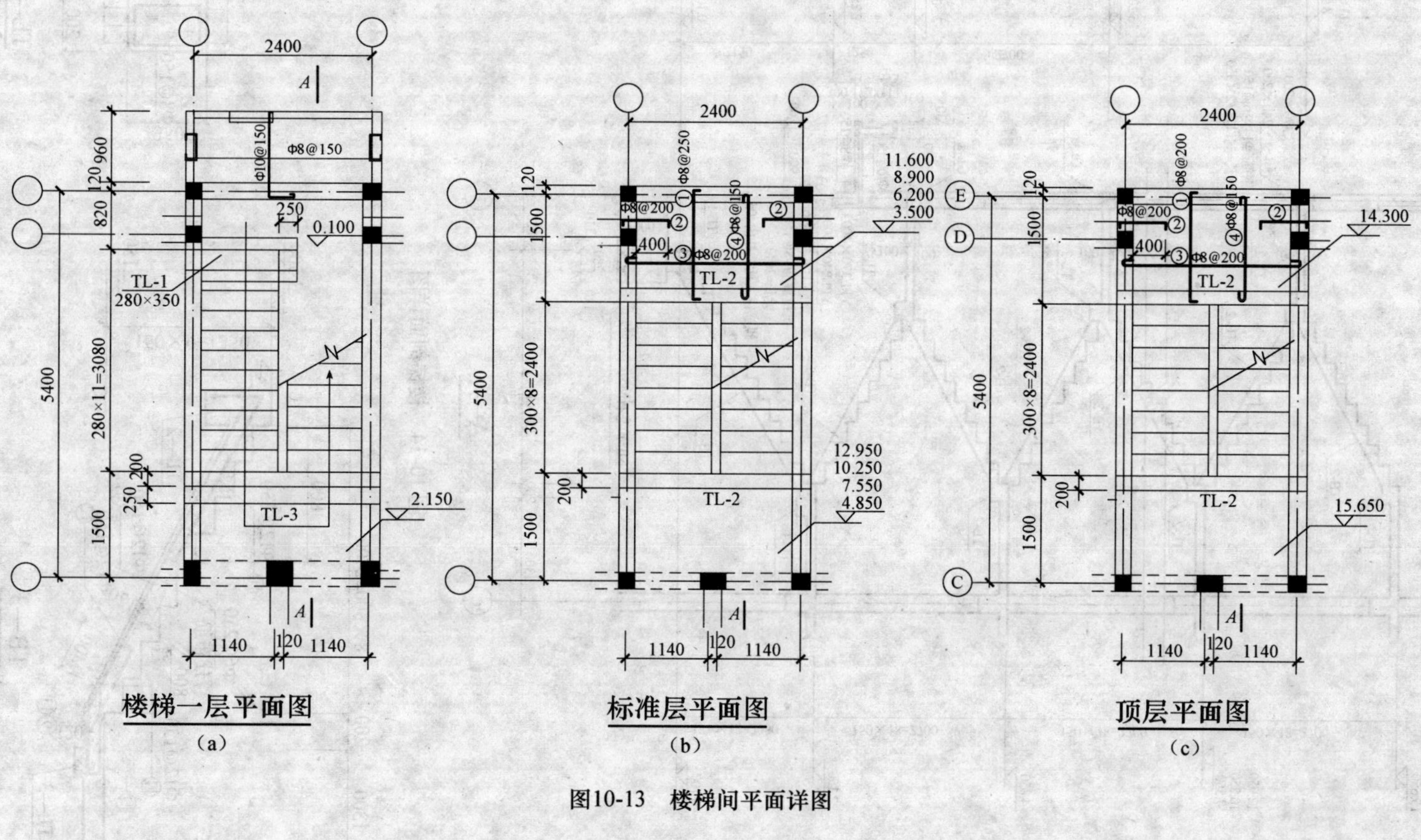

图10-13　楼梯间平面详图

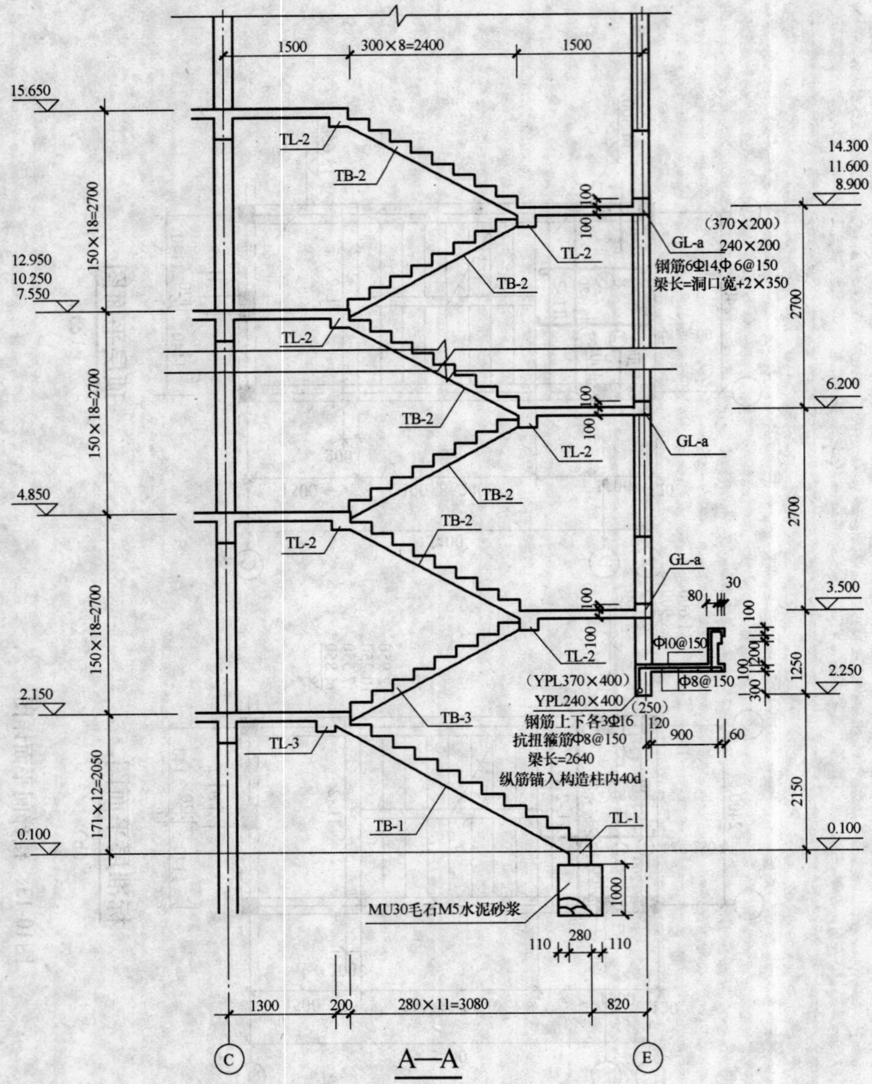

图 10-14　楼梯剖面详图

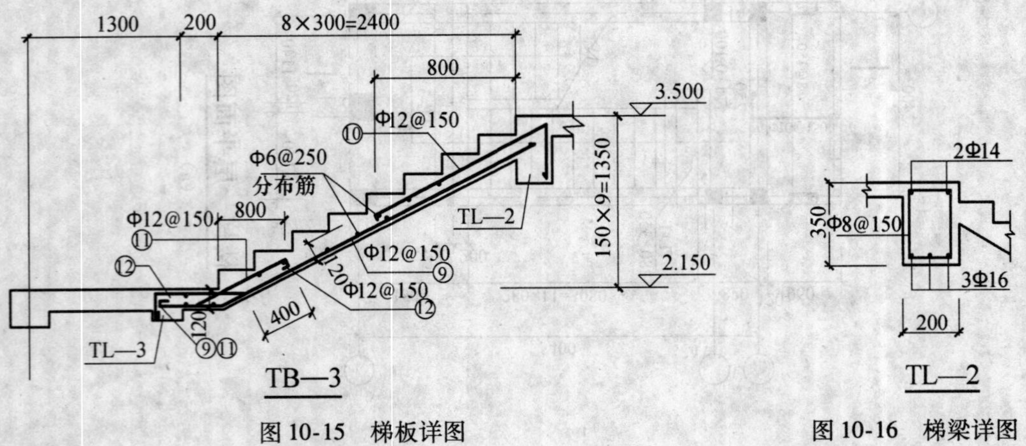

图 10-15　梯板详图

图 10-16　梯梁详图

10.3.4 节点构造详图

图 10-17 所示为某 6 + 1 住宅楼的窗台详图。

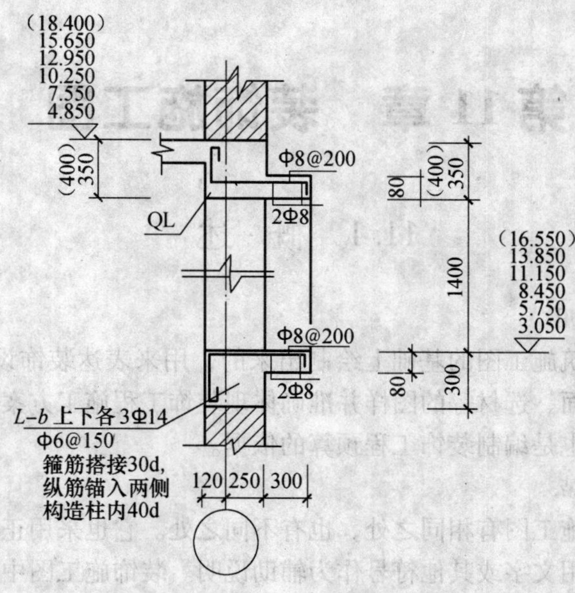

图 10-17 某 6 + 1 住宅楼窗台详图

图 10-18 所示为某 6 + 1 住宅楼的厨房灶台详图。

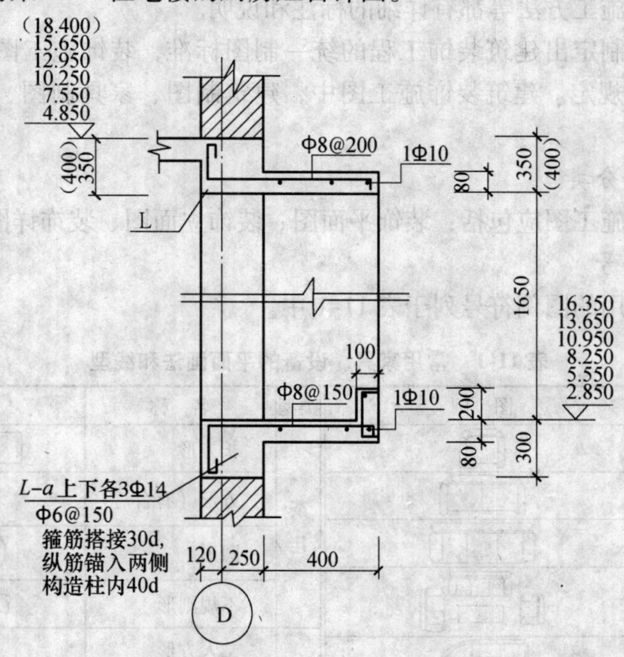

图 10-18 某 6 + 1 住宅楼厨房灶台详图

第 11 章　装饰施工图

11.1　概　述

1. 装饰施工图的作用

装饰施工图是在建筑施工图的基础上绘制出来的，用来表达装饰设计意图、空间布置、装饰构造以及造型、饰面、选材等的图样并准确体现装饰工程施工方案和方法。它是装饰工程管理和施工的依据，也是编制装饰工程预算的依据。

2. 装饰施工图的特点

装饰施工图与建筑施工图有相同之处，也有不同之处。它也采用正投影的方法，反映的主要是外表的内容，多用文字或其他符号作为辅助说明。装饰施工图中的每一个界面都有相应的装修施工图，所以其内容比建筑施工图多很多，另外由于装饰材料和装修造型的多样性，装饰构造和工艺比建筑构造的施工要复杂，因而装饰施工图的细部尺寸也非常多，且关于材料、工艺等具体施工方法等都有详细的标注和说明。

目前国家暂没有制定出建筑装饰工程的统一制图标准，装饰施工图一般沿用《房屋建筑制图统一标准》的规定。建筑装饰施工图中，建筑制图、家具制图、机械制图等几种画法和符号并存。

3. 装饰施工图的分类

一套完整的装饰施工图应包括：装饰平面图、装饰立面图、装饰详图和家具图。

4. 常用的图例符号

装饰施工图中常用的图例符号列于表 11-1 中。

表 11-1　常用家具、设备的平面画法和线型

类型	名　称	图　例
沙发	单人	
沙发	双人	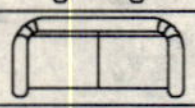
沙发	三人	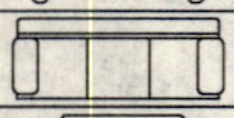
沙发	一＋二＋三组合	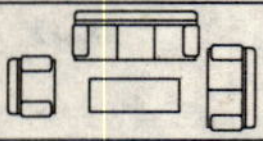
沙发	转角沙发	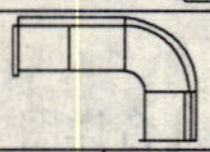
沙发	半圆形沙发	 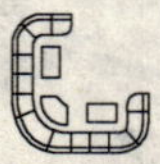
沙发	U 形沙发	
沙发	异形沙发一、二、三	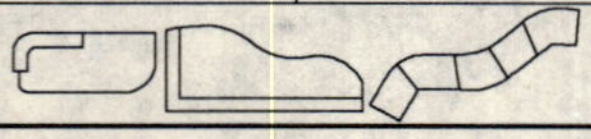

类型	名　称	图　例
茶几	长方形	 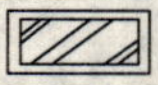
茶几	方形（有台灯）	
茶几	圆形	 
茶几	不规则形	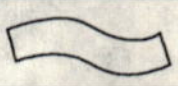 
餐桌	二人方形	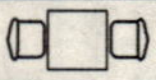
餐桌	四人方形	
餐桌	六人长方形	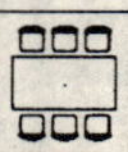
餐桌	四人圆形	

续表

类型	名称	图例
餐桌	六人圆形	
	八人圆形	
	12 人圆形	
	4 人快餐（火车座）	
	4 人快餐（快餐店）	
床	1200×2000	
	1500×2000	
	1800×2000	
	2000×2000	
	沙发床	
	儿童床	
	行军床	
办公家具	长方形会议桌 10～21	
	圆形会议桌 10～22	
	椭圆形会议桌 10～23	
	U 圆形会议桌 10～24	
	各种椅子	
	标准写字台	
	老板台一	
	老板台二	
	电脑桌一、二、三	
	转角写字台	
	开敞式组合办公桌椅	
	文件柜、书柜	
	船形会议桌 10～20	

类型	名称	图例
客房	单人床、床头	
	双人床、床头	
	客房组合柜	
	衣柜	
厨房	一字型台面	
	L 字型台面	
	U 字型台面	
电器	冰箱	
	冰柜	
	电视	
	电脑	
	电风扇	
	电暖器	
	电热水器	
	矿泉水机	
	洗衣机一、二、三	
	电饭锅	
	微波炉	
	电磁炉	
	柜式空调	
	挂式空调	
	音响	
	电话	
	打印机	
	传真机	
	复印机	

续表

类型	名　称	图　例	类型	名　称	图　例
洁具	坐便		灯具	立灯	
	蹲便			台灯	
	小便器			异型灯一、二、三	
	柱式洗面盆		绿化	花一、二、三、四	
	台式洗面盆			草一、二、三、四	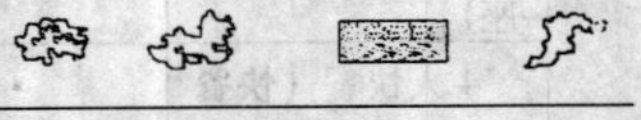
	浴缸一、二、三			树一、二、三、四	
	浴箱一、二、三		体育器材	健身器一、二、三	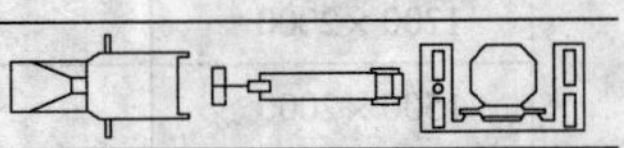
	冲浪浴箱一、二、三			乒乓球	
	拖布池			台球	
灯具	荧光灯			棋牌桌	
	花灯一、二、三			轮椅	
	筒灯		钢琴	台式钢琴	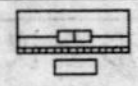
	吸顶灯			三角钢琴	
	壁灯			衣帽架	

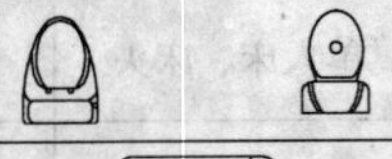

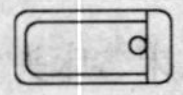

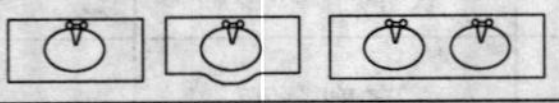

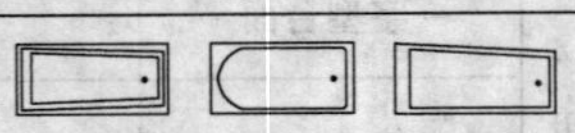

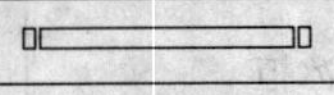

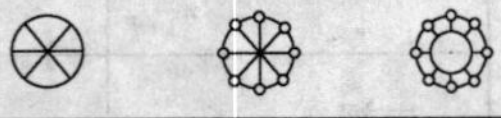

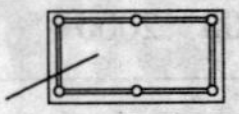

5. 装饰施工图常用的表达方法

图 11-1 ~ 图 11-6 所示为装饰施工图常用的表达方法。

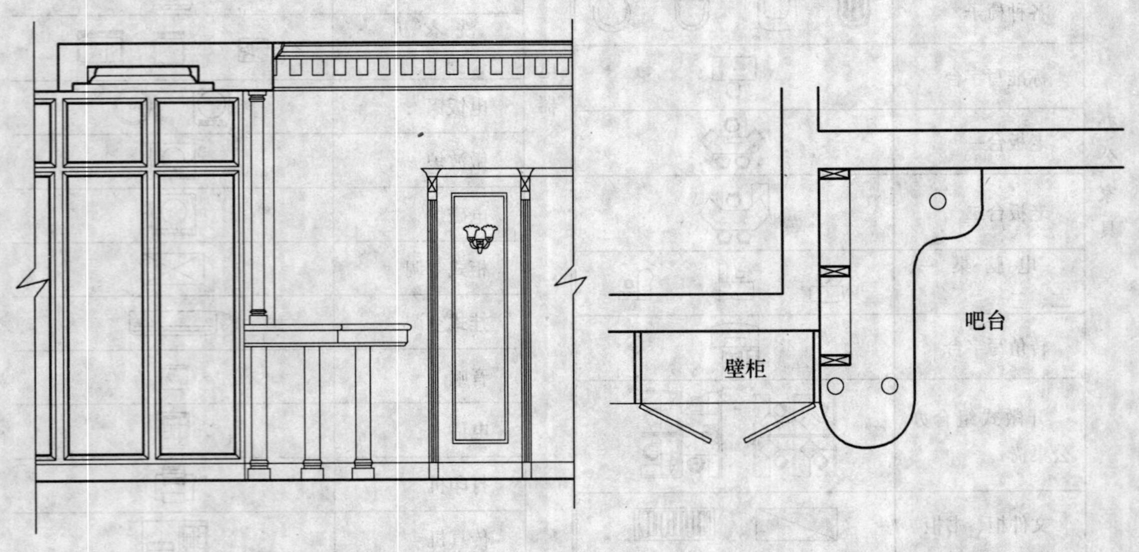

图 11-1　家具靠墙时的墙面画法

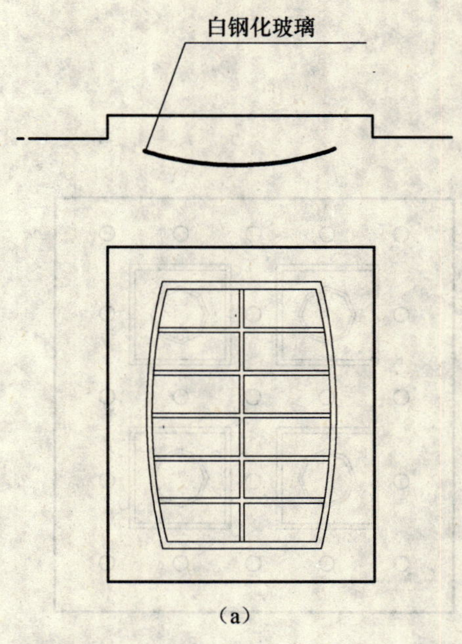

（a）

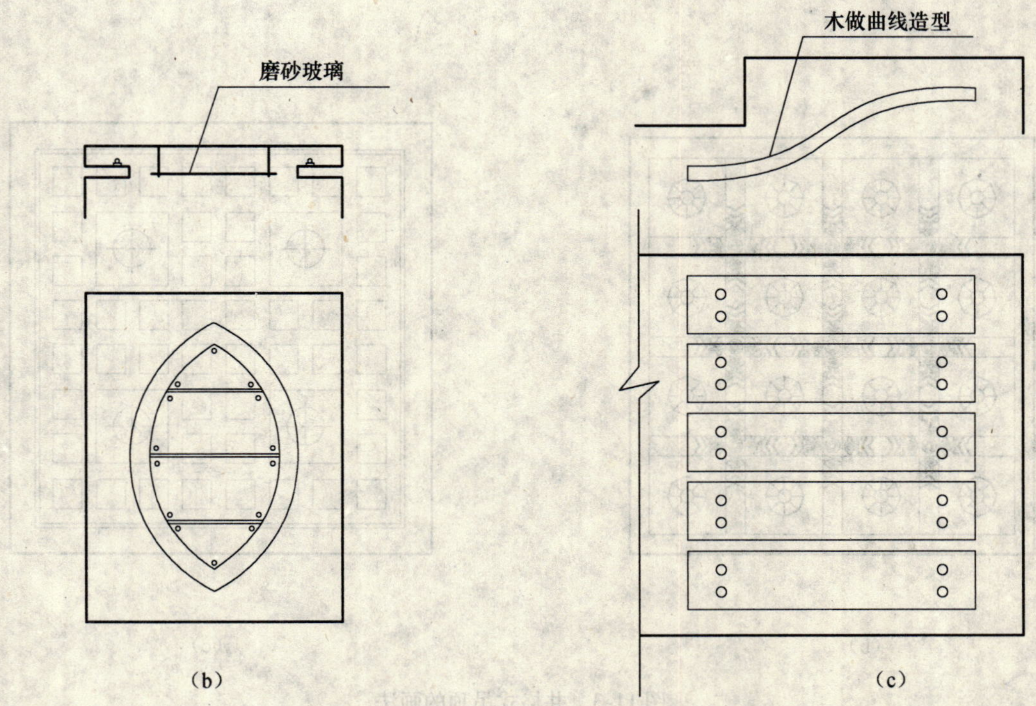

（b）　（c）

图 11-2　悬浮式吊顶的几种画法

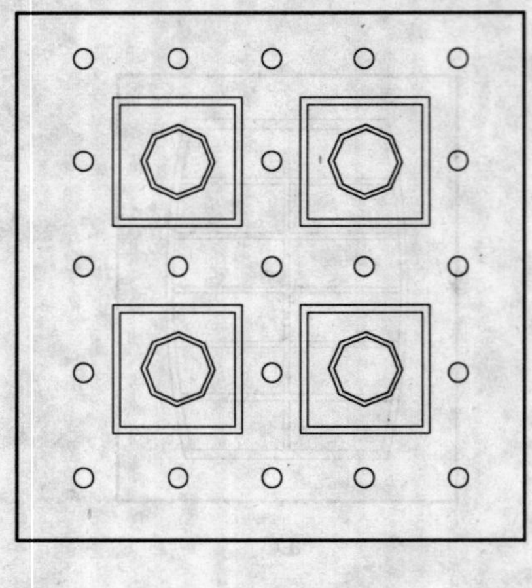

（a）

（b）

（c）

图 11-3　井格式吊顶的画法

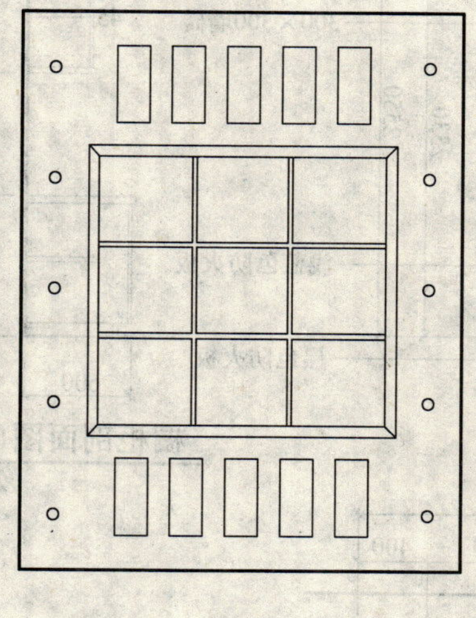

(a)

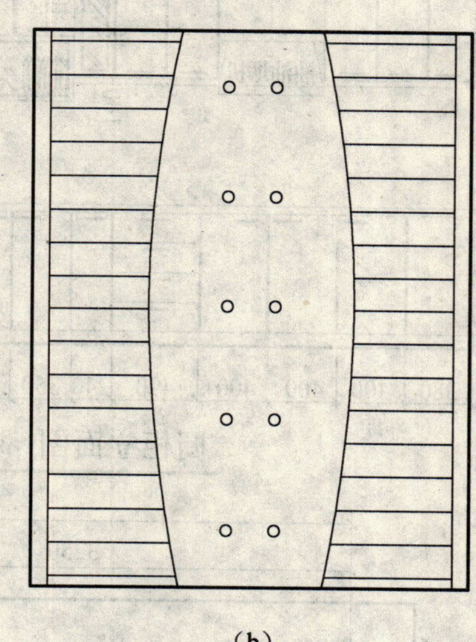

(b)

图 11-4　发光式吊顶的画法

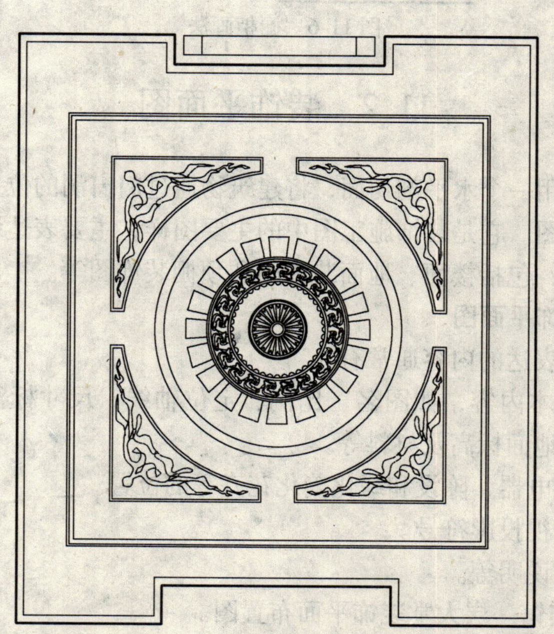

图 11-5　细部雕刻天花的画法

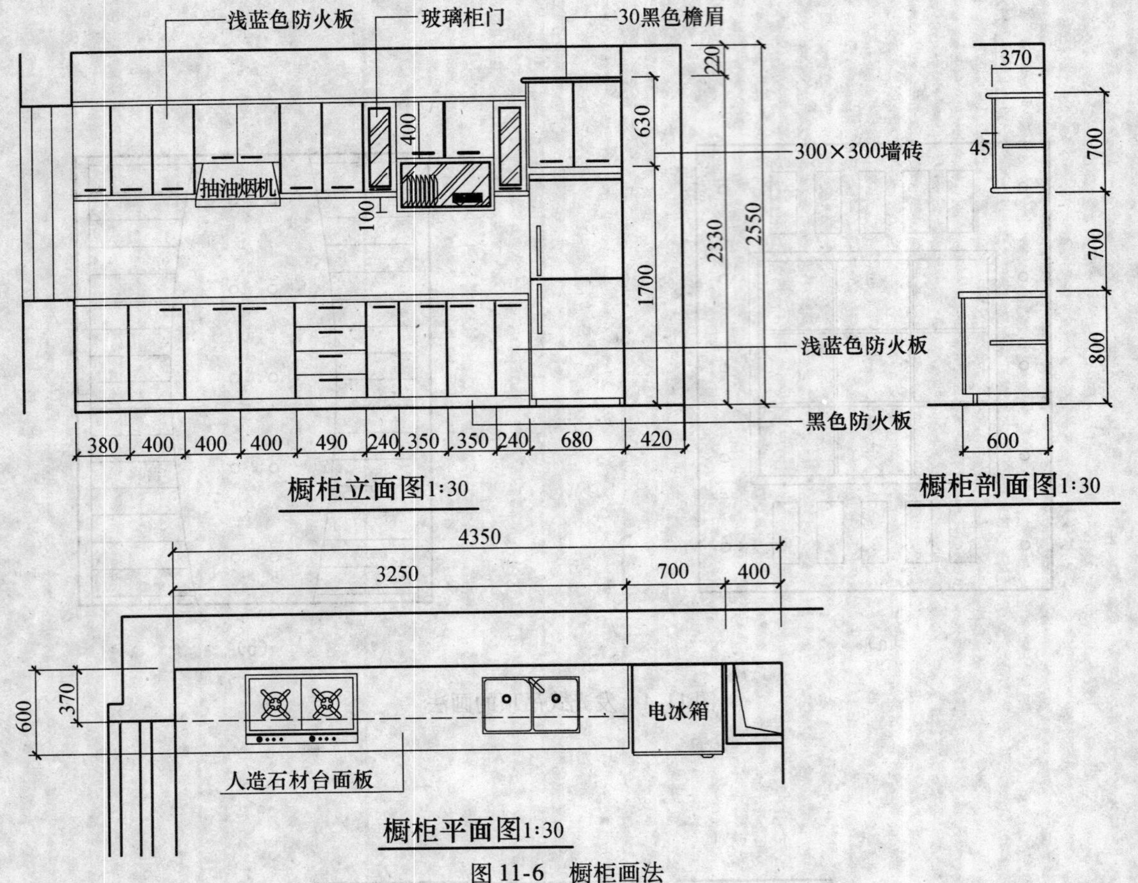

图 11-6　橱柜画法

11.2　装饰平面图

装饰平面图是假想用一个水平剖切面，将建筑物通过门窗洞的位置切开，移去上面的部分所得到的水平正投影图。它是装饰施工图中的主要图样，主要表达装饰材料、家具和设备的平面布置和施工做法，包括楼面、地面装饰图和顶棚装饰图等。

11.2.1　楼面、地面装饰平面图

楼面、地面装饰图表达的内容通常有：

1. 建筑平面图的基本内容，如图名、比例、定位轴线、尺寸标注、墙、柱、功能分区及名称、门窗、室内楼地面标高及材料等。

2. 室内家具、家用电器、陈设和绿化美化花卉等的位置。

3. 装饰立面图的内视投影符号。

4. 索引符号及其他说明等。

图 11-7 所示为某宾馆一层大堂装饰平面布置图。

由图可知，大堂的功能分区是：前厅和服务台左侧为休息厅、电梯厅和楼梯间；右侧为咖啡吧、商务中心、美容美发室、水箱间、锅炉控制室等。

前厅、休息厅、咖啡吧和商务中心内有立面图墙面内视符号。

大堂地面采用 1000×1000 白色斯米克地砖。

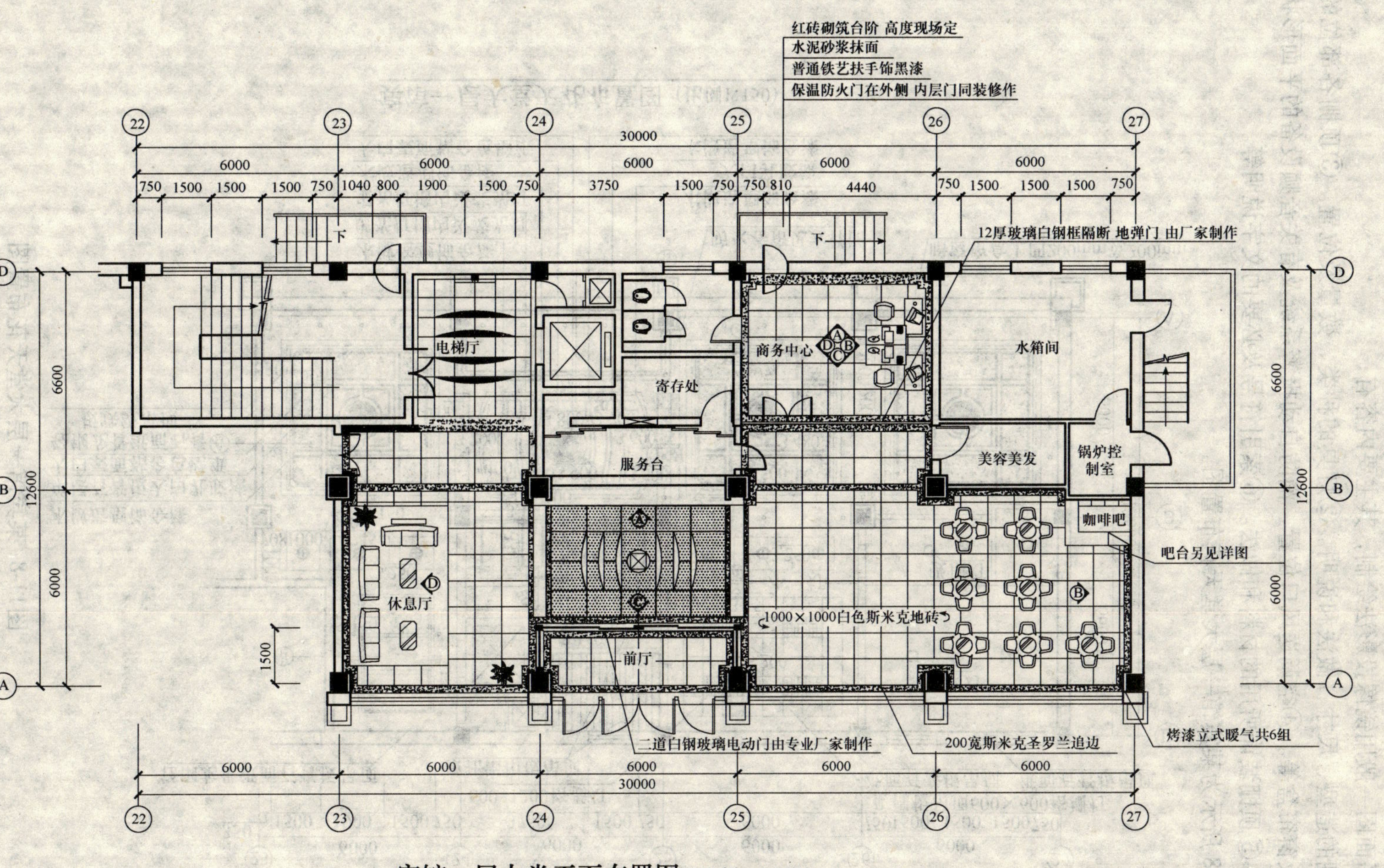

宾馆一层大堂平面布置图（比例 1:150）

图11-7 某宾馆一层大堂装饰平面布置图

11.2.2 顶棚装饰平面图

顶棚平面图一般用镜像投影法绘制，其主要内容有：

①顶棚的造型、尺寸、做法和说明。②灯具的种类、数量及位置。③顶棚各部位的标高；窗帘及窗帘盒等。④空调送风口位置、消防自动报警系统及有关音频设备的平面形状和安装位置。⑤顶棚装饰所用的材料和做法。⑥索引符号及必要的文字说明等。

图 11-8 所示为某宾馆一层大堂天花布置图。

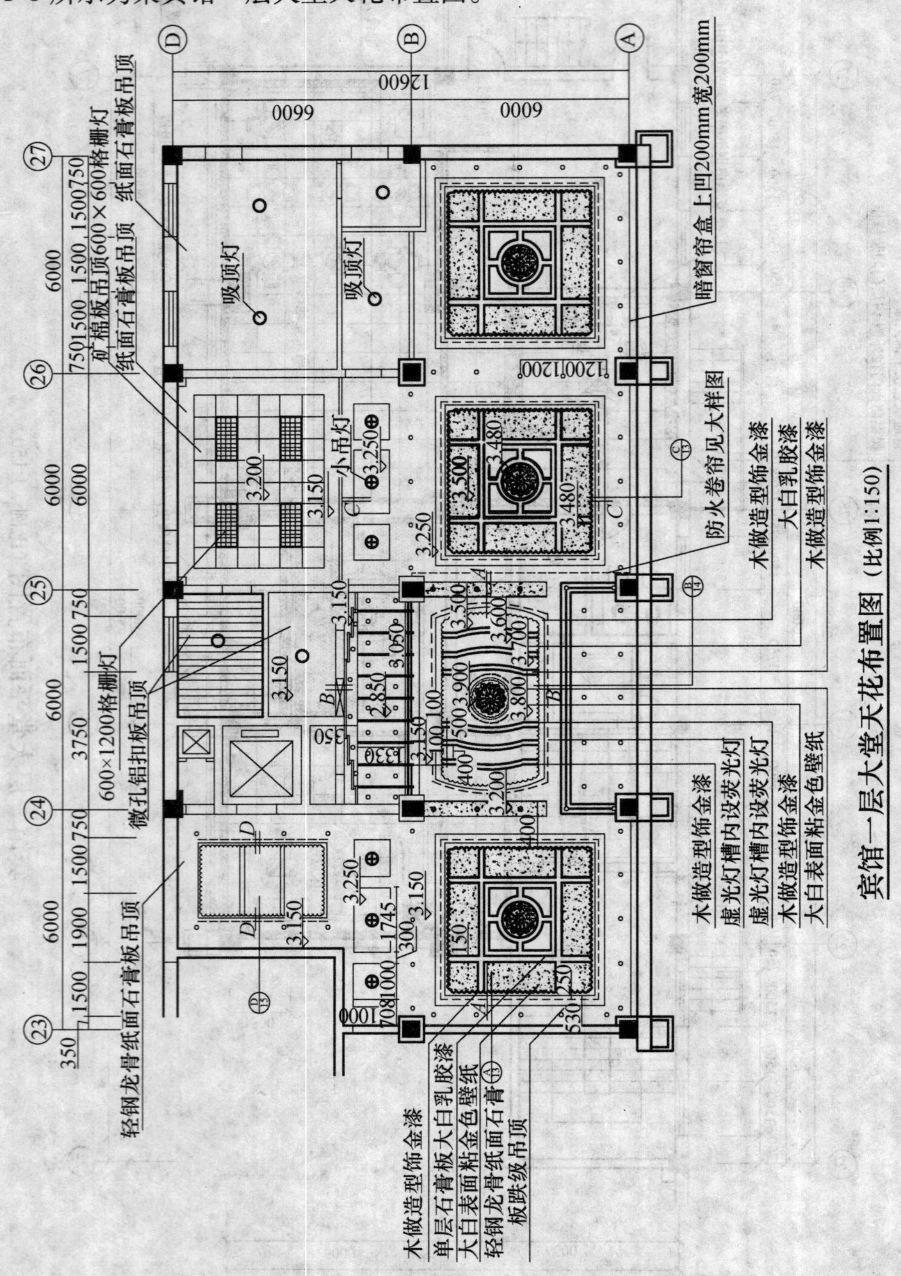

图11-8 某宾馆一层大堂天花布置图

11.3　装饰立面图

装饰立面图是将房屋的室内墙面按内视投影符号的指向，向直立投影面所作的正投影。它主要反映的是室内各墙面及其他直立面的设计形式、尺寸、做法、材料、色彩等，是装饰施工图的主要图样。装饰立面图一般采用与平面图一样的比例。有特殊需要时，也可采用较大的比例。图 11-9 ~ 图 11-12 所示为某宾馆一层大堂的 A，B，C，D 立面图。

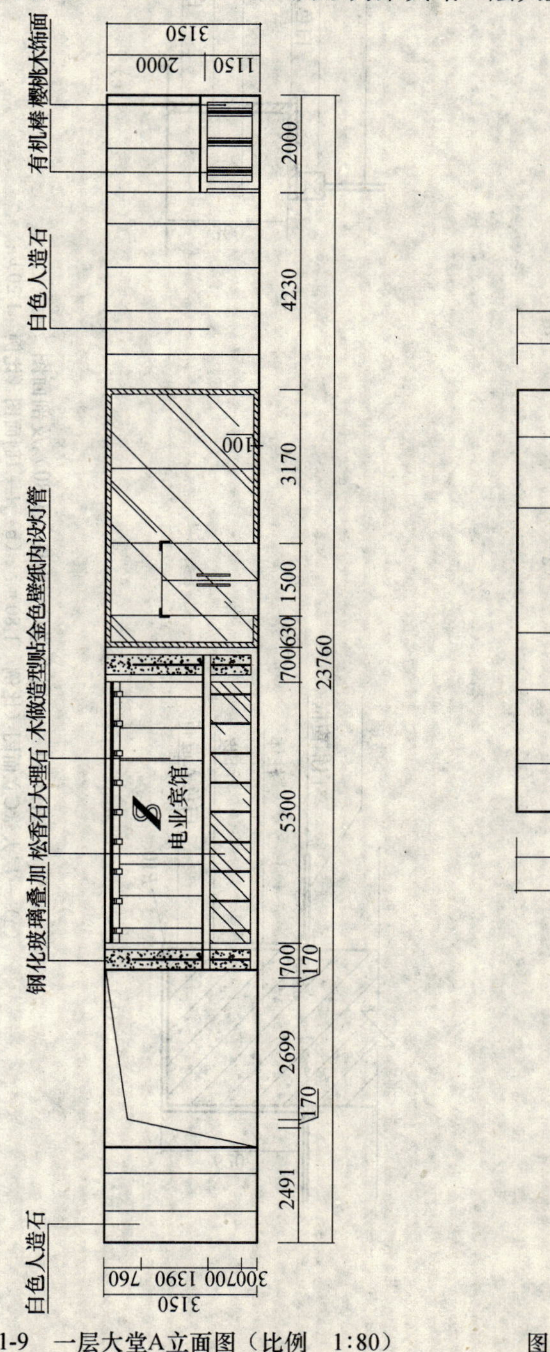

图11-9　一层大堂A立面图（比例　1:80）

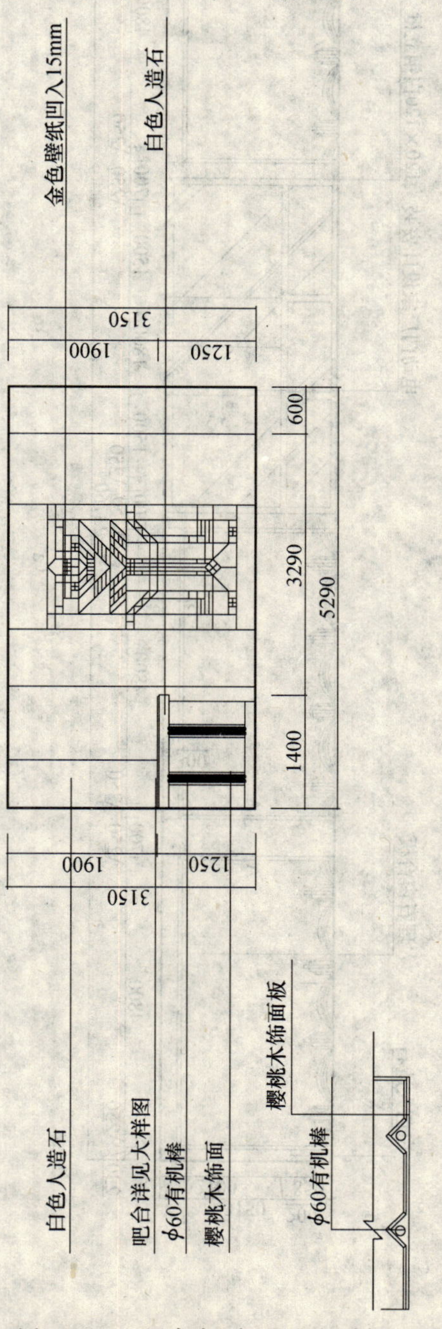

图11-10　一层大堂B立面图（比例　1:50）

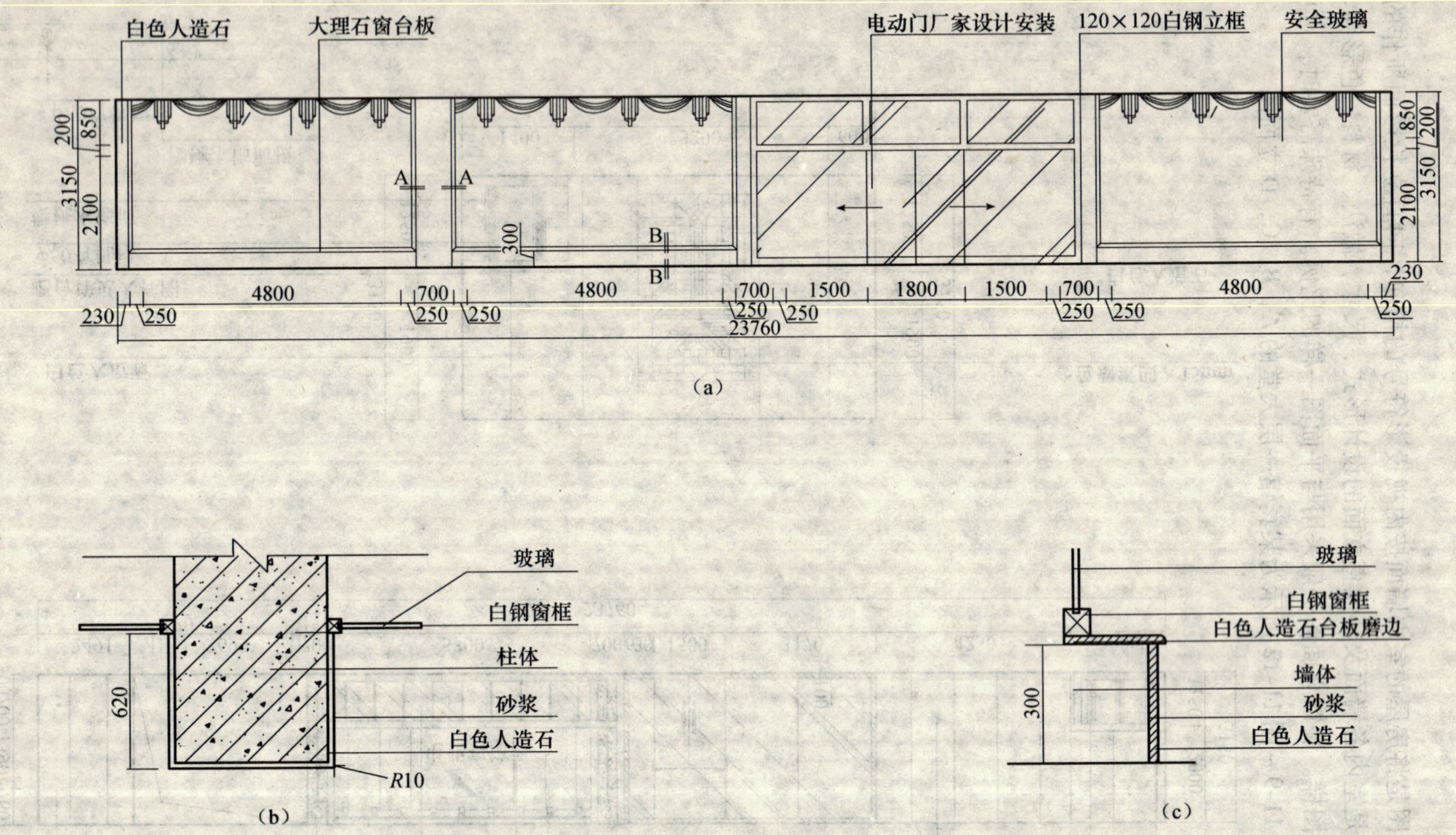

图11-11 一层大堂C立面图（1:80）及剖面图

（a）一层大堂C立面图（比例 1:80）；（b）*A—A*剖面图（比例 1:20）；

（c）*B—B*剖面图（比例 1:10）

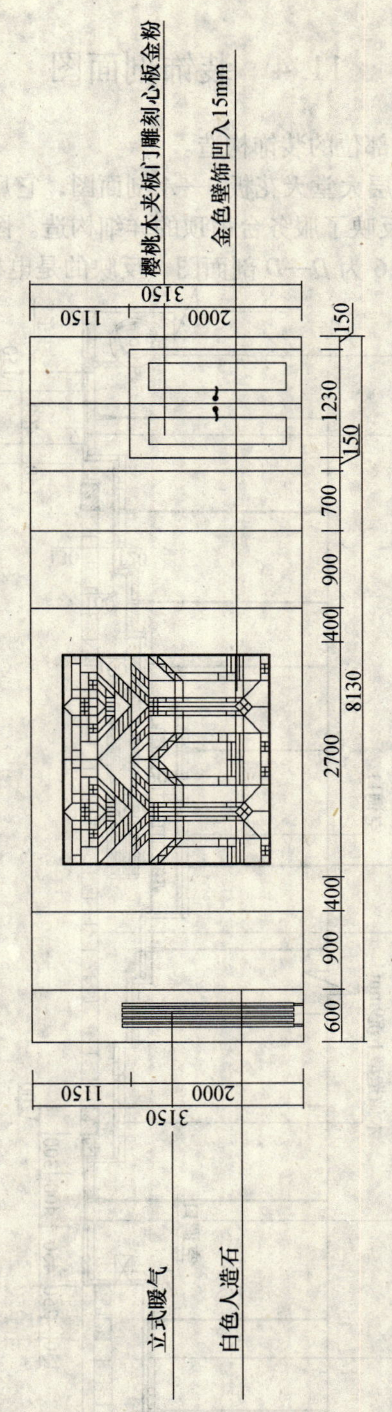

图11-12　一层大堂D立面图（比例　1:50）

读图时应先从装饰平面图上确定视图位置和方向。

由图可知，休息厅顶面完成标高为3.150m，采用轻钢龙骨纸面石膏板跌级吊顶；前厅顶面完成标高分别为：3.150m，3.500m，3.600m，3.700m，3.800m，灯具为虚光灯槽内设荧光灯；商务中心顶面完成标高分别为：3.150m，3.200m。

11.4　装饰剖面图

装饰剖面图主要反映某些部位的装饰构造。

图 11-13 所示为某宾馆一层大堂天花板 *A—A* 剖面图，它反映了休息厅吊顶的详细构造。图 11-14 为 *B—B* 剖面图，它反映了服务台吊顶的详细构造。图 11-15 为 *C—C* 剖面图，反映的是咖啡厅吊顶构造。图 11-16 为 *D—D* 剖面图，反映的是电梯厅吊顶的构造。

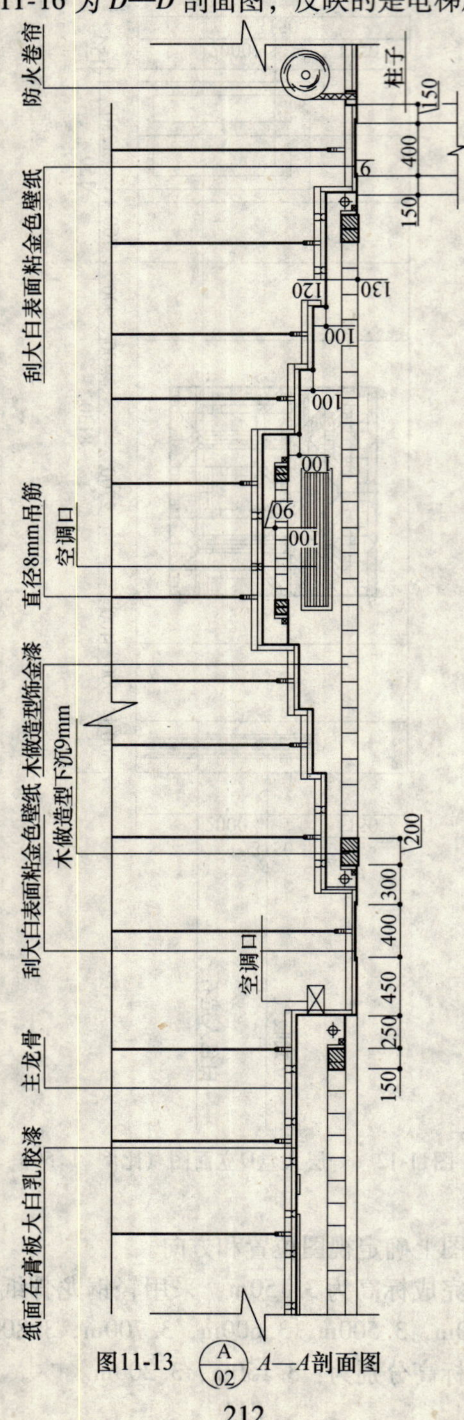

图11-13　A/02　*A—A*剖面图

纸面石膏板大白乳胶漆
木做造型饰金漆
副龙骨
主龙骨
直径8mm吊筋
12mm石膏板
荧光灯管
直径60mm亚克力管
12厚密度板叠加饰金粉
滑动推板
空调口
柱子
12厚密度板饰金粉
A 剖面图

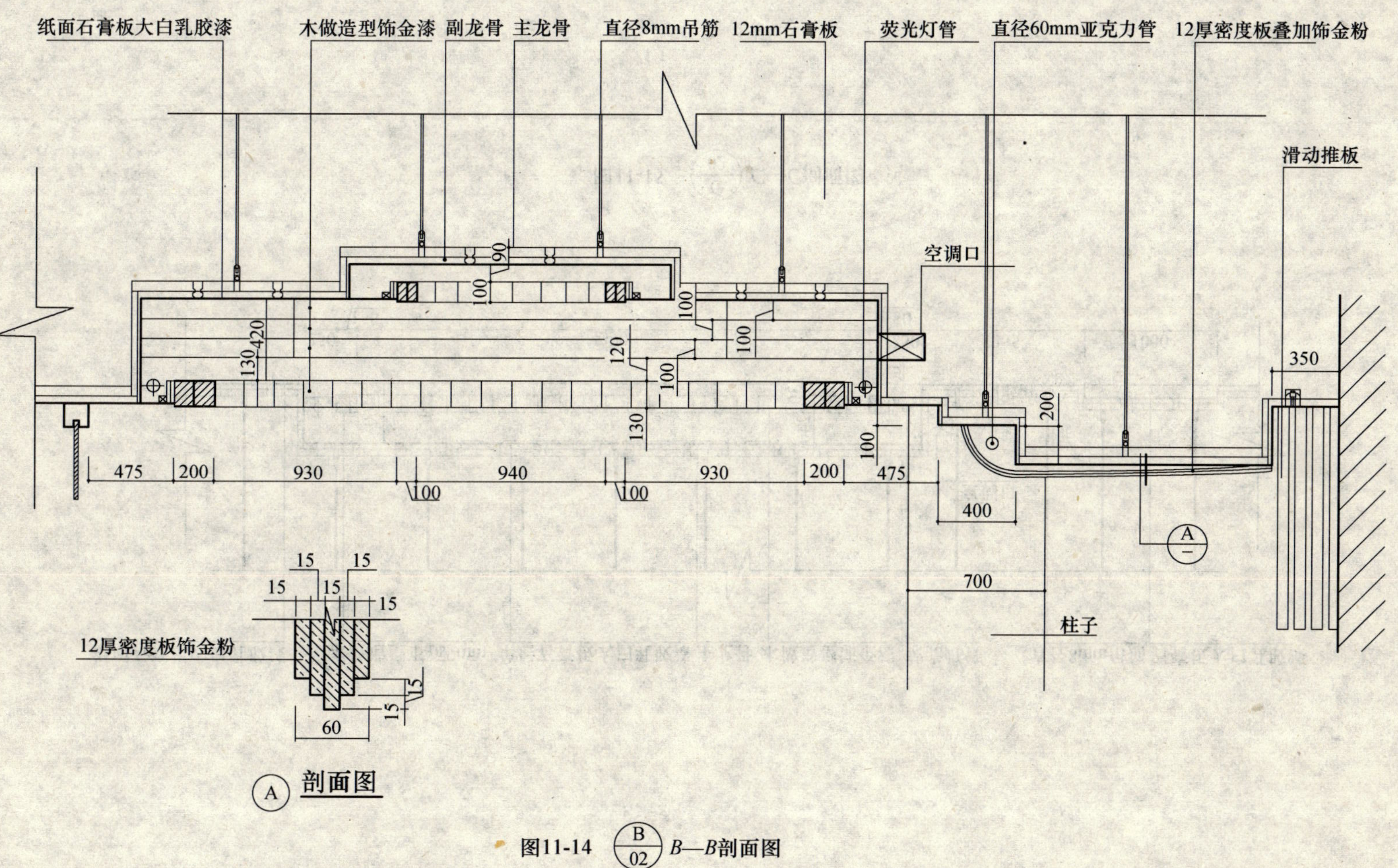

图11-14 B—B剖面图

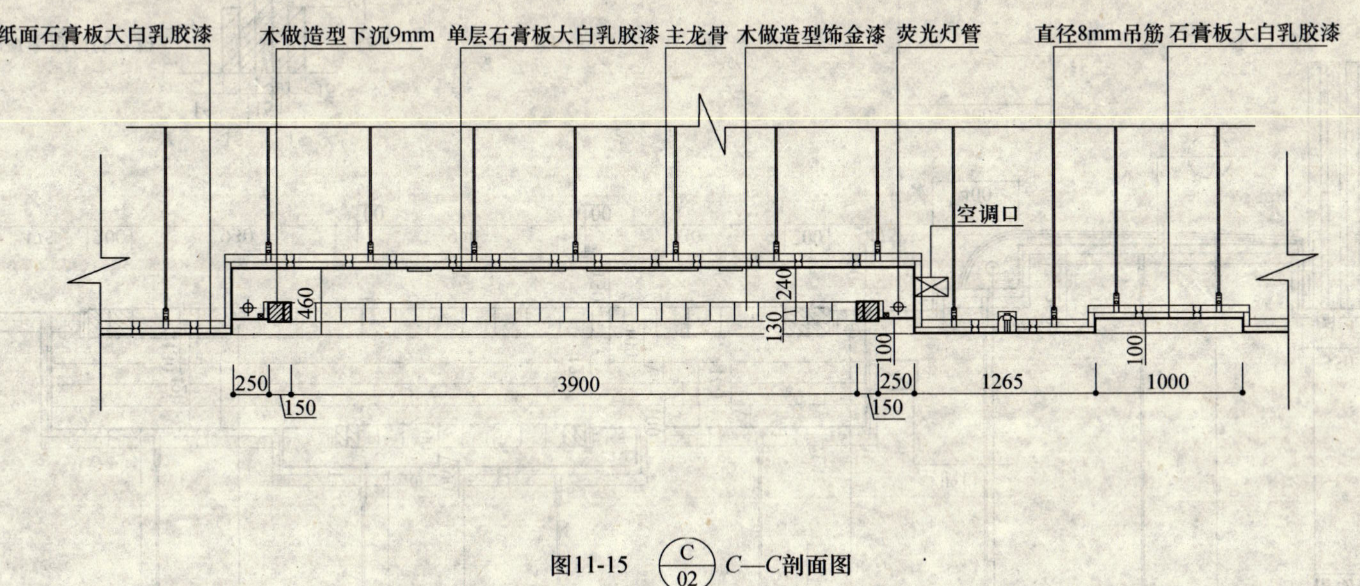

图11-15 C/02 C—C剖面图

纸面石膏板大白乳胶漆
主龙骨
副龙骨
直径8mm吊筋
大白乳胶漆
木做造型饰金漆
荧光灯管
480
130
100
1815
100
水泥砂浆
啡网纹大理石
120
白色人造石
120
啡网纹大理石
D
02
图11-16 D—D剖面图

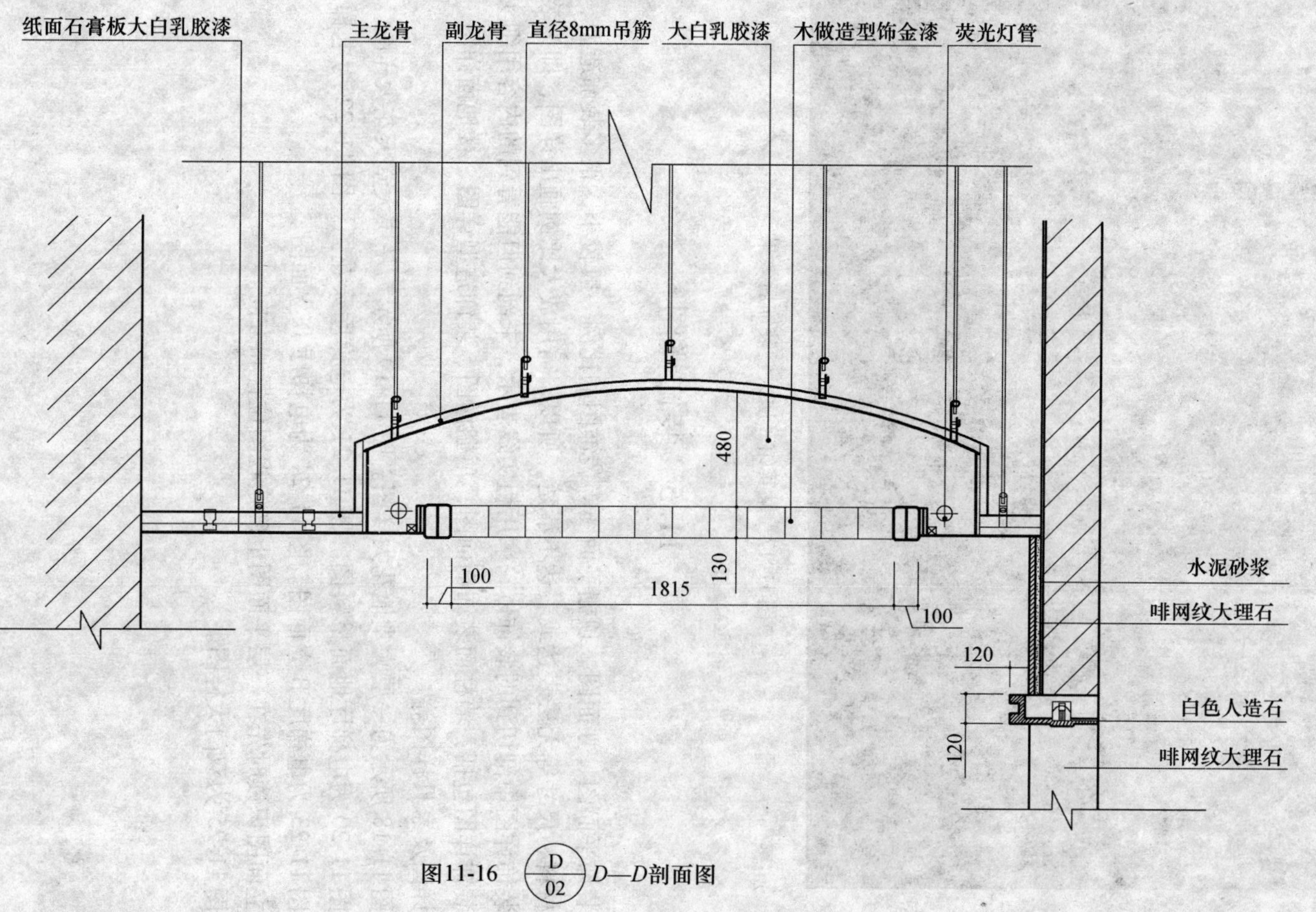

图 11-17 为某宾馆一层大堂装饰后的实际效果。

图 11-17　某宾馆一层大堂装饰后效果

11.5　装饰详图

装饰平面图、立面图、顶棚平面图等装饰图的比例一般较小，很多装饰造型、构造、做法、材料、尺寸等无法表达或表达不清楚，所以，需用放大比例画出详图，即为装饰详图。

装饰详图中剖切到的装饰体轮廓用粗实线表示，未剖到但能看到的内容用细实线表示。

装饰详图包括：墙柱面装饰剖面图、顶棚详图、装饰造型详图、楼地面详图、小品、装饰物详图及家具详图等。

图 11-18 所示为一层大堂地花大样图。图 11-19 所示为一层大堂天花大样图。

图 11-20 为电梯厅地面材料图。图 11-21 为电梯厅天花图。图 11-22 为电梯厅 A 立面图。图 11-23 为电梯厅 B 立面图。图 11-24 为电梯厅 D 立面图。

立面图识读时先在一层平面图上确定视图位置和方向。

图 11-25 为双门大样图。

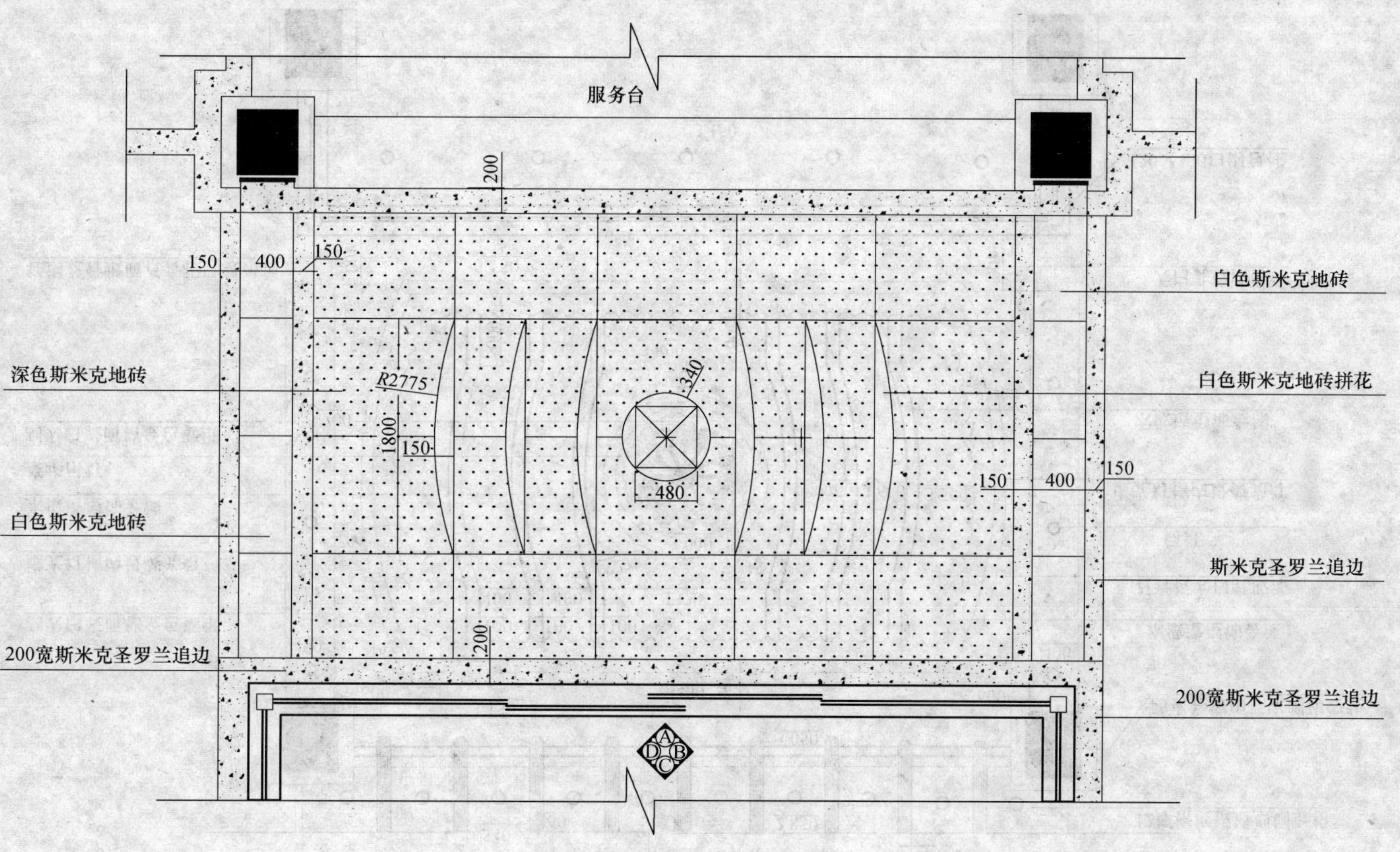

图11-18　一层大堂地花大样图（比例　1:30）

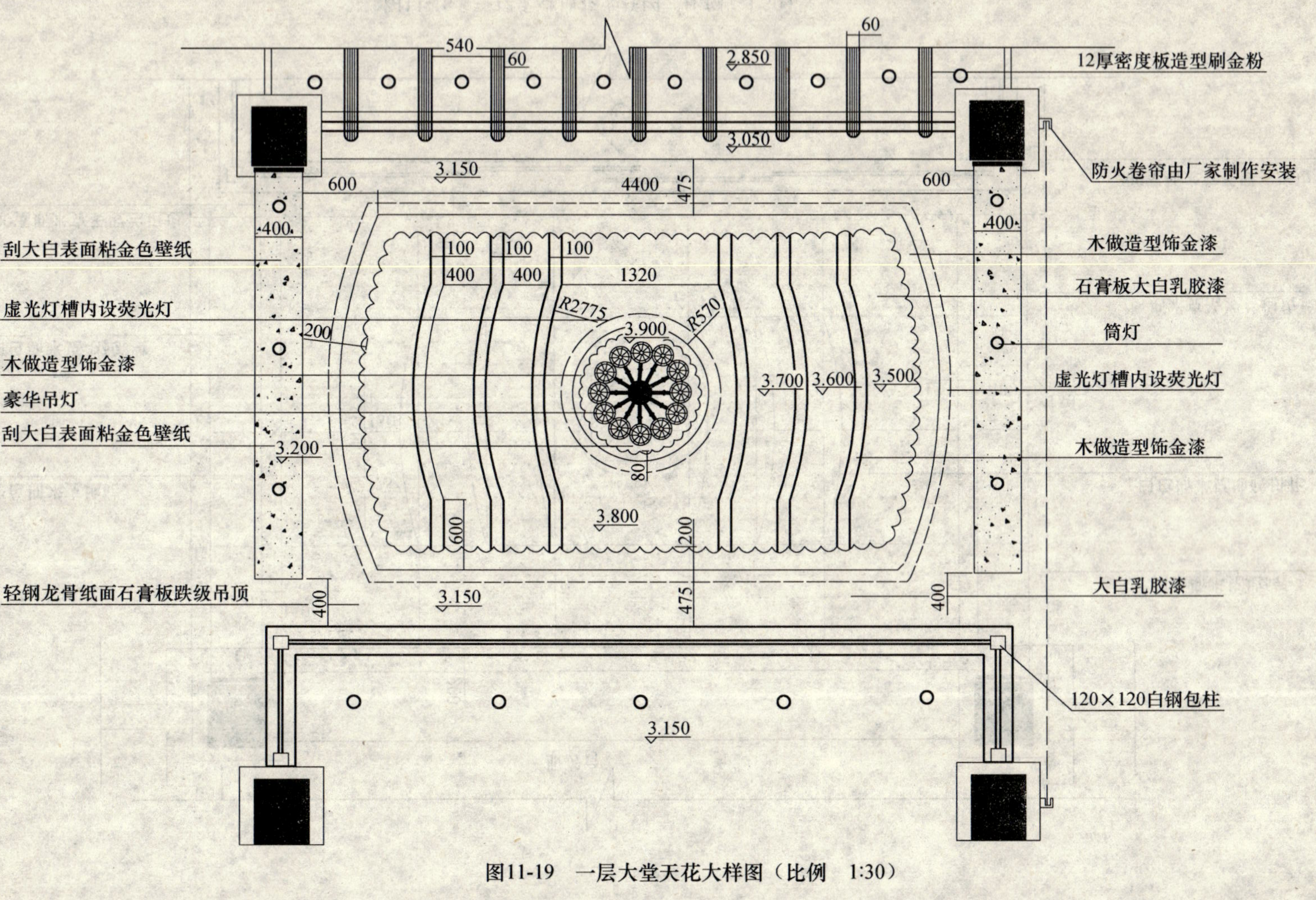

图11-19 一层大堂天花大样图（比例 1:30）

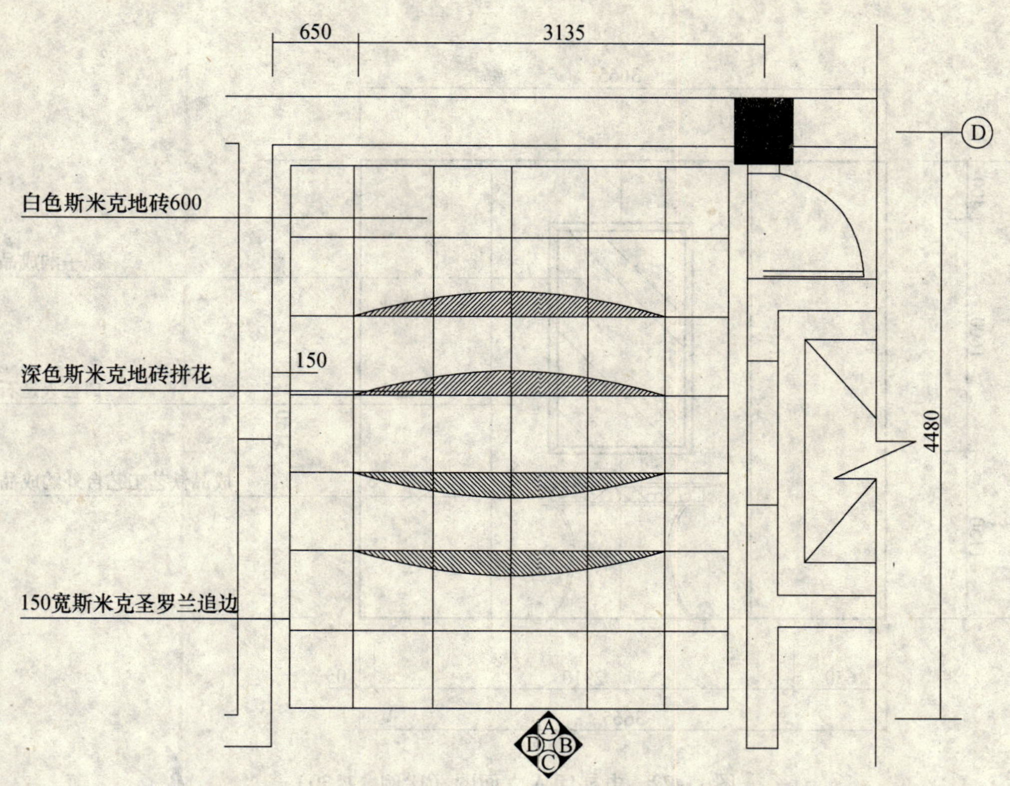

图 11-20　一层电梯厅地面材料图（比例　1∶30）

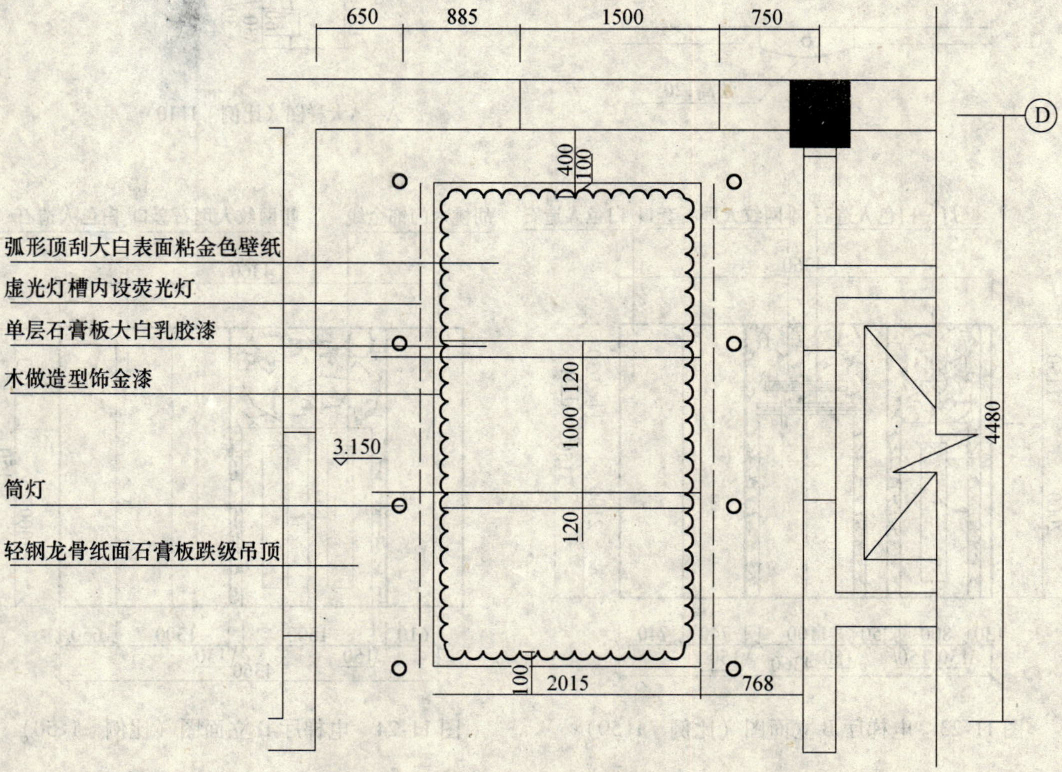

650　885　1500　750

D

弧形顶刮大白表面粘金色壁纸

虚光灯槽内设荧光灯

单层石膏板大白乳胶漆

木做造型饰金漆

3.150

筒灯

轻钢龙骨纸面石膏板跌级吊顶

400　100　120　1000　120　100　2015　768　4480

图 11-21　一层电梯厅天花图（比例　1∶30）

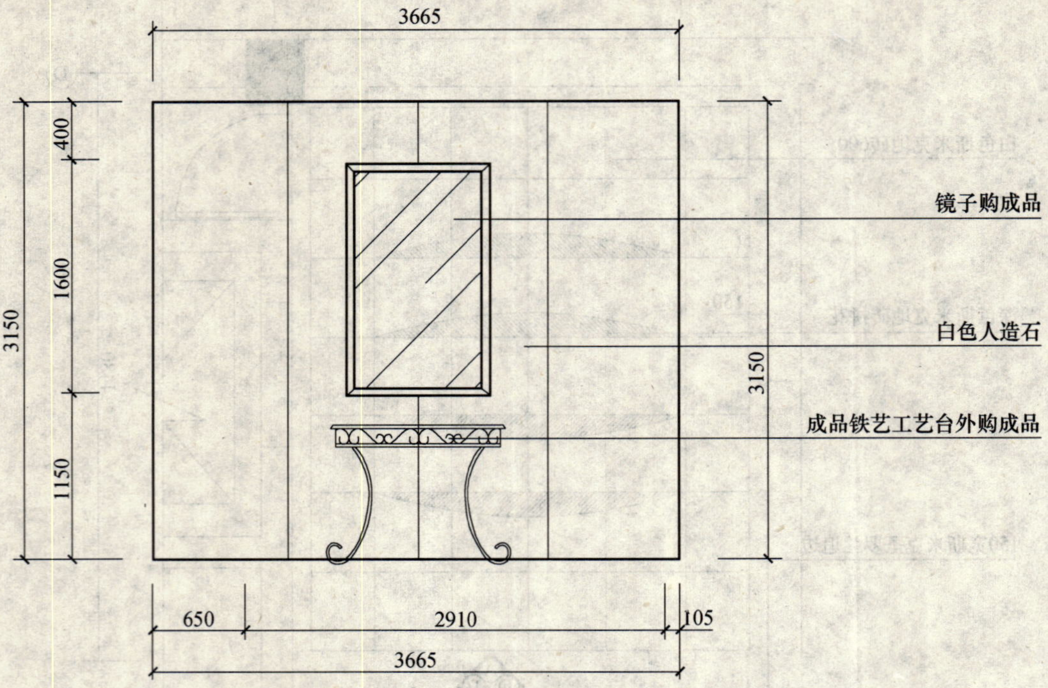

3665
400
1600
1150
3150
镜子购成品
白色人造石
3150
成品铁艺工艺台外购成品
650
2910
105
3665

图 11-22　电梯厅 A 立面图（比例　1∶30）

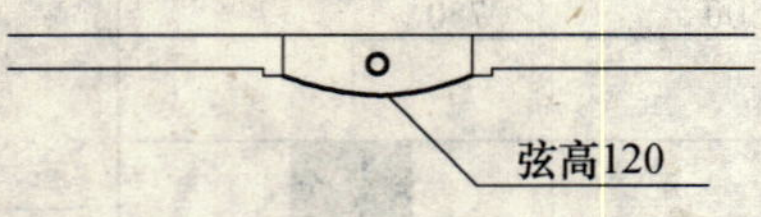

弦高120

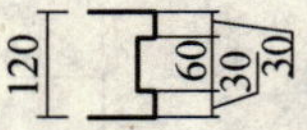

120
60
30
30

A—A大样图（比例　1∶10）

壁灯
白色人造石
啡网纹大理石套口
白色人造石
4360
1150
2000
3150
930
120
2100
3150
A
130
800
250
1100
740
740
150
150
150
4360
150

图 11-23　电梯厅 B 立面图（比例　1∶50）

胡桃木门饰金线
啡网纹大理石套口
白色人造石
4360
1150
2000
3150
610
1500
1300
650
150
150
4360

图 11-24　电梯厅 D 立面图（比例　1∶50）

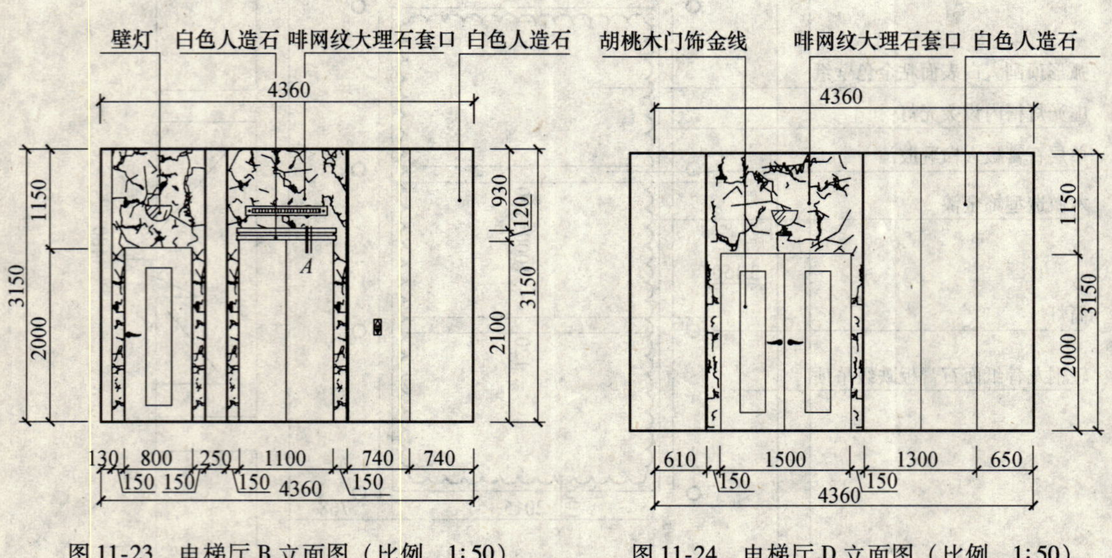

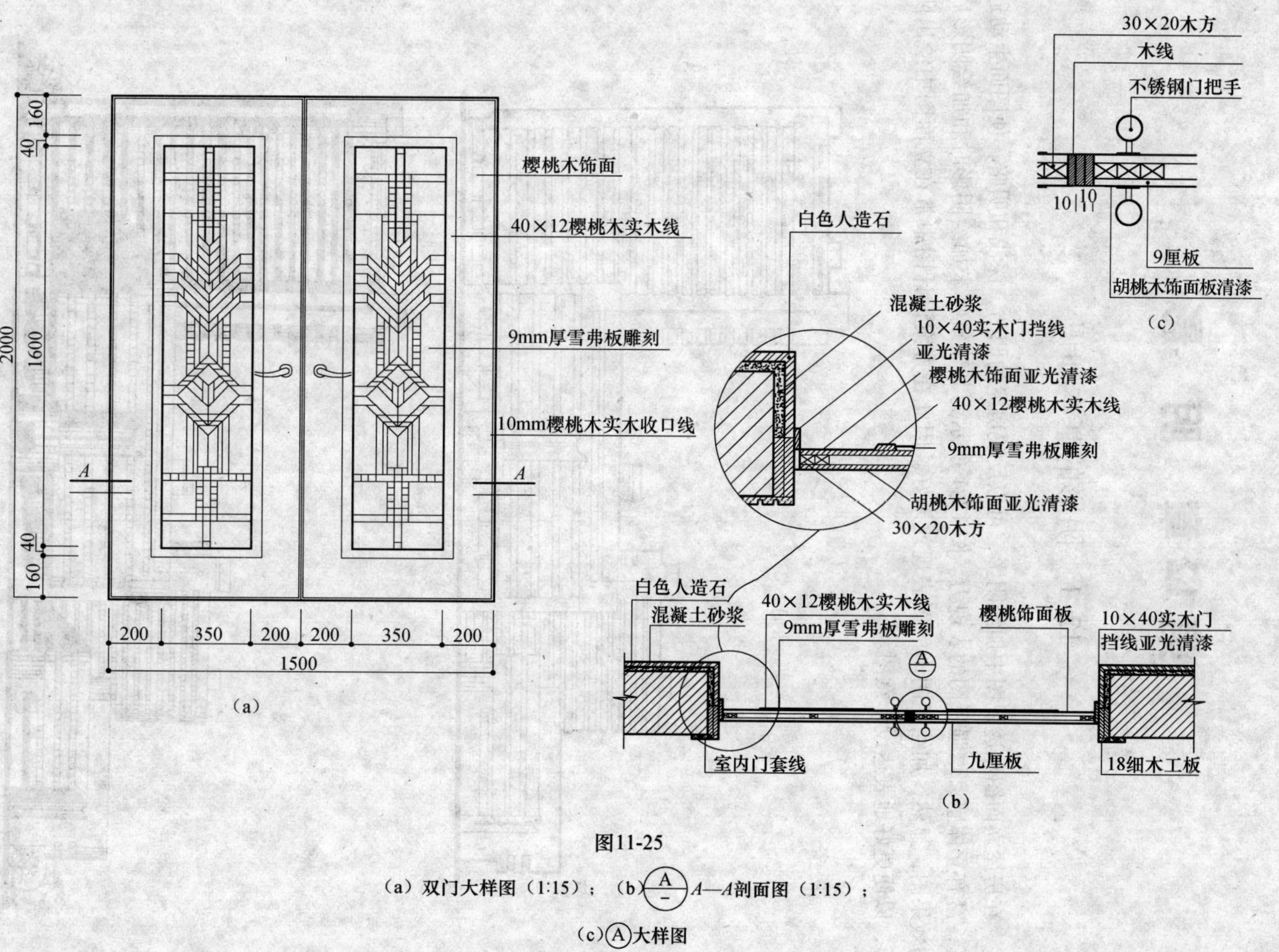

图11-25

（a）双门大样图（1:15）；（b）A—A剖面图（1:15）；

（c）Ⓐ大样图

第12章　阴　影

12.1　阴影的基本知识

在房屋立面图和透视图中加绘阴影，可以反映房屋的凹凸、深浅和明暗，使图面生动逼真，富有立体感，增强了图的表现力。图12-1所示为某建筑物未加绘阴影时和加绘阴影后的效果图，显然，加绘了阴影的图表现效果好。因此在方案设计图中常在立面图中绘出阴影，以便更好地表达设计意图。

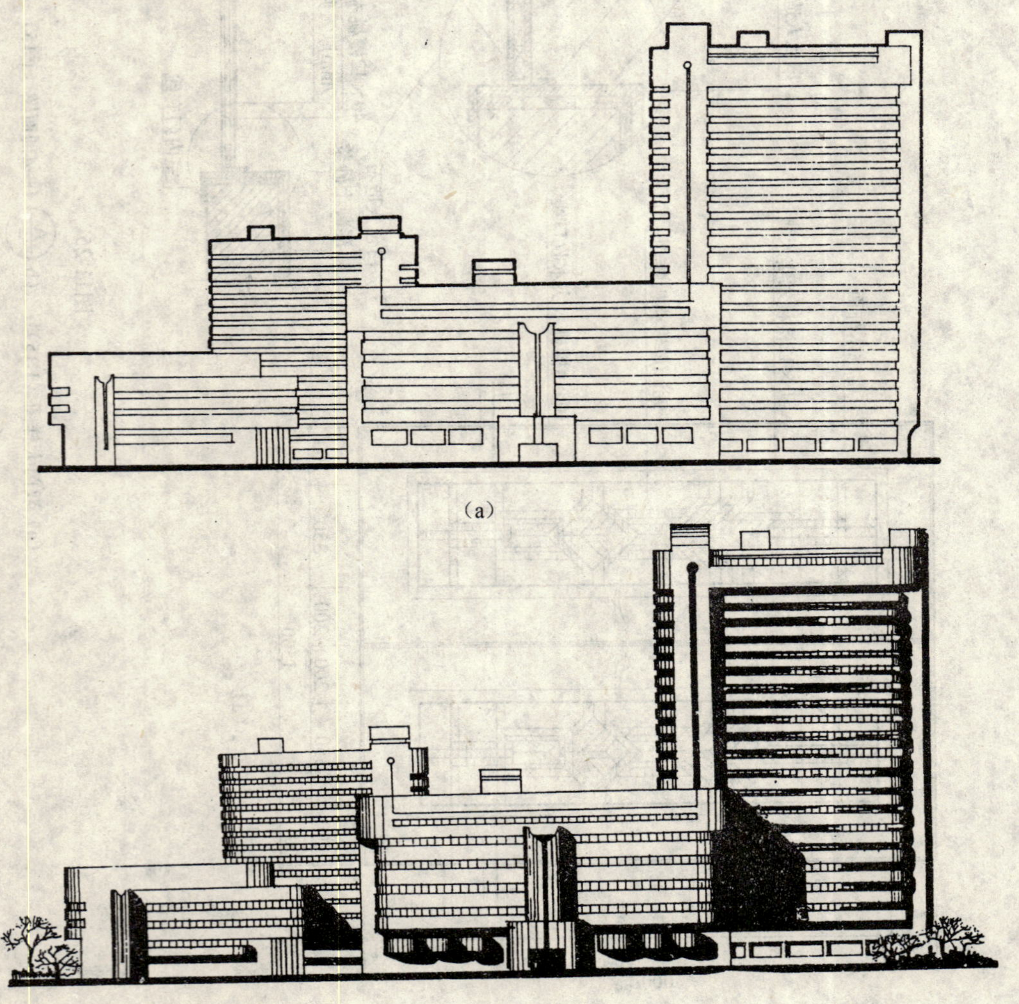

（a）

（b）

图12-1　立面图上加绘阴影的效果

（a）未加绘阴影；（b）加绘阴影

12.1.1 阴影的概念

如图 12-2 所示，形体受到光线照射时，由于表面有光线照射不到的部分而产生阴影。形体能被光线直接照射到的表面称为阳面，不能被光线直接照射到的表面称为阴面。阳面与阴面的交线称为阴线。因有形体的遮挡而使得平面 H 上有某一范围光线照射不到，这一范围称为形体落在 H 面上的影，其轮廓线称为影线。影所在的平面称为承影面。阴面和影面合称为阴影。

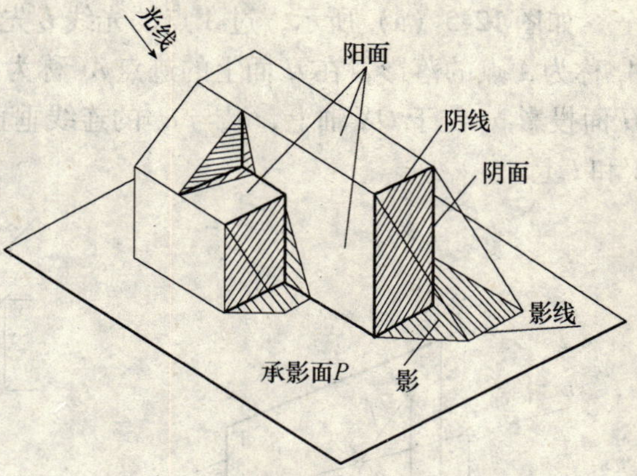

图 12-2 阴影的形成

12.1.2 习用光线

自然光线照射下的形体的阴影是不断变化的，为作图方便和统一，常用特定的平行光线在正投影中加绘阴影，称为习用光线。习用光线的方向和正方体的对角线方向一致，如图 12-3 所示，它们在三个投影面上的投影均与水平线成 45°角，习称 45°光线。

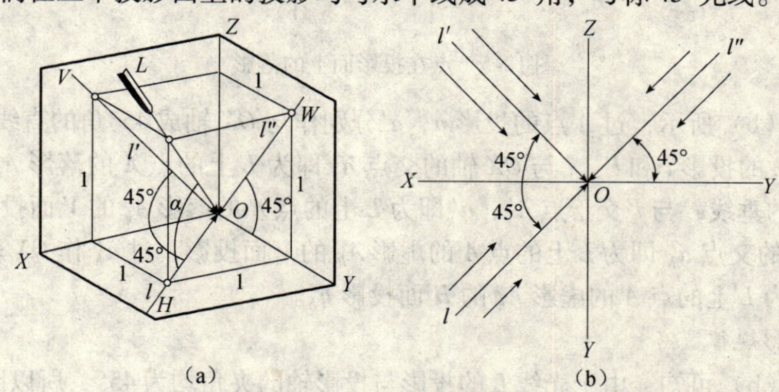

图 12-3 习用光线

12.2 点、直线、平面的阴影

12.2.1 点的落影

1. 点在承影面上的落影

空间点在某承影面上的落影就是通过该点的光线与承影面的交点。如图 12-4 所示，空间点 A 在承影面 H 上的落影即为过 A 点的光线 L 与 H 面的交点 A_h；空间点 B 在承影面 H 上，则其落影 B_h 与自身重合。

点的落影的表示方法是：空间点用大写字母表示，其落影用大写字母加代表承影面名称的小写字母作脚标来标记；若承影面不是用字母表示的，则脚标以 0，1，2，…来标记。

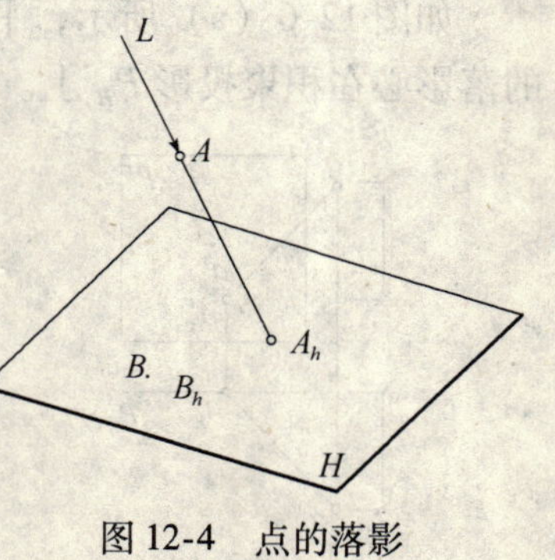

图 12-4 点的落影

2. 点在投影面上的落影

空间点在投影面上的落影，是通过该点的光线在投影面上的迹点。

如图 12-5（a）所示，过 A 点的光线 L 先穿过 V 面后交于 H 面，则 A 点在 V 面上的迹点 A_v 称为 A 点的落影，在 H 面上的迹点 A_h 称为 A 点的虚影。落影 A_v 的 V 面投影 a'_v 与 A_v 重合，H 面投影 a_v 位于 OX 轴上，a'_v 与 a_v 的连线垂直于 OX 轴，且 a'_v 与 a_v 分别位于光线 L 的投影 l' 和 l 上。

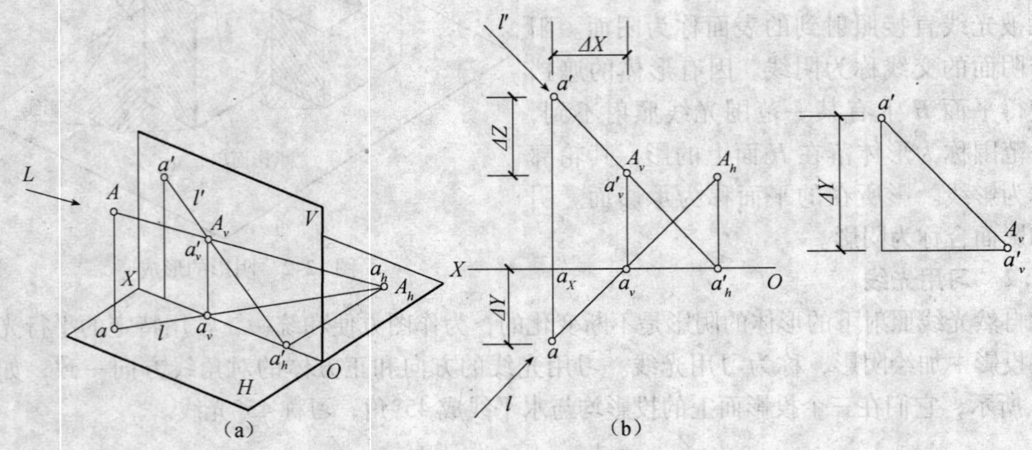

图 12-5　点在投影面上的落影

如图 12-5（b）所示，过 A 点的投影 a，a' 分别作与 OX 轴成 45°角的直线，此直线即为过 A 点的光线 L 的投影 l 和 l'。l 与 OX 轴的交点 a_v 即为 L 上的点 A 的落影 A_v 的 H 面投影，过 a_v 作 OX 轴的垂线，与 l' 交于点 a'_v，a'_v 即为 L 上的点 A 的落影 A_v 的 V 面投影。

l' 与 OX 轴的交点 a'_h 即为 L 上的点 A 的虚影 A_h 的 V 面投影，过 a'_h 作 OX 轴的垂线，与 l 的交点 A_h，即为 L 上的点 A 的虚影 A_h 的 H 面投影 a_h。

3. 点的落影规律

由图 12-5（b）可知，由于光线 L 的投影与投影轴的夹角均为 45°，所以图中 $\Delta X = \Delta Y = \Delta Z$，则点的落影规律可归纳为：

空间点在某投影面（及投影面平行面）上的落影与其同面投影之间的水平及垂直距离都等于该点到该投影面的距离。

4. 点在投影面平行面上的落影

点在投影面平行面上的落影必在该平面的积聚投影上。

如图 12-6（a）所示，平面 P 为正平面，它在 H 面上的积聚投影为 P_H，则点在 P 面上的落影必在积聚投影 P_H 上。

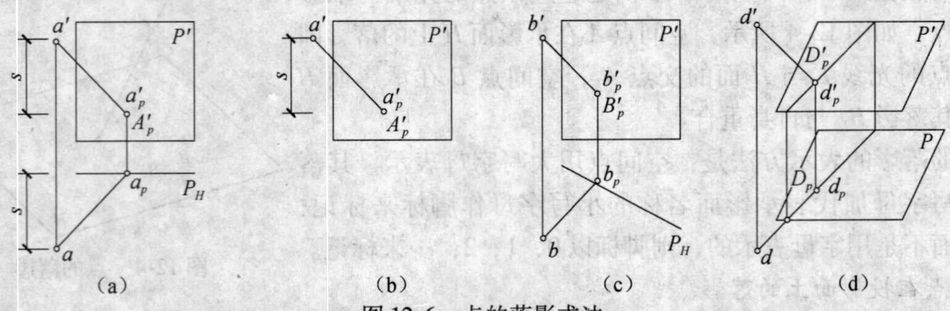

图 12-6　点的落影求法

（a）落影在平行面上；（b）单面投影作图；（c）落影在垂直面上；（d）落影在一般面上

若已知空间点与投影面或其平行面的距离，则只需点的一个投影即可用落影规律直接求得点在该面上的落影，这种求作落影的方法称为单面作图法。如图 12-6（b）所示。

5. 点在投影面垂直面上的落影

点在投影面垂直面上的落影可利用其积聚投影求出，如图 12-6（c）所示。

6. 点在一般面上的落影

点在一般面上的落影可用求一般位置直线与一般位置平面交点的方法求出，如图 12-6(d)所示。

12.2.2 直线在平面上的落影

1. 直线在平面上的落影

直线在平面上的落影是过该直线上所有点的光线组成的光平面与承影面的交线；当直线平行于光线时，落影为光线与承影面的交点，如图 12-7 所示。

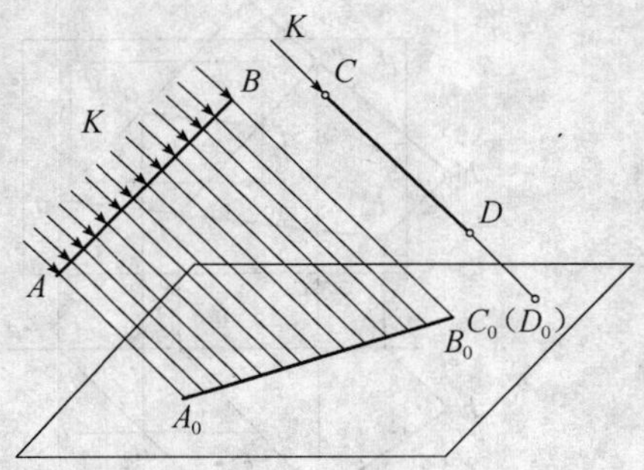

图 12-7 直线的影

2. 直线落影的规律

直线落影的规律有助于求直线的落影。

（1）直线落影的平行规律

①直线平行于承影面，则直线的落影与该直线平行且等长，即落影平行于直线的同面投影且等长。

由图 12-8 可知，直线 AB 平行于铅垂面 P，则 AB 在 P 面上的落影 $a_pb_p /\!/ AB$，且 $a_pb_p = AB$。可求任意端点的落影，再利用平行等长的规律求另一端点的落影。

②空间相互平行的两条直线在同一承影面上的落影仍相互平行，同面落影的投影也相互平行。

如图 12-9 所示，直线 $AB /\!/ CD$，则它们在 P 面上的落影 $a'_pb'_p /\!/ c'_pd'_p$，它们的同面投影一定相互平行。求出一条直线的落影及另一直线的任一端点的落影，根据平行的规律即可求出另一端点的落影。

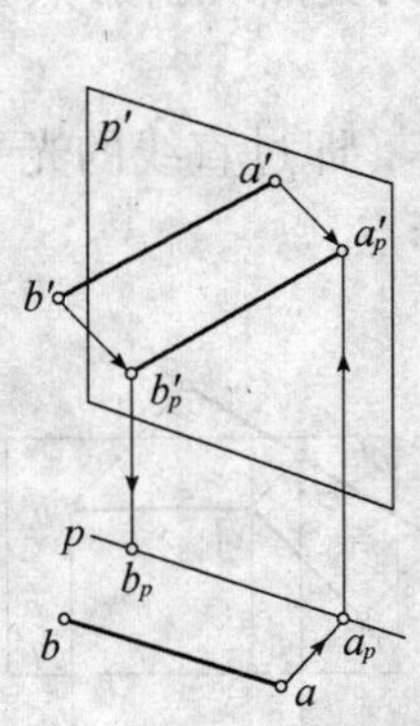

图 12-8 直线与承影面平行时的落影

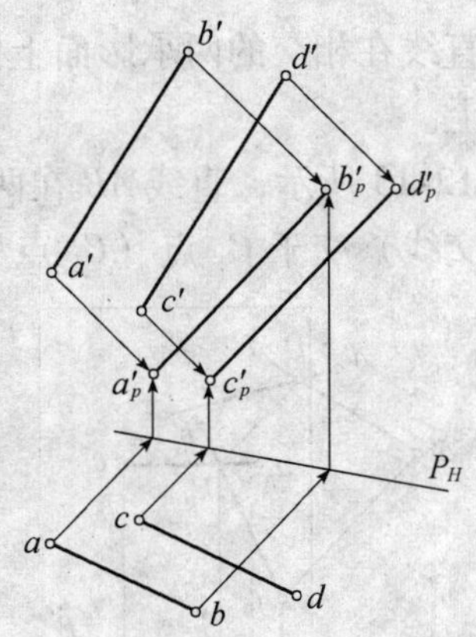

图 12-9 平行二直线的落影

③一直线在相互平行的两个承影面上的落影相互平行，落影的同面投影也相互平行。

如图 12-10 所示，承影面 $P /\!/ Q$，则过直线 AB 的光平面与 P、Q 两平面的交线即 AB 在两承影面上的落影平行且符合两平行直线的投影规律，它们的同面投影也相互平行。

落影的求作方法：先求出 A，B 两点在 P 面上的落影 A_p（a_p，a'_p）、B_p（b_p，b'_p）（其中

A_p 为虚影），即可得到 AB 在 P 面上的落影。然后求出 A 点在 Q 面上的落影 A_q（a_q，a'_q），过 a'_q 作直线平行于 $a'_pb'_p$ 并与 Q 面的边线交于 d'_q 点。D 点为直线 AB 在两个不同承影面上的两段落影的分界点。

在此类问题中，也可采用在直线 AB 上取任意点的方法求作 AB 在 Q 面上的落影。

（2）直线落影的相交规律

①直线与承影面相交，直线的落影必通过直线与承影面的交点。

如图 12-11 所示，直线 AB 与承影面 P 相交于 C 点，只需求作直线 AB 上一点的落影，即可求出直线的落影。

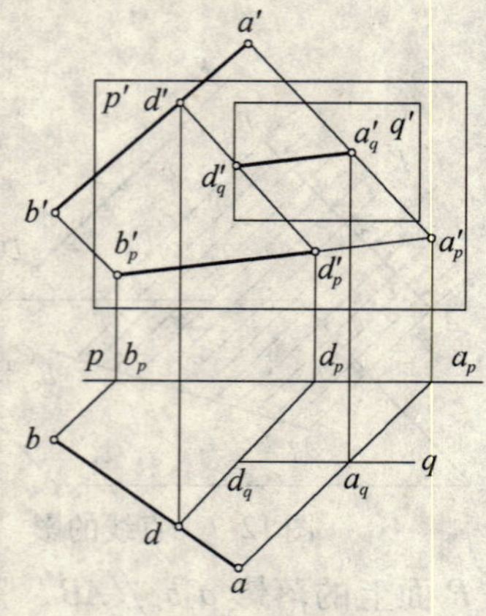

图 12-10　直线在平行二平面上的落影

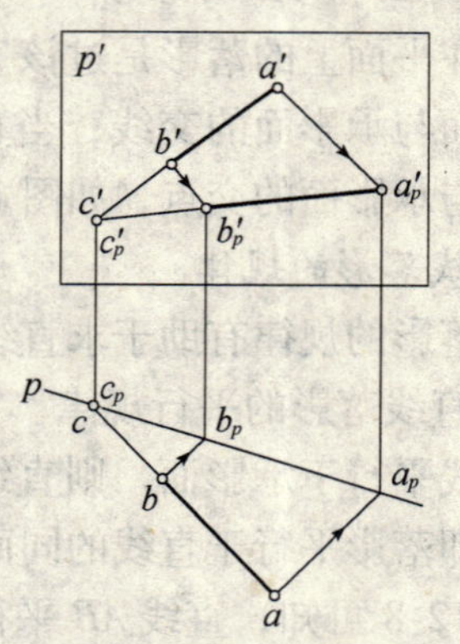

图 12-11　直线与承影平面相交

②两相交直线在同一承影面上的落影必相交，且落影的交点必为交点的落影。

如图 12-12 所示，直线 AB，CD 相交于 K 点，它们在承影面 p 上的落影 $a'_pb'_p$ 与 $c'_pd'_p$ 相交于 k'_p 点，k'_p 即为 K 点的落影。

作图时，可先求作交点 K 的落影，再从两直线上各任选一点求其落影，即可求得两直线的落影。

③一直线在相交的两承影面上的两段落影必相交，落影的交点（折影点）必在两承影面的交线上。

如图 12-13 所示，直线 AB 在两相交平面 P，Q 上的落影（即过直线的光平面与两相交承影面的交线）交于 C_1 点（C_1 点为三面共有），C_1 点为折影点。

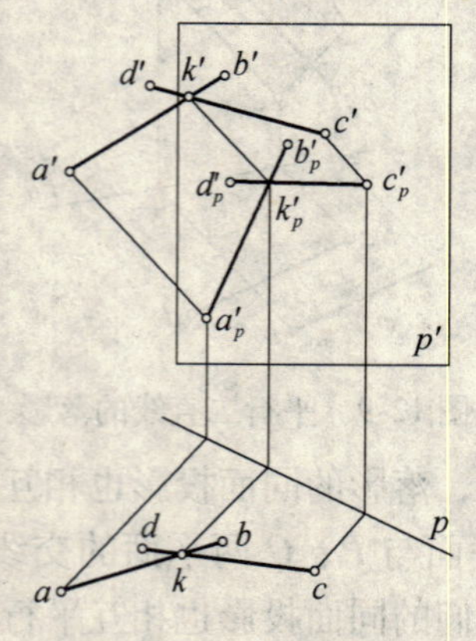

图 12-12　相交二直线的落影

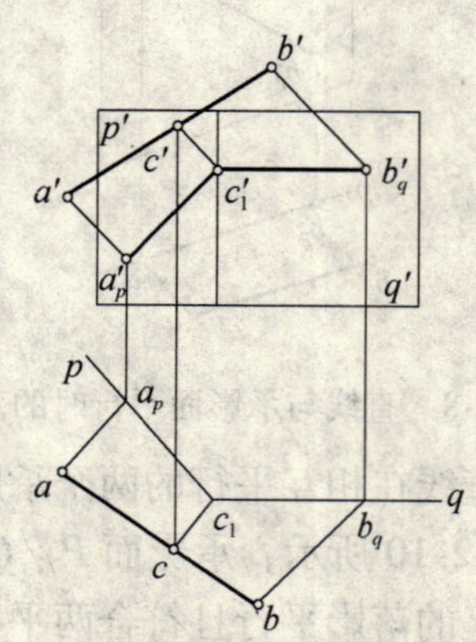

图 12-13　直线在相交二平面上的落影

作图时，先求作 A，B 两端点在 P，Q 两承影面上的落影 A_p（a_p，a'_p）和 B_q（b_q，b'_q），由折影点 C_1 的 H 面投影求出 AB 上的点 C（c，c'），C_1 即为 C 点的落影，则 AB 在两承影面上的落影即可求出。

解决此类问题还可利用端点的虚影或直线与承影面的交点。

（3）投影面垂直线的落影

①投影面垂直线在任意承影面上的落影及其在直线所垂直的投影面上的投影均为与光线方向一致的45°直线。

②投影面垂直线在与它平行的投影面上的落影与该直线的同面投影平行，且距离为直线到该投影面的距离。

③投影面垂直线落影在另一投影面垂直面上时，落影的投影总是与该承影面的积聚投影成对称形。

图12-14 所示为正垂线的落影。

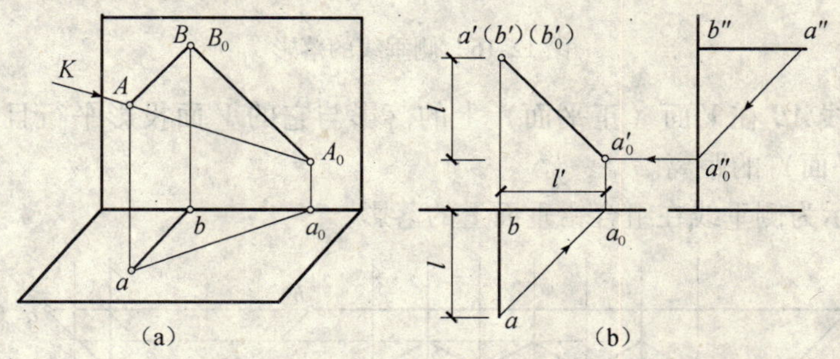

图 12-14　正垂线的落影

图12-14（a）中，直线 AB 为正垂线，且 B 点在承影面上，它的落影 B_0 与其自身重合，所以，只需求出 A 点的落影 A_0 即可得到 AB 的落影 A_0B_0。在图12-14（b）中，正垂线 AB 在 V 面上的落影为一段45°的直线，在 H 面和 W 面上的落影互成对称形。

图12-15 所示为正垂线在组合侧垂面上的落影。

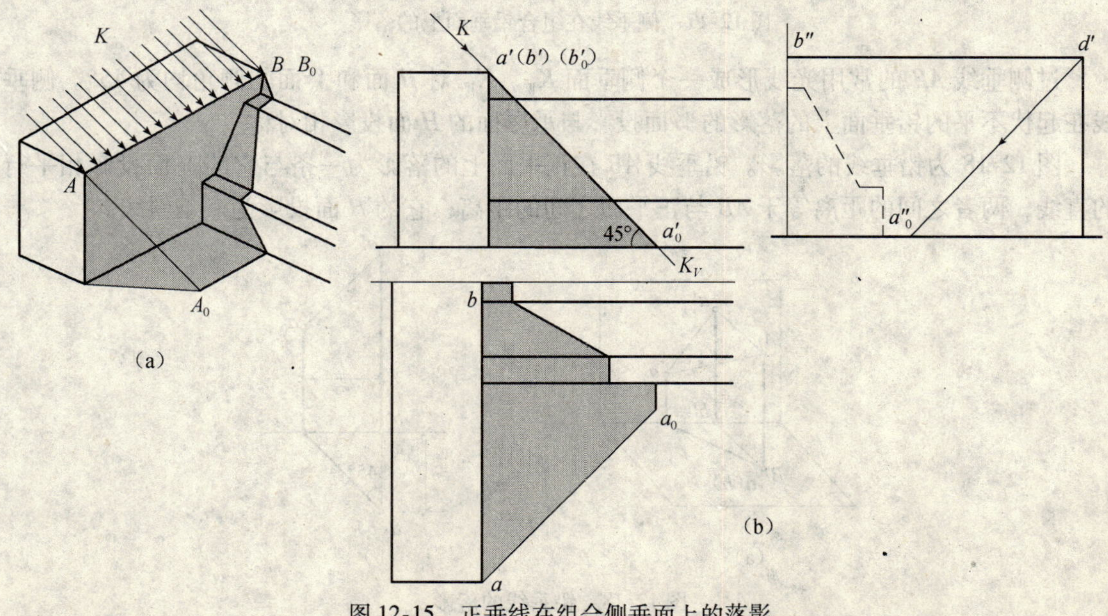

图 12-15　正垂线在组合侧垂面上的落影

过正垂线 AB 的常用光线组成一个与 H 面成45°倾角的正垂面 K，K 面的 V 面投影为一条积聚投影——45°斜线 K_V，正垂线的落影的 V 面投影即落在此积聚投影上且通过正垂线的积聚投影。其 H 面投影与承影面的 W 面投影形状对称。

图 12-16 所示为侧垂线的落影。

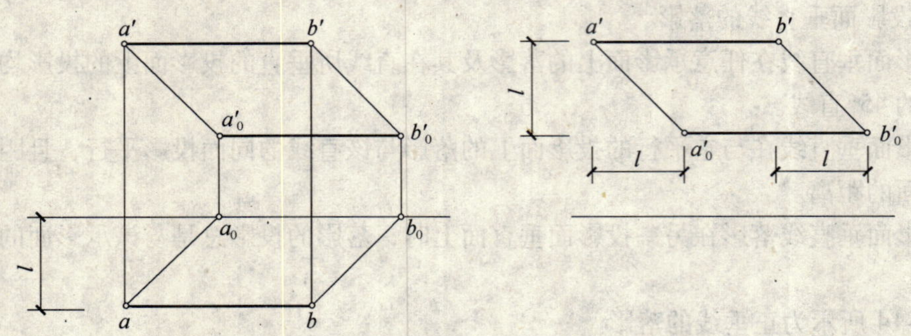

图 12-16　侧垂线的落影

图中，侧垂线 AB 在 V 面（正平面）上的落影与它的 V 面投影平行且相等，距离等于 AB 到 V 面（正平面）的距离。

图 12-17 所示为侧垂线在组合铅垂面上的落影。

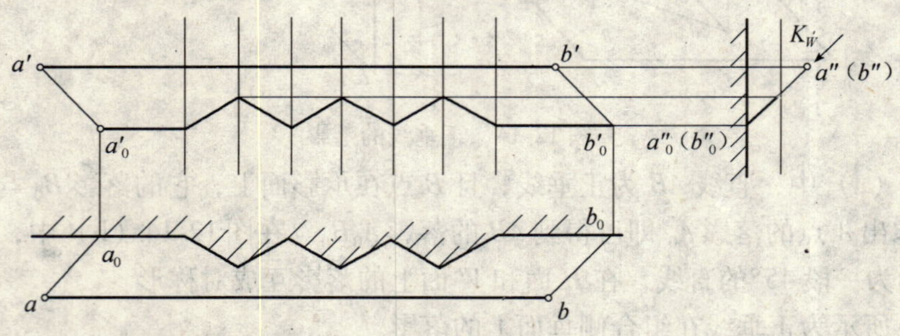

图 12-17　侧垂线在组合铅垂面上的落影

过侧垂线 AB 的常用光线形成一个侧垂面 K_W，K_W 对 H 面和 V 面的倾角均为 45°。侧垂线在起伏不平的铅垂面上的落影的 V 面投影与承影面的 H 面投影相对称。

图 12-18 为铅垂线的落影。铅垂线 AB 在正平面上的落影为一条与它的 V 面投影相平行的直线，两者之间的距离等于 AB 与正平面之间的距离；它的 H 面投影为一条斜线。

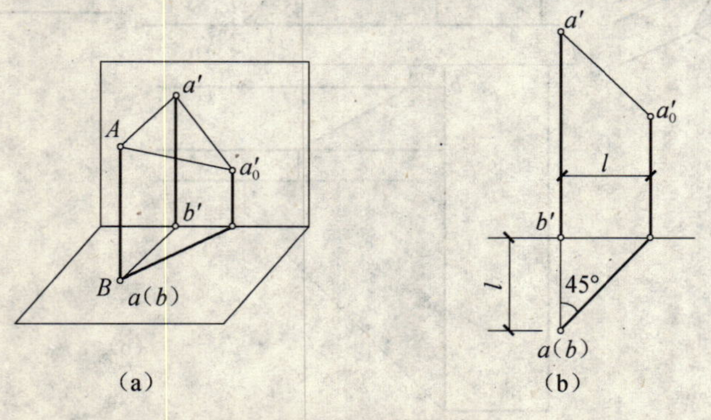

图 12-18　铅垂线的落影

图 12-19 为铅垂线在组合侧垂面上的落影。

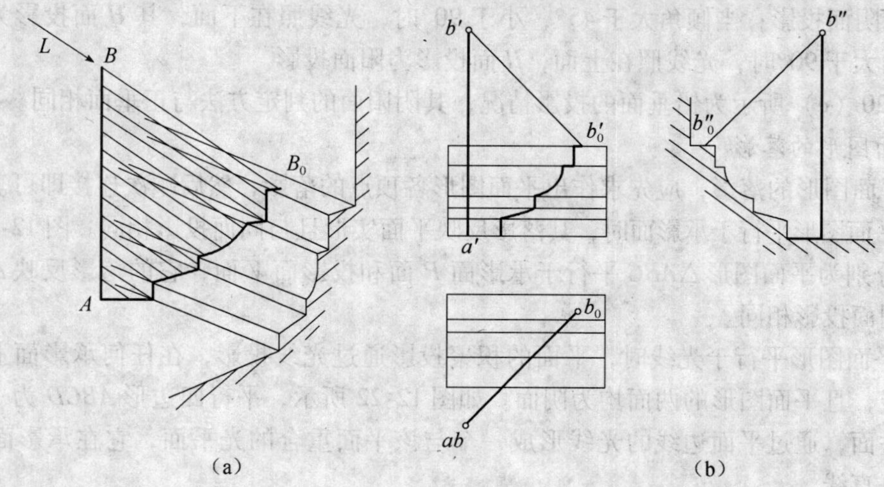

图 12-19　铅垂线在组合侧垂面上的落影

铅垂线 AB 在 H 面上的落影为过 AB 的光平面铅垂面 K 的积聚投影，它在起伏不平的侧垂面上的落影的 V 面投影与承影面的 W 面投影相对称。

12.2.3　平面的落影

建筑立面上各细部的形体主要由正平面、水平面和侧平面所组成，所以这里只讨论特殊位置平面的落影。

1. 平面图形中的阴面与阳面

在光线的照射下，平面图形的一侧朝向阳光，称为阳面；另一侧背向阳光，称为阴面。这是确定形体上阴线的基础。

可以根据平面与光线的位置关系判定投影图中平面的阴阳面。

如图 12-20（a）所示，P 面为水平面，迎光，其 H 面投影为阳面投影；R 面为正平面，迎光，其 V 面投影为阳面投影。

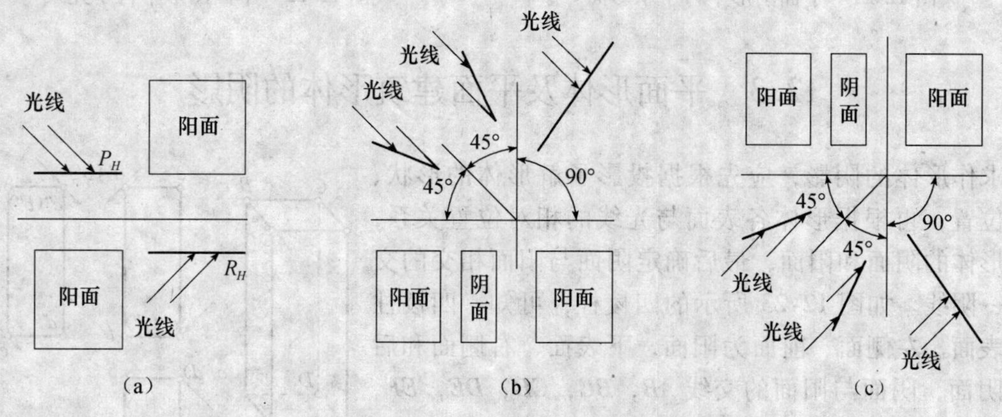

图 12-20　特殊面阴面、阳面的判别

（a）平行面；（b）正垂面；（c）铅垂面

如图 12-20（b）所示为三个正垂面，它们对 H 面的倾角不同，当倾角小于 45°时，光线照在上面，其 H 面投影为阳面投影；当倾角为 45°时，光平面通过平面，两面均为阴面，其 H 面投影为阴面投影；当倾角大于 45°，小于 90°时，光线照在下面，其 H 面投影为阴面投影；当倾角大于 90°时，光线照在上面，H 面投影为阳面投影。

图 12-20（c）所示为铅垂面的投影情况，其阴阳面的判定方法与正垂面相同。

2. 平面图形的落影

求作平面图形的落影，应先求作出平面图形各顶点的落影，然后顺次连接即可。

（1）平面图形平行于承影面时，其落影反映平面实形且与同面投影相同。图 12-21（a）、（b）所示分别为平面图形△ABC 平行于承影面 P 面和投影面 V 面，它的落影反映△ABC 的实形且与同面投影相同。

（2）平面图形平行于光线时，平面的积聚投影通过光线投影，在任何承影面上的落影均为一直线，且平面图形的两面均为阴面。如图 12-22 所示，平行四边形 $ABCD$ 为一平行于光线的铅垂面，通过平面边线的光线形成一个与该平面重合的光平面，它在承影面 P 面上的落影为一直线。

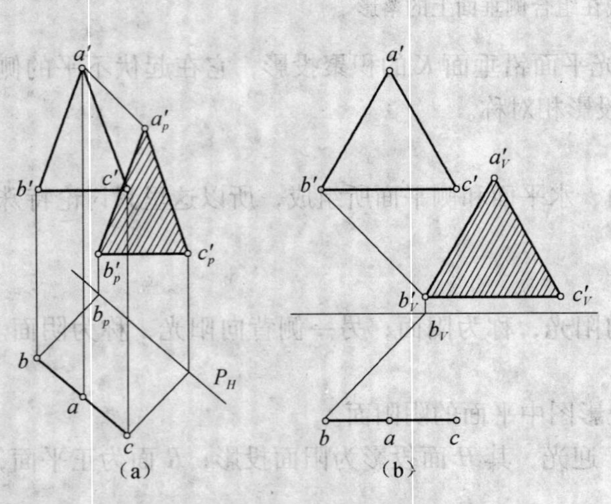

图 12-21　平面图形平行于承影面

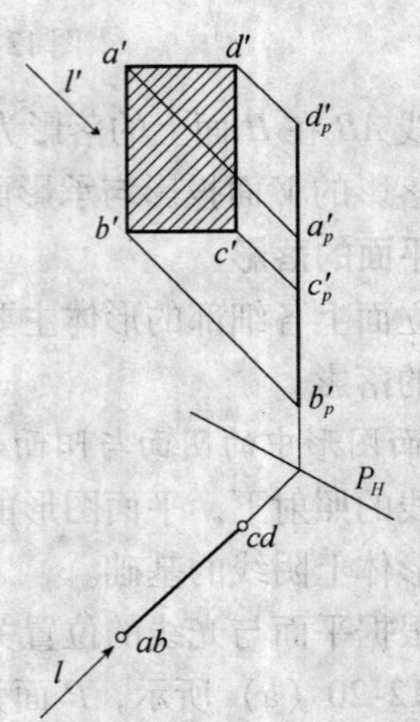

图 12-22　平面图形平行于光线

12.3　平面形体及平面建筑形体的阴影

求作形体的阴影，应先根据投影了解形体的形状、相对位置，再根据形体各表面与光线的相对位置关系，确定形体的阴面和阳面，最后确定阴面与阳面相交的交线——阴线。如图 12-23 所示的四棱柱，可知，四棱柱的上表面、左侧面、前面为阳面，下表面、右侧面和后面为阴面，阴面与阳面的交线 AB，BC，CD，DE，EF，FA 即为阴线。

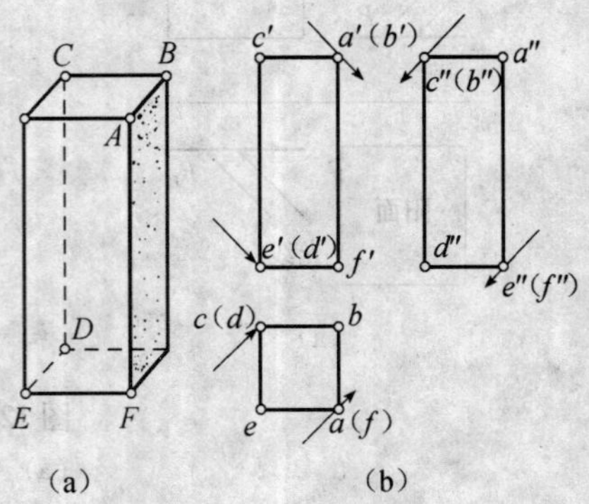

图 12-23　立体阴线的确定

12.3.1　基本形体的阴影

1. 棱柱的阴影

图 12-24（a）、（b）、（c）所示为几种对 V 面不同位

置的四棱柱的阴影。当四棱柱不在 V 面上而又全部落影于 V 面时，其落影为一封闭的六边形；当四棱柱靠于 V 面上而又全部落影于 V 面时，阴线 BC，CD 在 V 面上的落影与其 V 面投影重合，只需求作出 A，F，E 三点的落影即可；若四棱柱即靠在 V 面上又靠在 H 面上时，阴线 BC，CD 在 V 面上的落影与其 V 面投影重合，阴线 DE，EF 在 H 面上的落影与其 H 面投影重合，只需求作出 A 点的落影即可。阴线 AB，AF 的落影可根据投影面垂直线的落影规律确定。

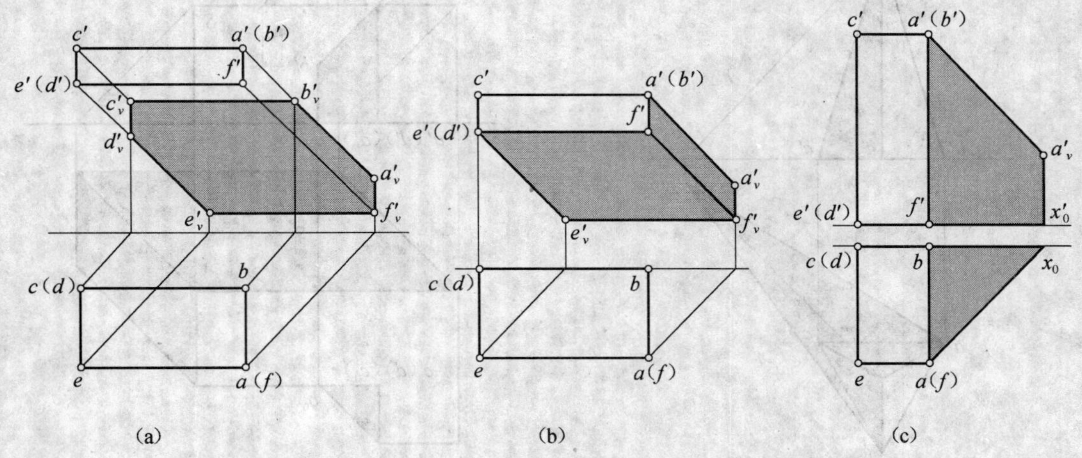

图 12-24　四棱柱在 V 面的落影

（a）离开 V 面四棱柱在 V 面落影；（b）靠在 V 面四棱柱在 V 面落影；（c）靠在 V 面又靠在 H 面四棱柱落影

图 12-25（a）所示为一个置于 H 面上且全部落影于 H 面的四棱柱的阴影。图 12-25（b）所示为一个置于 H 面上即落影于 H 面上又落影于 V 面上的四棱柱的阴影。图 12-25（c）为一面置于 H 面上，一面置于 V 面上的四棱柱的阴影。

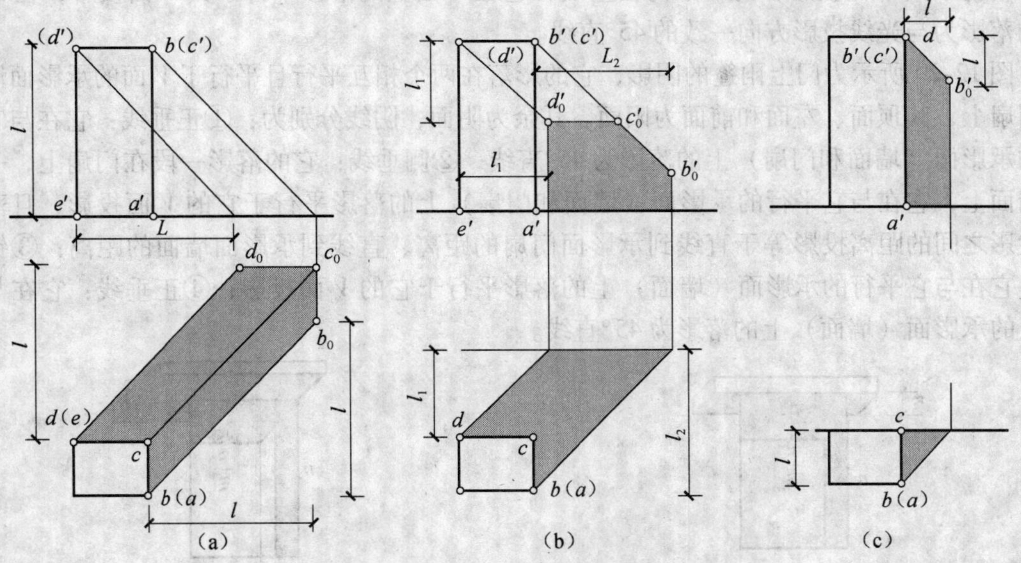

图 12-25　四棱柱的阴影

2. 棱锥的阴影

如图 12-26 所示，一正三棱锥 $S\text{-}ABC$，由图可知，三棱锥的左前棱面为阳面，右前棱面和后棱面为阴面，则其棱线 SA，SB 为阴线。A，B 两点在 H 面上，它们在 H 面上的落影与其自身重合，只需求作顶点 S 在 H 面上的落影 s_0 即可。

12.3.2　组合体的阴影

图 12-27 所示为 L 形形体，可看作是两个四棱柱的组合，其前面、左侧面、顶面为阳面，其余为阴面。

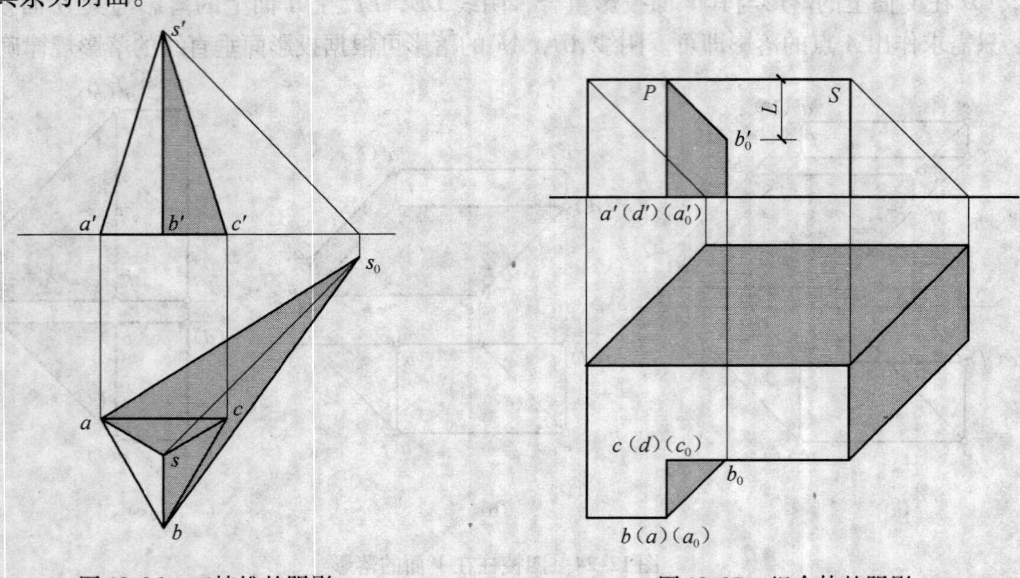

图 12-26　三棱锥的阴影

图 12-27　组合体的阴影

12.3.3　平面建筑形体的阴影

1. 门的阴影

如图 12-28 所示为门洞的阴影，门洞边框的阴线一条为侧垂线，它在 V 面上（门扇）的落影平行于其 V 面投影；另一条为铅垂线，它在 V 面上的落影平行于其 V 面投影，在 H 面上的落影为与光线投影方向一致的 45°直线。

图 12-29 所示为门上雨篷的阴影，它的影落在两个相互平行且平行于 V 面的承影面墙面和门扇上，其顶面、左面和前面为阳面，其余为阴面，阴线分别为：①正垂线：它在与它垂直的承影面（墙面和门扇）上的落影为 45°直线；②侧垂线：它的落影一段在门扇上，一段在墙面上，它在与它平行的承影面（墙面和门扇）上的落影平行于它的 V 面投影，且落影与投影之间的距离投影等于直线到承影面门扇的距离、直线到承影面墙面的距离；③铅垂线：它在与它平行的承影面（墙面）上的落影平行于它的 V 面投影；④正垂线：它在与它垂直的承影面（墙面）上的落影为 45°直线。

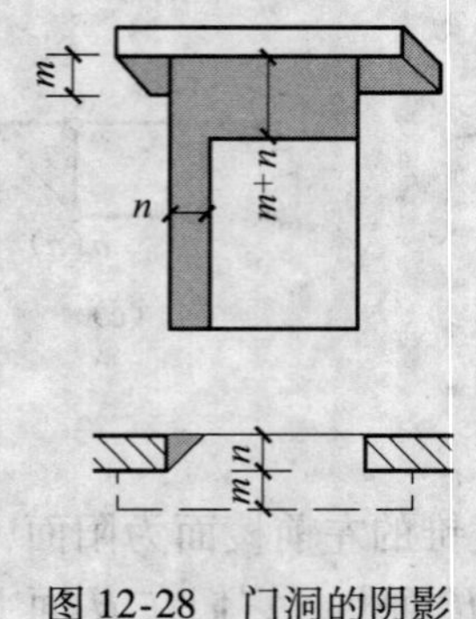

图 12-28　门洞的阴影

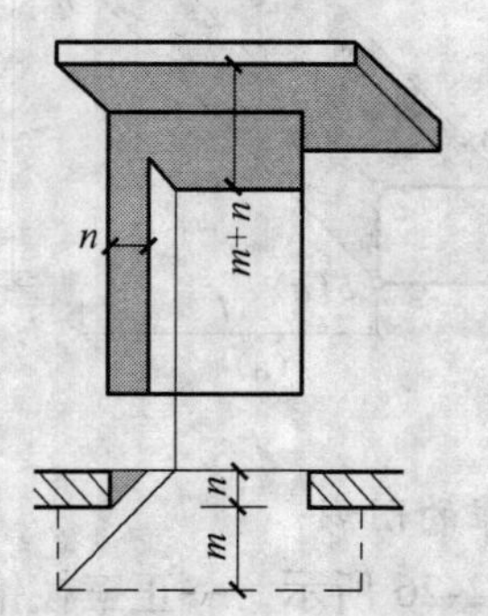

图 12-29　门上雨篷的阴影

2. 窗的阴影

图 12-30 所示为窗洞和窗台的阴影。根据图中所标尺寸，可不用 H 面投影，直接画出窗在 V 面上的阴影。

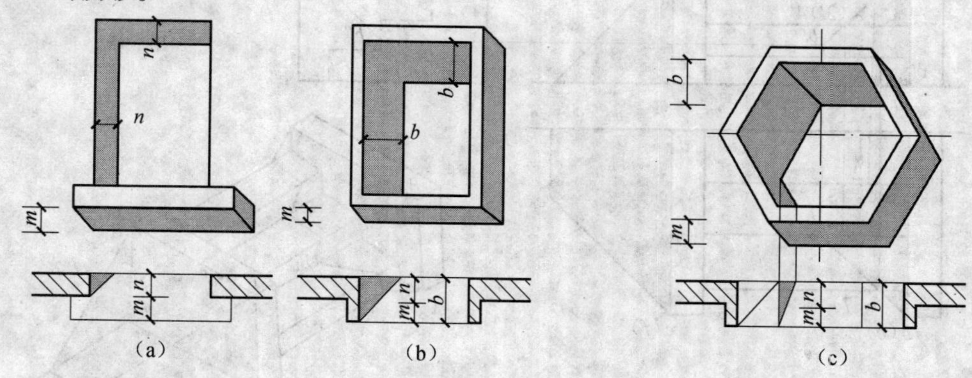

图 12-30　各种窗洞的落影

图中窗口的阴线均平行于窗扇平面，它们在窗扇平面或墙面上的落影与其自身平行，在 V 面投影中，落影与投影的距离等于相应的阴线到承影面墙面、窗扇平面的距离。

3. 阳台的阴影

图 12-31 所示为阳台的阴影，阳台的阴线均为投影面垂直线，根据阳台和阳台挑檐凸出墙面的距离 l_1，l_2 即可作出阳台在墙面上的阴影。阳台挑檐在阳台上的落影可用求直线的落影的方法作出。

4. 台阶的落影

图 12-32 所示为三级台阶的阴影。台阶由踏面、踢面和栏板组成，它的左右栏板的影落在地面、踏面、踢面和墙面上，地面、踏面为水平面，踢面、墙面为正平面。阴线为 AB，BC，DE，EF。其中 AB 和 DE 为正垂线，BC 和 EF 为铅垂线。

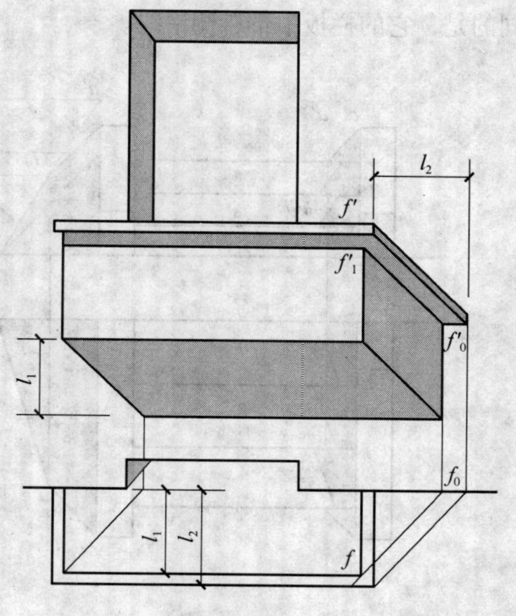

图 12-31　阳台的阴影

在 W 面投影上求作 B 点的落影，它落在第二级台阶的踢面上。

阴线 AB 为正垂线，通过 AB 的光平面为一与水平面成 45°角的正垂面，AB 在 V 面（第二和第三踢面）上的落影为 45°直线，在 H 面（第二和第三踏面）上的落影（投影线 12 和 34）应与其 H 面投影 ab 平行，且两者的距离等于 AB 到相应的踏面的距离。

阴线 BC 为铅垂线，通过它的光平面为与 V 面成 45°角的铅垂面，它在 H 面（地面和第一踏面）上的落影为 45°直线，在 V 面（第一、第二踢面）上的落影（投影线 $b'_0 5'$ 和 $6'7'$）平行于它的 V 面投影 $b'c'$，且两者的距离等于 BC 到相应的踢面的距离。

阴线 DE 为正垂线，它在 V 面（墙面）上的落影为 45°直线，在 H 面（地面）上的落影平行于它的 H 面投影 de 且两者的距离等于 DE 到地面上的距离；阴线 EF 为铅垂线，它在 H

面（地面）上的落影为45°直线。

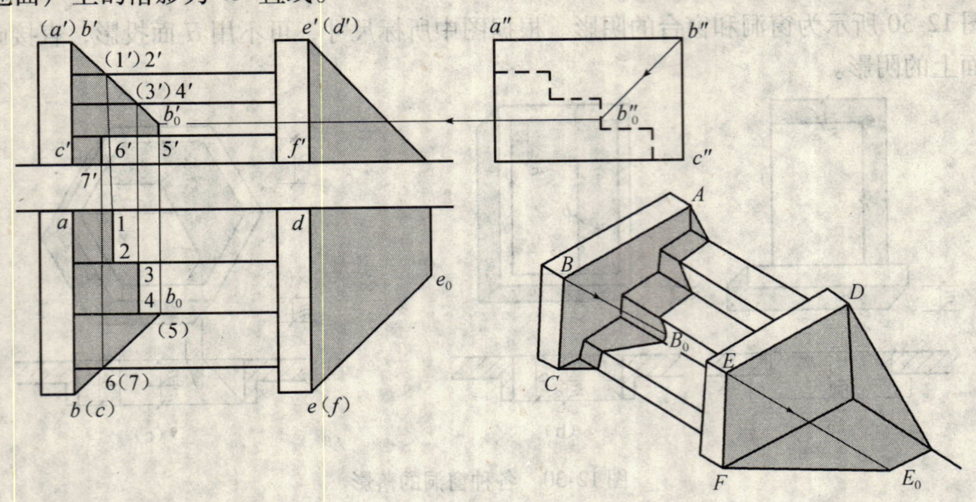

图 12-32　三级台阶的阴影

图 12-33 所示为另一台阶的阴影，阴线为 AB，BC，CD 和 EF，FG，GN，其中阴线 CD，GN 为正垂线，BC，FG 为侧平线，AB，EF 为铅垂线。也就是说，与图 12-32 所示的台阶不同的是，它的栏板中带有侧平线。

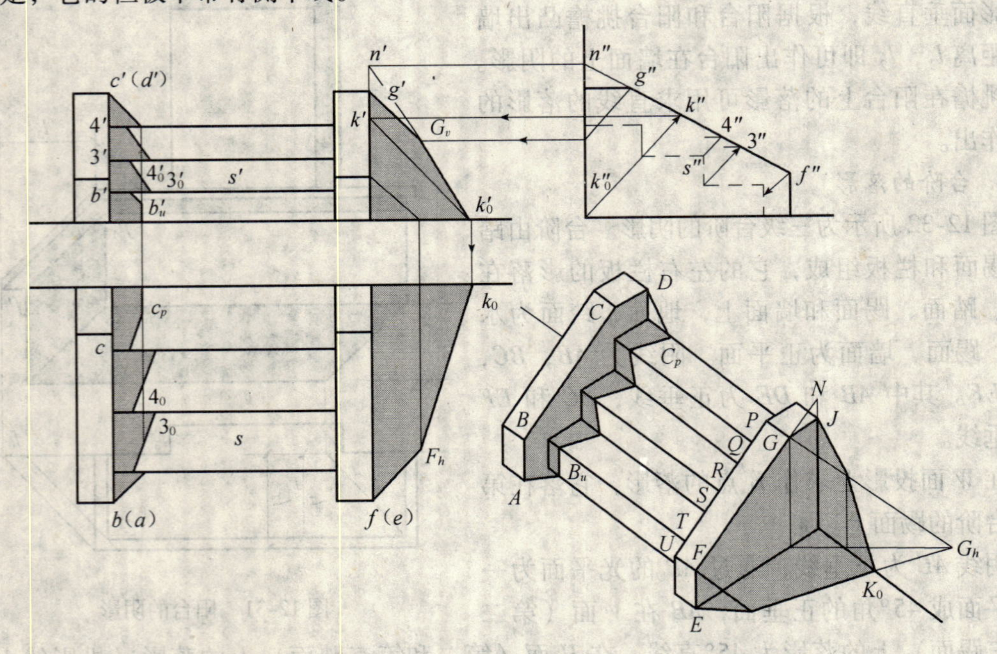

图 12-33　台阶的阴影

右侧栏板的阴线 FG 的落影一段落在 V 面（墙面）上，另一段落在 H 面（地面）上，两段落影的转折点为墙角线上的点 K_0，而 K_0 点又相当于阴线 FG 上的一点 K 的落影。所以，可先在 W 面投影上利用墙角点 K_0 的 W 面投影 k''_0求作出 K 点的 W 面投影 k''，并求作出 K 点的 V 面投影 k'，即可求得 K_0 点的 V 面投影 k'_0和 H 面投影 k_0。则阴线 FG 在墙面上的落影 $G_vk'_0$ 和在地面上的落影 F_hk_0 即可求出。

求阴线 FG 的落影时还可采用其他方法，如图中所示，可先求 G 点在 H 面上的虚影 G_h 以确定 FG 在地面上的落影方向；也可用延长 FG 后与墙面的交点 N 来确定 FG 在 V 面投影中的落影方向。

左侧栏板阴线 BC 的落影也可用上述方法作出，如图所示，以求 BC 在图中的第二踢面 S 面上的落影为例。

BC 在 S 面上的落影为直线 $3_0 4_0$，两个端点 3_0 和 4_0 可看作是 BC 上两个点 3 和 4 的落影，且 3_0 和 4_0 位于 S 面的上、下两条棱线上。S 面为侧垂面，其 W 面投影为积聚投影，利用此积聚投影求作 BC 在 S 面上的落影的两个端点 3_0 和 4_0 的 W 面投影 $3''$和 $4''$，并求作它们的 V 面投影 $3'$和 $4'$，过 $3'$和 $4'$引光线分别交 S 面的上、下棱线于 $3_0'$ 和 $4_0'$，则 $3_0'4_0'$ 即为阴线 BC 在 S 面上的落影。BC 在其他踏面和踢面上的落影可用相同的方法求出。

5. 坡顶房屋的阴影

图 12-34 为单坡屋面的阴影。檐口前后错落，阴线为 AB，BC，CD，EF。

AB 为侧垂线，它在左前墙面上的落影与其在该面上的投影平行且距离等于它到该面的距离，求得 a_v' 作平行线。

BC 为铅垂线，它在右前墙面上的落影与其在该面上的投影平行且距离等于它到该面的距离，求得 $b_v'c_v'$。

CD 为侧平线，它落影于右前檐口上和右前墙面上。求得右前屋檐上的落影 c_p' 即可得 CD 在屋檐上的落影 $d'1_p'$，$1_p'$ 可看作为 CD 上一点 1 在右前檐口线上的落影。求得 1 点在右前墙面上的落影 $1_v'$，即可得 CD 在右前墙面上的落影 $c_v'1_v'$。也可用求 D 点的虚影的方法求得 CD 在右前墙面上的落影。

过 $1_v'$ 引直线平行于檐口线，可得右前檐口线在右前墙面上的落影。

如图 12-35 所示为一座双面坡顶房屋，阴线为 AB，BC，CD，DE。其中 AB，BC 为正平线，CD 为铅垂线，DE 为正垂线。阴线 BC 的影落在左前和右前两个墙面上。

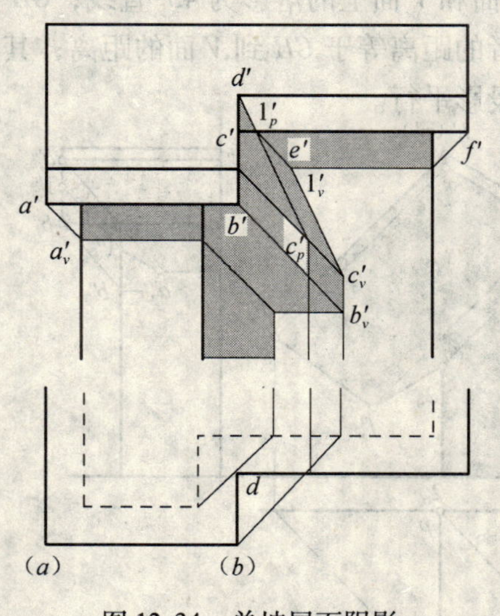

图 12-34　单坡屋面阴影

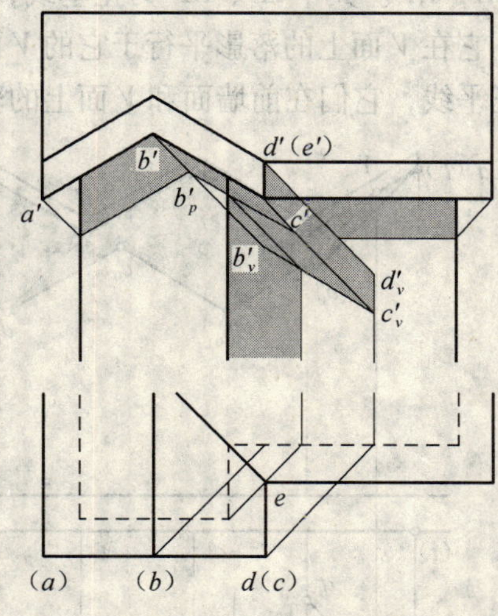

图 12-35　双坡屋面阴影

先求出 B 点在左前墙面上的落影 b_p'，过 b_p' 且平行于 $a'b'$，$b'c'$的直线即为阴线 AB，BC 在左前墙面上的落影。再作 C 点在右前墙面上的落影 c_v'，过 c_v' 作 $b'c'$的平行线即为阴线 BC 在右前墙面上的落影。

6. 天窗的落影

如图 12-36 所示为坡屋面上的双坡天窗，因天窗顶面坡度较小，所以两坡均为阳面，阴线为 AB，BC，CD，DE，EF。

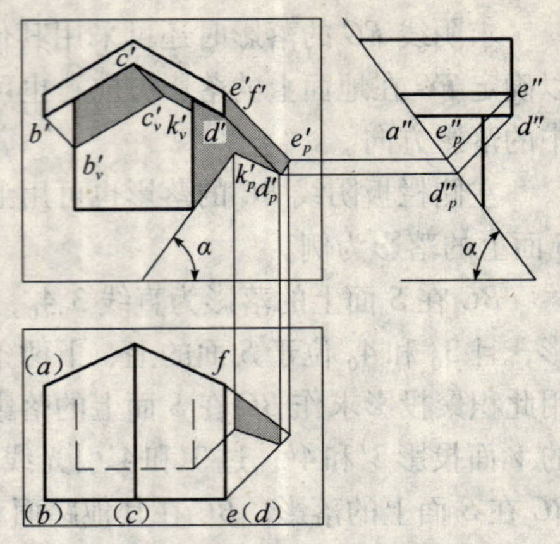

图 12-36　双坡天窗的阴影

AB 为正垂线，它在 V 面上的落影为 45°直线，且 B 点落影于天窗左棱线上。

BC 为正平线，过 b_v' 引直线平行于 $b'c'$ 即可得 BC 在天窗面上的落影 $b_v'c_v'$。也可先求得 C 点在天窗面上的落影 c_v'，再连 b_v' 和 c_v'。

CD 为正平线，它落影于天窗面上和坡屋面上。CD 在天窗面上的落影与其在该面上的投影（V 面投影）平行。CD 在天窗右棱线上的落影点为 k_v'，k_v' 可看作为 CD 上一点 K 的落影，用 CD 的 W 面投影求得 K 点在坡屋面上的落影 k_p'。

DE 为铅垂线，它落影于坡屋面上，而坡屋面为侧垂面，其 W 面投影为积聚投影。在 W 面投影上，由 D、E 的 W 面投影求得它们在坡屋面上的落影的 W 面投影 d_p''，e_p''，$d_p''e_p''$ 为 DE 在坡屋面上的落影的 W 面投影；求得它们的 V 面投影 d_p'，e_p'，连 $d_p'e_p'$ 即为 DE 在坡屋面上的落影的 V 面投影；求得它们的 H 面投影并连接即为 DE 在坡屋面上的落影的 H 面投影。

连 $k_p'd_p'$ 即为 CD 在坡屋面上的落影。

天窗右棱线也为一条阴线，它与坡屋面有一交点，交点在坡屋面上的落影与其自身重合，连此交点与 k_p' 点即为右棱线在坡屋面上的落影。

7. 折板屋面的阴影

图 12-37 所示为折板屋面的阴影。图中折板屋面的阴线为 LA，AB，BC，CD，DE，EF，FG，GH，HP。其中 LA、HP 为正垂线，它们在前墙面和 V 面上的落影为 45°直线；GH 为铅垂线，它在 V 面上的落影平行于它的 V 面投影且两者的距离等于 GH 到 V 面的距离；其余阴线为正平线，它们在前墙面和 V 面上的落影与 V 面投影平行。

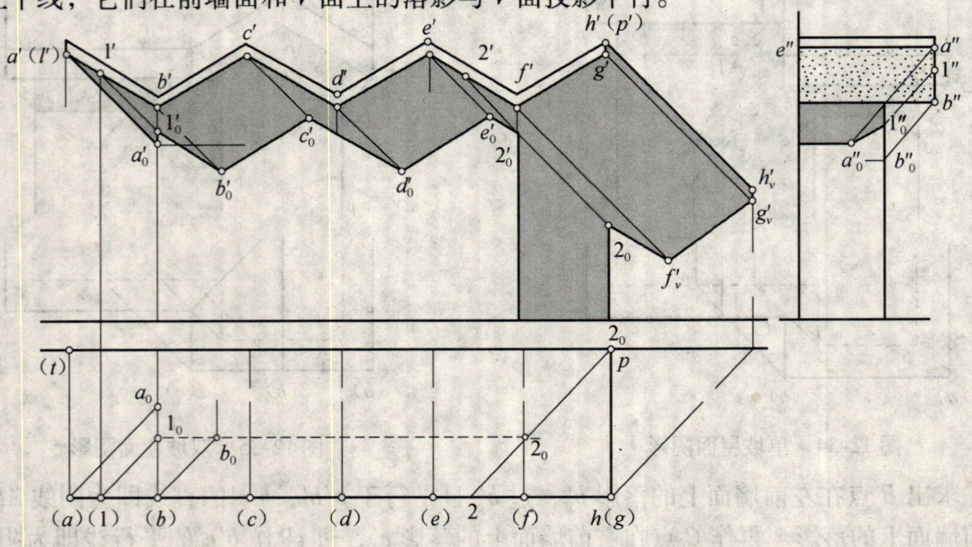

图 12-37　折板阴线在下部长方体上的落影

图 12-38 为建筑立面阴影实例。

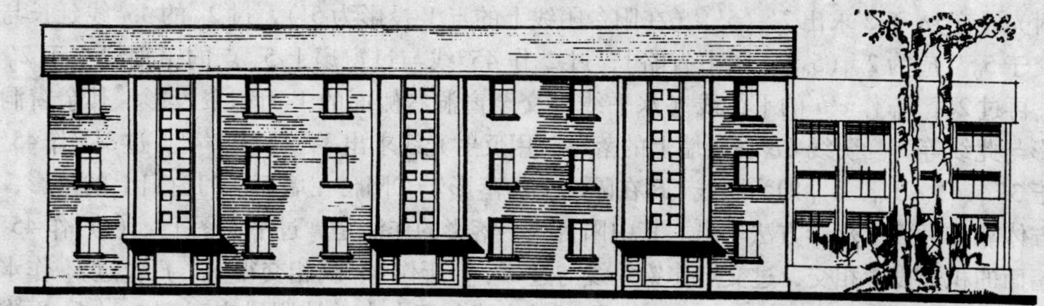

图 12-38　房屋立面图阴影实例

【例 12-1】 已知雨篷、门窗、阳台、隔墙等建筑细部的立面图和平面图，求其各部分的阴影。

【解】 如图 12-39 所示，建筑细部的影由以下几个部分组成：①雨篷阴线 *KABCD* 的影分别落于隔墙、门窗扇和墙面上；②阳台阴线的影分别落于门窗扇及墙面上；③隔墙的阴线 *N* 的影落于窗扇、阳台正立面上（图中阳台阴线落在阳台地面上的影省略）。

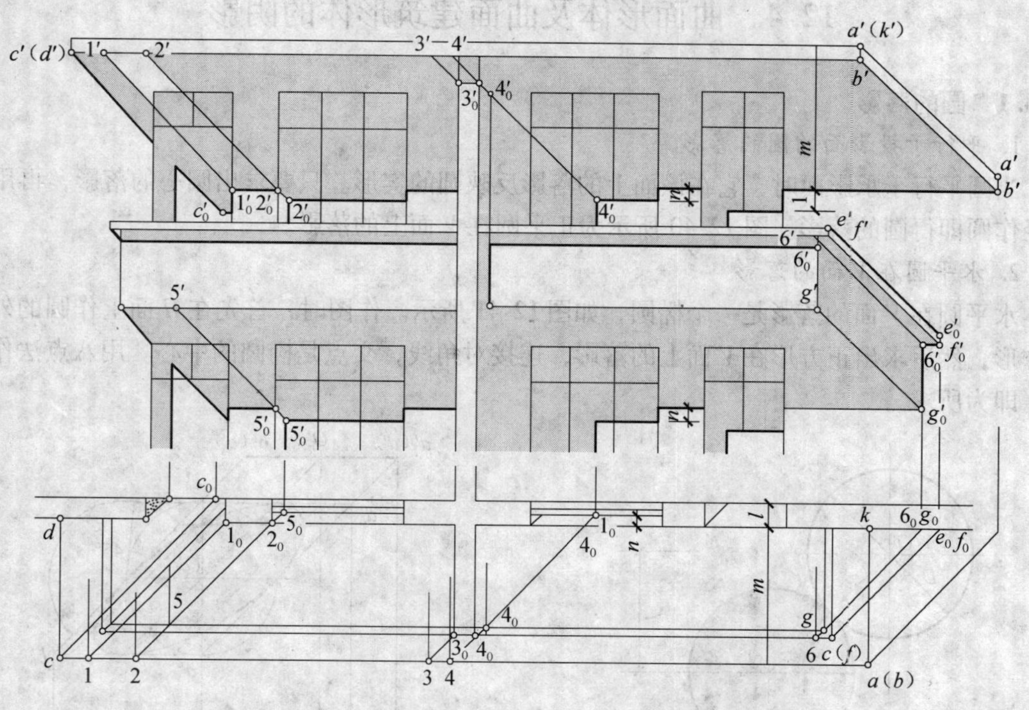

图 12-39　雨篷、阳台、隔墙、门窗洞的阴影

过程如下：

①求雨篷落在墙面、门窗扇和隔墙上的落影。阴线 *CB* 在墙面上的落影同图 12-24b，在窗扇的落影深度等于在墙上的深度 m 再加 n，在门扇上的落影深度等于在墙上的深度 m 再加 l，或直接过 c，c'分别作 45°线，过 c 的 45°线交于门扇的积聚投影于 c_0，过 c_0 向上引铅垂线与过 c'的 45°线交于 c_0'，再过 c_0' 作 $c'b'$的平行线（即水平线）交至门洞阴线，其余在门

洞上落影与此线等高，若要求窗扇阴线的落影，还可用反射光线法求作，即过已知点2_0作反射光线交cb于2求出$2'$（$5'$）（在阳台阴线上的点V投影为$5'$），过2_0的45°线延长与窗扇交于5_0［应为2_0（5_0），图中省略］，过$2'$作45°线与过窗扇上5_0点的铅垂线交于$2_0'$和$5_0'$，再过$2_0'$，$5_0'$作$c'b'$的平行线（水平线）交至窗洞右侧面的V面积聚投影，其余窗洞上落影与此线等高。阴线CB在隔墙上的落影，用反射光线求出3，4，$3'$，$4'$。过$3'4'$作45°线交于$3'_0$，$4'_0$。$3'_0$，$4'_0$即为阴线CB在隔墙上的落影。②阳台在墙面、门窗扇上的落影，按长方体靠在V面上落影方法求出。其中阳台扶手落影的作法是，过平面图上e（f）作45°线与墙面的积聚投影相交，过交点作铅垂线与过e'、f'所作45°线相交得e_0'，f_0'；过f_0'作水平线与过g_0'的铅垂影线相交得$6_0'$，过$6_0'$作反射光线与阳台右前棱阴线交于$6_0'$，过$6_0'$再作水平线，得立面图上阳台扶手阴线在阳台前侧面上的落影。阳台在门扇和窗扇上落影深度的求法同雨篷。③隔墙在墙面、窗扇、阳台前侧面上的落影宽度即为隔墙凸出墙面、窗扇、阳台的前侧面的深度（图中未标注）或用反射光线求作。即在平面图上过4_0作45°线与窗、墙、阳台面的积聚投影交于4_0，过这些点分别作铅垂线，得隔墙阴线在窗扇、墙面（图中未标注）和阳台前侧面的落影宽度。全图到此作完。（见图12-39）

12.4 曲面形体及曲面建筑形体的阴影

12.4.1 圆的落影

1. 平行于投影面的圆的落影

当圆平行于承影面时，它在该面上的落影反映圆的实形。只要求出圆心的落影，再用原半径作圆即得圆的落影。图12-40所示为正平圆在V面上的落影。

2. 水平圆在V面的落影

水平圆在V面的落影是一个椭圆，如图12-41所示。作图时，首先在H面上作圆的外切正方形，然后求出正方形在V面上的落影，连接对角线，交点是椭圆的中心。用八点法作椭圆，即为所求。

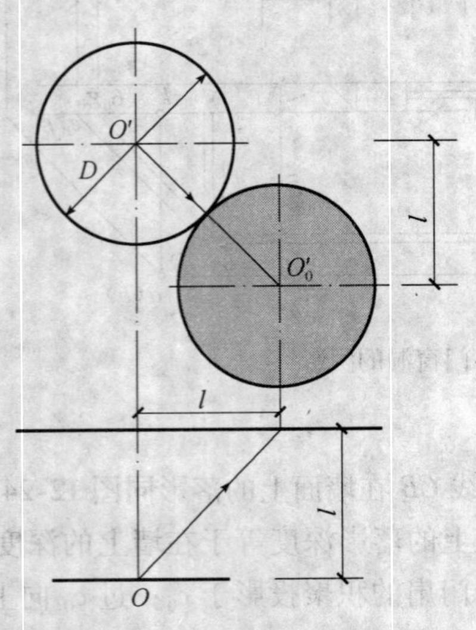

图12-40　正平圆在V面上的落影

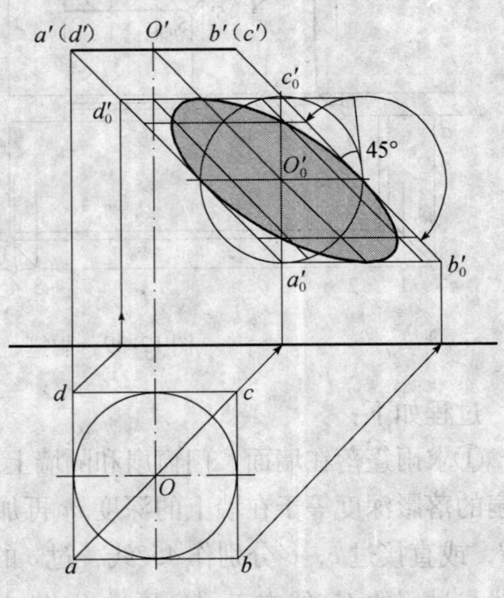

图12-41　水平圆在V面上的落影

3. 侧平圆在 V 面上的落影

侧平圆在 V 面上的落影也是一个椭圆，如图 12-42 所示。作图时，先在 W 面上作出圆的外切正方形，然后作出正方形在 V 面上的落影。连接对角线，交点即为椭圆的中心。用八点法作椭圆，即为所求。

实际作图时，常采用单面作图法，如图 12-43（b）所示，只要已知圆的半径及圆心距承影面的距离，即可作出圆在该面上的落影。

4. 半圆的落影

如图 12-43（a）所示为紧靠 V 面的水平半圆的落影。作图时，求出半圆中五个特殊位置点的落影即可求得半圆的落影。也可根据上述五个点的特殊位置在 V 面投影上单独作图。

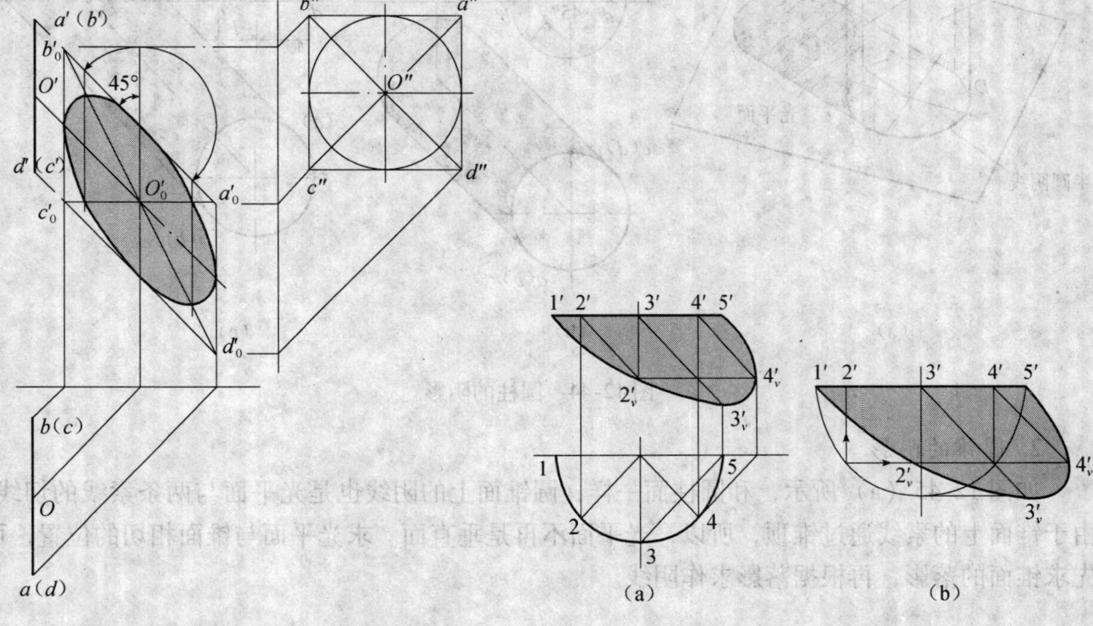

图 12-42　侧平圆在 V 面上的落影　　　图 12-43　半圆的落影

12.4.2　曲面形体的阴影

1. 圆柱的阴影

（1）柱面阴线

圆柱面上的阴线是柱面与光平面相切的素线。如图 12-44（a）所示，柱面阴线为素线 AB，CD，这两条阴线将圆柱面分成大小相等的两部分，阳面与阴面各占一半；圆柱的顶圆和底圆也被两条阴线分成两半，各有半圆是圆柱的阴线。圆柱的顶面为阳面，底面为阴面。所以，圆柱的阴线是两条素线和上下两个半圆组成的封闭图形。

（2）圆柱阴线的求法

如图 12-44（b）所示，在 H 面上作两条 45°直线，与圆周相切于 a（b），c（d）点，即为柱面阴线的 H 面投影，再求得其 V 面投影 a'，c' 及 b'，d'。

由圆柱的 H 面投影中可知，圆柱面的左前部分为阳面，右后部分为阴面，由圆柱的 V 面投影可知，阴线 $a'b'$ 左侧为阳面，右侧为阴面。

也可用单面投影作半圆与 45°直线相交求得阴线。

图 12-44（c）说明，在圆柱的 V 面投影中，两条素线落影的距离等于两条阴线间距离的 2 倍。

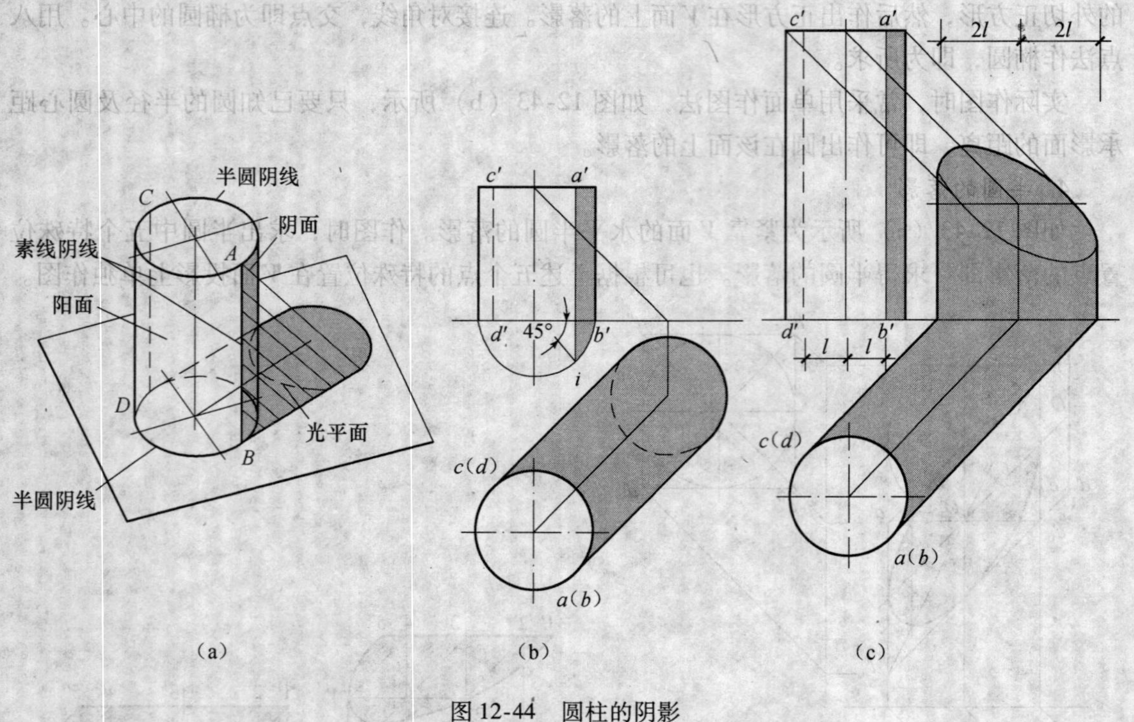

图 12-44　圆柱的阴影

2. 圆锥的阴影

如图 12-45（a）所示，和圆柱面一样，圆锥面上的阴线也是光平面与两条素线的切线，由于锥面上的素线通过锥顶，所以，光平面不再是垂直面。求光平面与锥面相切的位置，可先求锥面的落影，再根据落影求作阴线。

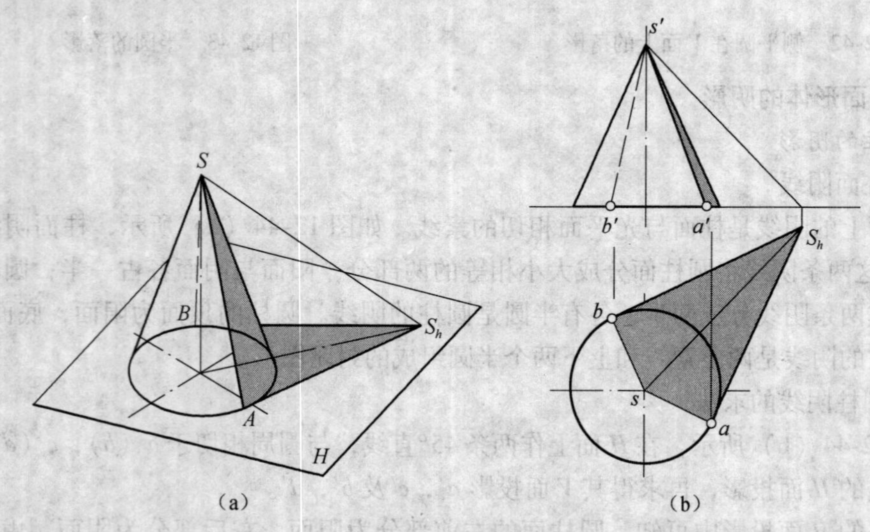

图 12-45　圆锥的阴影

锥顶 S 在 H 面上的落影为 S_h，过 S_h 引直线与底圆相切于 A，B 两点，则素线 SA，SB 即为锥面的阴线。

图 12-46 所示为底面置于 H 面上的圆锥的阴影作图。

倒圆锥阴影的形成过程与正圆锥相同，只是作图时假设底圆所在的平面为承影面，光线应是返回光线。如图中所示，先求作锥顶的虚影 s_0，过 s_0 引直线与底圆相切于 a，b 两点，连素线 sa，sb 作出其 V 面投影，得锥面阴线——两条素线 SA，SB，圆锥的阴影即可作出。

圆锥的阴影也可用单面作图法。如图 12-47 所示，以圆锥底面中点为圆心作半圆，与圆锥中心线交于 1 点，过 1 点作阳面轮廓线的平行线 12，过 2 点作 45°直线 23，24。过 3，4 点作竖直线与底圆的投影相交即可求得圆锥面上的阴线。

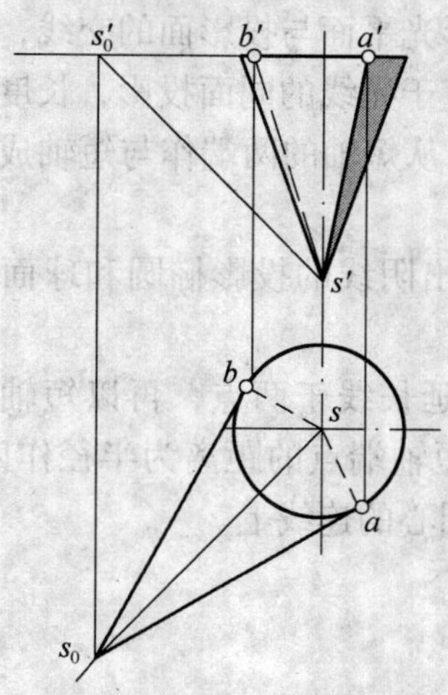

图 12-46　倒圆锥阴线的作法

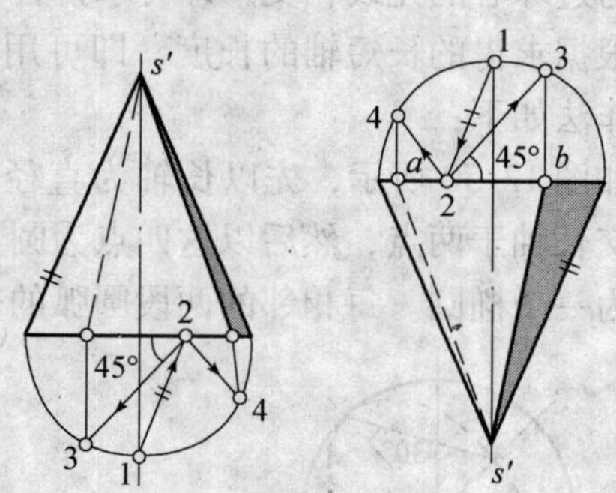

图 12-47　圆锥阴线的单面作图

圆锥面上的阴线是光平面与锥面相切所得的素线，该素线是随锥底倾角 α 而变化的。当圆锥底面倾角 α 为 45°，35°或小于 35°时，圆锥的阴面有如下的特性：

①底角 α 小于 35°时，正圆锥面全为阳面，倒圆锥面全为阴面。

②底角等于 35°时，正圆锥只有一条素线，位于右后方，其余均为阳面；倒圆锥也只有一条素线，位于左前方。

③底角等于 45°时，正圆锥面上的阴线为右、后两条素线，阴面大小为 1/4 锥面；倒圆锥面上的阴线左、前两条素线，阴面大小为 3/4 锥面。如图 12-48 所示。

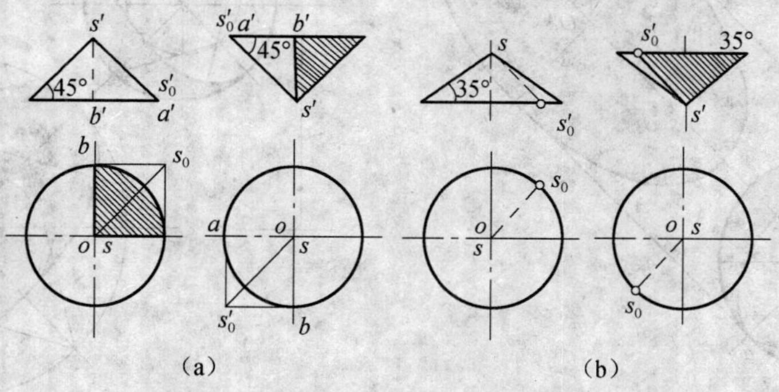

图 12-48　底角为 45°、35°时圆锥面的阴面

（a）底角为 45°；（b）底角为 35°

3. 圆球的阴影

球面的阴线是与球面相切的圆柱形光平面切于球面的一个大圆。阴线大圆的圆心即为球心，它所在的平面垂直于光线的方向。

作球面的阴影时，应先作出球面上的阴线，再求作球的落影。

如图 12-49 所示，阴线大圆的 H 投影为椭圆，其长轴方向垂直于光线的方向，长度等于球的直径；短轴方向平行于光线方向，长度等于 $D\tan30°$。作图时，从长轴的两端作与长轴成 30°角的直线，与过球心的光线相交，即可得短轴长度。

因习用光线对各投影面的倾角都相等，所以阴线大圆对各个投影面的倾角也相等，阴线大圆在各投影面上的投影均为大小相等的椭圆。

球在投影面上的落影实际上就是与球面相切的圆柱形光平面与投影面的交线，其形状也是椭圆。球面的落影椭圆的圆心是球心的落影，短轴垂直于光线的同面投影，长度等于球的直径；长轴平行光线方向，长度等于 $D\tan60°$ 。作图时，从短轴的两端作与短轴成 60° 的直线，与过球心的光线相交，即可求得各长轴长度。

根据求得的长短轴的长度，即可用四心圆法近似作出阴线的投影椭圆和球面的落影椭圆。作法如下：

如图 12-50 所示，先以长轴为直径作圆，交短轴的延长线于两点，再以短轴为直径作圆，交长轴于两点，然后以这四点为圆，以到相应的长短轴端点的距离为半径作四段圆弧，即成为一个椭圆。每相邻的两段圆弧的交点位于这两个圆心的连线上。

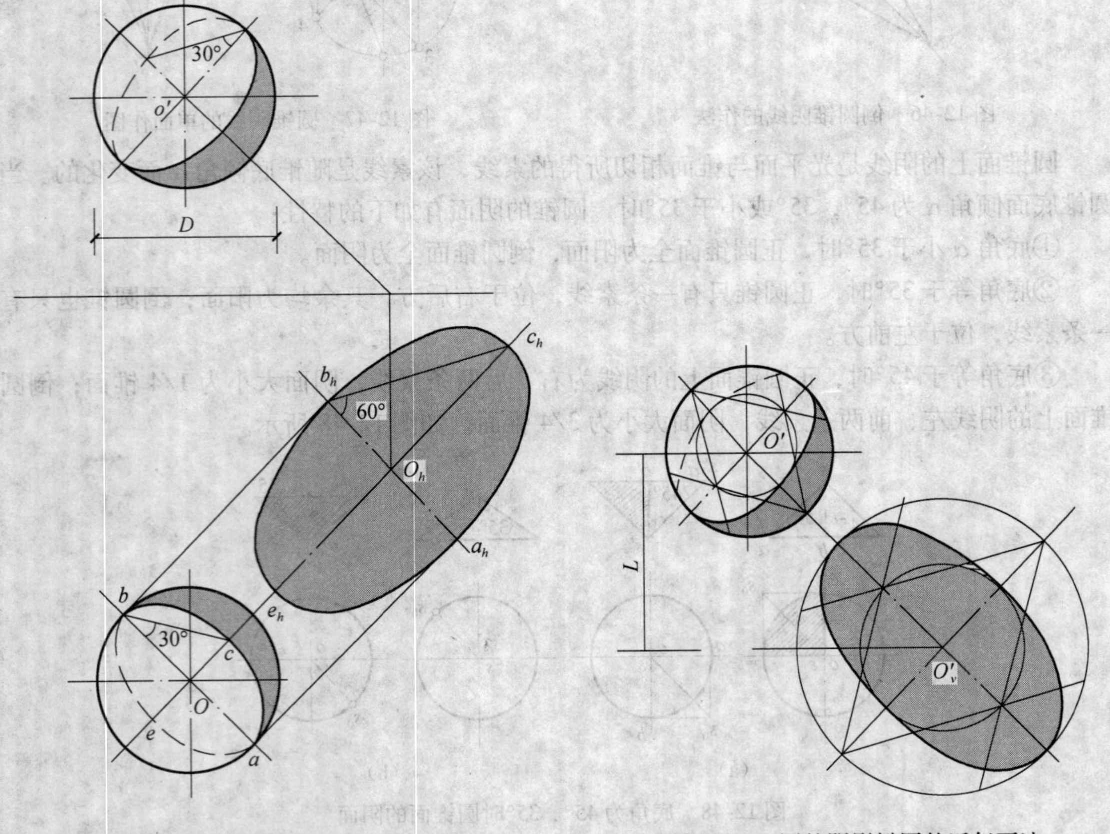

图 12-49　圆球的阴影　　图 12-50　圆的阴影椭圆的近似画法

4. 回转面的阴影

(1) 曲线回转面的阴线

曲线回转面的阴线一般不能直接确定，需采用辅助方法求得，然后再根据阴线与投影面的相对位置及几何特征求得阴影。常用的求曲线回转面阴线的方法是切锥面法和切柱面法(圆柱面是圆锥面的特例)。

如图 12-51 所示，当圆锥面与曲线回转面共轴并相切时，它们相切于一个共有的纬圆，且其阴线的共有点即在此纬圆上，则相切锥面的阴线与相切纬圆的交点即为曲线回转面上的阴点。切柱面时，柱面与曲线回转面也相切于同一纬圆，其阴线的共有点也在此纬圆上，即相切柱面的阴线与相切纬圆的交点。

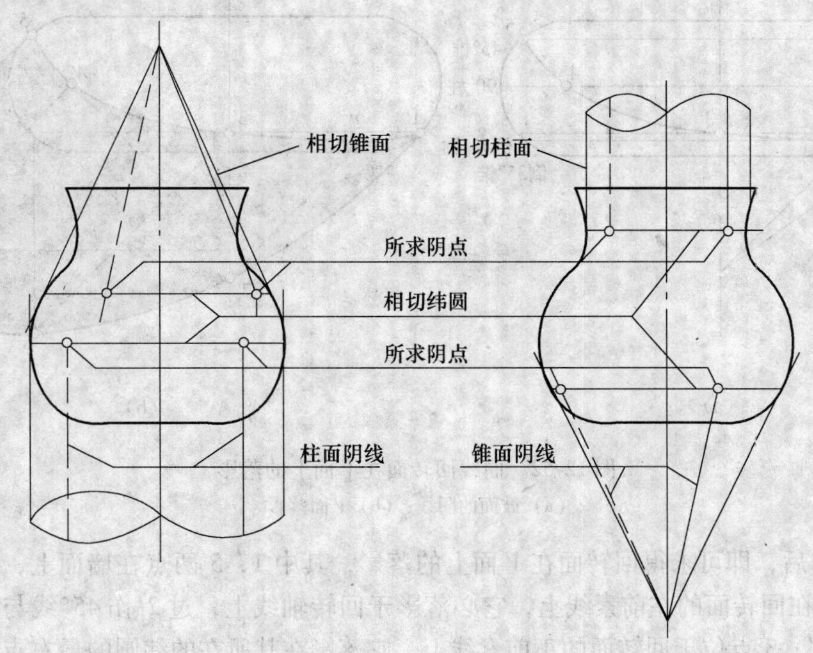

图 12-51　切锥面法求回转面阴线的步骤

作图的具体步骤是：

①作出与曲线回转面共轴的外切或内切圆锥面（或圆柱面）。

②作出锥面与曲线回转面相切的纬圆。

③求作切锥面的阴线与相切纬圆的交点，即回转面的阴点。

④将各阴点光滑连接，即为回转面的阴线。

为了作图方便，应首先作出一些特殊的切锥面与切柱面，如底角为 35°、45° 的正圆锥或倒圆锥等，再求作曲线回转面上的特殊点，必要时，可作一般底角的锥面来补充一些阴点。

(2) 曲线回转面的落影

图 12-52 所示的曲线回转面，其旋转轴位于 *V* 面上，它的阴线可用切锥面法作出，作图步骤是：

①作底角为 35° 的倒锥面与回转面相切于点 k'，过 k' 引水平线交过锥顶的 45° 线于 $2'$ 点。

②作 45° 的倒锥面与回转面相切于点 1′，过 1′引水平线交轴线于 3′。

③作柱面与回转面相切于赤道圆，得柱面阴线与赤道圆的交点 4′。

④作 45° 的正锥面与回转面相切于点 5′。

⑤将求得的各点 1′，2′，3′，4′，5′光滑连接，即得回转面上的阴线。

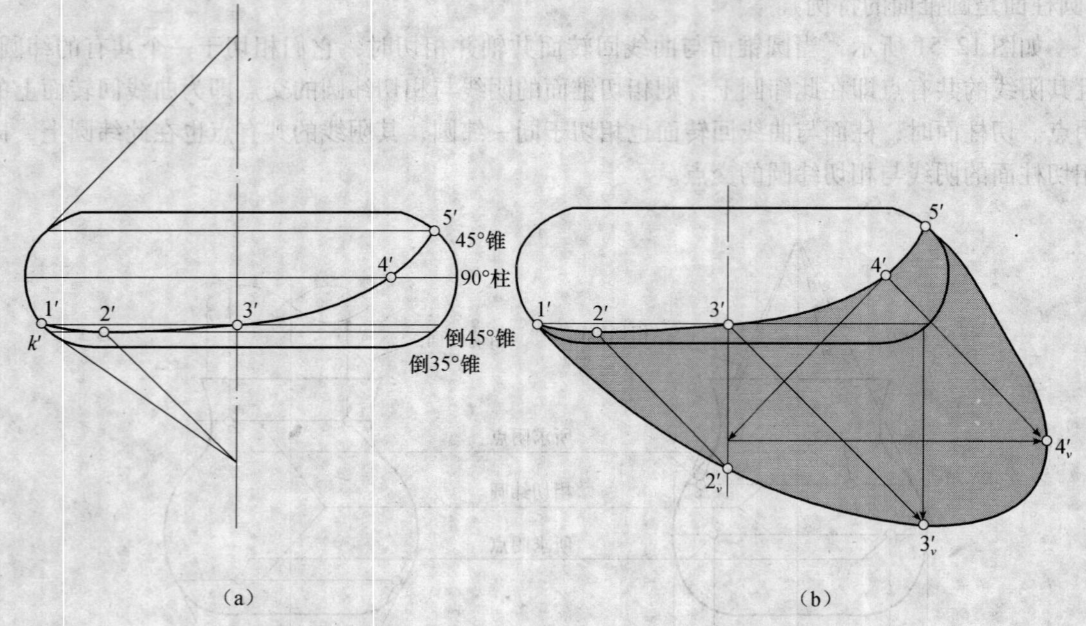

图 12-52 曲线回转面在 V 面上的落影

(a) 鼓面的阴线；(b) V 面落影

阴线求出后，即可求得回转面在 V 面上的落影，其中 1，5 两点在墙面上，其落影与自身重合；2 点在回转面的左前素线上，它必落影于回转轴线上，过 2′作 45°线与轴线相交即为 2 点落影 $2'_v$；3 点位于回转面的正前素线上，它落影在其所在的纬圆的最右点向下的垂线上，从 3′作 45°线与该垂线相交即得 3 点落影 $3'_v$；4 点是由切柱面求得，它的落影 $4'_v$ 与中心线的距离等于它的 V 面投影 4′到中心线距离的两倍。

12.4.3 曲面建筑形体的阴影

1. 圆柱形窗洞的阴影

圆窗洞边框在窗扇上的落影是圆的一部分，只要知道窗洞的深度，就可求出落影圆心的位置，再以圆窗洞的半径为半径作圆弧，即可求得圆窗洞的落影。

图 12-53 所示的圆柱形窗洞，它的阴线是半圆 $ABCD$，它在 V 面上的落影的求作过程如下：

在 V 面上求作窗洞圆心 O 点在 V 面上的落影 O'_0，再以 O'_0 为圆心，以窗洞圆的半径为半径作圆弧，与窗洞圆交于 b'_0，c'_0，即可求得圆窗洞在 V 面上的落影。

图 12-54 所示为一带圆柱形窗套的窗洞，阴线在窗扇面和圆柱侧面上的落影的作法是：

（1）求作窗洞圆心在窗扇面上的落影 O'_{20}，以圆柱形窗套的内圆半径 R 为半径作圆弧，可得圆窗洞在窗扇面上的落影。

（2）求作窗洞圆心在墙面上的落影 O'_{10}，以圆柱形窗套的外圆半径 R_1 为半径作圆弧，可得圆窗洞在墙面上的落影。

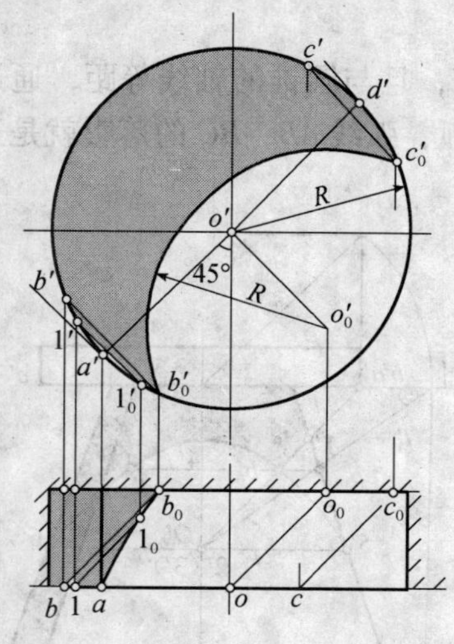

图 12-53　圆柱形窗洞的阴影

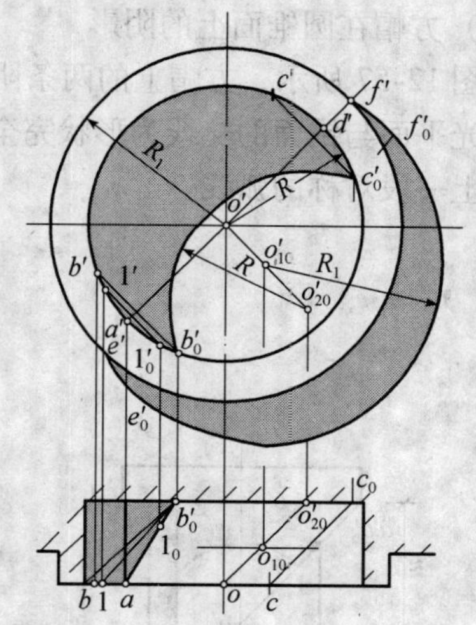

图 12-54　带圆柱形窗套的窗洞阴影

2. 圆拱门的阴影

图 12-55 所示为一带有圆拱形门洞的门廓的两面投影，左边墙的阴线为它的前棱线，中间柱子的阴线为柱子的左后和右前棱线，右边墙的阴线为它的左后棱线。这些阴线均为铅垂线，它们在地面上的落影为 45°直线，在墙面上的落影为铅垂方向。

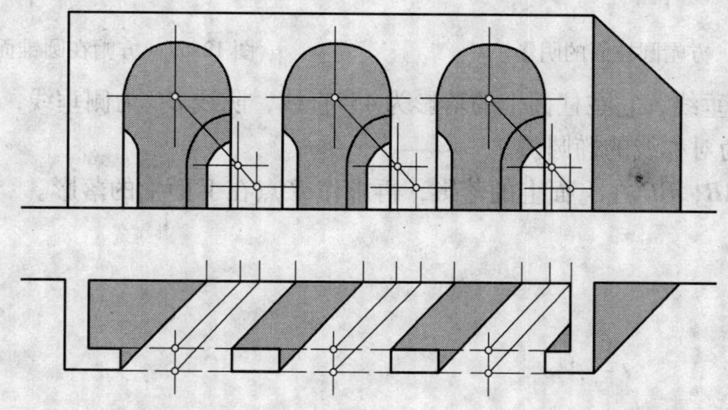

图 12-55　圆拱门的阴影

右边墙的右前棱线为铅垂线，顶面上的右侧棱线为正垂线。右前棱线在地面上的落影为 45°直线，在墙面上的落影为铅垂方向且与其 *V* 面投影的距离等于它到主楼墙面的距离；顶面上的右侧棱线在 *V* 面上的落影为 45°直线。

作圆拱门的阴影时，先求作各圆心在主楼墙面上的落影，再以圆拱门圆的半径为半径作圆弧，求得各圆在主楼墙面上的落影，应为大小相等的半圆。

3. 方帽在曲面体上的阴影

(1) 方帽在圆柱面上的阴影

如图 12-56 所示，方帽的阴线为 *AB*，*BC*，它们的交点 *B* 落影于圆柱面上。

阴线 *AB* 为正垂线，它在柱面上的落影为 45°直线，阴线 *BC* 为侧垂线，它在柱面上的落

影与圆柱面的 H 面投影成对称状。

（2）方帽在圆锥面上的阴影

如图 12-57 所示，方帽上的两条阴线 AB 和 BC 等高，且与圆锥的轴线等距，通过两条阴线的光平面与锥面的交线为形状完全相同的两段椭圆弧，弧线 AB，BC 的落影就是这两条椭圆弧上一段对称的弧线。

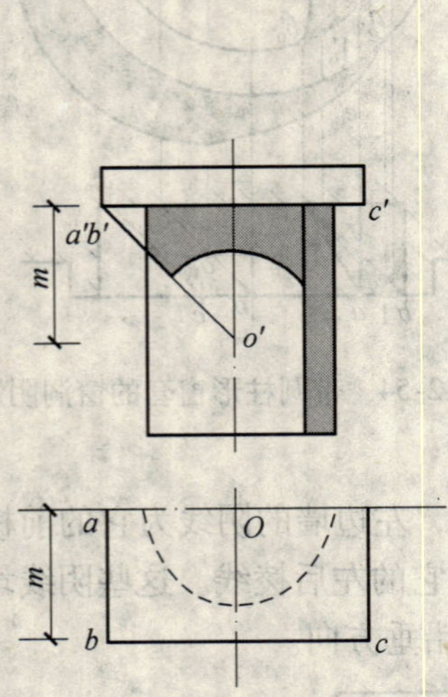

图 12-56　方帽圆柱面的阴影

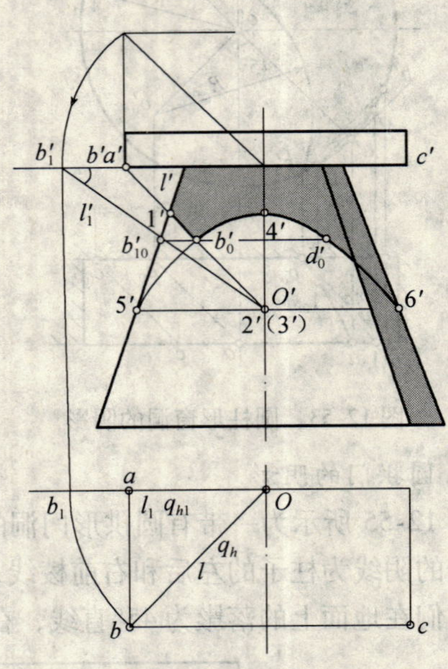

图 12-57　方帽在圆锥面上的阴影

阴线 AB 为正垂线，它在柱面上的落影为45°直线，阴线 BC 为侧垂线，它在 V 面上的落影为以圆锥轴线为对称线的椭圆弧。

先分别作出 AB，BC 在 V 面上的落影，再求作 B 点在 V 面上的落影。

第 13 章　透视投影

13.1　透视投影的基本知识

13.1.1　透视投影的基本概念

1. 透视的概念

透视一词源于拉丁语，尽管人们很早就懂得透视的原理，但透视理论却直到文艺复兴时期才真正确立起来。

透视图和轴测投影一样，都属于单面投影，就是在二维画面上，运用透视投影方法将三维形式真实地表现出来。由于透视所表现出的内容更接近人们的真实视觉感受，所以具有很强的空间立体感，使人身临其境，同时一些特殊的图示表现形式会带来意想不到的视觉效果。

图 13-1 所示为某写字楼透视图，它形象、逼真地反映了这座建筑物的外貌，使观察者好像看到了实物一样。

图 13-1　某写字楼透视图

2. 透视的形成

在不同的位置观察同一物体时，由于观察者的眼睛与物体的相对位置和距离不同，带给人的感受也不一样。透视就是用于表现观察者在一定相对位置和距离所见的真实画面。

在观察者与物体之间放置一个透明的铅垂面，作为投影面（画面），观察者的眼睛与物体上各点进行连线，各条连线便与投影面存在交点，将这些交点按空间相对位置关系连接起来，就在投影面上得到了该物体的透视投影即透视图。

透视投影的过程如图 13-2 所示，视点、画面、物体是形成透视图的三要素。当这三个要素以视点、画面、物体的顺序排列时，所得的透视图为缩小透视，是常用的透视图。画面可以是平面、曲面、球面，本书只介绍平面上的透视图。

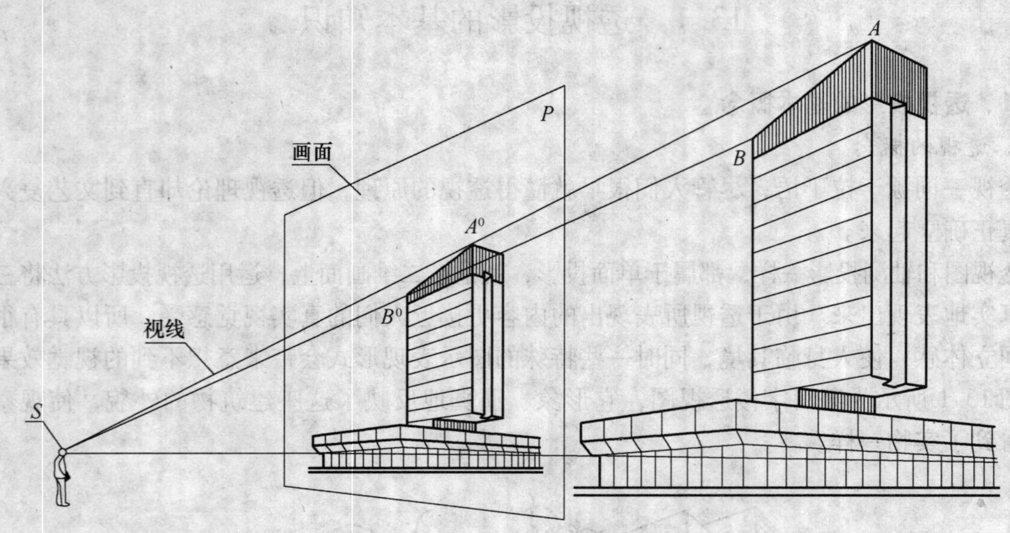

图 13-2　透视投影过程

3. 透视图的作用

透视图广泛应用于艺术创作、工程设计和日常生活中。

若在设计并制作家具之前，将其透视图画出，则既可以逼真地表达出设计意图，又可以利用透视图推敲家具各部位的比例和造型，并研究其制造的程序和方法，如图 13-3 所示。

进行室内设计时，可根据房间的大小和家具的各种不同布置方法，绘制出相应的室内透视图，从而表现出各种不同布置方案的真实效果，从中选择最佳方案，如图 13-4 所示。

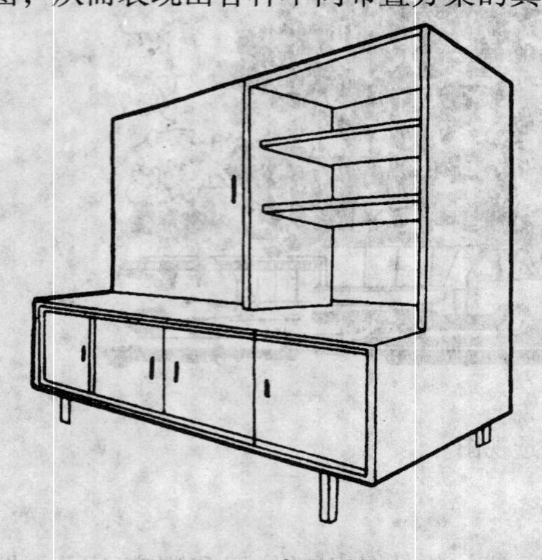
图 13-3　家具透视

图 13-4　室内透视

透视投影常用在建筑设计的初步设计和最终设计阶段。在初步设计阶段，通过绘制透视图，直观地表达出设计意图，并根据透视图对设计方案进行调整、优化和修改，以达到最佳效果，使设计师的设计构思更加完美；在最终设计阶段，通过精确的透视图（效果图）将设计理念、设计意图以及整体和局部效果精确而真实地表达出来，提供给客户和施工人员。

13.1.2 透视术语

透视术语如图 13-5 所示。

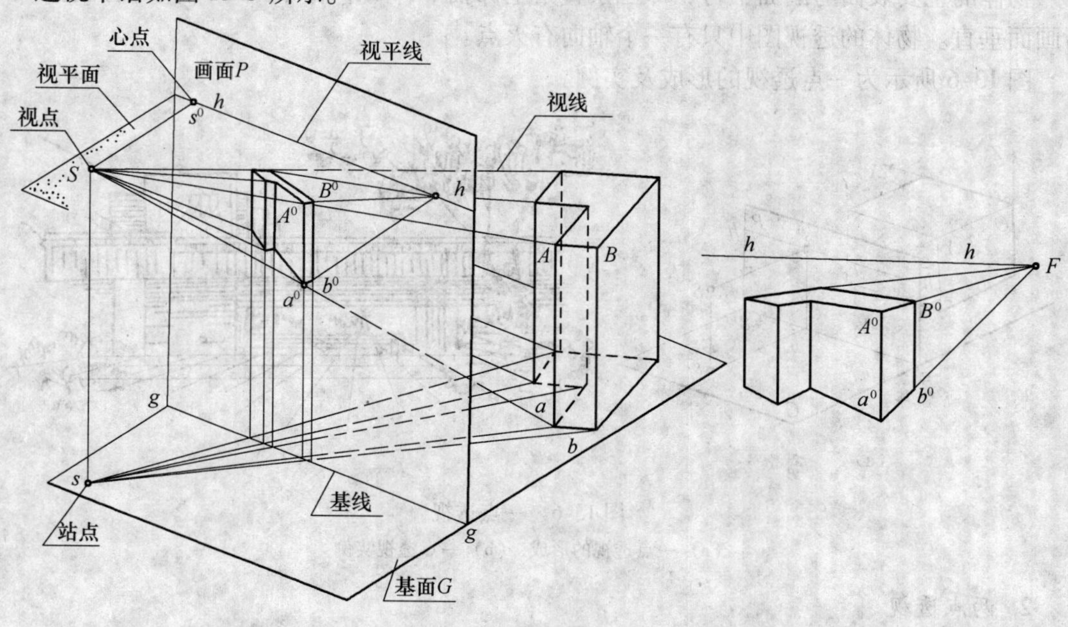

图 13-5 透视术语

透视图是用中心投影法画出的，人的眼睛为投影中心，在透视图中称为视点 S；

在人与物体之间设立一个透明的、铅垂的平面，称为画面 P，也就是透视所在的平面；

视点 S 与物体上各点的连线称为视线，如图 13-5 中的 SA，SB…。各视线 SA，SB，Sa，Sb…与画面的交点 A^0，B^0，a^0，b^0…即为物体上各点的透视。依次连接物体上各点的透视，即得物体的透视图。

基面 G：人所站的地面，为水平面；

基线 gg：基面和画面的交线；位于基面上，是垂直量度的起点；

站点 s：观察者站在地面上的位置，即为视点 S 在基面上的直角投影；

视平面：过视点 S 所作的水平面；

视平线 hh：视平面和画面的交线；

视高：站点到视点之间的高度。视高接近于人体的高度时，称为正常视高；视高远大于建筑物的高度时，称为高视高；根据高视高形成的透视图，称为鸟瞰图。

视中心点（心点）s^0：视点在画面上的正投影，心点必在视平线上；

灭点 F：平行直线透视汇聚于一点，称为该组直线的灭点，即直线上无穷远点在画面上的透视；

基点：空间点在基面上的正投影；

基透视：基点的透视称作相应点的基透视；点的透视与基透视在同一条铅垂线上。

主视线：自视点到画面的垂直视线，即视点 S 与心点 s^0 的连线。

视距：视点到画面的垂直距离，即主视线 Ss^0 的长度。

13.1.3 透视图的分类

根据物体的坐标轴与画面相对位置的不同，透视图可分为以下几类：

1. 一点透视

物体的主要表面与画面平行，即三条直角坐标轴中有两个轴与画面平行，而只有一个轴与画面垂直。物体的透视图中只有一个轴向有灭点。

图 13-6 所示为一点透视的形成及实例。

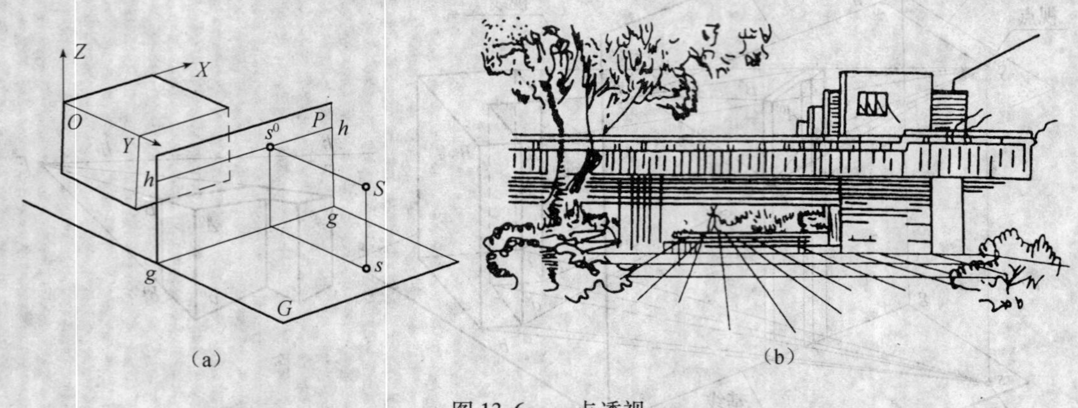

图 13-6 一点透视

（a）一点透视的形成；（b）一点透视实例

2. 两点透视

物体的主要表面倾斜于画面，三条直角坐标轴中只有一条与画面平行。物体的透视图中有两个轴向有灭点。

图 13-7 所示为两点透视的形成及实例。

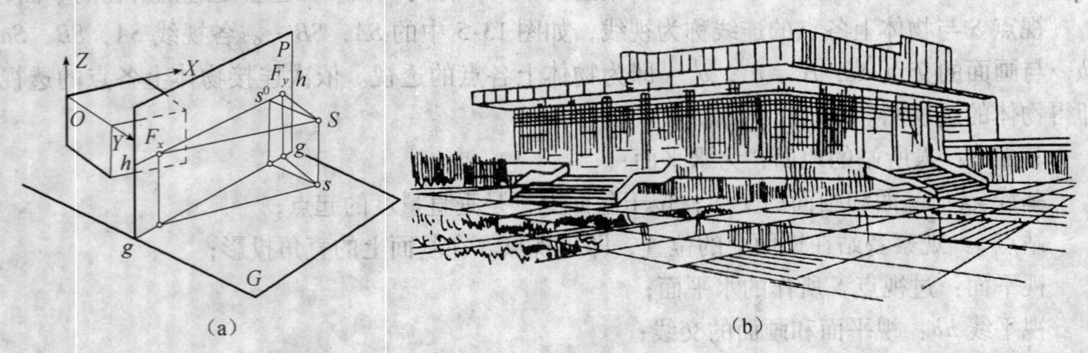

图 13-7 两点透视

（a）两点透视的形成；（b）两点透视实例

3. 三点透视

当画面倾斜于基面时，三条直角坐标轴均倾斜于画面。物体的透视图中有三个轴向有灭点。

图 13-8 所示为三点透视的形成及实例。

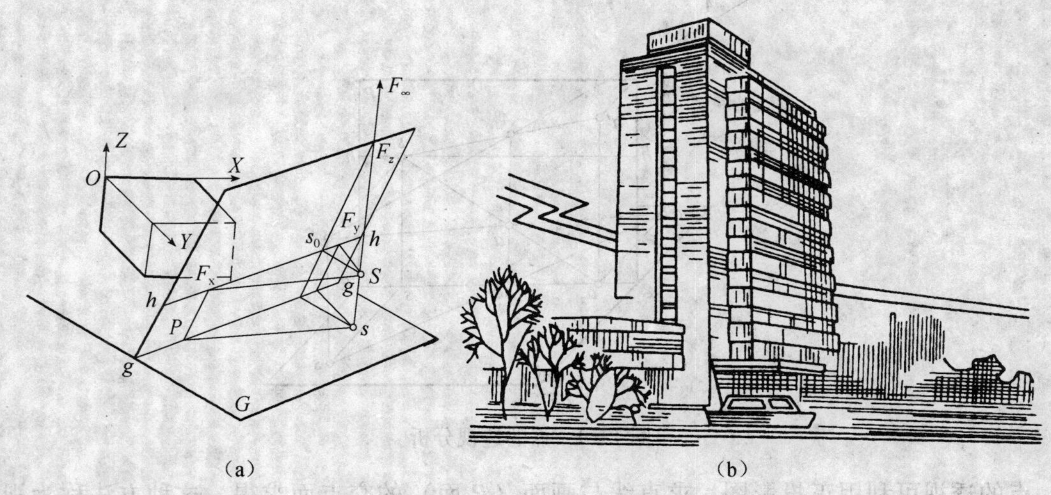

图 13-8　三点透视

（a）三点透视的形成；（b）三点透视实例

在实际应用中，可以根据建筑物本身的特点、周围环境情况和表现要求等，选择不同的透视类型。一点透视和两点透视应用较多，三点透视常常在高层建筑和特殊视点要求的时候采用，失真较大，绘图繁琐，一般采用少。

本书中只介绍一点透视和两点透视。

13.2　透视的基本规律

根据透视的形成过程可知，透视是在二维的画面上真实表现人所看到的三维形体，所以与正投影完全不同。

情况一：空间大小相等的物体，随与观察者距离的逐渐变大而看上去越来越小；空间等间距的物体，随与观察者距离的逐渐变大而看上去间距越来越密；

情况二：空间互相平行的直线在透视中不再平行，而是越远越靠近，直至最终交汇于一点；

情况三：随观察者与物体间的相对位置的变化，物体的空间形态在透视中会发生变形，如空间圆的透视有时变成椭圆。

这就是通常所说的近大远小、近疏远密、汇聚和变形，是透视图中最基本的规律。

任何空间几何形体都是由点、线、面等最基本的几何元素构成的，可以通过这些基本几何元素的透视画法来研究透视图的作图方法。

13.2.1　点的透视

图 13-9 所示为点的透视分析。

点的透视是通过该点的视线与画面的交点，所以求点的透视的过程就是求直线与画面交点的过程。同理，求点的基透视的过程就是求过基点的视线与画面交点的过程。由于空间点与其基点的连线垂直于基面，可知，空间点的透视与基透视的连线垂直于基线，如图中 A 点的透视 A^0 与其基透视 a^0 的连线 A^0a^0 垂直于基线 gg。

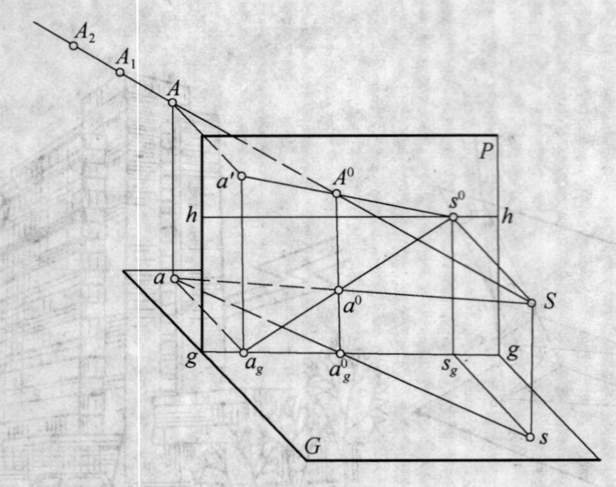

图 13-9　点的透视分析

点的透视可利用正投影图，求直线与画面（P 面）的交点而求得，这种方法称为视线法。作图过程如下：

如图 13-10 所示，已知空间点 A 与视点 S 的基面投影和在画面上的投影、视高和视距，求作 A 点的透视 A^0 与基透视 a^0。

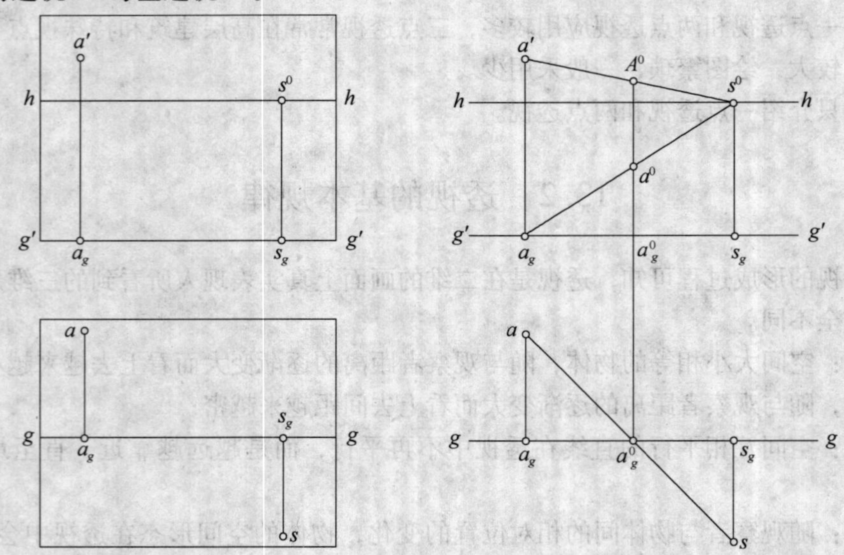

图 13-10　点的透视作图

（1）连 sa，与 gg 交于点 a_g^0。sa 即为 SA 的基面投影。

（2）在画面上连 s^0a'，s^0a_g。

（3）在画面上确定 a_g^0，并过 a_g^0 作 gg 的垂线，垂线与 s^0a'，s^0a_g 分别交于点 A^0，a^0，即为所求。

各种位置点的透视如图 13-11 所示。图中 A 点在画面后，则 a^0 点在基线 gg 的上方；B 点在画面前，则 b^0 点在基线 gg 的下方。C 点在画面上，则 C 点的透视在基线上，与其基透视重合。由图可知，若已知点的基透视，则点的透视可以其基透视为起点垂直向上或向下量取，所以点的基透视是确定点的透视高度的起点和判定点的空间位置的依据。

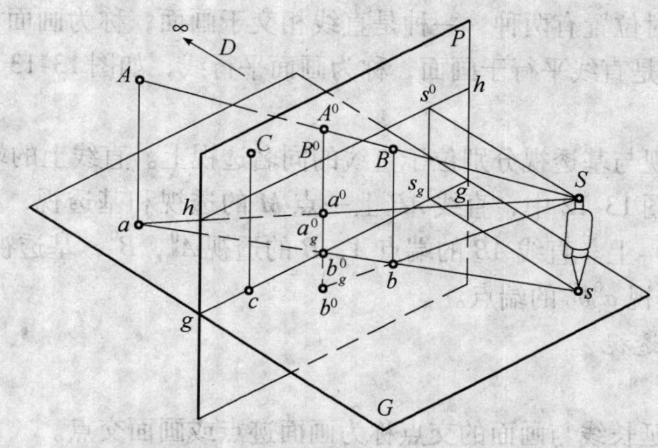

图 13-11　各种位置点的透视

13.2.2　直线的透视

1. 直线的透视

直线的透视即包含视点、直线的视平面与画面的交线，一般情况下仍然是直线，所以只需作出空间直线上两个点在画面上的透视，即可确定直线在该画面上的透视。如图 13-12 所示，直线 *AB* 的透视即为其与视点 *S* 组成的视平面 *SAB* 与画面的交线 A^0B^0。

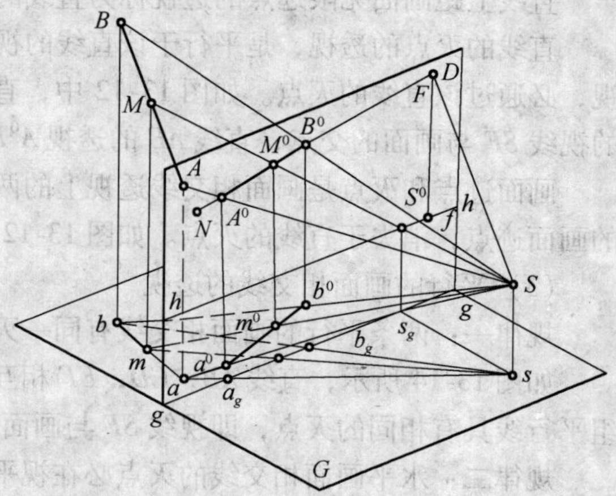

图 13-12　直线的透视

当空间直线与画面处于不同的相对位置时，透视又具有不同的规律。当直线通过视点 *S* 时，通过该直线上各点的视线与直线重合并与画面交于一点，其透视为一点，其基透视为一铅垂线，如图 13-13 中的直线 *AB*；当直线垂直于基面时，其透视为一铅垂线，而其基透视为一点，如图 13-13 中的直线 *CD*。

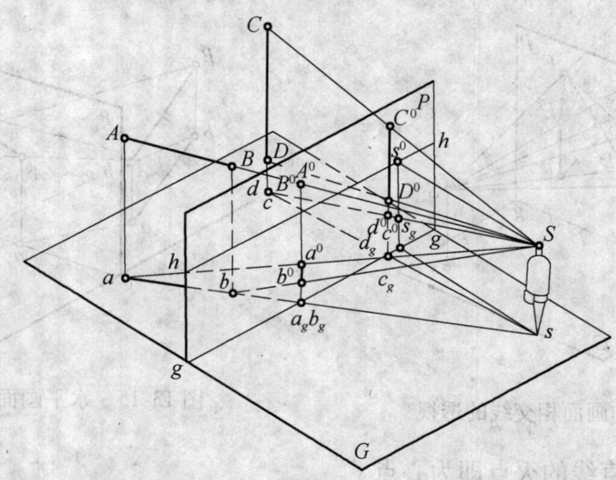

图 13-13　直线透视的特殊情况

直线与画面的相对位置有两种，一种是直线相交于画面，称为画面相交线，如图 13-13 中的直线 AB；另一种是直线平行于画面，称为画面平行线，如图 13-13 中的直线 CD。

2. 直线上的点

直线上的点的透视与基透视分别位于直线的同名透视上。直线上的端点的透视必为直线同名透视的端点。如图 13-12 中，直线 AB 上一点 M 的透视和基透视，必在直线 AB 的透视（M^0）和基透视（m^0）上。直线 AB 的端点 A，B 的透视 A^0，B^0，基透视 a^0，b^0 也分别为直线的透视 A^0B^0 和基透视 a^0b^0 的端点。

3. 画面相交线的透视

（1）迹点

画面相交线或其延长线与画面的交点称为画面迹点或画面交点。

画面相交线的透视，必通过迹点。如图 13-12 所示，直线 AB 与画面交于点 N，N 点的透视为其自身，则 AB 的透视必通过 N 点。

（2）灭点

直线上距画面无限远点的透视称为直线的灭点，即与该直线平行的视线与画面的交点。

直线的灭点的透视，是平行于该直线的视线与画面的交点，画面相交线或其延长线的透视，必通过该直线的灭点。如图 13-12 中，直线 AB 的灭点的透视为 F 点，它是与 AB 平行的视线 SF 与画面的交点，直线 AB 的透视 A^0B^0 延长后通过 F 点。

画面迹点和灭点是画面相交线透视上的两个固定点，画面相交线的透视必然起始于直线的画面迹点，消失于直线的灭点。如图 13-12 所示。

（3）平行的画面相交线的透视

规律一：两条平行的画面相交线有同一灭点，它们的透视（或延长线）相交于该灭点。

如图 13-14 所示，直线 AB，CD，EF 相互平行，因与它们平行的视线只有一条，所以这组平行线具有相同的灭点，即视线 SF 与画面的交点 F。

规律二：水平画面相交线的灭点必在视平线上。

如图 13-15 所示，画面相交线 AB 为水平线，则与它平行的视线 SF 也为水平线，所以直线 AB 的灭点必在视平线上。

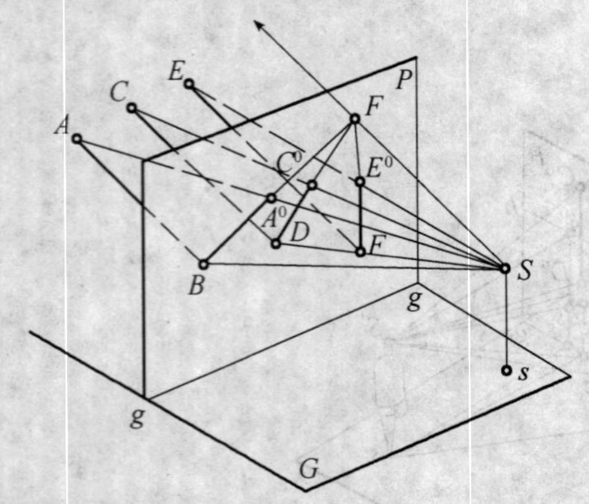

图 13-14　平行的画面相交线的透视

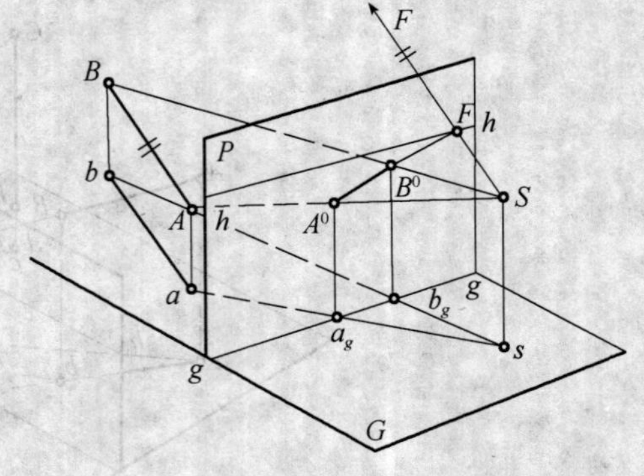

图 13-15　水平画面相交线的透视

规律三：画面垂直线的灭点即为心点 s^0。

如图 13-16 所示，直线 AB 垂直于画面，则平行于 AB 的视线也垂直于画面，所以直线

AB 的灭点为心点。

4. 画面平行线的透视

因平行于画面平行线的视线也与画面平行，所以，画面平行线不存在画面迹点和灭点，称为无灭直线。

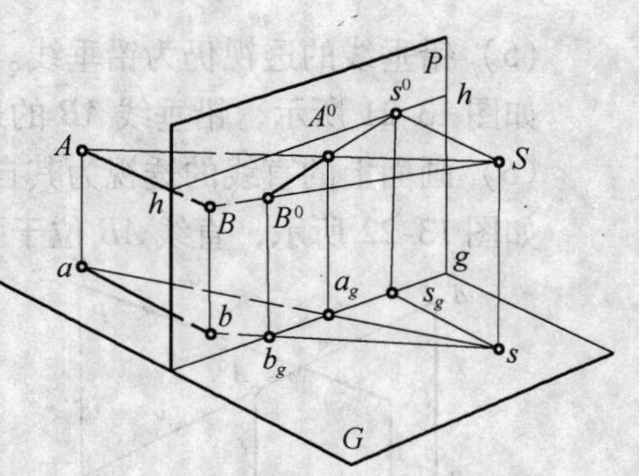

图 13-16　画面垂直线的透视

（1）画面平行线的透视平行于其自身。

如图 13-17 所示，直线 AB 与画面平行，则通过 AB 的视平面 SAB 与画面的交线即为其透视 A^0B^0，且 $A^0B^0 /\!/ AB$。

（2）相互平行的画面平行线的透视仍相互平行。

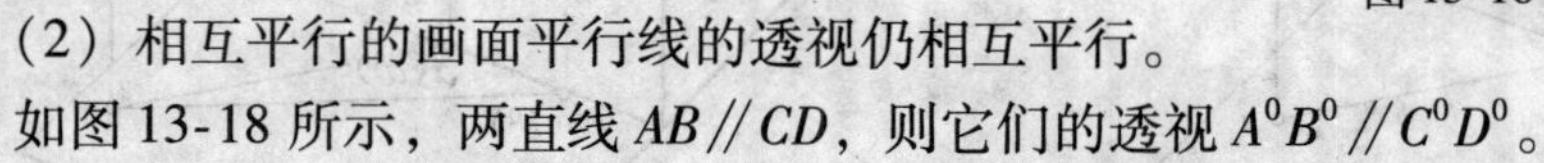
如图 13-18 所示，两直线 $AB /\!/ CD$，则它们的透视 $A^0B^0 /\!/ C^0D^0$。

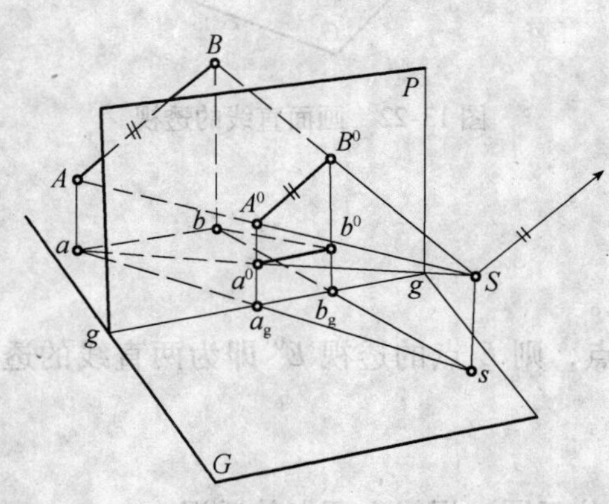

图 13-17　画面平行线的透视

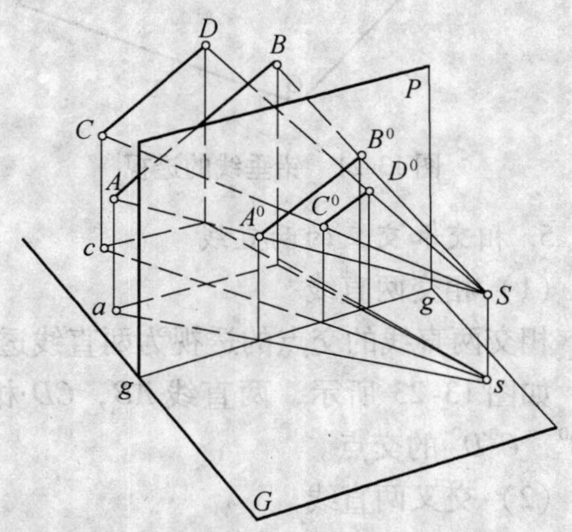

图 13-18　画面平行线组的透视

（3）画面平行线各线段的长度之比等于其透视长之比。

如图 13-19 所示，点 C 分直线 AB 为 AC 和 CB，则有 $AC:CB = A^0C^0:C^0B^0$。

（4）水平画面平行线的透视也是一条水平线。

如图 13-20 所示，直线 AB 为一条水平的画面平行线，则其透视 A^0B^0 与其自身平行，也为水平线。

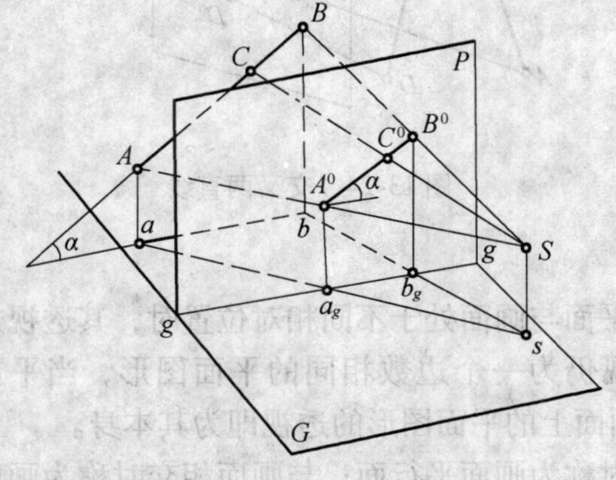

图 13-19　画面平行线的定分比关系

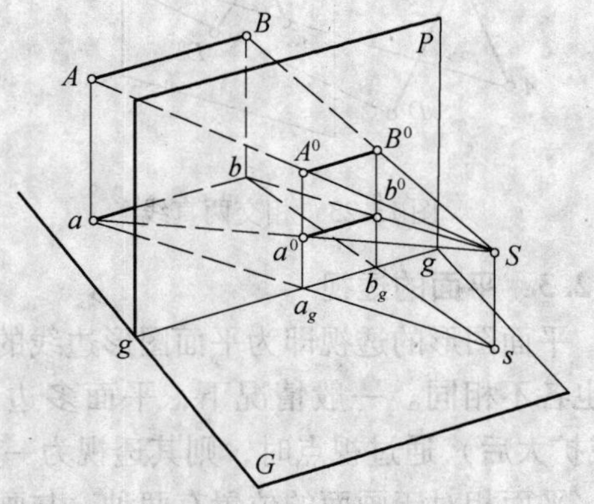

图 13-20　水平画面平行线的透视

（5）铅垂线的透视仍为铅垂线。

如图 13-21 所示，铅垂线 AB 的透视 A^0B^0 仍为铅垂线。

（6）画面上的直线的透视为其自身。

如图 13-22 所示，直线 AB 位于画面上，其透视 A^0B^0 与其自身重合。

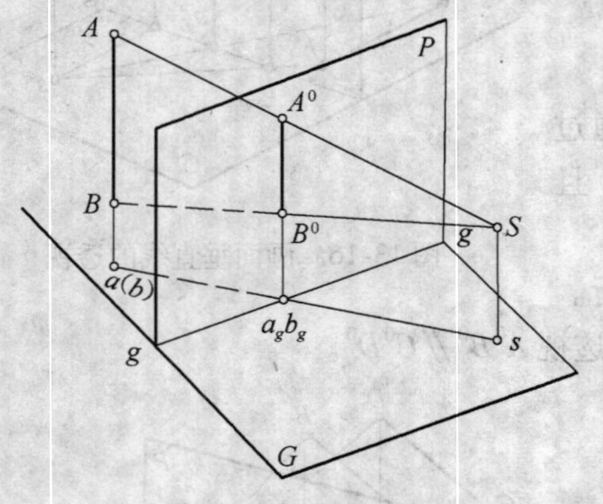

图 13-21　铅垂线的透视

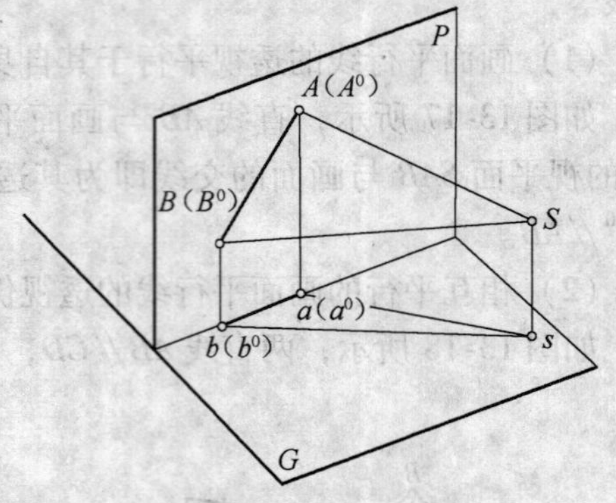

图 13-22　画面直线的透视

5. 相交和交叉的两直线

（1）相交两直线

相交两直线的交点的透视为两直线透视的交点。

如图 13-23 所示，两直线 AB，CD 相交于 E 点，则 E 点的透视 E^0 即为两直线的透视 A^0B^0，C^0D^0 的交点。

（2）交叉两直线

若交叉两直线的透视相交，则交点为两直线上位于同一视线上两点的透视。

如图 13-24 所示，AB，CD 为两交叉直线，它们的透视 A^0B^0，C^0D^0 交于一点 E^0，E^0 为直线 AB 上的点 E_1 和直线 CD 上的点 E_2 的透视，而点 E_1 和 E_2 位于同一条视线 SE_1 上。

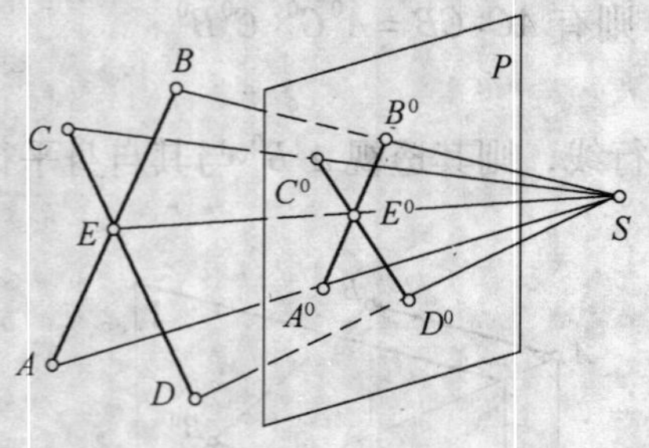

图 13-23　相交两直线

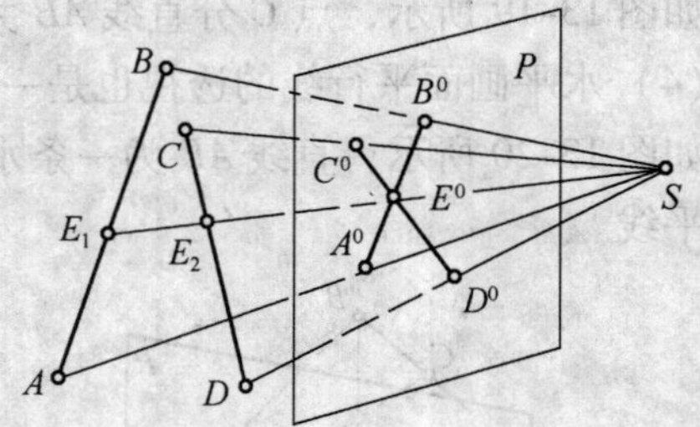

图 13-24　交叉两直线

13.2.3　平面的透视

平面图形的透视即为平面图形边线的透视。平面与画面处于不同相对位置时，其透视规律也各不相同。一般情况下，平面多边形的透视仍为一个边数相同的平面图形，当平面（或扩大后）通过视点时，则其透视为一直线。画面上的平面图形的透视即为其本身。

平面相对于画面的位置有两种，与画面平行时称为画面平行面；与画面相交时称为画面相交面。

1. 画面平行面

画面平行面的透视与其自身平行，且与其相似。

如图13-25所示，平面ABC平行于画面，则其三条边均为画面平行线，且分别平行于自身的透视，所以平面ABC与其透视$A^0B^0C^0$相互平行而又相似。

因经过平面图形边线上各点的视线组成一个以视点为锥顶的锥面，如图13-25所示，所以其透视相当于以画面为截平面的截交线，而画面与底面平行，故截交线与底面平行且相似。

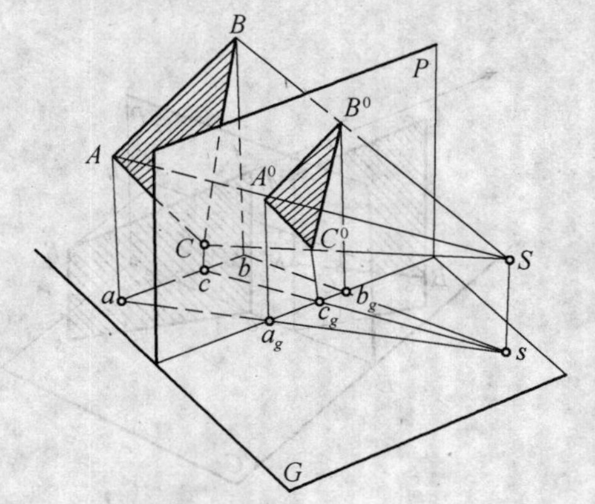

图13-25 画面平行面的透视

2. 画面相交面的透视

（1）迹线

画面相交面（或扩大后）与画面的交线称为画面迹线或画面交线，简称迹线。

如图13-26所示，平面ABC与画面相交于MN，则MN为平面ABC的迹线，迹线因在画面上，所以它的透视为其自身。

（2）灭线

平面上各无限远点的透视集合成的直线称为灭线。平面的灭线也是平面上各直线的灭点的集合。平面的灭线又是平行于该平面的视平面与画面的交线。

通向平面上各无限远点的视线，即平行于平面上各直线的视线，组成一个平行于平面的视平面，它与画面的交线，包含了平面上各直线的灭点，也就是包含了通过平面上各无限远点的视线与画面的交点，即包含了平面上所有无限远点的透视，所以该直线即为平面的灭线。

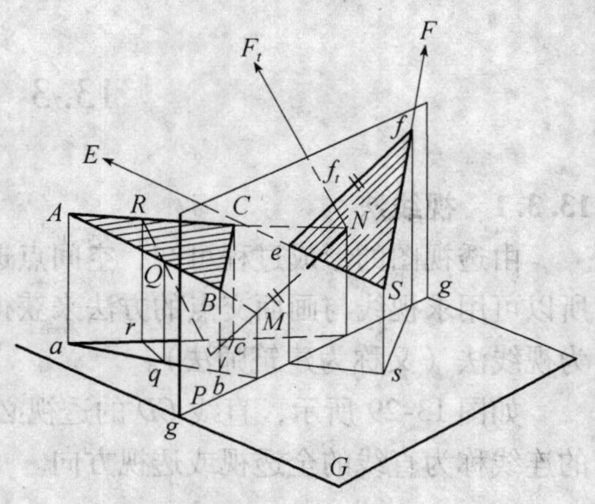

图13-26 画面相交面的迹线和灭线

由此可知，平面灭线是一条直线。

如图13-26所示，平面SEF即为平行于平面ABC的视平面，它与画面交于直线ef，ef为平面ABC的灭线。

平行于平面ABC上任一直线（如RQ）的视线（SF_t）必在视平面Sef上，直线RQ的灭点必在交线ef上。

因画面迹线和灭线分别为画面相交面和平行于该平面的视平面与画面的交线，所以画面迹线与灭线相互平行。

因相互平行的画面相交面有一个共同的与它们平行的视平面，所以共有一条灭线。

由此可得以下规律：

规律一：铅垂面的灭线是一条铅垂线。

如图13-27所示，铅垂面$ABCD$与画面的交线MN为一条铅垂线，过视点且平行于铅垂面$ABCD$的视平面也为铅垂面，它与画面的交线ef即为铅垂面$ABCD$的灭线，也为一条铅垂线。

规律二：水平面的灭线为视平线。

如图 13-28 所示，过视点并平行于水平面 ABC 的视平面也为水平面，它与画面的交线即水平面 ABC 的灭线，必为视平线。

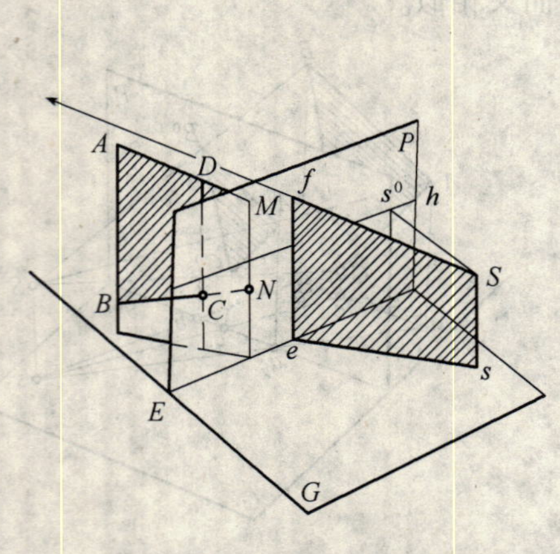

图 13-27　铅垂面的灭线

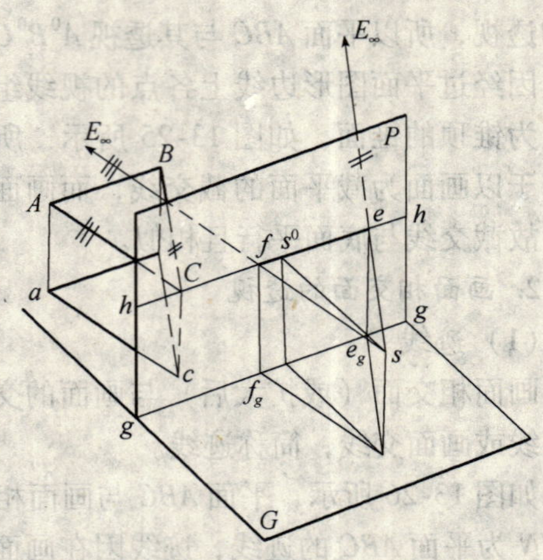

图 13-28　水平面的灭线

13.3　透视图的作法

13.3.1　视线法

由透视图的形成过程可知，空间点透视的本质就是通过该点的视线与空间画面的交点，所以可用求视线与画面交点的方法来获得相应的点透视，这种通过视线确定透视图的方法称为视线法（又称为建筑师法）。

如图 13-29 所示，直线 CD 的透视必在其迹点 N 和灭点 F 的连线上。直线的迹点和灭点的连线称为直线的全透视或透视方向。

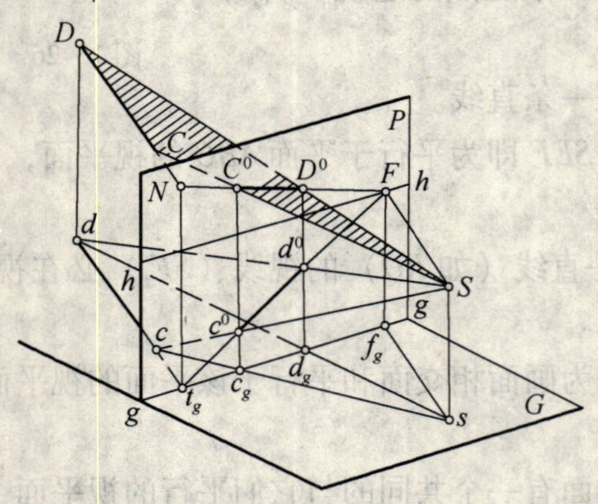

图 13-29　视线法原理

1. 直线的透视作法

【例 13-1】 如图 13-30 所示，直线 AB 在基面上，已知其基面投影和视点 S 的基面投影，求作其透视。

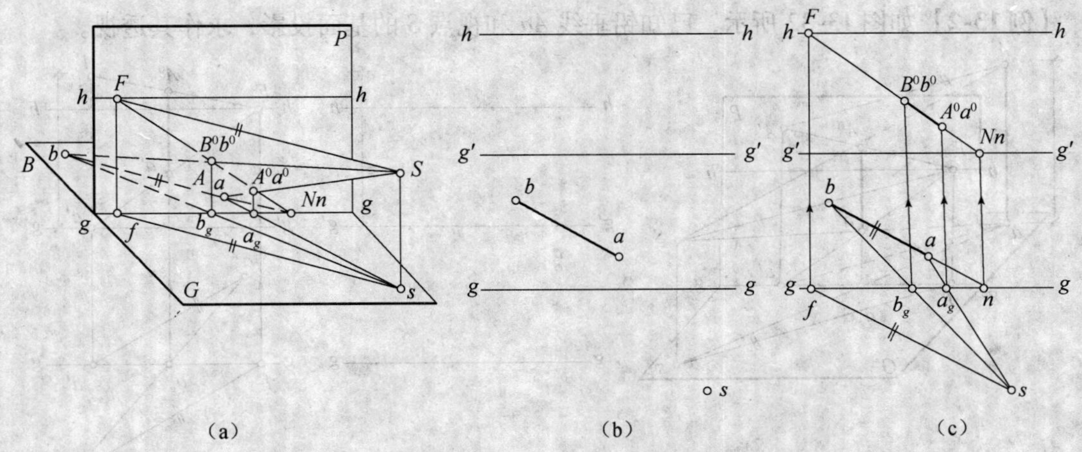

图 13-30　基面上直线的透视作法——视线法

(a) 空间状况；(b) 已知条件；(c) 视线法作图

【解】 AB 在基面上，其迹点必在基线上。延长 AB（ab），与基线的交点即为直线 AB 的迹点 N。

基面上直线的灭点位于视平线上。过站点 s 引直线 AB 的平行线，与基线的交点即为 AB 的灭点 F 的透视 f，过 f 点引投影线垂直于视平线 hh，所得的交点即为 AB 的灭点 F。

过站点 s 作视线 SA，SB 的基面投影 sa，sb，与基线交于 a_g，b_g 两点，过 a_g，b_g 引基线的垂直线与迹点和灭点的连线相交，即可得直线 AB 的透视 A^0B^0，AB 的基透视 a^0b^0 与其透视重合。

图 13-31 所示为不在基面上的水平线（即图中的画面垂直线）的透视图作法。图中，水平线 AB 的迹点 N 与它的基面投影 n 之间的连线，反映了 AB 距基面的高度，称为其真高线或量线。延长 ab 求得迹点 n 后，过 n 点引基线的垂直线，并自 n 点的画面投影量取视高即可得直线 AB 的迹点。

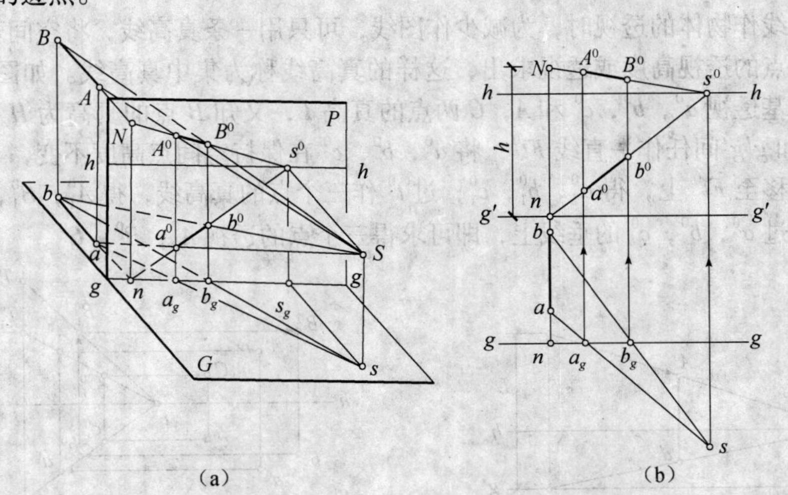

图 13-31　画面垂直线的透视作法——视线法

(a) 空间状况；(b) 透视作图

基面平行线的灭点位于视平线上。求得灭点后，直线 AB 的透视和基透视即可求得。

【**例 13-2**】如图 13-32 所示，已知铅垂线 Aa 和视点 S 的基面投影，求作其透视。

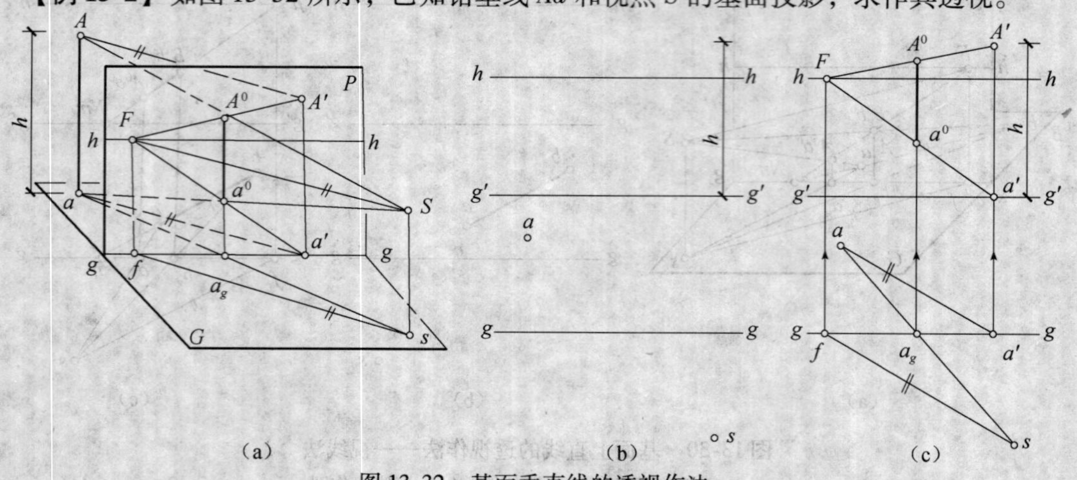

图 13-32　基面垂直线的透视作法

(a) 空间状况；(b) 已知条件；(c) 透视作图

【**解**】铅垂线 Aa 的透视仍为一条铅垂线。

引连线 sa，与基线交于 a_g，过 a_g 引基线的垂线，则 Aa 的透视必在该垂线上。

若过 A，a 点各引一条水平辅助线 AA'，aa'分别与画面线交于 A'，a'，则 $A'a'$连线即为铅垂线 Aa 的真高线。

在基面上过 s 点引 $sf // aa'$，求得辅助线 aa'的灭点 f，则 Aa 的透视 A^0a^0 即可求得。

本题中的辅助线是任意作出的水平画面相交线，辅助线的方向不同时，有不同的灭点和真高线，但 A^0a^0 位置不变。

由前面的作图过程可知，求作某点的透视高度需要两个已知条件，即该点的真高和基透视。如图 13-33 所示，已知点 A 的基透视 a^0 和真高 L，求 A 点的透视。过 a^0 任作一直线交 $g'g'$于 a'，交 hh 于 F，过 a'点引基线的垂直线，并自 a'点量取 A 点的真高 L，得 A'点，连 $A'F$，与过 a^0 的垂线的交点即为 A 点的透视 A^0。

利用真高线作物体的透视时，为减少作图线，可只用一条真高线，将空间若干个已知基透视和真高的点的透视高度或透视求出，这样的真高线称为集中真高线。如图 13-34 所示，已知三个点的基透视 a^0，b^0，c^0 和 A，C 两点的真高 L，又知 B 点的真高为 H，求三个点的透视。在 hh 和 $g'g'$间任作一直线 Ft^0；将 a^0，b^0，c^0 在保持空间点高度不变，与画面距离不变的情况下平移至 Ft^0 上，得 a_1^0，b_1^0，c_1^0；过 t^0 作三个点的真高线，得 A_1^0，B_1^0，C_1^0，再将此三个点平移回过 a^0，b^0，c^0 的垂线上，即可求得三个点的透视 A^0，B^0，C^0。

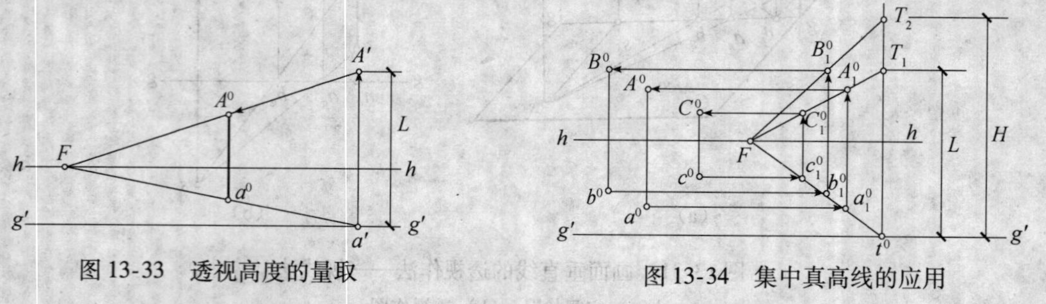

图 13-33　透视高度的量取

图 13-34　集中真高线的应用

在图 13-31 为画面垂直线的透视作法中，画面垂直线的迹点也可以利用它的基面投影的真高求得，灭点为心点。

【**例 13-3**】如图 13-35 所示，已知画面平行线 AB 的基面投影，且 AB 的左下端 A 点距基面的高度为 h，AB 对基面的倾角为 30°，求作其透视。

【**解**】已知 A 点的真高，可先作 A 点的透视。

过 A 点引一条垂直于画面的辅助线，它的基面投影为 aa'。根据 A 点的真高求作辅助线的迹点 A'，辅助线的灭点为心点，A 点的透视 A^0 即可求得。

根据已知条件求得 B 点的透视 B^0，则可求得画面平行线 AB 的透视 A^0B^0。

图 13-36 为基线平行线的透视作法。已知基线平行线 AB 的基面投影和真高，作图方法与例 13-2 相同。

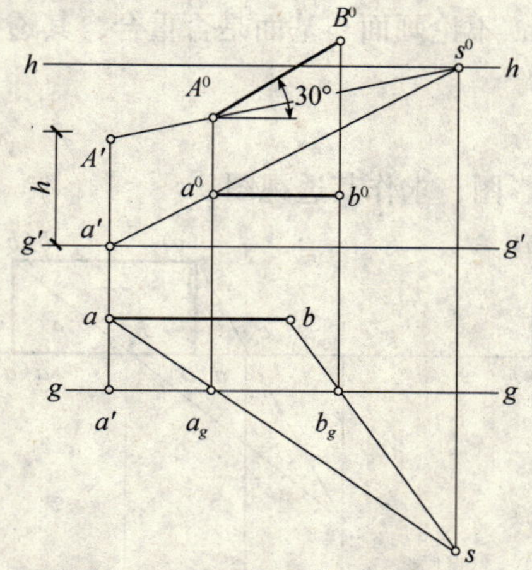

图 13-35 画面平行线的透视作法

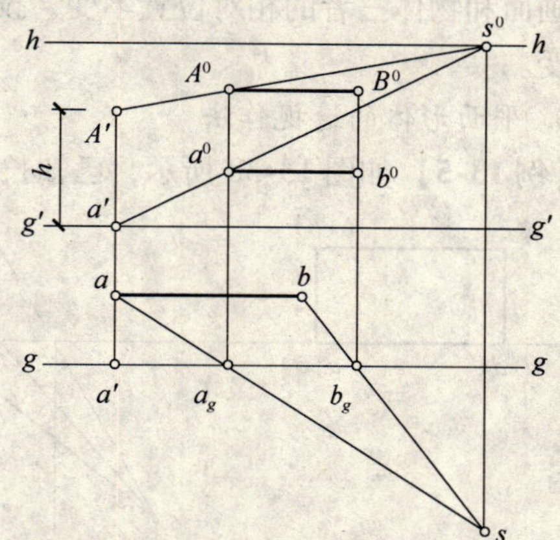

图 13-36 基线平行线的透视作法

2. 平面图形的透视作法

【**例 13-4**】如图 13-37 所示，求基面上的正方形及其内部网格的透视。

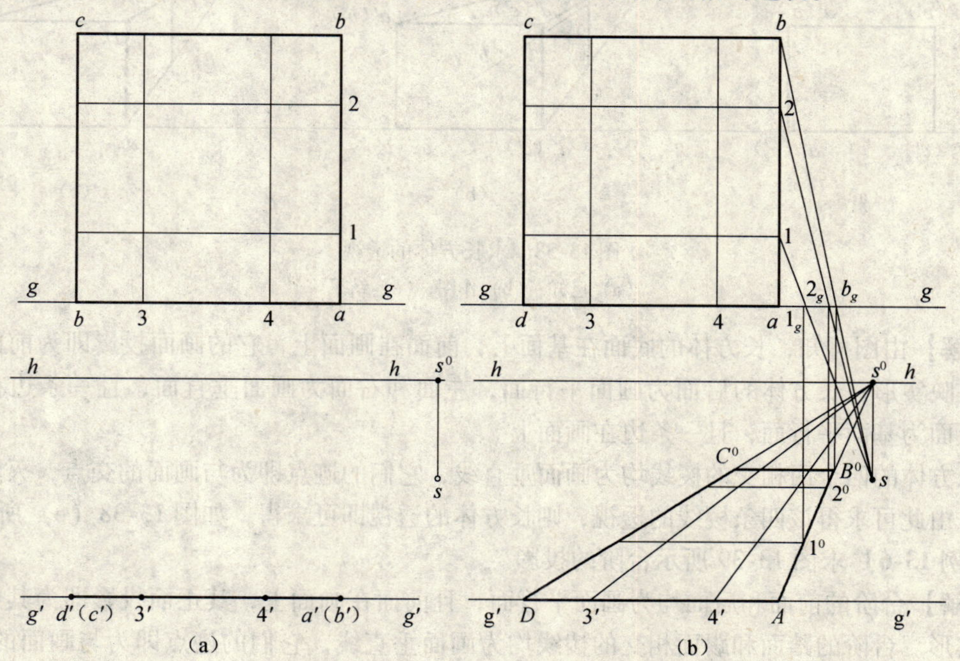

图 13-37 作正方形及内部网格的透视

(a) 已知；(b) 作图

【解】正方形及其内部网格的基面投影与其自身重合。网格中一组为画面垂线，另一组为画面平行线。可先求得正方形的透视，再求作其内部网格的透视。

A，D 两点的透视与自身重合，只需求 BC 两点的透视。

直线 AB 为基面上的画面垂直线，A 点在画面上，其迹点即为 A 点；AB 的灭点即为心点。连 s^0A，则 B 点的透视必在 s^0A 上。连 sb，与基线交于 b_g，过 b_g 引垂直线，即可求得 B 点的透视 B^0。

同理可求得 1，2，C 点的透视 C^0，1^0，2^0。

本题中为了节省图幅，将画面上的透视图形布置在站点和基线之间。只要视距不变，视点、画面和物体三者的相对位置不变，投影面展开后，不论画面与基面是否重合，其透视效果不变。

3. 平面形体的透视作法

【例 13-5】如图 13-38 所示，已知长方体的正投影图，求作其透视图。

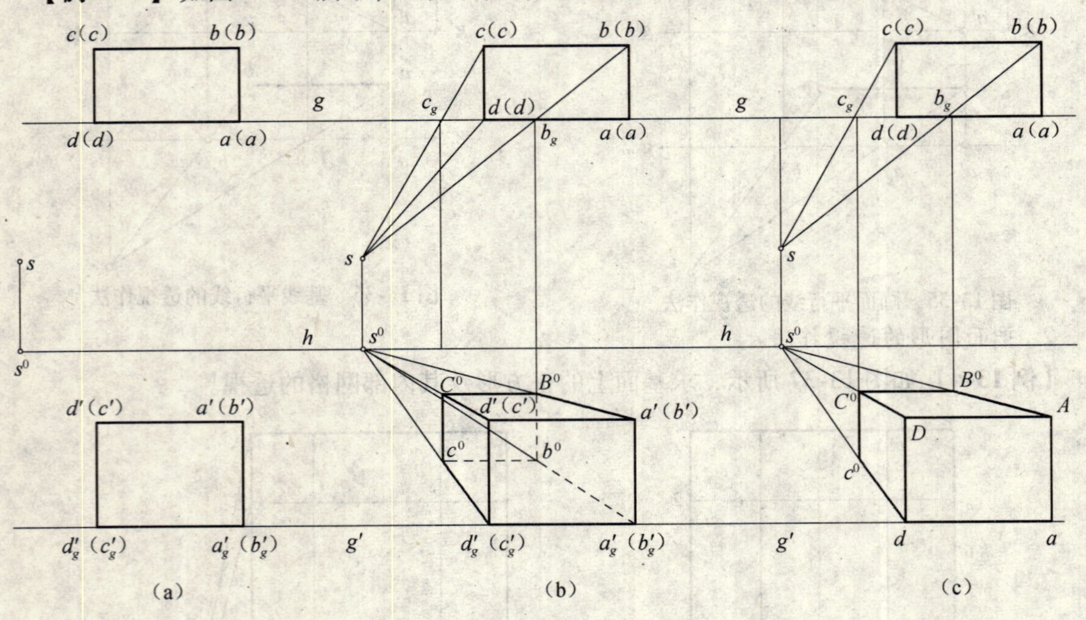

图 13-38　求长方体的透视

(a) 已知；(b) 作图；(c) 结果

【解】由图可知，长方体的底面在基面上，前面在画面上，它的画面投影即为前面的透视，反映实形；长方体的后面为画面平行面，左面和右面为画面垂直面，且一条边在画面上，上面为基面平行面，且一条边在画面上。

长方体的四个面相交的棱线均为画面垂直线，它们的迹点即为与画面的交点，灭点即为心点。由此可求得该四条棱线的透视，则长方体的透视即可求得，如图 13-38 (c) 所示。

【例 13-6】求图 13-39 所示台阶的投影。

【解】台阶的前面和后面均为画面平行面，且前面在画面上，其正面投影即为其透视并反映实形。台阶的踏面和踢面相交的棱线均为画面垂直线，它们的迹点即为与画面的交点，灭点为心点。台阶的透视即可求得。

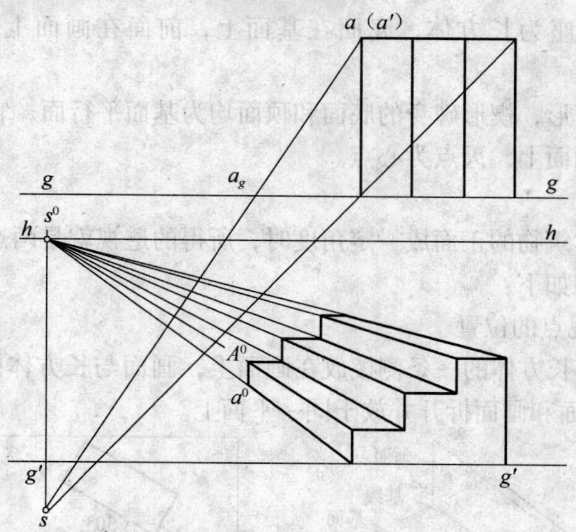

图 13-39　求台阶的透视图

【例 13-7】求如图 13-40 所示的纪念碑的透视。

(a)　　　　　　　　　　(b)

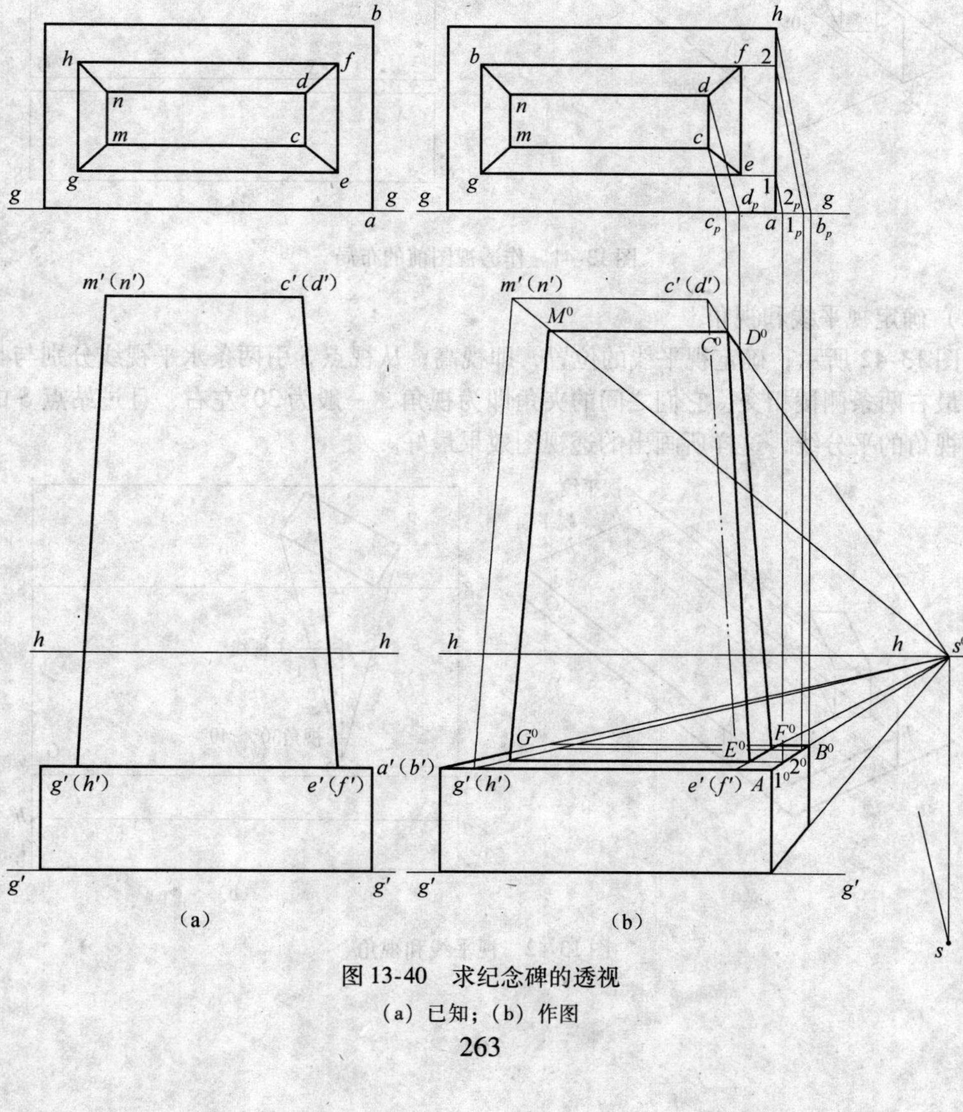

图 13-40　求纪念碑的透视

(a) 已知；(b) 作图

【**解**】纪念碑的底座为长方体，底面在基面上，前面在画面上，它的透视作法同例13-5。

纪念碑的碑身为楔形，楔形碑身的底面和顶面均为基面平行面，它们的左右两条边均为画面垂直线，迹点在画面上，灭点为心点。

4. 两点透视

当铅垂的画面与建筑物的正面成一定角度时，所得的透视就是两点透视。以长方体的两点透视为例，作图步骤如下：

（1）确定画面和视点的位置

如图13-41所示，长方体的一条侧棱放在画面上，画面与长方体的正面约成30°角。布图时，沿基线 *gg* 将基面和画面拆开并放于同一平面上。

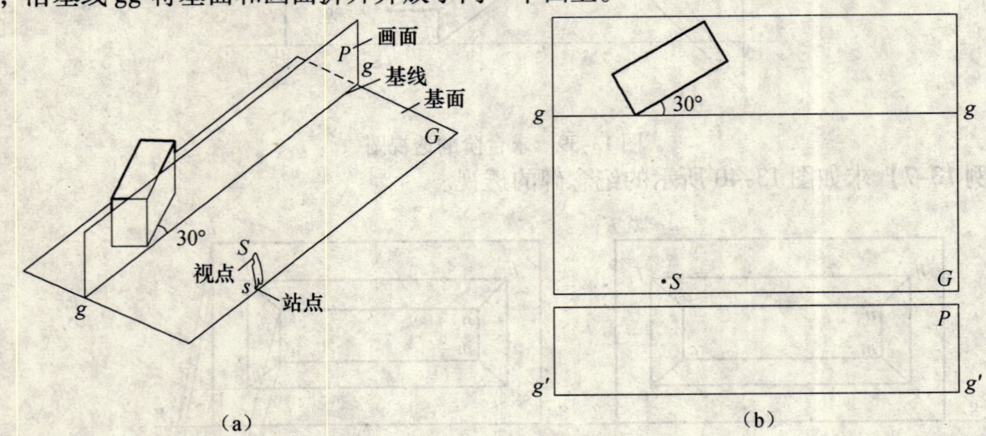

图13-41　作透视图前的布局

（2）确定视平线和视角

如图13-42所示，确定视平线的位置，即视高；从视点 *S* 引两条水平视线分别与长方体的最左最右两条侧棱相交，它们之间的夹角即为视角，一般为30°左右，且过站点 *S* 的主视线约为视角的平分线，这样所画出的透视图效果最好。

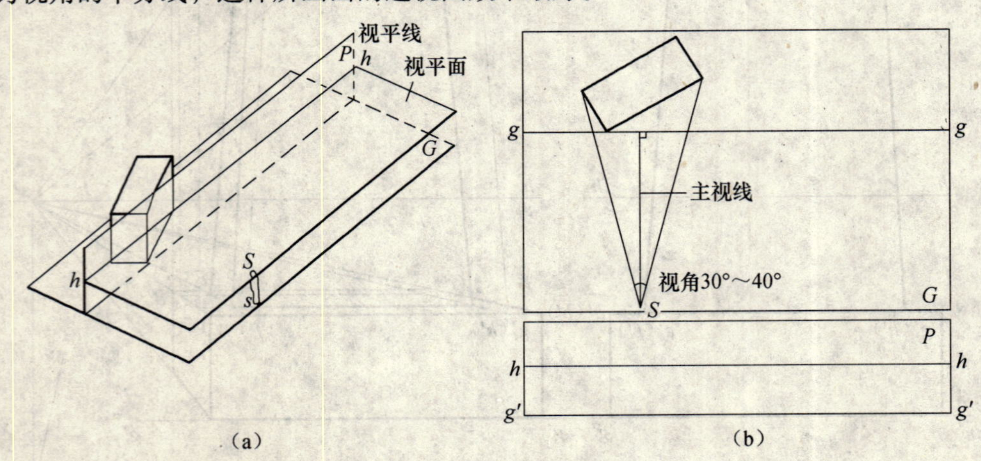

图13-42　视平线和视角

（3）求水平线的灭点

水平线的灭点必位于视平线上。互相平行的直线有一个共有的灭点。

如图 13-43 所示，过站点，分别引长方体的棱线 AC，AB 的平行线 sf_1，sf_2，可在视平线上求得灭点 F_1，F_2。

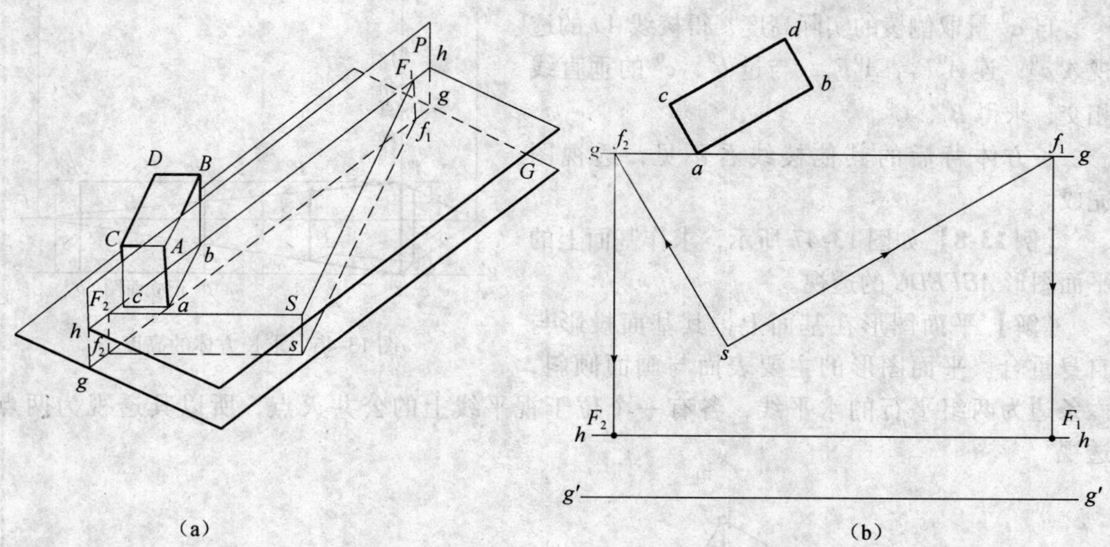

图 13-43　求灭点 F_1 和 F_2

（4）求基面上的棱线 AB 的透视

如图 13-44 所示，过 a 点引垂直线与基线 $g'g'$ 相交，得点 a 的透视 a^0 点；

连 a^0F_1，即为 AB（ab）的透视方向；

连 sb，与 gg 交于 b_g 点，过点 b_g 引垂直线与 a^0F_1 的交点即为 B（b）点的透视 B^0（b^0）。

同理连 a^0F_2，可求得 C（c）点的透视 C^0（c^0）。

（5）求长方体底面的透视

如图 13-45 所示，连 b^0F_2，c_0F_1 交于 d^0，即可求得长方体底面的透视 $a^0b^0c^0d^0$。

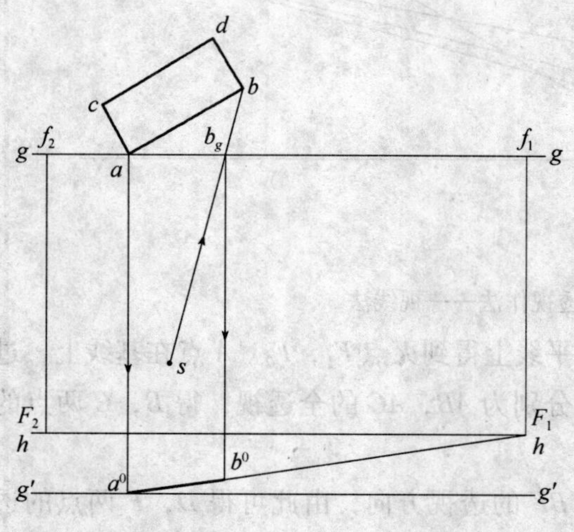

图 13-44　求 ab 的透视 a^0b^0

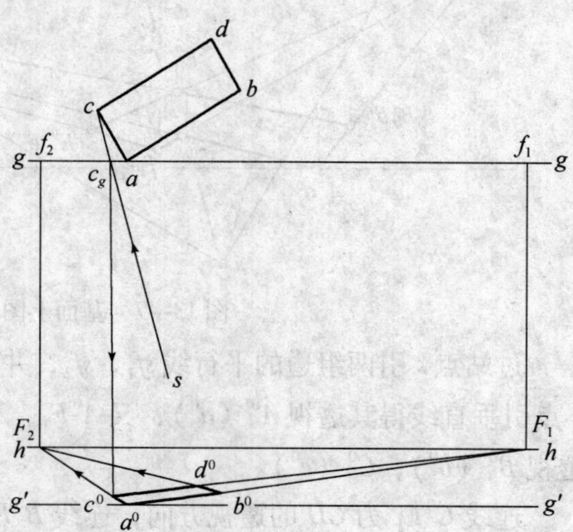

图 13-45　求底面的透视

（6）求长方体的高度（图 13-46）

长方体的四根侧棱都是铅垂线，它们的透视仍为铅垂线，且因 Aa 在画面上，所以它的透视即为其自身，反映实长。

自 a^0 量取侧棱的实际高度，得棱线 Aa 的透视 A^0a^0；连 A^0F_1，A^0F_2，与过 b^0，c^0 的垂直线相交，求得 B^0，C^0。

长方体背后的其他棱线看不见，透视图完成。

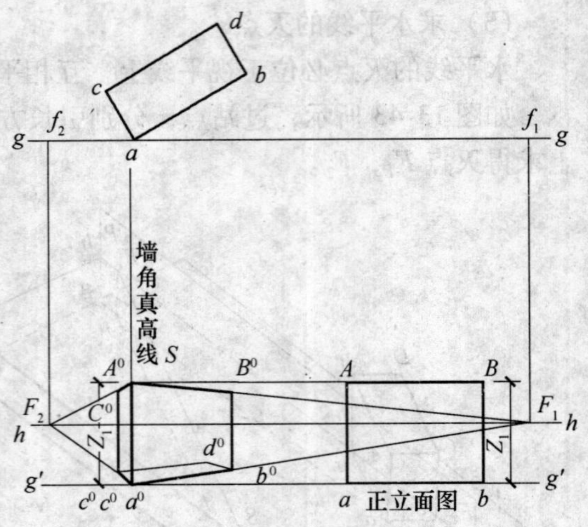

图 13-46　求长方体的高度

【例 13-8】 如图 13-47 所示，求作基面上的平面图形 $ABFEDC$ 的透视。

【解】 平面图形在基面上，其基面投影与自身重合。平面图形的主要表面与画面倾斜，六条边为两组平行的水平线，各有一个位于视平线上的公共灭点，所以其透视为两点透视。

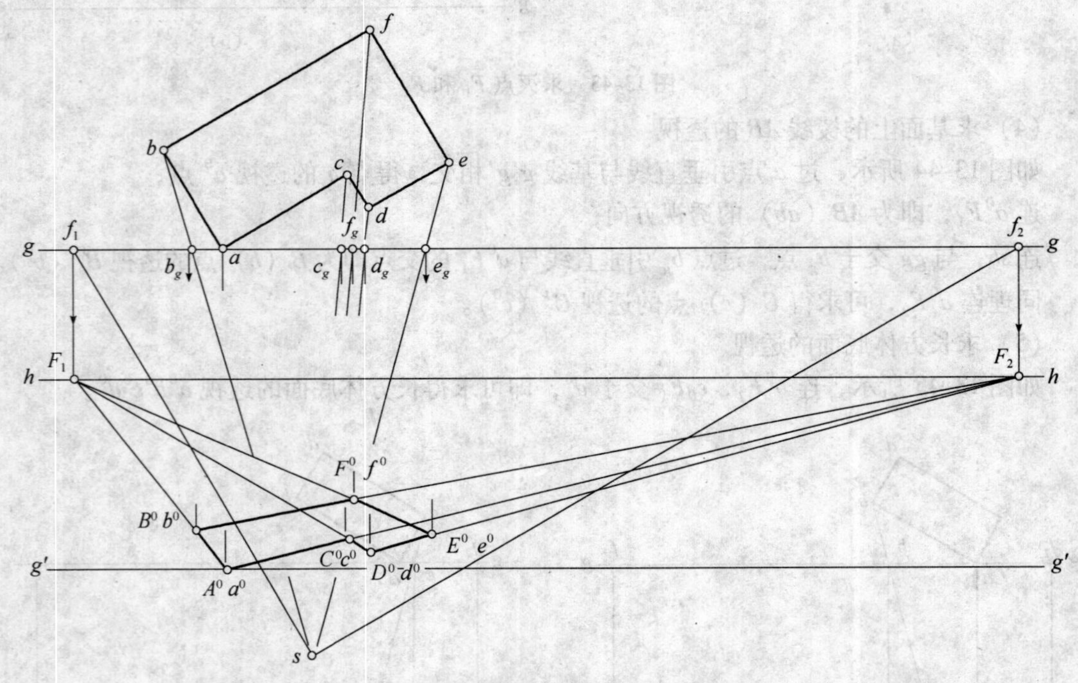

图 13-47　基面上图形的透视作法——视线法

过站点 s 引两组边的平行线 sf_1，sf_2，并在视平线上得到灭点 F_1，F_2。A 点在基线上，过 a 点引垂直线得其透视 A^0（a^0），又 A^0F_1，A^0F_2 分别为 AB，AC 的全透视，得 B，C 两点的透视 B^0（b^0），C^0（c^0）。

连线 C^0F_1 为 CD 的透视方向，连线 B^0F_2 为 BF 的透视方向，由此可得 D，F 两点的透视 D^0（d^0），F^0（f^0）。同理可求得 E 点的透视 E^0（e^0）。

【例 13-9】 如图 13-48 所示，已知形体的两面投影、站点、视距等，求作其透视。

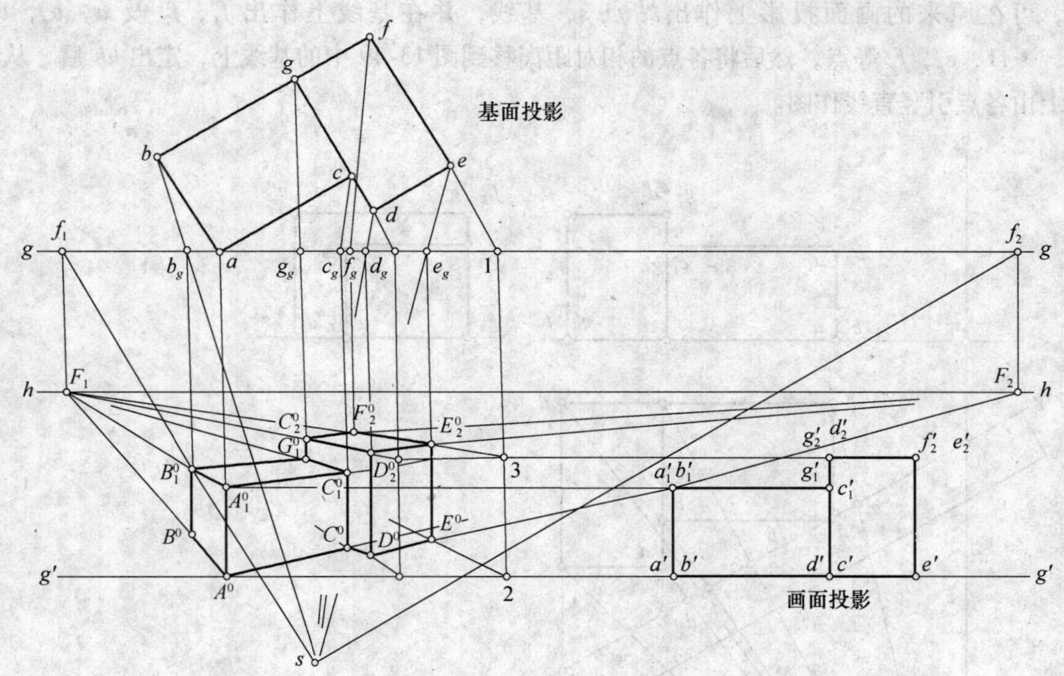

图 13-48　形体的透视——视线法

【解】此形体只有竖直方向的棱线平行于画面，其余为两组不同方向的水平线，所以其透视为两点透视，灭点在视平线上。

过站点 s 分别引 ab，ac 的平行线 sf_1，sf_2，并在视平线上得到灭点 F_1，F_2。

a 点在基线上，所以棱线 AA_1 在画面上，且为铅垂线，其透视 $A^0A_1^0$ 与自身重合，并反映实形。

连 A^0F_1，$A_1^0F_1$，得 AB，A_1B_1 的透视方向，并求得它们的透视 A^0B^0，$A_1^0B_1^0$。

同理，连 A^0F_2，$A_1^0F_2$，得 AC，A_1C_1 的透视方向，并求得它们的透视 A^0C^0，$A_1^0C_1^0$，同时求得 $C^0C_1^0$ 的透视。

再用同样的方法连 $B_1^0F_2$，$C_1^0F_1$，求得左侧长方体上表面的棱线的透视 $B_1^0G_1^0$，$C_1^0G_1^0$。

延长 ef 交基线于 1 点，并由 1 点作垂直线，用画面投影求得 EF 的真高（直线 23），连线 $2F_1$，$3F_1$，则可求得两条棱线的透视 $E^0E_2^0$ 和 $F_2^0E_2^0$。

连 E^0F_2，$E_2^0F_2$，求得透视 D^0E^0，$D_2^0E_2^0$，$D^0D_2^0$。

连 C^0D^0。

连 $D_2^0F_1$，$F_2^0F_2$，求得透视 $D_2^0G_2^0$，$F_2^0G_2^0$。

连 $G_1^0G_2^0$，完成全图。

本题也可延长 gd 与基线相交，并用画面投影求得其真高，再求得透视 $D^0D_2^0$，$D_2^0G_2^0$ 及其余棱线的透视，从而完成全图。

5. 水平投影不能斜放时的透视作法

如图 13-49 所示，已知形体的三面投影，不便将画面投影移成图 13-48 的倾斜位置，这时，可在原来的画面投影上作出站点 s、基线，并在基线上作出 f_1，f_2 及 a，b_g，c_g，d_g，…,1，e_g，f_g 等点，然后将各点的相对距离移到图 13-49 中的基线上，定出 hh 后，从基线上由各点引竖直线作图。

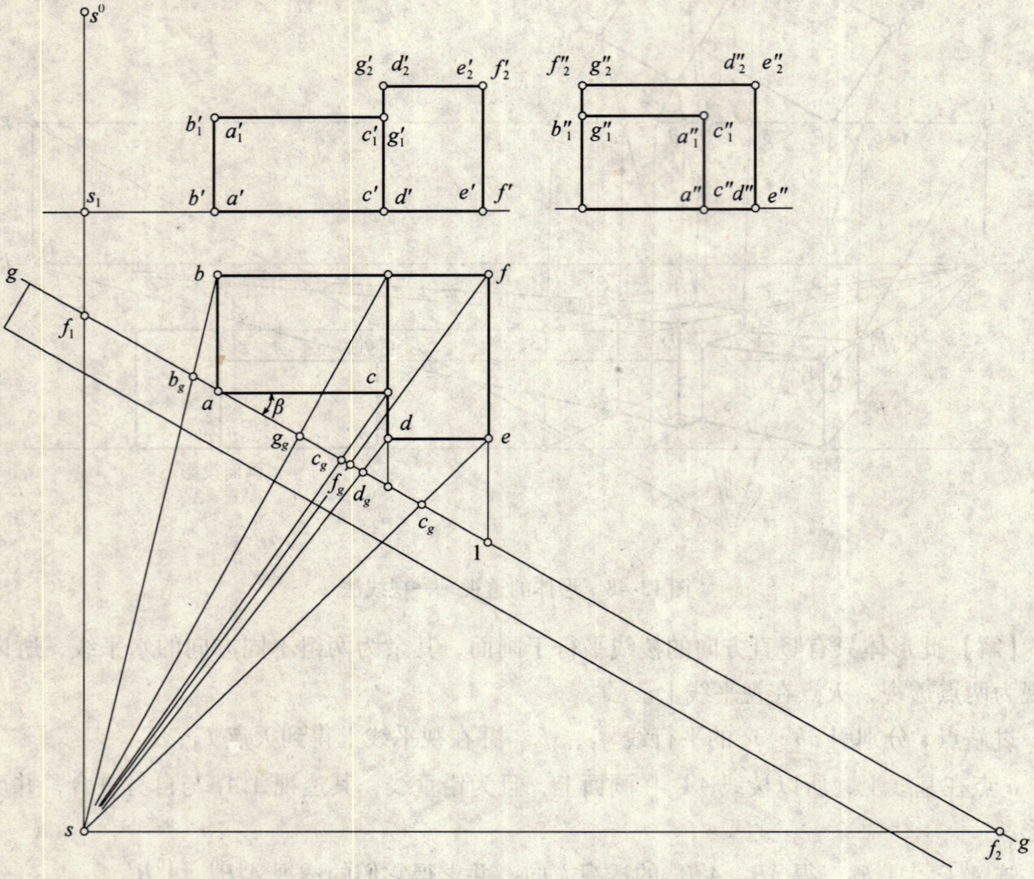

图 13-49　形体的正投影图

6. 放大透视作法

若要画出较大的透视图时，可将画面放得距视点远一些，即增大视距。也可将基线上 f_1，f_2 及 b_g，c_g，…1，e_g，f_g 等各点的距离及视高、真高线按所需倍数放大，如图 13-51 所示的透视图比图 13-50 放大了一倍。

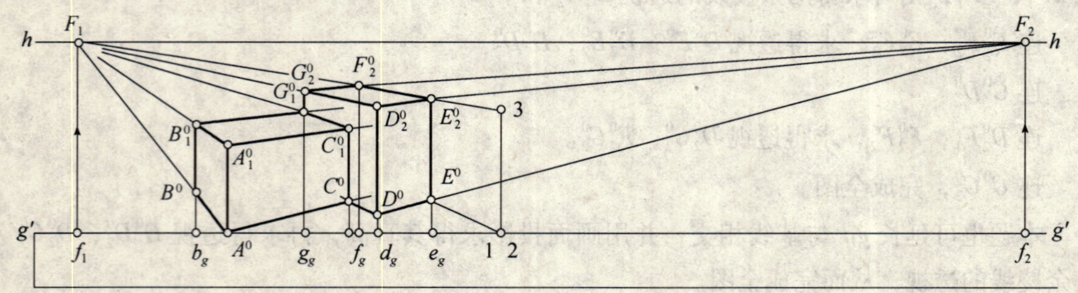

图 13-50　基面投影不能移置时透视画法

图 13-51 中的灭点 F_2 已越出纸面之外，如不能利用它作图，可用增加一条真高线并从视线的基面投影与基线的交点处引竖直线的方法，作出 D^0，D_2^0，G_2^0 等点的透视，再求得形体各棱线的投影。

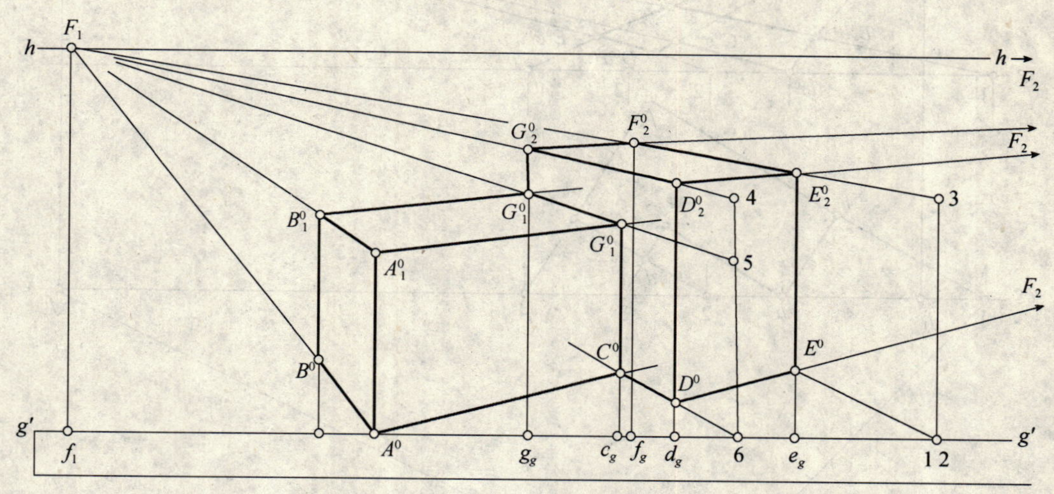

图 13-51　放大透视画法和一个灭点作图

13.3.2　交线法

如图 13-52 所示，*AB* 为水平线，先作出灭点 *F* 和迹点 *N* 并求得 *n* 点。

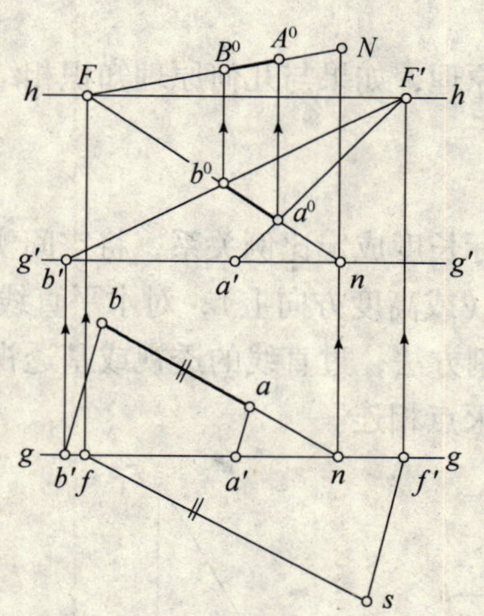

图 13-52　基面平行线的透视——交线法

过 *a* 点作一条基面上的辅助线 *aa'*，求得它的迹点 *a'* 和灭点 *F'*，得 *aa'* 的透视方向，与 *nF* 相交得基透视 a^0，由 a^0 点引垂直线与 *NF* 相交得透视 A^0。

同理，再作一条基面上的辅助线 *bb'*，求得透视 B^0。

A^0B^0 即为所求水平线 *AB* 的透视。

图 13-53 为用交线法求作平面图形 *ABFEDC* 的透视，过程请读者自行分析。

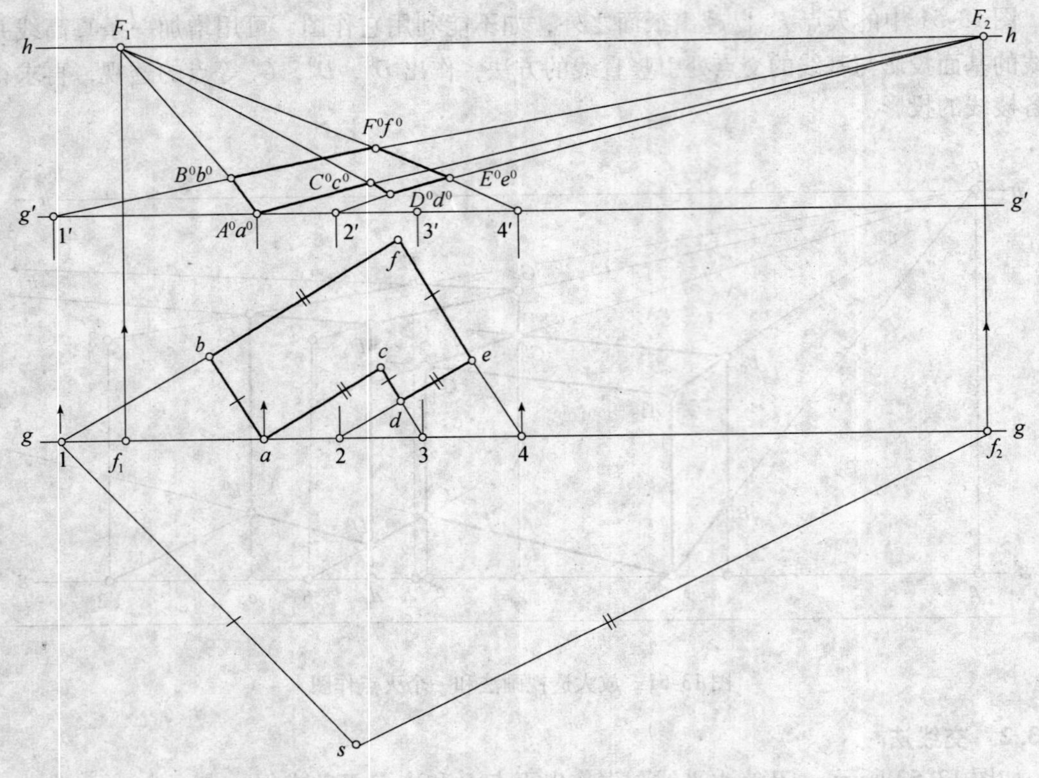

图 13-53　基面上图形的透视作法——交线法

13.3.3　透视的简便画法

根据透视投影的基本形成原理，如果与几何原理知识相结合，将会使透视图的绘制过程大大简化，从而加快作图速度。

1. 直线的分割

与画面平行的透视与其实际长度成定比例关系，将空间实际比例关系按照比例分割的原理移至透视图中的基线透视上（或高度方向上），对水平直线或垂直直线进行分割。

图 13-54 所示为直线的分割方法，过直线的透视或基透视的一个端点引射线，按所需比例分割该射线，将各分割点与灭点相连。

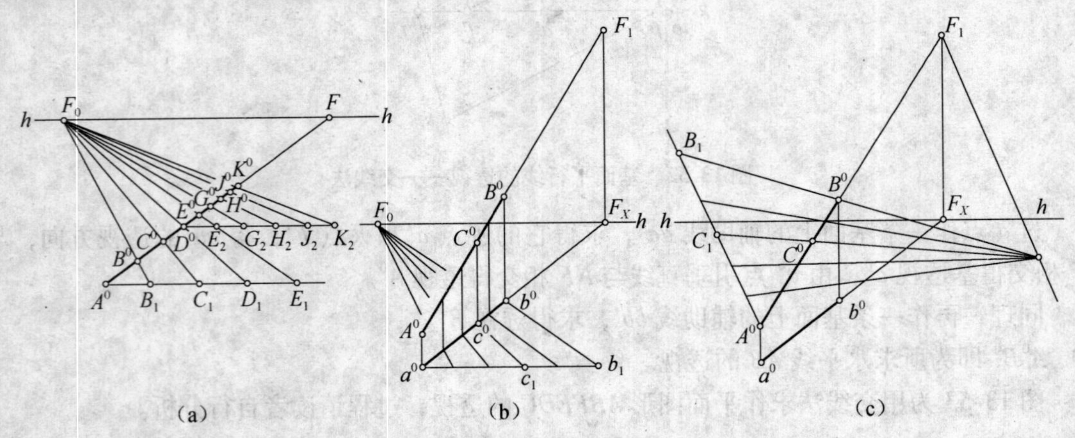

图 13-54　直线分割

（a）直线位于基面上；（b）基透视分割法；（c）任意位置的直线

2. 矩形平面的延续

（1）利用对边中点作大小相同的连续平面图形

如图13-55（a）所示，连F与A^0B^0中点M^0，交C^0D^0于N^0，连A^0N^0（或B^0N^0），交B^0F于E^0，过E^0作垂直线交A^0F于G^0，可得与$ABCD$相同大小的平面图形$CDGE$的透视$C^0D^0G^0E^0$。

（2）利用对角线作相同大小的平面图形

如图13-55（b）所示，连对角线A^0C^0，与视平面hh交于点F，连FD^0交B^0F_Y于G^0，则$C^0D^0E^0G^0$即为与$ABCD$相同大小的平面图形$CDEG$的透视。

图13-55（c）为平面图形为铅垂面时，用对角线作与其相同大小的平面图形的过程。

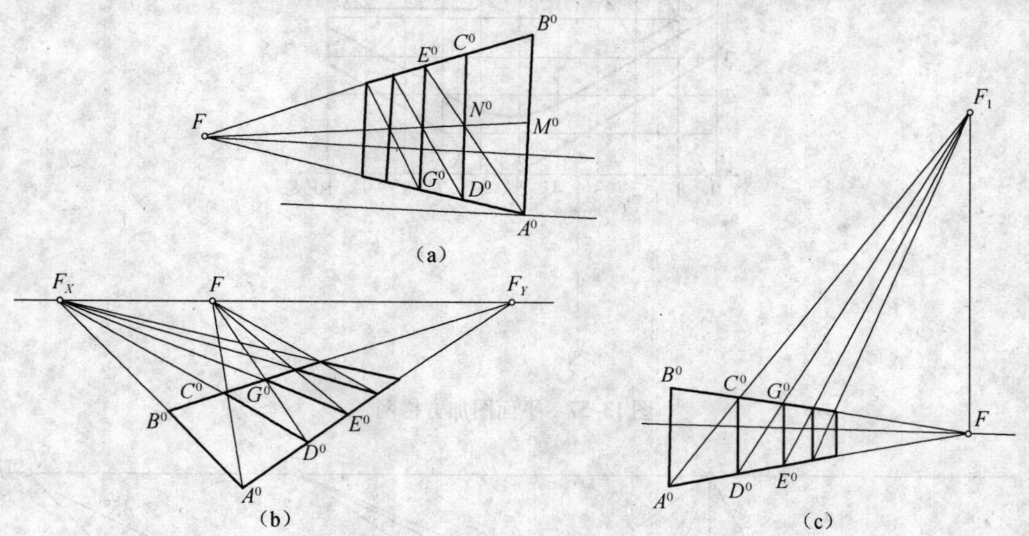

图13-55　平面的延续

3. 平面的分割

矩形的对角线的交点确定矩形的中心，通过矩形中心的两边的平行线将平分矩形两条边。如图13-56（a）所示为对分矩形的方法。

图13-56（b）所示为等分矩形的方法。在A^0B^0上取等分点1，2，3等，过A^0引矩形内的一条直线与各等分点和F的连线相交，过各交点引垂直线，即可将矩形等分。

图13-56（c）所示为任意分割矩形的方法。在A^0B^0上按所需的比例取分割点，过A^0点作矩形的对角线，与各分割点和F的连线相交，过各交点引垂直线，即可将矩形按所需比例分割。

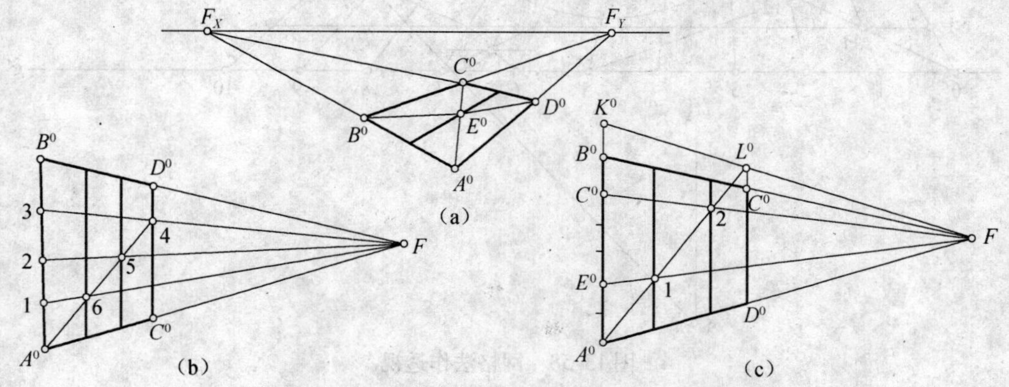

图13-56　平面的分割

（a）对分；（b）等分；（c）任分

4. 网格简便作图

将建筑形体的平面图和立面图放置在正方形的方格网内，通过求方格网的透视来确定建筑物各个部分的透视。

图 13-57、图 13-58 所示为网格法作一点透视，图中网格线中的一组平行于画面。

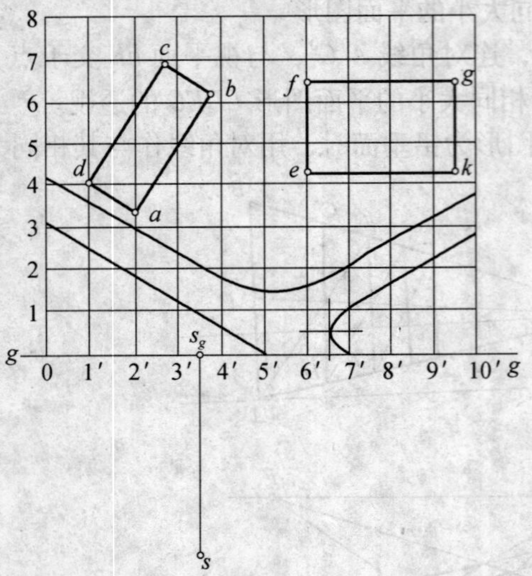

图 13-57 平面图加方格网

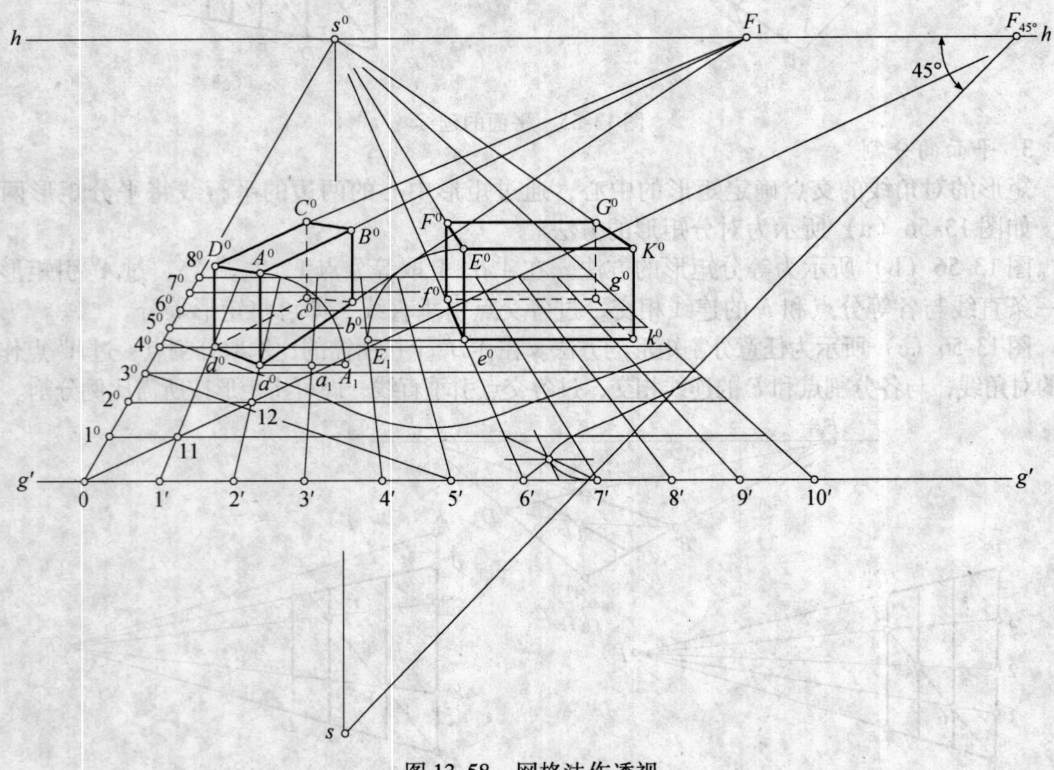

图 13-58 网格法作透视

(1) 作方格网的透视

图 13-58 为放大一倍的方格网及建筑物和道路的透视图。将视高放大一倍，确定基线

$g'g'$和视平线 hh，视距也放大一倍。

垂直画面的一组水平网格线的灭点即为心点，它们的迹点在基线 $g'g'$上，各相邻迹点间的距离反映了方格的宽度。将图 13-57 中的方格宽度放大一倍后，根据它们对视点的相对位置，在图 13-58 中确定各迹点的位置。连心点和各迹点，即得这组网格线的透视。

作方格网中45°方向的对角线的灭点 $F_{45°}$，连 $0F_{45°}$，可得45°对角线的透视方向。过 $0F_{45°}$与各垂直于画面的水平网格线的交点作 $g'g'$的平行线，即为平行于画面的水平网格线的透视。

（2）透视平面图

根据图 13-57 中建筑物和道路在方格网中的位置，在图 13-58 中定出一些点的位置，若需较小的格子定位时，可在方格的透视中，利用对角线增加小格子，将各点连接即可得透视平面图。

（3）透视高度

设左面的建筑物高度为 1.6 倍格宽，过 a^0 引水平线，并截取 a^0A_1 等于 1.6 倍格宽，在过 a^0 的铅垂线上截取 $a^0A^0=a^0A_1$，即可得该建筑物的高度。

同理可求得其他各点的透视高度。

图 13-59、图 13-60 为网格法作建筑群的两点透视。

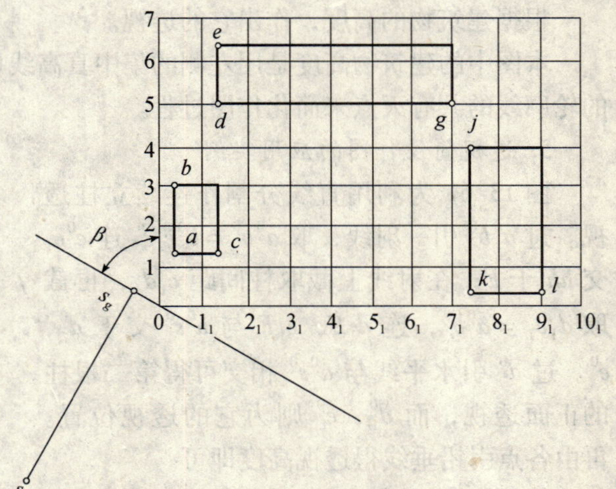

图 13-59　平面图加方格网

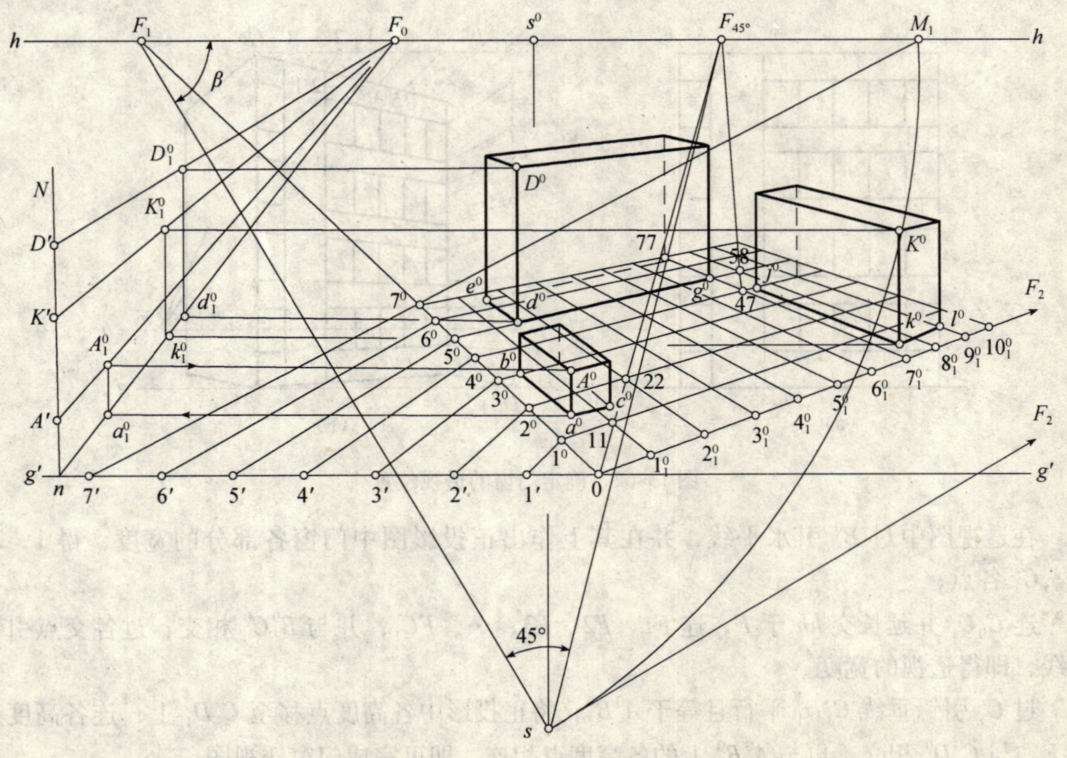

图 13-60　网格法作透视

图中的建筑物相互平行，所以选择平行于建筑物轮廓线的方格网。方格网的两组平行线为画面相交线且均有共同的灭点。放大一倍作透视图，作图步骤如下：

放大一倍确定视点位置、视高、视距，即确定 $g'g'$，hh 和心点的位置；

作两组网格线的灭点 F_1，F_2（F_2 越出页面外）；

作出方格网的一种方向对角线的灭点 $F_{45°}$；

作出网格的透视；

根据建筑物在方格网中的位置，作出它们的透视平面图；

根据建筑物的高度，作出它的透视。

本图中的建筑物高度是用左侧的集中真高线作出的。本图中还可用建筑物两组相互平行的轮廓线的共有灭点来简化作图过程。

5. 透视简便作图的应用实例

图 13-61 为利用直线分割作连续立柱透视。过 a^0b^0 引一射线，取 $a^0b^0 = b^0c_1$，连 c^0c_1 交 hh 于 F；在射线上截取柱间距 c_1d_1，再截取 $d_1e_1 = a^0b^0$，连 d_1F，e_1F 与 b^0s^0 交于 d^0，e^0。过 d^0 引水平线与 a^0s^0 相交可得第二根柱的正面透视，而 d^0，e^0 则为它的透视位置。再由各点引铅垂线得透视高度即可。

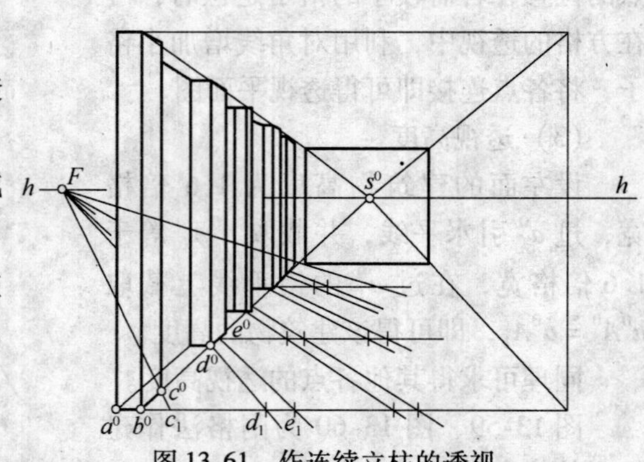

图 13-61　作连续立柱的透视

其他柱的透视可用同样的方法求得。

图 13-62 为确定门窗位置的透视。

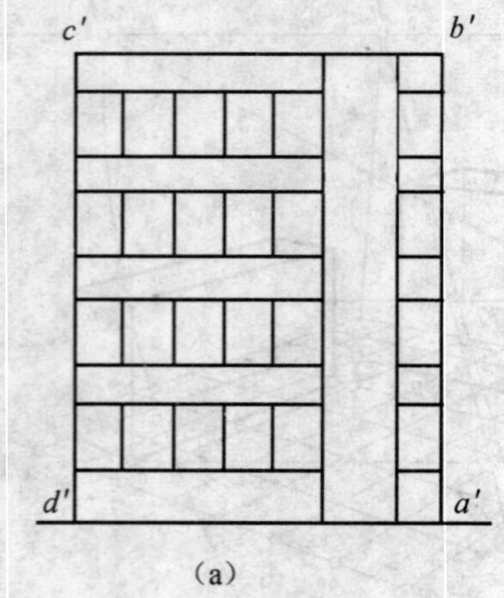

(a)

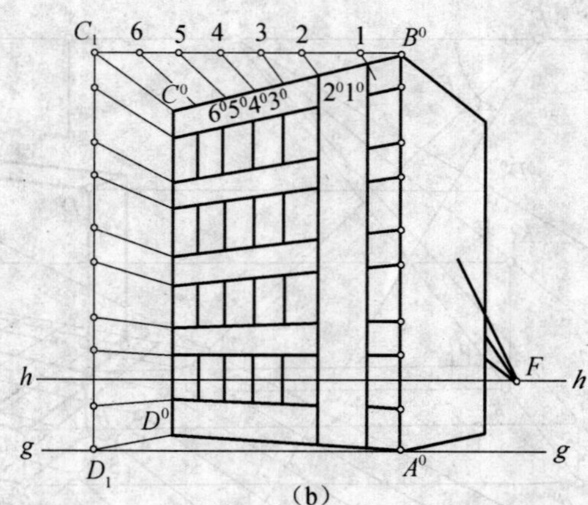

(b)

图 13-62　确定门窗的透视位置

在透视图中过 B^0 引水平线，并在其上作出正投影图中门窗各部分的宽度，得 1，2，3…，C_1 各点；

连 C_0C_1 并延长交 hh 于 F，连 $F1$，$F2$，$F3$，…，FC_1，并与 B^0C^0 相交，过各交点引铅垂线，即得透视的宽度。

过 C_1 引铅垂线 C_1D_1 平行且等于 A^0B^0，将正投影中各高度点移至 C_1D_1 上，连各高度点和 F，与 C^0D^0 相交，再与 A^0B^0 上的各高度点相连，即可完成门窗透视图。

图 13-63 为平面分割作窗扇的分格。

连对角线 A^0C^0，B^0D^0 对分窗扇；

若窗高为四等分，则将 A^0B^0 四等分，连各等分点与 F，完成横向分格；

从对角线 A^0C^0 与各横向分格点与 F 连线的交点引垂直线，完成窗扇的透视。图 13-64 所示为作门扇的分格线。请读者自行分析。

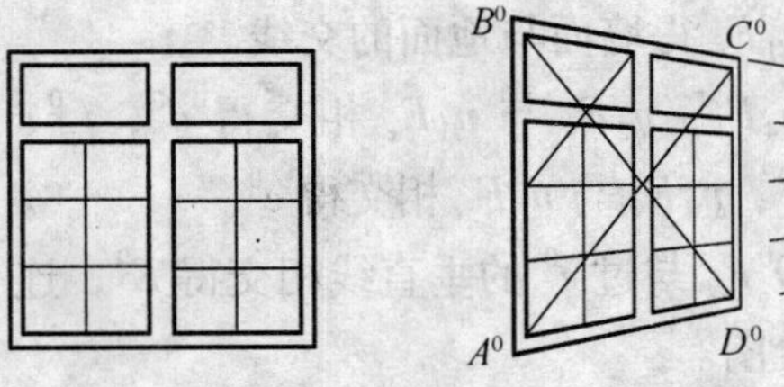

图 13-63 窗扇的分格

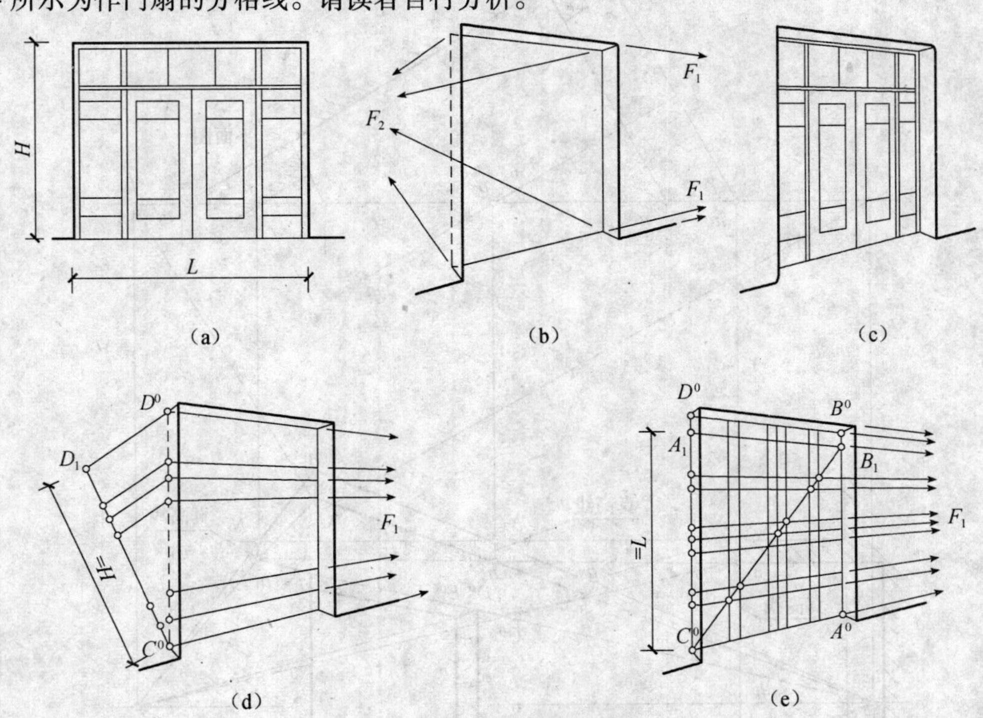

图 13-64 作门扇的分格线

(a) 立面图；(b) 已知图形；(c) 透视；(d) 作横格线；(e) 作竖格线

13.3.4 建筑细部的透视

1. 门洞的两点透视

如图 13-65 所示，已知门洞的平面图、剖面图、站点、画面，求其两点透视，作图过程如下：

(1) 求灭点

过站点 s 引 $sf_x//ab$，$sf_y//bc$，并过 f_x，f_y 引垂直线与视平线相交得灭点 F_x，F_y。

(2) 求迹点

求各直线迹点的基面投影 n_1，n_2，n_3，n_4，n_5，n_6，并根据剖面图中各部位的高度求得各直线的迹点 N_1，n_1，N_3，n_3，N_5，n_5。

(3) 求雨篷的透视

①连 N_1F_y，n_1F_y 并延长；连 N_3F_x，n_3F_x 并延长；两组全长透视相交得雨篷侧棱 Aa 的透视 A^0a^0。

②连 N_5F_y，n_5F_y，与 A^0F_x，a^0F_x 相交得雨篷的另一侧棱的透视 B^0b^0。

③n_1F_x 与 n_5F_y 相交得 C^0。

(4) 求门洞的透视

①连 n_1F_x 得墙面与地面的交线。

②连 n_4F_y，n_2F_y 与 n_1F_x 相交得 d^0，f^0；过 d^0，f^0引垂直线与 n_1F_x 相交得透视高度 D^0d^0，F^0f^0，n_4F_y 与 n_6F_x 相交得 e^0。

③连 D^0F_y 与过 e^0 的垂直线相交得 E^0，连 F_xE^0 并与过 f^0的垂直线相交得 F^0。

完成全图。

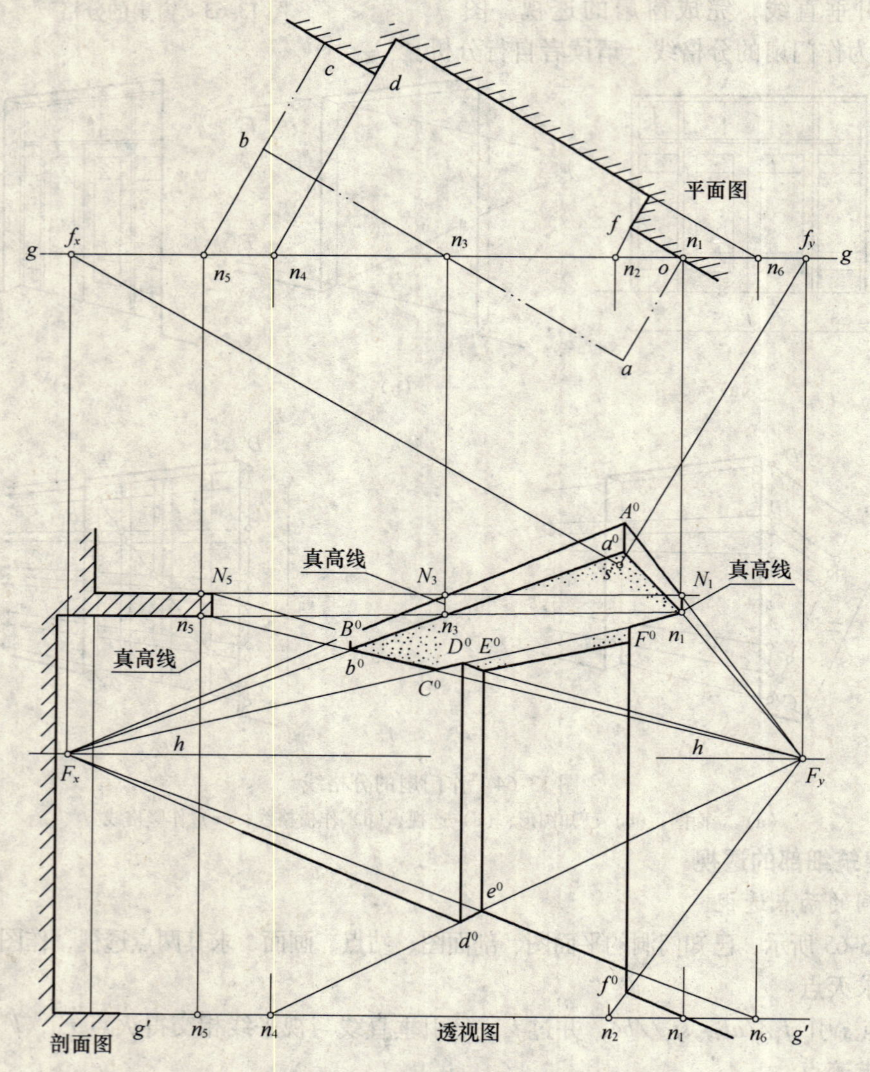

图 13-65　门洞的两点透视

2. 窗洞的两点透视

如图 13-66 所示，已知平面图、剖面图、站点、画面。求窗洞的两点透视。

窗洞的右前棱线 a 在画面上，反映实形和真高。

n_1 点在画面上，过 n_1 点的垂直线反映窗台的真高。

（1）在平面图上求各直线迹点的基面投影 n_2，n_3；

（2）求灭点 F_x，F_y；

（3）过 a 求得窗洞侧棱的真高线，在剖面图量取窗洞高度 Aa_1，窗台高度 $a1$，a_11；

（4）连 AF_x，a_1F_x，用视线法求得窗洞左前侧棱的透视 B^0b^0；

（5）连 B^0F_y，b^0F_y，用视线法求得窗台左后侧棱的透视 C^0c^0；

（6）连 C^0F_x，c^0F_x 并延长与 Aa_1 相交，求得窗洞厚度的透视，窗台透视完成；

（7）连 N_3F_y，n_3F_y 并延长，连 N_1F_x，n_1F_x 并延长，两组延长线相交得 F^0f^0；

（8）连 N_2F_y 与 N_1F_x 相交得 D^0，与 a_1F_x 相交得 E^0，过 D^0 引垂直线与 n_1F_x 相交得窗台左前侧棱透视 D^0d^0；

（9）a_1F_x 与 N_3F_y 延长并相交得 G^0，过 G^0 引垂直线与 n_3F_y 相交得 g^0，求得窗台右后侧棱线 G^0g^0，完成窗台透视。

（10）连 aF_x 得墙面与地面的交线。

完成全图。

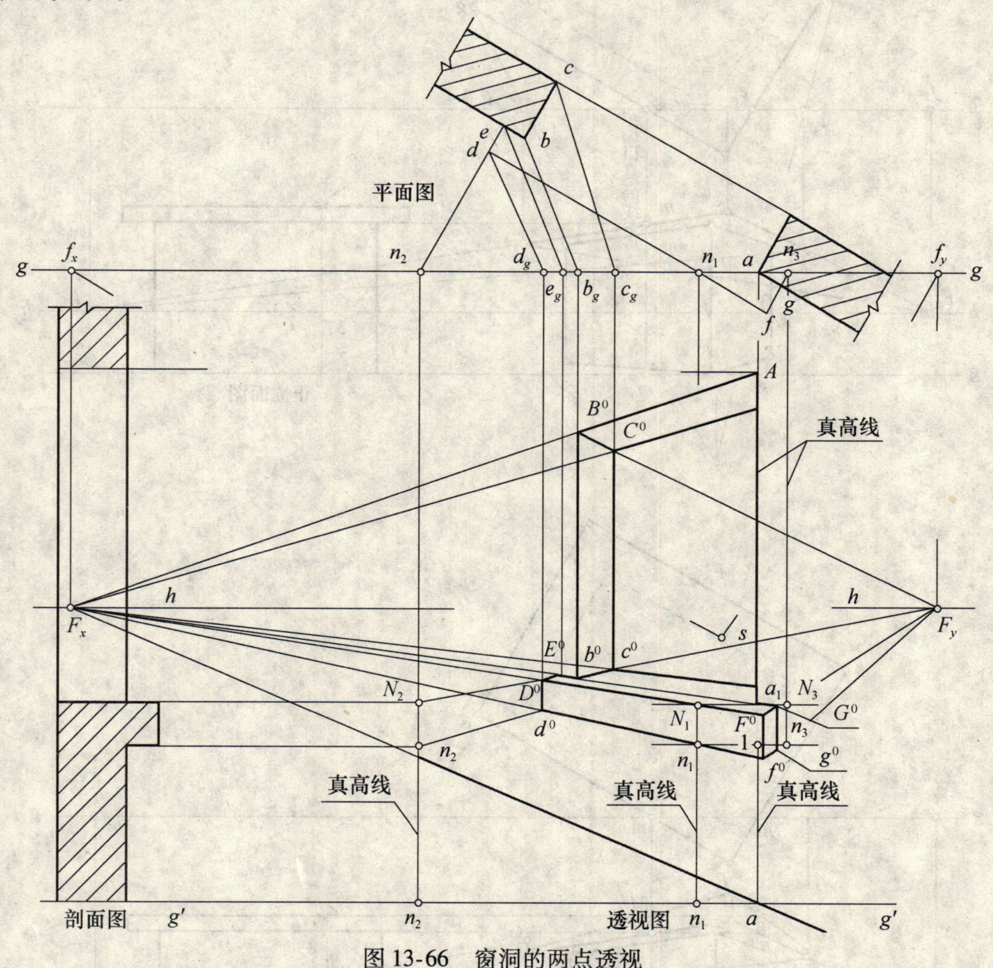

图 13-66　窗洞的两点透视

3. 平屋顶的透视

如图 13-67 所示，平顶房屋的一条墙角线在画面上，并已知其正立面图和视高、视距、视点等，求出檐顶盖的透视。

（1）求出两个灭点 F_1，F_2。

（2）如图 13-67（a）所示，檐口线 eg 与画面相交于 m 点，则过 m 点所作的透视反映真高。过 m 点引垂直线与 $g'g'$ 相交，并自 $g'g'$ 截取檐口高度 Z_1，得 m^0 点。

(3) 连 F_1m^0 并延长，求得透视 e^0，g^0。

(4) 连 e^0F_2，求得透视 k^0。完成檐口底面的透视。

(5) 如图 13-67（b）所示，在 mm^0 上自 m^0 截取屋盖高度 Z_2，得 M^0。

(6) 连 F_1M^0 并延长，求得透视 E^0，G^0。

(7) 连 E^0F_2，求得透视 K^0。完成屋盖的透视。

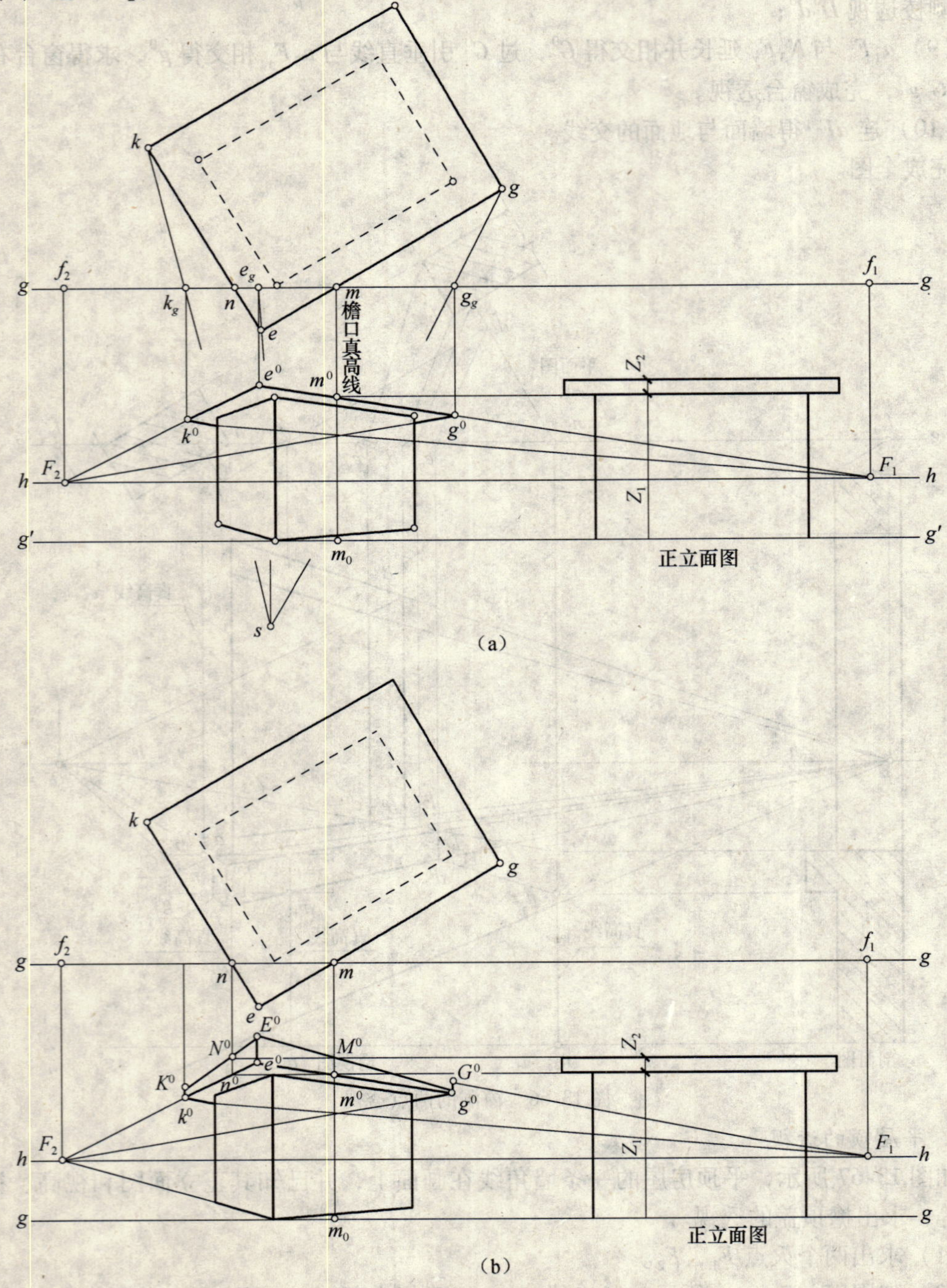

图 13-67 求出檐顶盖的透视

（a）作檐口底面的透视；（b）出檐盖的透视

13.3.5 透视图的选择

观察者在不同的位置观察同一建筑形体时，所得的视觉印象是不同的，如图 13-68 所示。所以学习透视图的原理和画法的同时，还应了解和掌握怎样画好透视图这个问题，即如何选择视点、画面的位置、视角、透视类型及如何确定配景等。

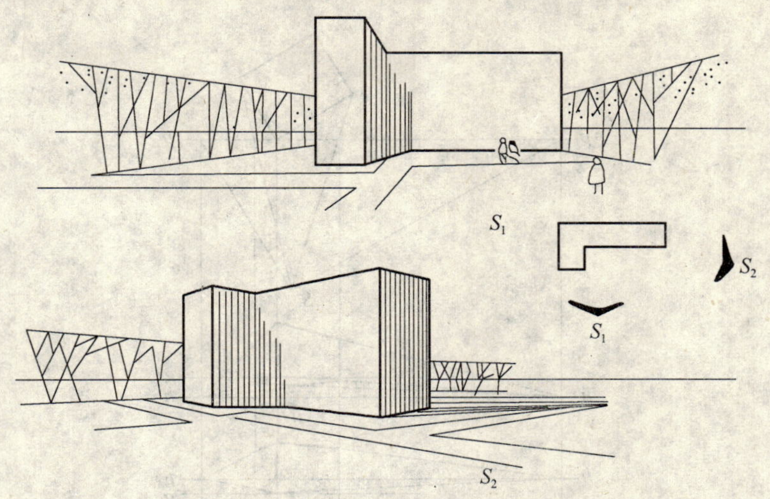

图 13-68 不同视点的观察结果

1. 视点位置

视角过大时，由于两个灭点相距过近，透视易产生失真现象，如图 13-69 所示，若将视点移至较远处，则视角减小，两灭点相距较远，图像较为开阔舒展。

视角的选择还要能反映建筑物的全貌，如图 13-70 所示。

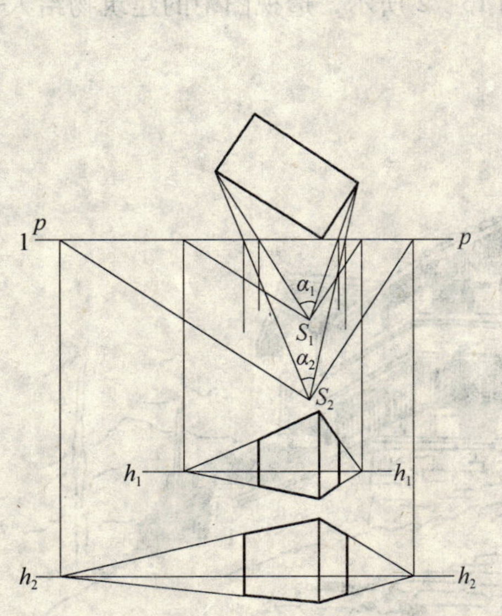

图 13-69 视点与视角的关系

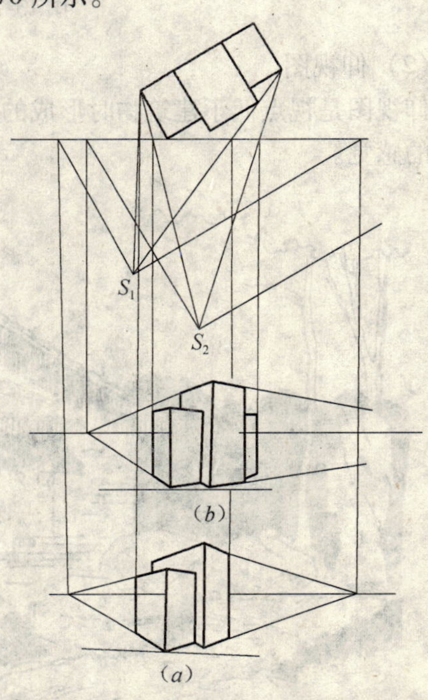

图 13-70 透视图要反映建筑物的全貌

一般视角在 30°～40°较为合适。

2. 视高的选择

（1）一般透视

如图 13-71 所示，视高不同时，看得的效果也不同。视点应不低于或高于建筑物的透视，一般可取人眼的高度，即 1.6m 左右，均为一般透视。

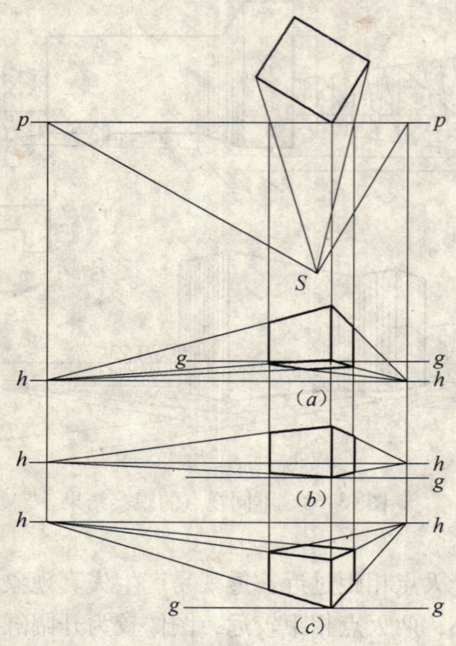

图 13-71　视高不同的透视图

（2）仰视图

仰视图是视点低于建筑物时形成的透视。如图 13-72 所示，透视图中的建筑物给人一种高耸的感觉。

图 13-72　仰视图的实例

(3) 鸟瞰图

鸟瞰图是视点高于建筑物时形成的透视。由于视野开阔，一般用于反映建筑群的全貌，如图 13-73 所示。

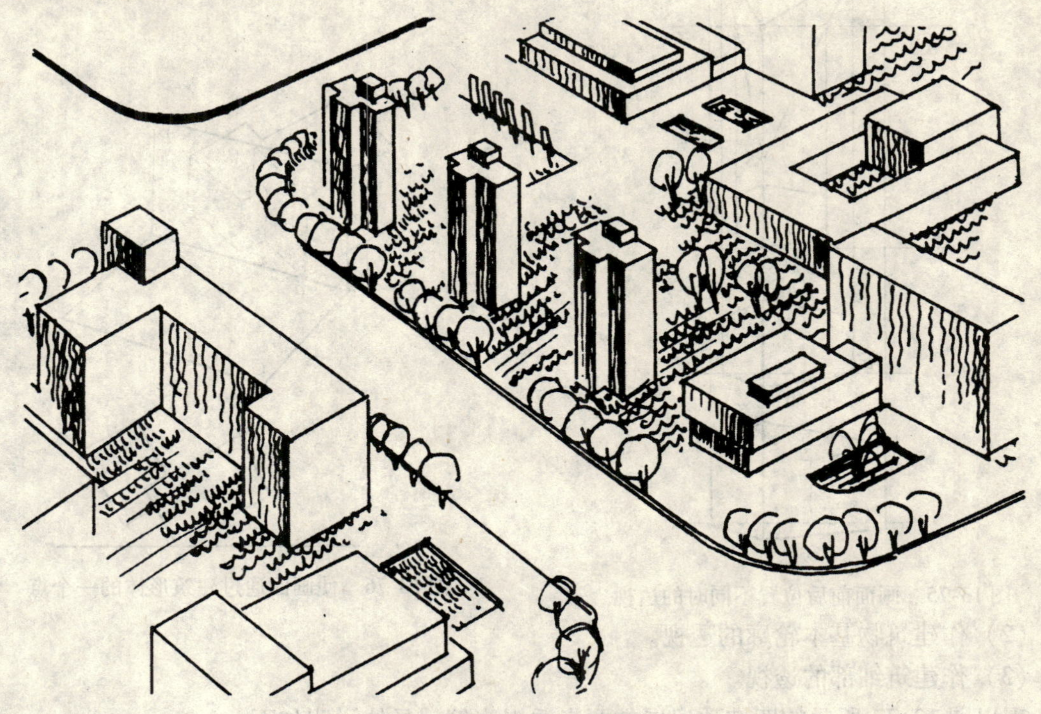

图 13-73　鸟瞰图的实例

3. 画面与建筑物的相对位置

图 13-74 为画面与建筑物立面角度不同时的透视。

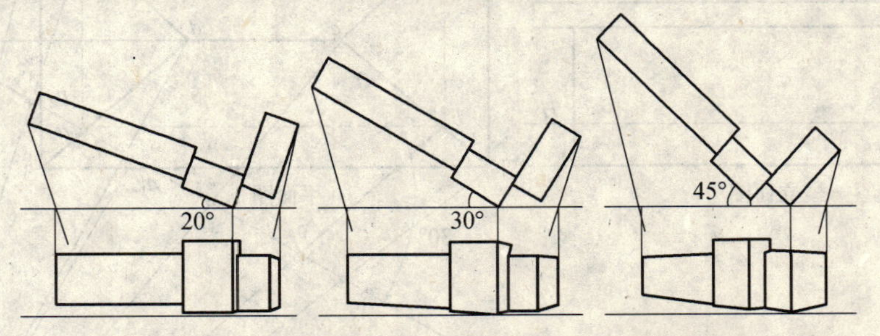

图 13-74　画面与建筑立面的角度不同时的透视

建筑物与画面的夹角一般可取 30°左右，突出的重点不同时，可略再增大或减小。

图 13-75 为画面前后位置不同时的透视。

画面的建筑物前后位置不同，透视的大小也不同。画面置于建筑物之前时为缩小透视，之后时则为放大透视。

4. 绘制透视图的步骤

绘制透视图一般有以下几个步骤：

(1) 根据建筑物的特点确定视点、画面和建筑物之间的相对位置。有时为了作图简便，可使画面通过建筑物的一个点，如图 13-76 所示。

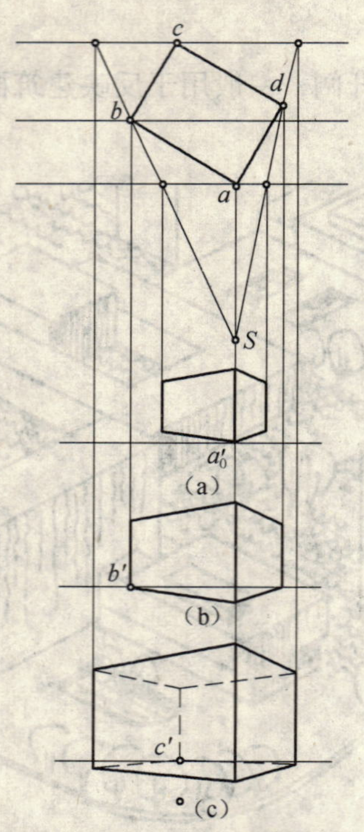

图 13-75　画面前后位置不同时的透视

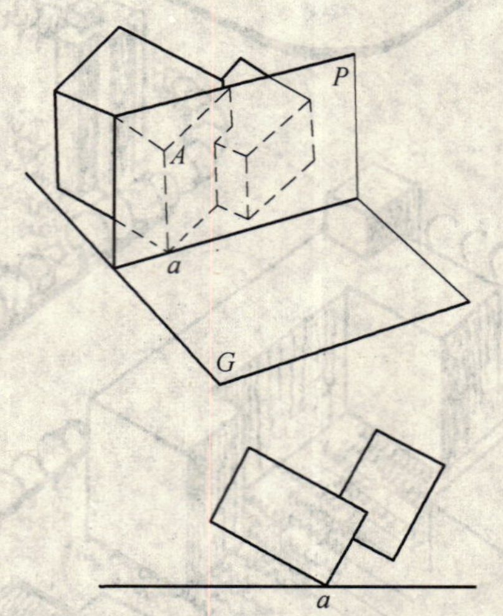

图 13-76　使画面通过建筑形体的一个点

（2）作建筑物基本轮廓的透视。

（3）作建筑细部的透视。

现以图 13-77 所示的四坡顶房屋的两点透视为例，具体说明如下：

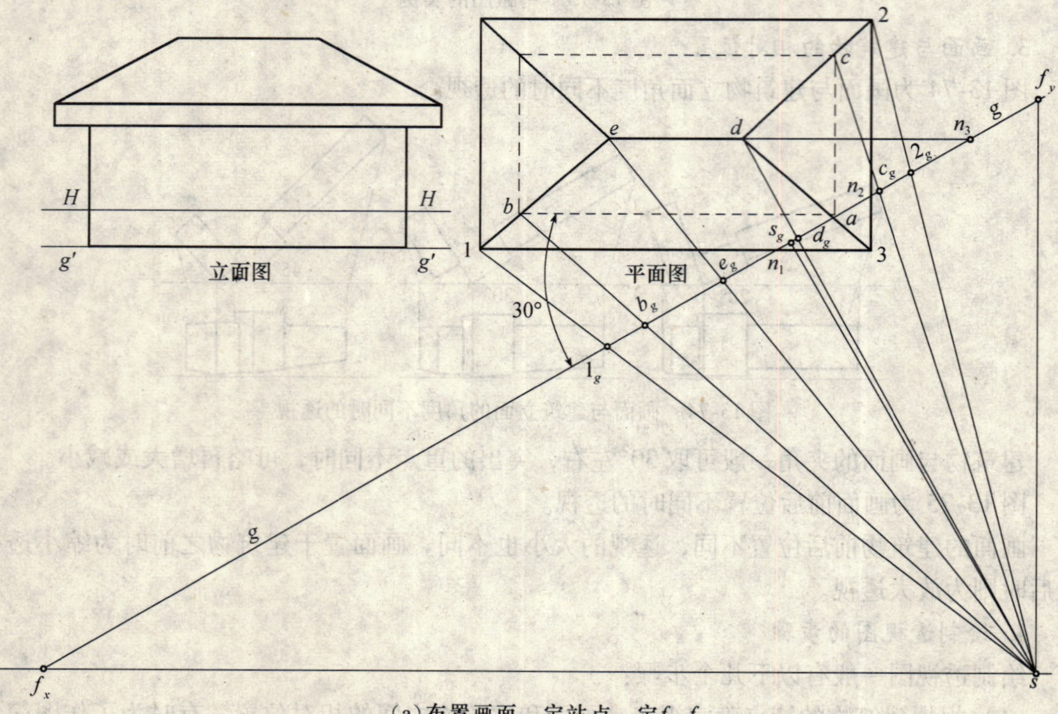

(a) 布置画面，定站点，定f_x, f_y

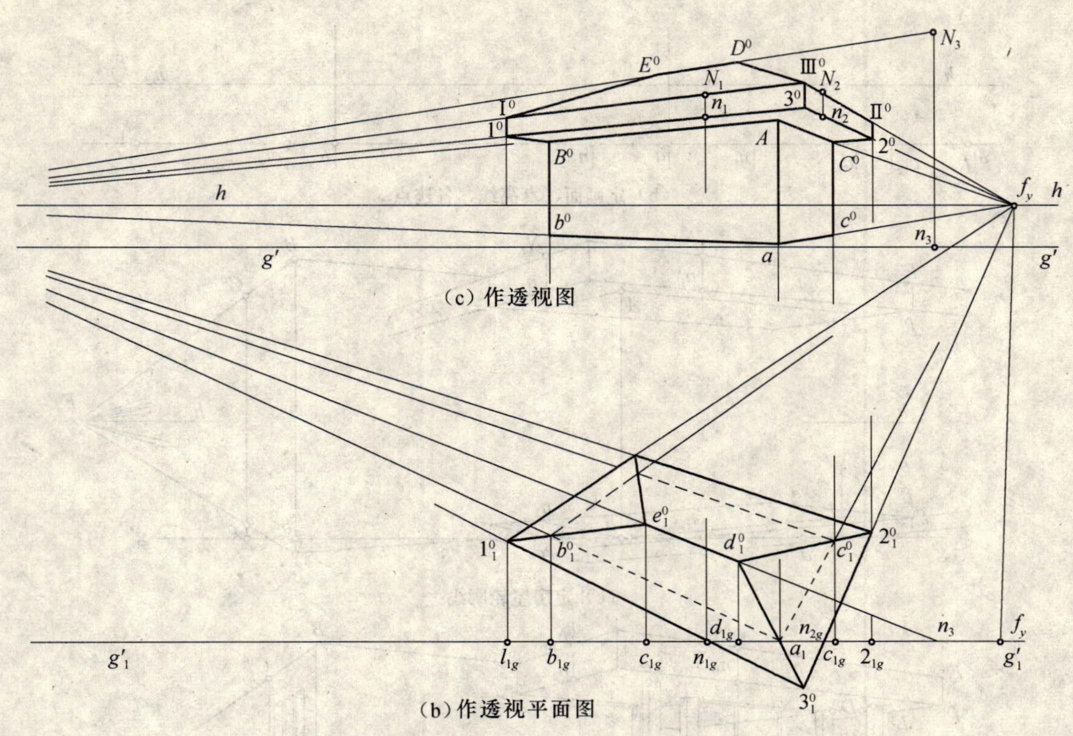

图 13-77　绘透视图步骤

图 13-78 所示为按平面图比例放大一倍绘制房屋两点透视的过程。

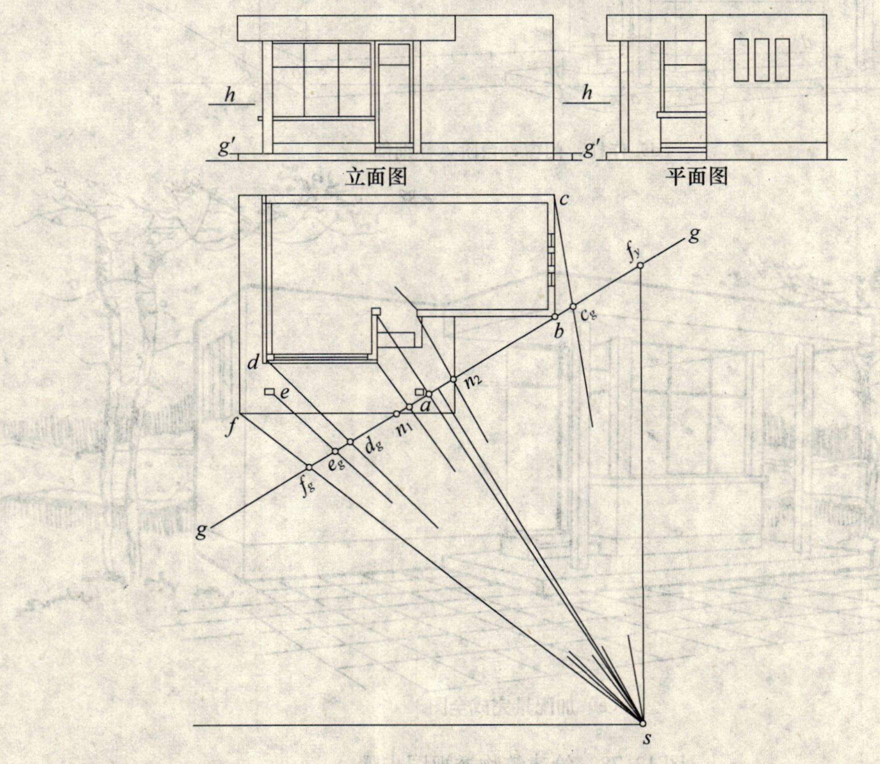

（a）已知，并定站点，求 f_x，f_y 迹点

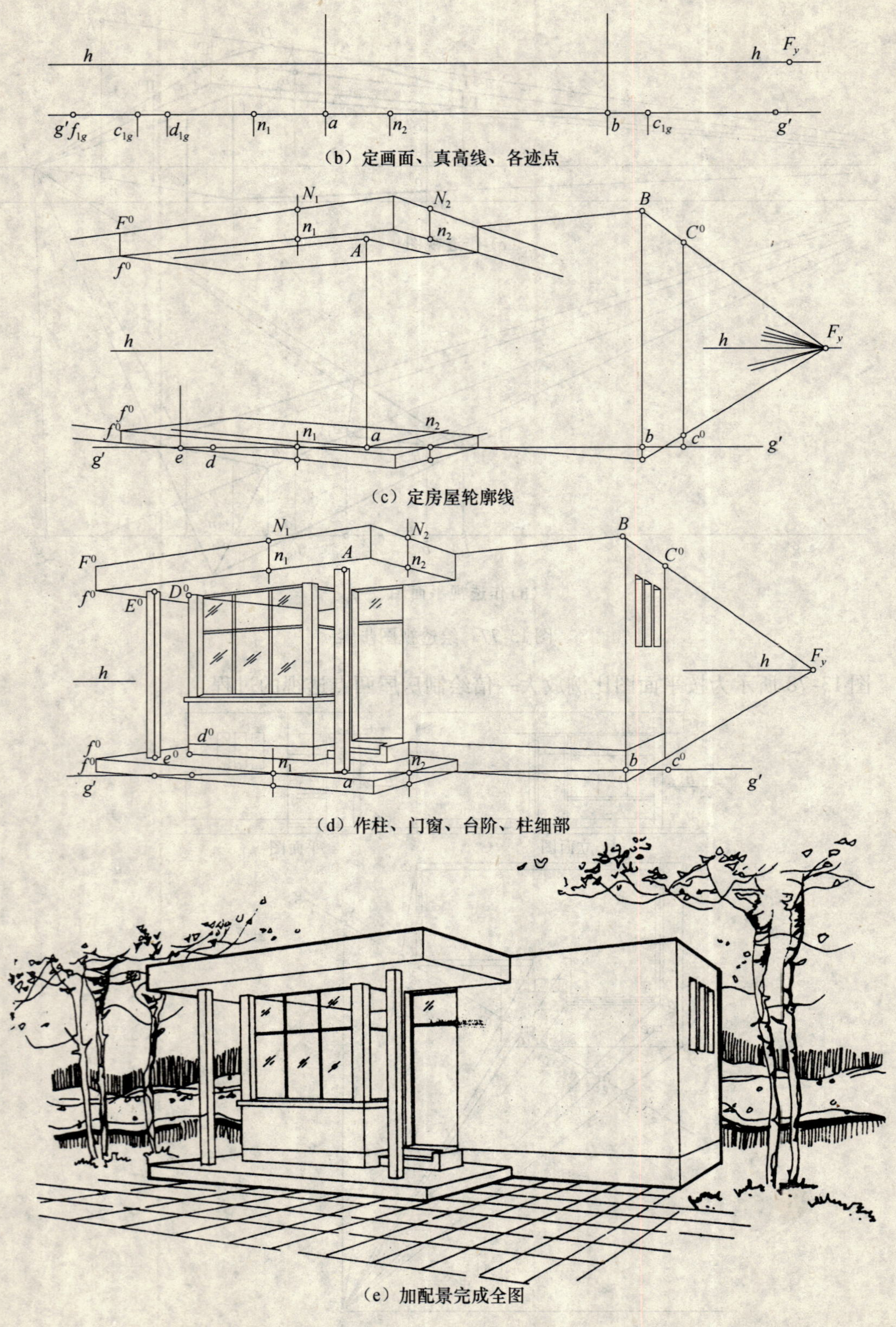

（b）定画面、真高线、各迹点

（c）定房屋轮廓线

（d）作柱、门窗、台阶、柱细部

（e）加配景完成全图

图 13-78　绘建筑物透视图步骤

13.3.6 室内透视

作室内透视时，常将画面置于房间的中部或视距较远的墙面上，使室内大部分墙面、天棚和地面位置处于画面之前。

图 13-79 所示为门厅的平面图和剖面图，求作其一点透视。

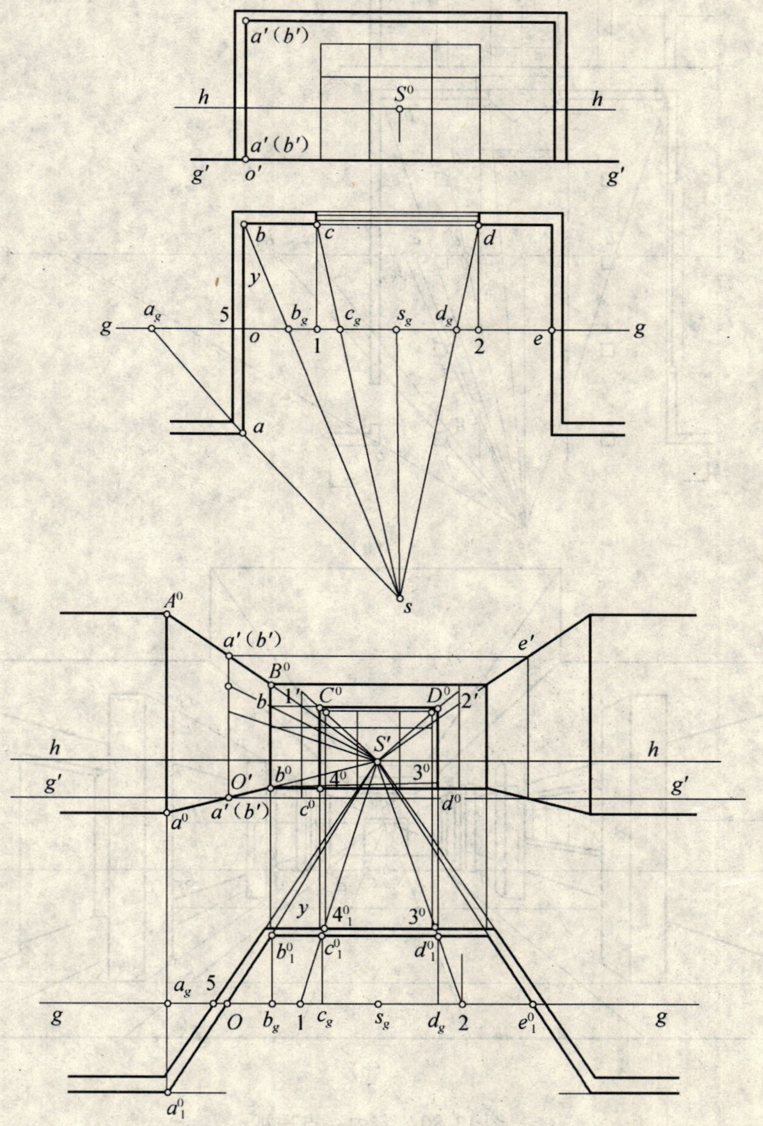

图 13-79 室内一点透视

首先在平面图上确定画面的位置，则室内一部分（*oa* 之间）墙面在画面之前，为放大透视，另一部分（*ob* 之间）为缩小透视。

确定站点的位置，并求得 a_g，b_g，…，s_g 等点；

确定视平线 *hh* 和基线 $g'g'$ 的位置；

在视平线 *hh* 上求作灭点；

确定基线 *gg*，作透视平面图；

作室内房间的透视；

作门洞透视。

图 13-80 所示的透视图，视点位于房间正中，视平线接近天棚线，反映了房间的全貌。

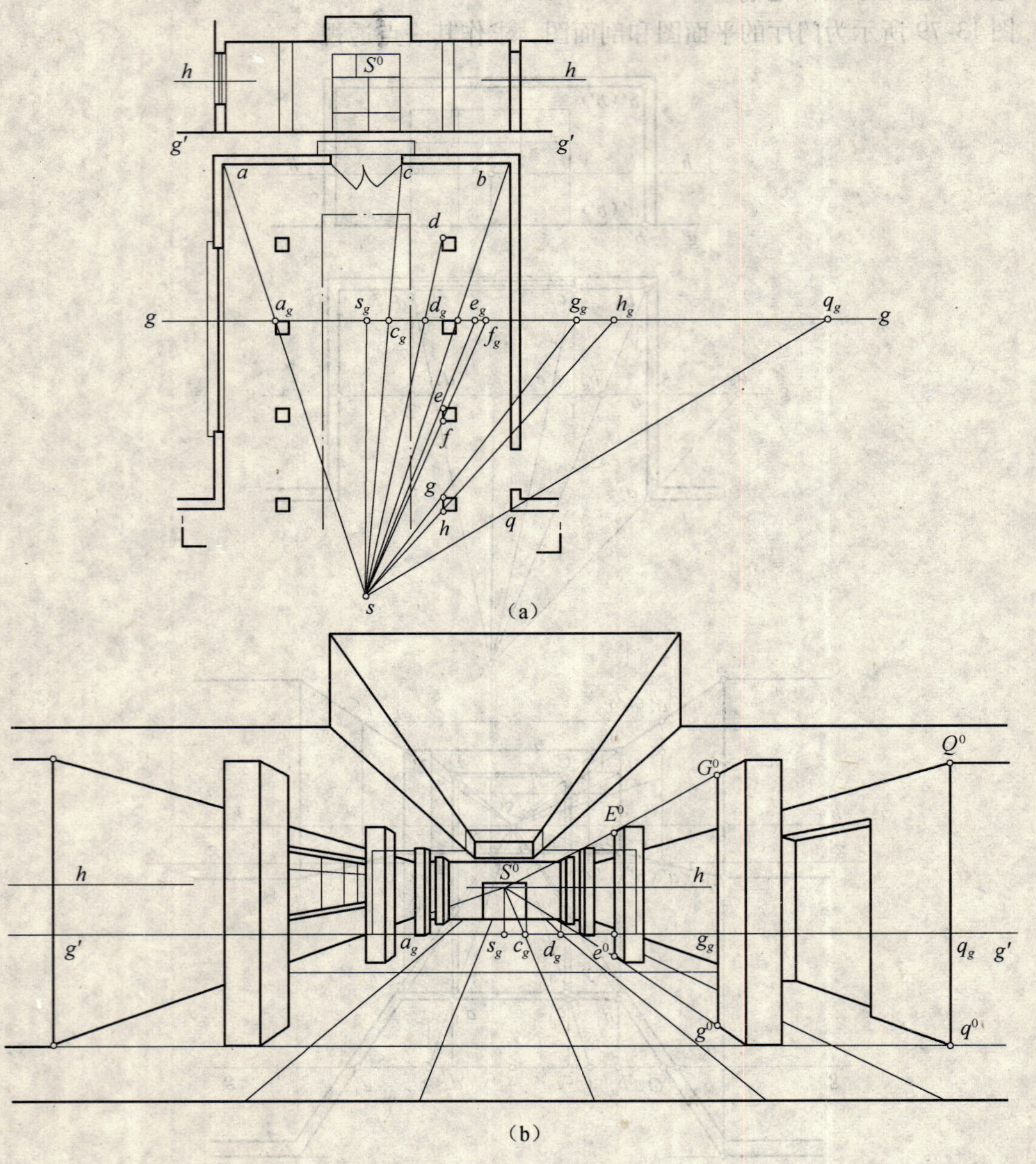

图 13-80　室内一点透视

13.3.7　曲面的透视

圆的透视：根据圆所在平面与画面的相对位置关系不同，圆的透视可能是圆或椭圆。要在透视中准确绘制一个圆或者圆的一部分的透视，可以通过先作出圆的外切正方形的透视，然后根据几何关系，利用四点、八点和十二点的方法绘制出圆的透视。

1. 平行于画面的圆的透视

当圆平行于画面时，它的透视仍是一个圆，只是圆的大小有所改变。只要确定了圆心的透视位置及半径的透视长度，就可以确定透视圆的位置和大小。

如13-81所示，图中有三个平行于画面且大小相等的圆，它们的圆心的连线垂直于画面，其中圆心为O的圆在画面上，其透视反映实形。连sO_1，sO_2，sa，sb，sc与gg相交，交点为圆心透视的基面投影及透视圆的半径。过这些交点向hh引垂直线。根据已知的圆心高和心点，求得实形圆o^0。连s^0o^0，求得另两个圆的透视。

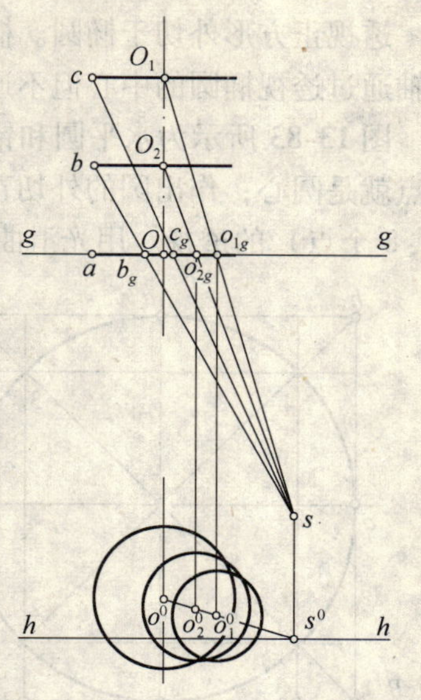

图13-81　平行于画面的圆的透视

图13-82（a）所示为半圆拱屋面建筑物的平面图和立面图，并已确定视点、画面、视平线的位置。

在平面图上连so_1、so_2与gg相交，得两个圆心的基面投影o_1g，o_2g。连$s1$与gg相交得后半圆的内圆的透视半径；连$s3$、$s4$与gg相交得前半圆的内、外圆的透视半径。

如图13-82（b）所示，在透视图中，确定基线、视平线，确定心点的位置，根据平面图中心点与实形圆的相对位置确定实形圆的圆心，作出实心圆；作出其他几个圆的透视。

图13-82（c）所示为加配景后的效果图。

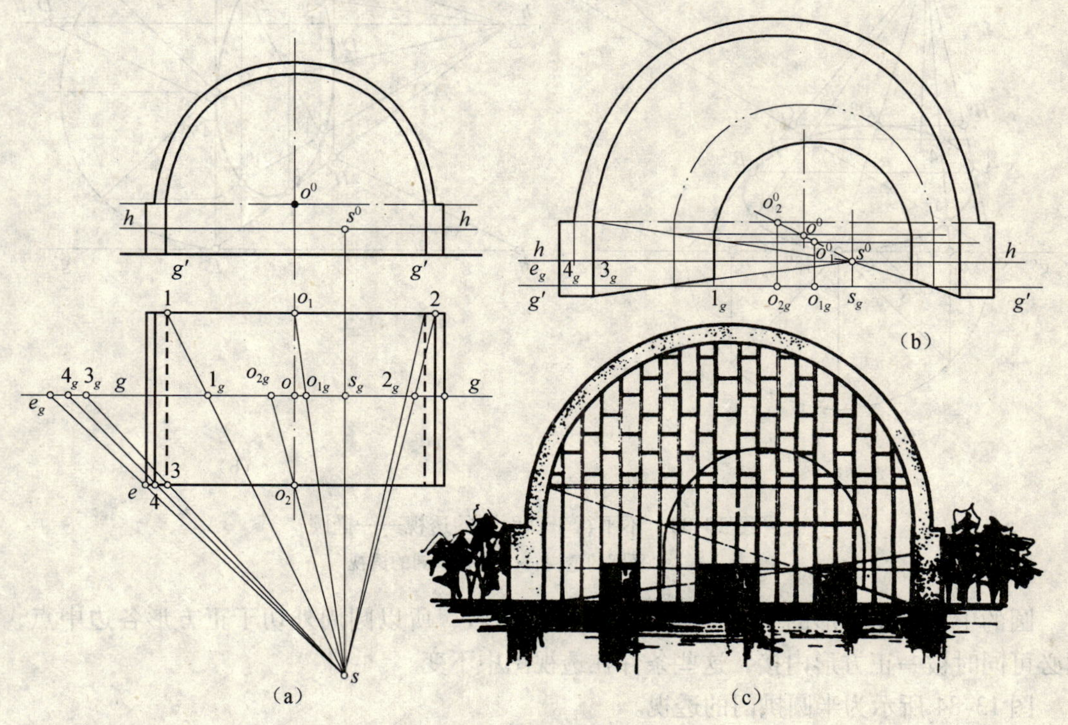

图13-82　半圆拱房屋的一点透视

（a）平面图和立面图；（b）透视图；（c）加配景后的效果图

2. 与画面相交的圆的透视

当圆与画面相交时，它的透视一般为椭圆，通常利用圆的外切正方形的四边中点（切点）和对角线与圆周的四个交点（$\sqrt{2}$分点）的八点法求得。

透视正方形外切于椭圆。椭圆的短轴通过透视椭圆的中心（也是透视正方形的中心）。长轴通过透视椭圆的中心但不通过透视正方形中心。

图 13-83 所示为水平圆和铅垂圆的透视。首先作出圆的外接正方形的透视，其对角线的交点就是圆心；作出圆的外切正方形四边中点（切点）及正方形对角线与圆周的 4 个交点（共 8 个点）的透视。用光滑曲线将上述八个点的透视依次连接，即可求得圆的透视椭圆。

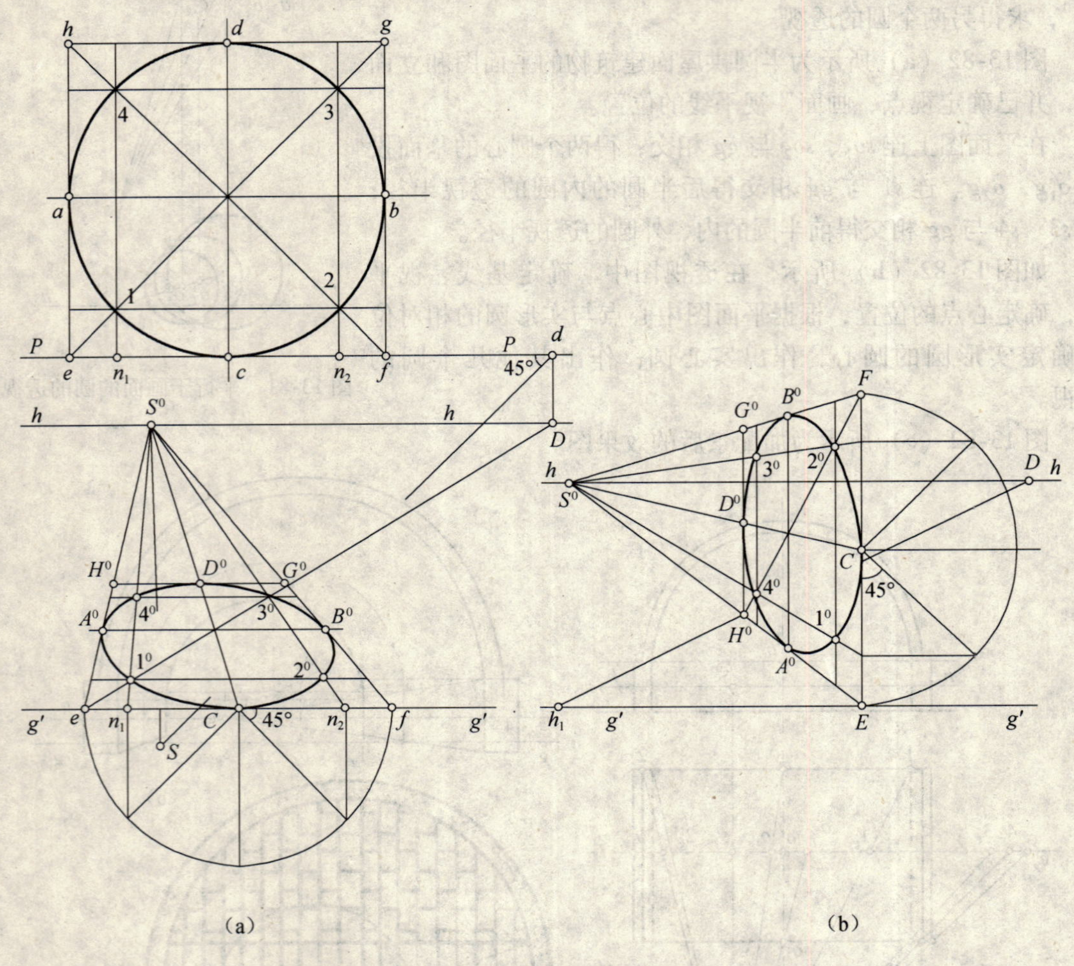

（a）　　　　　　　　　　　　（b）

图 13-83　不平行于画面圆的透视——椭圆

（a）水平圆的透视；（b）铅垂圆的透视

圆的中心与正方形的中心（对角线交点）一致，所以圆周外切于正方形各边中点，且圆必可同时被一正方形内接，这些条件在透视图中不变。

图 13-84 所示为半圆拱门的透视。

（1）在正面投影中作半圆周的外切半正方形 $1'a'b'5'$，连对角线 $O'a'$，$O'b'$，得半圆周上 $1'$，$2'$，$3'$，$4'$，$5'$各点。

（2）作透视平面图（图中省略）。

（3）过 c 作真高线，配合平面透视，完成方体部分的透视。

（4）作出半个正方形的透视 $1^0A^0B^05^0$，连对角线 O^0A^0，O^0B^0，应用八点圆法求出 2^0，4^0 点，依次圆滑连结 $1^02^03^04^05^0$ 得前面半圆周的透视。

（5）应用同样的方法可完成后面半圆周的透视。图中应用了前后两个半圆周各对应点的连线消失于 F_Y 作出后半圆拱的透视，这样可使作图简化、准确。

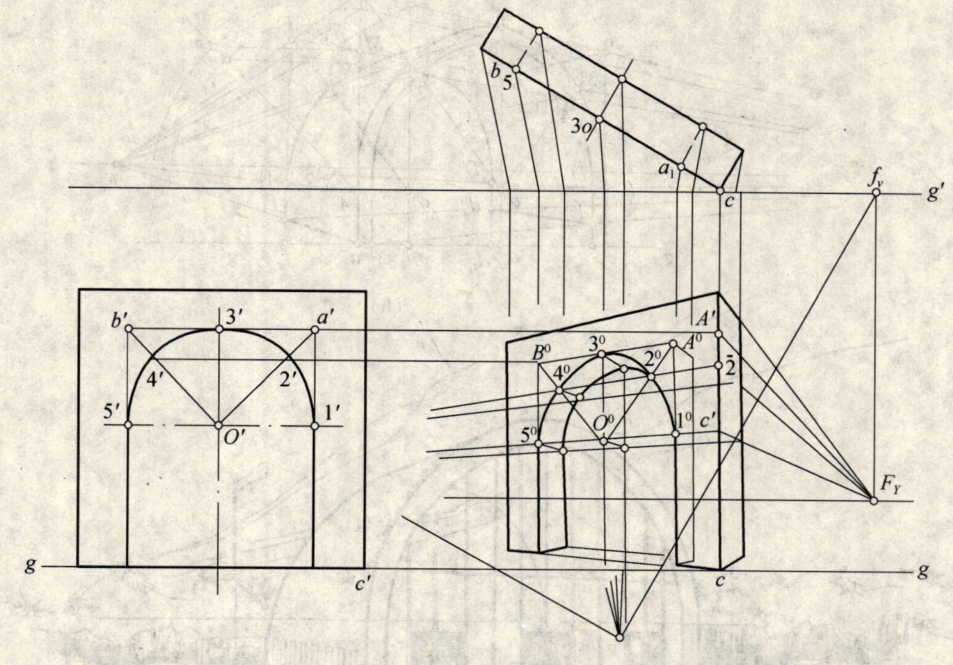

图 13-84 半圆拱门的透视

图 13-85 所示为半圆拱大厅的两点透视。

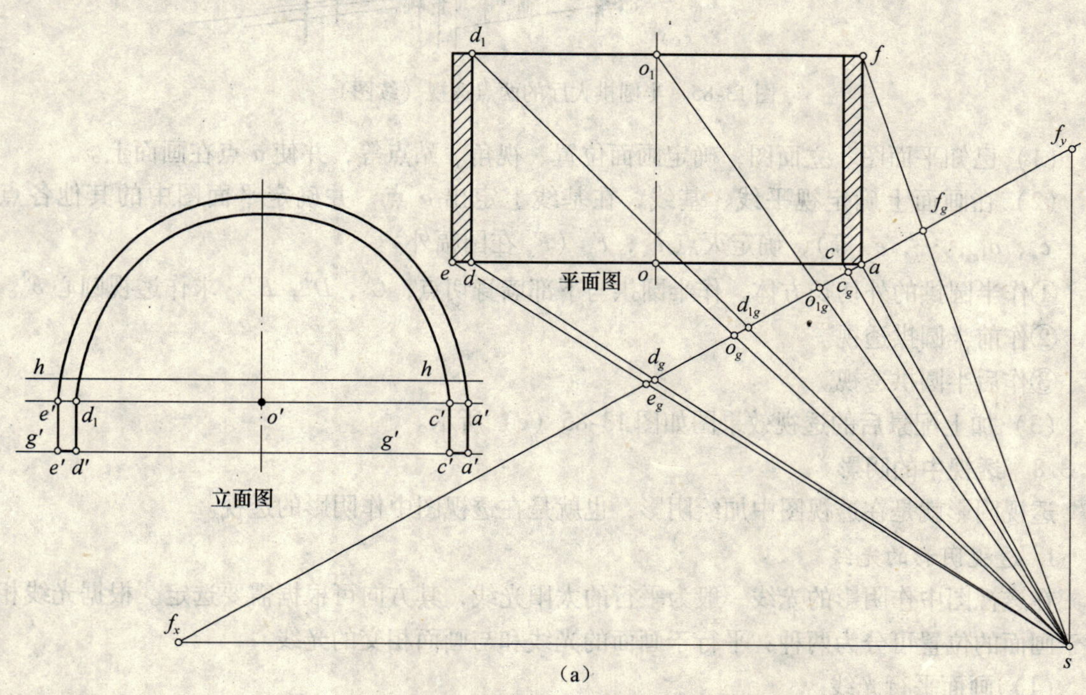

图 13-85 半圆拱大厅的两点透视

（b）

（c）

图 13-85　半圆拱大厅的两点透视（续图）

（1）已知平面图、立面图，确定画面位置、视角、站点等，并使 a 点在画面上。

（2）在画面上确定视平线、基线，在基线上定出 a 点，并确定平面图中的其他各点 (f_g，c_g，o_{1g}，…，e_g 等)，确定灭点 F_x，F_y（F_x 在图幅外）。

①作半圆拱的外切长方体，作半圆拱与下部墙身切点，C^0，D^0，E^0，求作透视圆心 o^0。

②作前半圆拱透视。

③作后半圆拱透视。

（3）加上配景后的透视效果图如图 13-85（c）所示。

13.3.8　透视中的阴影

透视阴影就是在透视图中加绘阴影，也就是在透视图中作阴影的透视。

1. 透视阴影的光线

在透视图中作阴影的光线一般为平行的太阳光线，其方向可根据需要选定。根据光线相对于画面的位置可分为两种：平行于画面的光线和与画面相交的光线。

（1）画面平行光线

如图 13-86 所示，光线 L 平行于画面，它的透视为 L^0 也与画面平行，L 的基透视 l^0 平行于基线，L^0 与 l^0 之间的夹角即为光线对基面的倾角，一般选为 45°。

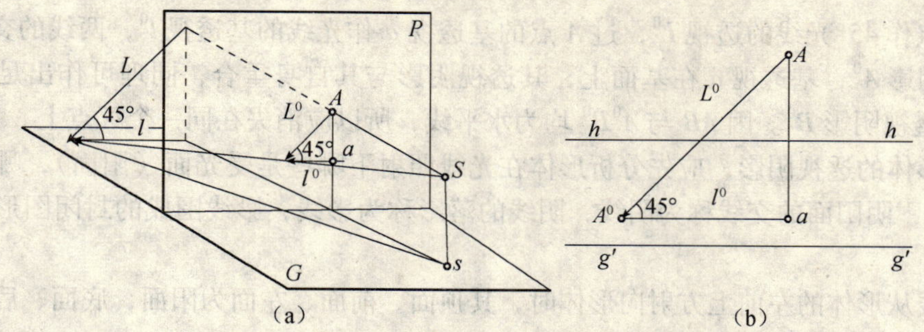

图 13-86 光线平行于画面时的透视阴影作法

（2）画面相交光线

与画面相交的光线又分为两种情况：从画面前射出与画面相交和从画面后射出与画面相交。

①从画面前射出与画面相交的光线

如图 13-87 所示，从画面前射出与画面相交的光线，也就是从观察者的左后（或右后）上方射向画面正面的光线，称为正光，其灭点 F_L 位于视平线 hh 下方。

②从画面后射出与画面相交的光线

从画面后射出与画面相交的光线，称为逆光或背光，其灭点 F_L 位于视平线 hh 上方。

本书只讨论正光时的透视阴影。

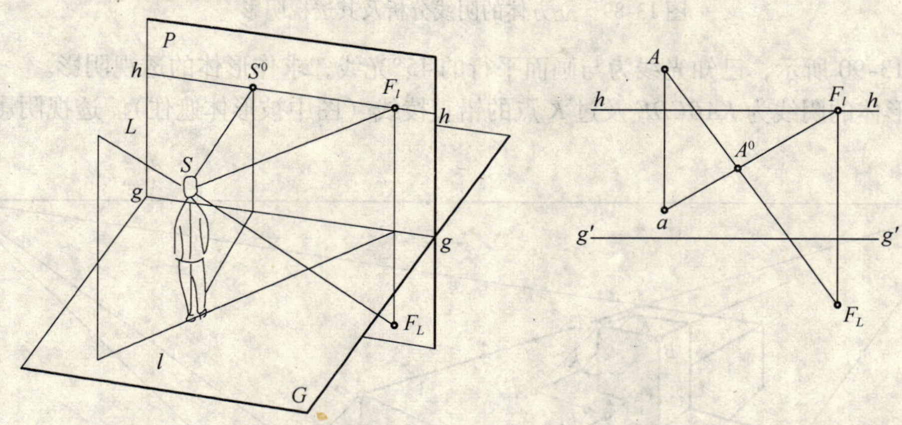

图 13-87 光线与画面相交时透视阴影作法

2. 画面平行光线下的透视阴影

如图 13-86（b）所示，过空间点 A 作光线 L^0，过点 A 的基透视作光线 L^0 的基透视 l^0，两线的交点即为 A 点的透视阴影 A^0。

图 13-88 所示为足球门在 45°光线的照射下在地面上的透视阴影的作法。

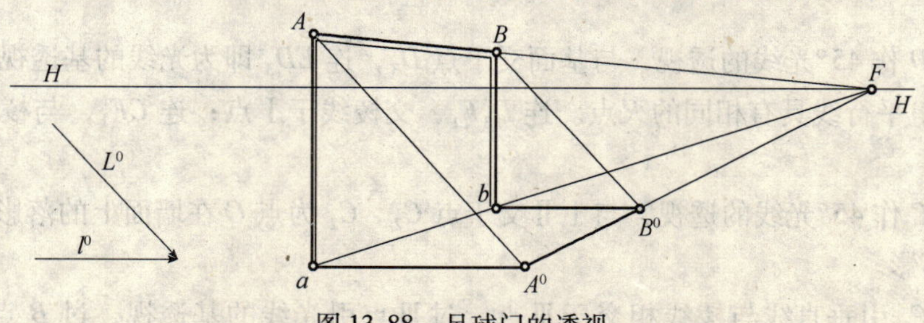

图 13-88 足球门的透视

过 A 点作 45°光线的透视 L^0，过 A 点的基透视 a 作光线的基透视 l^0，两线的交点即为 A 点的透视阴影 A^0，基透视 a 在基面上，其透视阴影与其自身重合，同理可作出足球门另一端点 B 的透视阴影 B^0。因 AB 与 A^0B^0 均为水平线，所以应消失在同一个灭点上。

求作形体的透视阴影，应先分析形体在光线照射下哪些是受光面（阳面），哪些是背光面（阴面），阴阳面的交线称为阴线，阴线的落影称为影线，影线围成的封闭图形即为形体的影子。

当光线从形体的左前上方射向形体时，其顶面、前面、左面为阳面，底面、后面、右面为阴面。

图 13-89 所示为立方体透视阴影的作法。图中所示的立方体的阴线为 $ABCcdaA$。其中阴线 cd，da 的落影与自身重合，只需求 A，B，C 三点的落影 A^0，B^0，C^0。

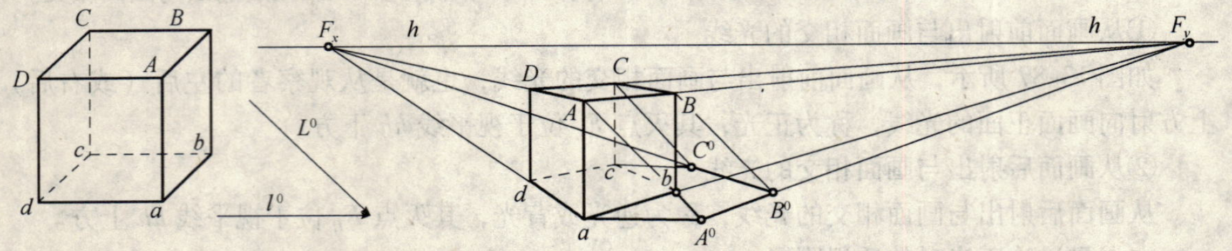

图 13-89　立方体的阴线分析及其透视阴影

如图 13-90 所示，已知光线为与画面平行的 45°光线，求作形体的透视阴影。

图中形体的阴线为 $KABCDE$ 及过 K 点的铅直棱线（图中被形体遮住）。透视阴影即阴线的落影。

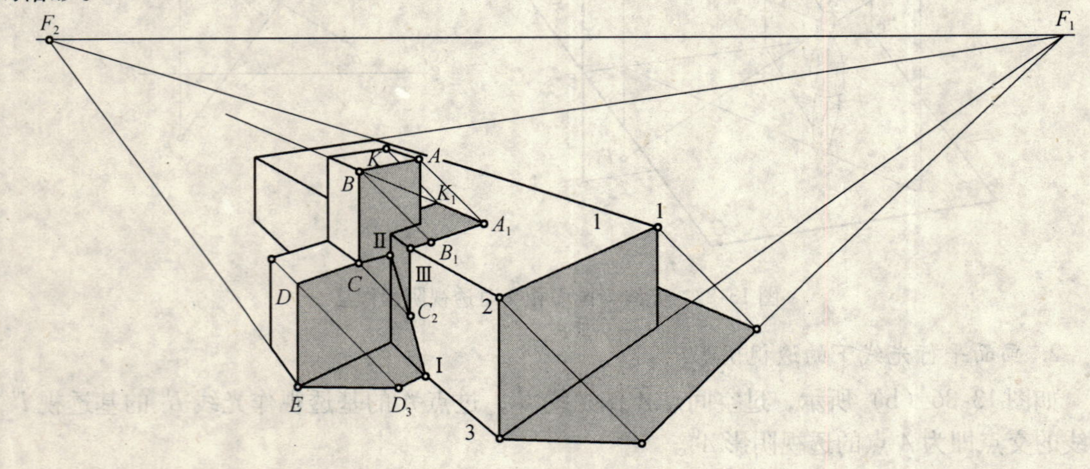

图 13-90　建筑形体的阴影

（1）过 D 作 45°光线的透视，与基面交于点 D_3，连 ED_3 即为光线的基透视。

（2）一组平行线具有相同的灭点。连 D_3F_1，交棱线于Ⅰ点；连 CF_1，与棱线交于点Ⅱ，连ⅠⅡ。

（3）过 C 作 45°光线的透视，与ⅠⅡ交于点 C_2。C_2 为点 C 在墙面上的落影。D_3ⅠC_2 为阴线 DC 的落影。

（4）过 C_2 引垂直线与棱线相交于Ⅲ点，过Ⅲ点引光线的基透视，过 B 点作光线的透视，与过Ⅲ所作的光线的基透视交于点 B_1，C_2ⅢB_1 为阴线 BC 在垂直面 2 和水平面 1 上的落影。

（5）连 B_1F_1，过 A 点作光线的透视与 B_1F_1 连线交于 A_1，连 A_1B_1，即为阴线 AB 在水平面 1 上的落影。

（6）连 A_1F_2，过 K 点作光线的透视，与 A_1F_2 连线相交于 K_1，连 K_1F_1 并延长至棱线。完成 L 形形体的透视阴影。

图中长方体的透视阴影作法同图 13-89。

总结上面的内容可得透视阴影的规律：

（1）在承影面上的点的透视阴影与自身重合。

（2）铅垂线的落影即为光线的基透视。

（3）直线平行于承影面时，在该面上的落影与空间直线平行，因此在透视图中直线的落影与空间直线有共同的灭点。

3. 画面相交光线下的透视阴影

采用画面平行光线作透视阴影时，作图较为简便，但其表现效果有一定的局限性，所以广泛采用画面相交光线。

采用画面相交光线时，多采用自观察者身后射向画面的光线，即正光，光线角度可自行选择。作图时可根据需要先定出形体上某点在形体表面上合适位置的落影，再通过该落影点反求 F_L 和 F_l。

图 13-87（b）所示为画面相交光线下的透视影作法。

连空间的透视 A 与灭点 F_L，AF_L 连线即为过 A 点的光线的透视；连空间点的基透视 a 与光线的基透视 F_l，aF_l 连线即为光线的基透视。AF_l 与 aF_l 的交点即为空间点的透视阴影 A^0。

图 13-91 所示为已知长方体的透视图和 F_L，F_l，求其透视阴影作法。

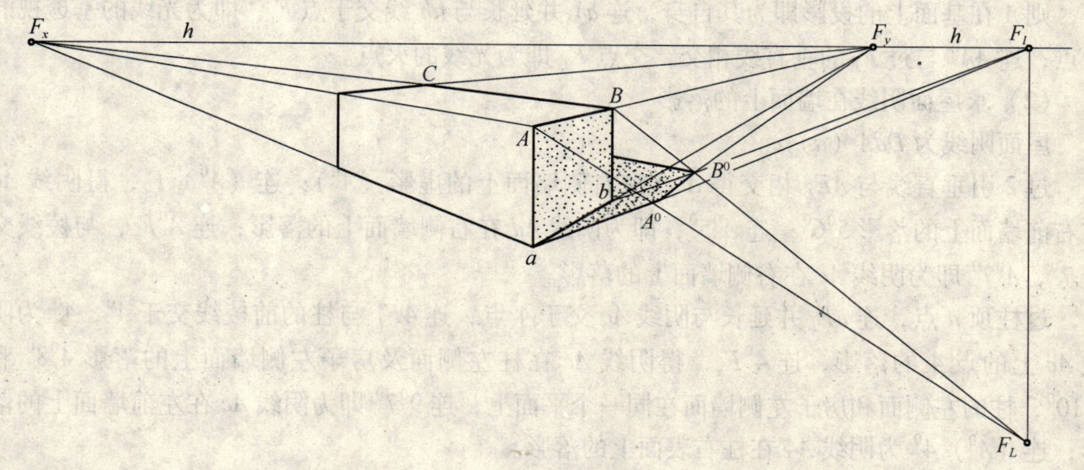

图 13-91　长方体的透视阴影

根据求空间点透视阴影的原理，连 AF_L，BF_L，即为过 A，B 两点的光线的透视，因过空间点的光线相互平行，所以光线的透视在图中灭于一共同点即灭点 F_L。

连 aF_l，bF_l，即为过 A，B 两点的光线的基透视。

AF_L 与 aF_l 的交点即为 A 点在基面上的落影 A^0；BF_L 与 bF_l 的交点即为 B 点在基面上的

落影 B^0；A^0B^0 因与 AB 平行，应灭于 F_y；Aa，Bb 在基面上的落影灭于 F_l；BC 在基面上的落影灭于 F_x（部分可见）。

图 13-92 所示为门廊的透视阴影的作法。

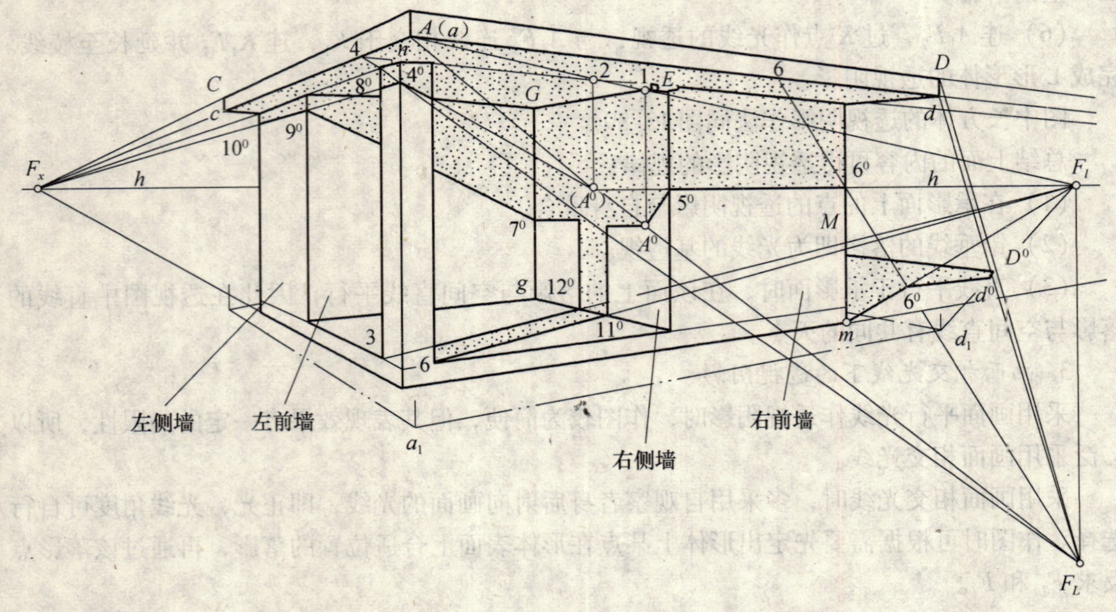

图 13-92　建筑形体透视阴影

（1）先确定 F_L，F_l

设图中 A 点落影于右侧墙面上的 A^0 点，过 A^0 引垂直线与 EG 交于 1，以天棚底面为基面，则 A 在基面上的投影即为其自身，连 $a1$ 并延长与 hh 线交于点 F_l，即为光线的基透视的灭点；连 AA^0 与过 F_l 的垂直线相交，交点 F_L 即为光线的灭点。

（2）求屋面阴线在墙面上的落影

屋面阴线为 DdA（a）c。

过 2 引垂直线与 AF_L 相交得 A 点在右侧墙面上的虚影（A^0）；连（A^0）F_l，得阴线 Ad 在右前墙面上的落影 5^06^0；连 A^05^0，即为阴线 Ad 在右侧墙面上的落影；连 A^0F_x，与棱线交于 7^0，A^07^0 即为阴线 Ac 在右侧墙面上的落影。

过柱顶 n 点，连 nF_l 并延长与阴线 Ac 交于 4 点，连 $4F_L$ 与柱的前棱线交于 4^0，4^0 为阴线 Ac 上的点 4 的落影，连 4^0F_x，得阴线 Ac 在柱左侧面及房子左侧墙面上的落影 4^08^0 和 9^010^0，柱的左侧面和房子左侧墙面在同一个平面上，连 9^07^0 即为阴线 Ac 在左前墙面上的落影；连（A^0）4^0 为阴线 $A4$ 在柱右表面上的落影。

（3）求柱子阴线落影

柱子的阴线是铅垂线，在地面上的落影灭于 F_l；连 $3F_l$，$6F_l$ 与墙角线相交，得交点 11^0，12^0；过此两点引垂直线，即得柱子阴线在地面和墙面上的落影。

（4）求墙身阴线与屋面阴线在地面上的落影

同前，不再重复。

图 13-93 所示为方柱廊的透视阴影的作法。

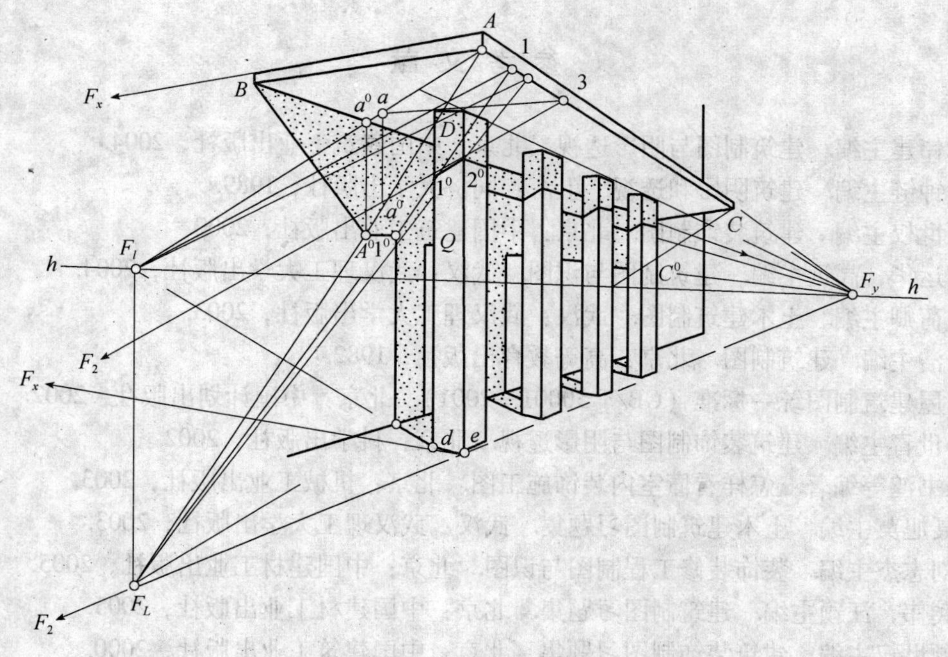

图 13-93 方柱廊的阴影

(1) 先确定 F_L，F_l

设图中 A 点在墙面上的落影为 A^0，过 A^0 引垂直线与 BF_y 交于点 a^0，连 Aa^0 与 hh 线交于点 F_l，连 AA^0 与过 F_l 的垂直线交于点 F_L。

(2) 求屋面阴线在墙面上的落影

连 A^0B，即为阴线 AB 在墙面上的落影；连 A^0F_y 与 CF_L 交于 C^0，得阴线 AC 在墙面上的落影。

(3) 求柱子阴线落影

连 dF_l 与墙角线相交，过交点引垂直线与 A^0C^0 交于 1^0，即得柱子阴线在墙面上的落影；同理可求得其他柱子阴线的落影。

(4) 屋面阴线在柱侧面上的落影

扩大柱的侧面交 AF_l 于 a，交 AC 于 3，由 a 引垂直线交 AF_L 于 a^0，连 $a^0 3$，$a^0 3$ 在柱侧面上的部分 $1^0 2^0$ 即为阴线 AC 在柱侧面上的落影。同理可求得阴线 AC 在其他各柱侧面上的落影。

(5) 连 2^0F_y，得 AC 在各柱前面上的落影。

参考文献

[1] 谭伟建主编. 建筑制图与阴影透视. 北京：中国建筑工业出版社，2004.

[2] 黄钟链主编. 建筑阴影和透视. 上海：同济大学出版社，1989.

[3] 顾世权主编. 建筑装饰制图. 北京：中国建筑工业出版社，2000.

[4] 吴运华，高远主编. 建筑制图与识图. 武汉：武汉理工大学出版社，2004.

[5] 乐荷卿主编. 土木建筑制图. 武汉：武汉理工大学出版社，2003.

[6] 朱浩主编. 建筑制图. 北京：高等教育出版社，1982.

[7] 房屋建筑制图统一标准（GB/T 50001—2001）. 北京：中国计划出版社，2002.

[8] 孙世青主编. 建筑装饰制图与阴影透视. 北京：科学出版社，2002.

[9] 张书鸿等编著. 怎样看懂室内装饰施工图. 北京：机械工业出版社，2003.

[10] 聂旭英主编. 土木建筑制图习题集. 武汉：武汉理工大学出版社，2003.

[11] 刘志杰主编. 装饰装修工程制图与识图. 北京：中国建材工业出版社，2005.

[12] 龚伟，汪颖主编. 建筑制图习题集. 北京：中国建材工业出版社，2005.

[13] 顾世权主编. 建筑装饰制图习题集. 北京：中国建筑工业出版社，2000.

[14] 陈国瑞主编. 建筑制图与 AutoCAD 习题集. 北京：化学工业出版社 2004.

[15] 孙世青主编. 建筑装饰制图与阴影透视习题集. 北京：科学出版社，2002.

[16] 毛家华，莫章金主编. 建筑工程制图与识图习题集. 北京：高等教育出版社，2005.

[17] 毛家华，莫章金主编. 建筑工程制图与识图. 北京：高等教育出版社，2005.

[18] 尤逸南，武峰主编. 室内装饰设计施工图集. 北京：中国建筑工业出版社，1999.

[19] 朱福熙，何斌主编. 建筑制图. 北京：高等教育出版社，1992.